高职高专及成人教育教材

工 程 制 图

武晓丽　主编
王小平　主审

中 国 铁 道 出 版 社

2016 年·北 京

内 容 简 介

本教材力求贯彻理论联系实际和少而精的原则，结合专业特点，阐述清楚基本概念、基本原理和基本方法，力求文字叙述通俗易懂，图例尽量与专业结合，内容循序渐进，整体内容的安排有利于组织教学和便于学生自学。

本教材由投影基本理论、专业制图两部分构成，共十一章。根据培养目标、学生背景、教学特点，投影基本理论部分精简了画法几何的内容，但仍保持了基本内容的科学性、完整性和系统性；专业制图部分，注重教材内容的广度，如有桥、涵、隧道工程图，房屋建筑工程图，给水排水工程图，采暖通风工程图等内容，以方便按专业需要选学。本教材注重工程图学基本理论的系统性和完整性，处理好继承与发展的关系，注意内容的多项结合，拓宽使用面，适用专业面广，具有鲜明的特色和新意。

本教材可作为函授大学、高等职业学院、高等专科学校土建工程类各专业的工程图学教材，也可供自学者和其他专业的师生参考。

图书在版编目(CIP)数据

工程制图/武晓丽主编. —北京：中国铁道出版社，2007.2(2016.7 重印)
ISBN 978-7-113-07720-4

Ⅰ.工… Ⅱ.武… Ⅲ.工程制图-高等学校-教材 Ⅳ.TB23

中国版本图书馆CIP数据核字(2006)第155423号

书　　名：工程制图
作　　者：武晓丽　主编
出版发行：中国铁道出版社(100054，北京市西城区右安门西街8号)
责任编辑：阚济存
封面设计：陈东山
印　　刷：中国铁道出版社印刷厂
开　　本：787mm×1 092mm　1/16　印张：13.75　字数：343千
版　　本：2007年1月第1版　2016年7月第5次印刷
印　　数：10 001～12 000册
书　　号：ISBN 978-7-113-07720-4
定　　价：21.00元

前言

PREFACE

为了满足社会向高校提出的培养有创造发明能力人才的要求，工程图学的教学急需引入创新机制，走创新教育、素质教育之路。教材内容的改革也应注重能力和素质的培养，拓宽专业面，优化课程结构，我们以此为指导思想编写了这本《工程制图》教材。它适用于高等学校土建、给排水、暖通等本专科专业，也可供其他类型的学校，如职工大学、函授、电视大学等有关专业选用。

本教材是根据国家教委修订、批准的“高等工业学校画法几何及工程制图课程教学基本要求”的精神，为适应21世纪的教学内容和课程体系改革的需要而编写的。同时出版《工程制图习题集》和《工程制图习题集题解》(光盘形式的电子版)。《工程制图习题集》的题型、题量和题目难度更符合教学大纲的要求，并突出了应用与知识点的有机结合。

本教材采用最新颁布的国家标准，注重理论联系实际，内容由浅入深，图文并茂。本教材的前五章为投影原理、制图基础部分，第六、七章为结构图，第八、九、十、十一章分别为桥梁涵洞隧道工程图、房屋建筑图、给排水工程图、采暖通风工程图，分别适用于各相应专业。

有关土木建筑的制图标准，对于不同专业有不同的标准、规范，其中图纸幅面和格式、比例、字体、投影法有“技术制图”国家标准，不同专业的专业图有国家标准和部颁标准，但也有某些专业图的画法尚无相应的“国标”和“部标”，教材中则采用通用的习惯画法。

本教材注意用较少篇幅反映实质性的内容，在精选内容的同时，注意引进新概念、新理论以及基本概念、基本原理与基本方法的更新。注意使某些经典内容的论述现代化，尽可能使新内容与经典内容相融合。力图通过例题、习题等，扩充学生的图示能力、看图能力及工程结构方面的知识储备，培养学生运用理论解决实际工程问题的能力，缩短学习与应用的时差，使学生在设计方法、基本技能和基础知识诸方面都得到较扎实的培养和训练。

本教材力求文字叙述通顺易懂，简练严谨，图文紧密配合，便于理解和自学。

本教材由武晓丽主编，王小平主审。参加本教材编写的人员有：武晓丽(第一章)、边红丽(第二、三、四章)、杨新文(第五章)、田广科(第六、七、八章)、赵军(第九章)、李艳敏(第十、十一章)，全书最后由武晓丽统稿。

由于时间仓促，限于编者水平，疏漏和不妥之处在所难免，望广大读者谅解并指正。

2006年10月

目录 CATALOGUE

绪　论

图样和文字、数字一样，都是人类用以表达、构思、分析和交流思想的基本工具之一，而工程图样则是工程技术人员在工程实践中表达和交流技术思想的重要工具。在现代工业中，设计、制造、安装各种机械、电机、电器、仪表以及建造房屋、铁路等，都是先画出图样，然后根据图纸施工，才能得到预想的结果。同时，工程图样还是表达和分析自然现象、科学规律以及图解定位、度量、计算等科学技术问题的重要手段。因此人们把工程图样喻为工程界的语言。它同语言一样是人类生产实践发展的产物，将随着人类社会的进步和科学技术的发展而不断进步和发展。

一、本课程任务和主要内容

1. 本课程主要任务

本课程是一门研究如何运用投影法绘制工程图样以及如何解决将空间几何问题的理论和方法的技术基础课。其主要目的是培养学生运用各种作图手段来构思、分析和表达工程问题的能力以及严谨的治学态度和工作作风。它在培养使工科类学生具备现代工程师所必需的能力方面，有着不可替代的作用和价值。因此对工程技术人员来说，很好地掌握以下内容，是将来顺利完成工程设计和制造任务的一个重要保证。

(1) 培养和发展创造性思维、空间思维、空间逻辑分析能力，以及将科学技术问题抽象为几何问题的能力和对知识的整合能力，能运用上述能力完成将构思转化为现实的创造过程。

(2) 为绘制和应用各种工程图样打下良好的理论基础。

(3) 培养综合绘图能力。

(4) 培养认真负责的工作态度和严谨细致的工作作风，以及严格遵守国家标准的自觉性。

2. 本课程主要内容

本教材的主要内容可大致分为四部分。

(1) 图示法：研究通过投影在平面上表示空间几何元素和物体的各种图示方法。

(2) 图解法：研究通过投影在平面上解决空间几何问题的图解方法。

(3) 制图基础：介绍正确的绘图方法，包括尺规绘图、徒手绘图以及国家标准的有关规定。

(4) 土建工程图：介绍桥、涵、隧道工程图，房屋建筑工程图，给水排水工程图，采暖通风工程图的绘制与读图方法。

二、本课程的学习方法

工程图学是一门基础理论课，又是一门技术基础课，要认真学习投影理论，并且要在理解基本概念的基础上，由浅入深的通过一系列由三维到二维（绘图）和由二维到三维（读图）的实践活动，不断分析和想象空间对象（几何元素和工程物体）与平面（图纸或计算机屏幕）上图形间的对应关系，逐步提高空间思维能力和空间逻辑分析能力，掌握正投影的基本作图方法及其应用，掌握工程物体的构型规律和表达方法。在学习过程中，这些都是通过一系列的作业和练习题实现的，因此，要学好这门课，作业和练习环节十分重要。

(1) 本课程研究讨论的问题，一般要涉及三维空间与二维图形的对应关系。解决问题时，要注意空间几何关系的分析，找出空间几何原形与平面图样间的对应关系，然后在平面上逐步进行图解。通过从空间到平面，再由平面到空间这种反复的思维和实践过程，才是本课程最有效的学习方法。理论脱离实际或忽视理论学习都会给学习带来困难，如忽视空间几何关系和空间几何原形与平面图样间的对应关系的分析，试图仅用书本或老师给出的某些结论解决问题；或只注意所谓的空间关系，忽视投影理论和已总结、归纳出的投影规律，仅靠模型比拟的空间情况来得到答案都是不可取的学习方法。

(2) 本课程的实践环节十分重要。解决问题就必须准确地画出图来。假如只能从理论上叙述和证明而作不出图来，那么实际问题仍没有解决。所以复习时不能只是单纯的阅读，而是要在阅读的同时，在纸上描绘图例的作图过程。要准备一套符合要求的绘图用具，按正确的工作方法和步骤来画图。

(3) 学习中要注重物体与图样的结合，画图与看图的结合，构型与表达的结合，视图与尺寸的结合。要树立工程意识，提高对知识的整合能力，即绘图能力、投影基础知识、视图表达能力及实用工程数据的查阅与分析等相关知识的综合应用能力。

(4) 注意学习方法，提高自学能力，有意识地培养踏实、细致和耐心的优良工作作风，从思想上、作风上为将来从事工程技术工作奠定良好的基础。

第一章 正投影的基本知识

第一节 投 影 法

工程中，常需要把空间物体的形状和大小，在平面(图纸或计算机屏幕)上完整、正确地表示出来(图示法)，有时还需要在平面上通过作图的方法解决空间几何问题(图解法)。投影法正是解决这些问题的基本方法。

物体在光线的照射下，就会在地面或墙壁上产生影子，这就是投影现象。人们将这种自然现象加以科学的抽象，找出了影子和物体之间的几何关系，逐步形成了投影法。工程上常用各种投影法来绘制用途不同的工程图样。

如图 1-1 中的自然现象可抽象为图 1-2 所示的情况。即将灯泡抽象为点光源 S 称投影中心，S 点与物体上任一点间的连线(如 SA)称投射线，平面 P 称投影面，SA 的延长线与投影面的交点 a，称 A 点在 P 平面上的投影。

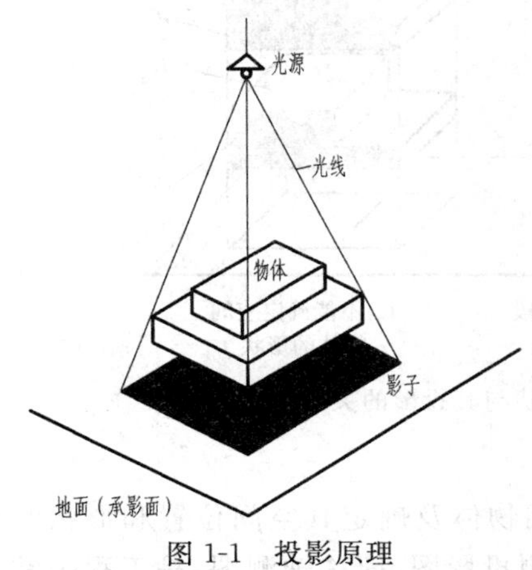

图 1-1 投影原理

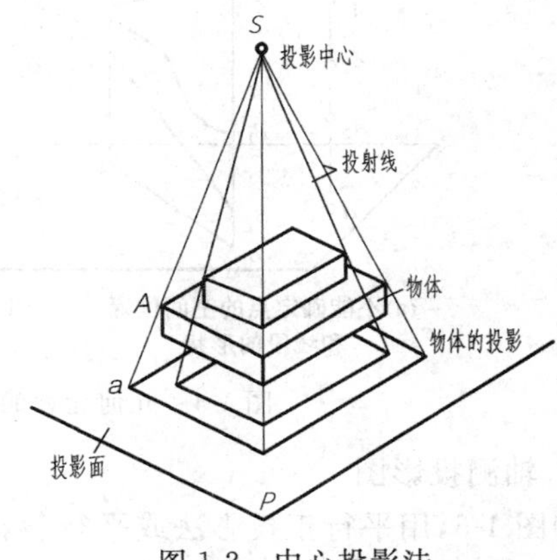

图 1-2 中心投影法

一、投影法分类

由于光源不同，投影法分为中心投影法和平行投影法两种。

1. 中心投影法

投射线在有限远处相交于投影中心，称中心投影法(图 1-2)。

2. 平行投影法

投影面保持不动，将投影中心 S 移至无穷远处，则投射线相互平行，称平行投影法，如图 1-3 所示。其中，投射线倾斜于投影面称平行斜投影法[图 1-3(a)]；投射线垂直于投影面称平行正投影法，简称正投影法[图 1-3(b)]。

二、工程上常用的投影图

如图 1-4(a)，当空间点 A 和直线 BC 的位置及投影方向确定时，则它们在投影面上均有其

唯一的投影 a 和 bc。但是根据点 A 和直线 BC 的一个投影 a 和 bc，则无法确定它们的空间位置和形状。同样如图 1-4(b)，点 D 和线段 EF 的一个投影也无法确定它们之间的从属关系。又如图 1-4(c)，投影面上的投影，所表达的可以是物体Ⅰ，也可以是物体Ⅱ，还可以是其他形状的物体Ⅲ、物体Ⅳ…由此可见，仅有物体的一个投影不能唯一确定其空间情况。而工程对工程图样的图示要求是：确切、唯一地反映物体的形状以及构成物体的几何元素间的相互关系、空间位置等几何关系。为了满足工程对图示的要求，在中心投影和平行投影中科学地添加一些补充条件，即形成了工程上常用的几种投影图(或称工程图样)。

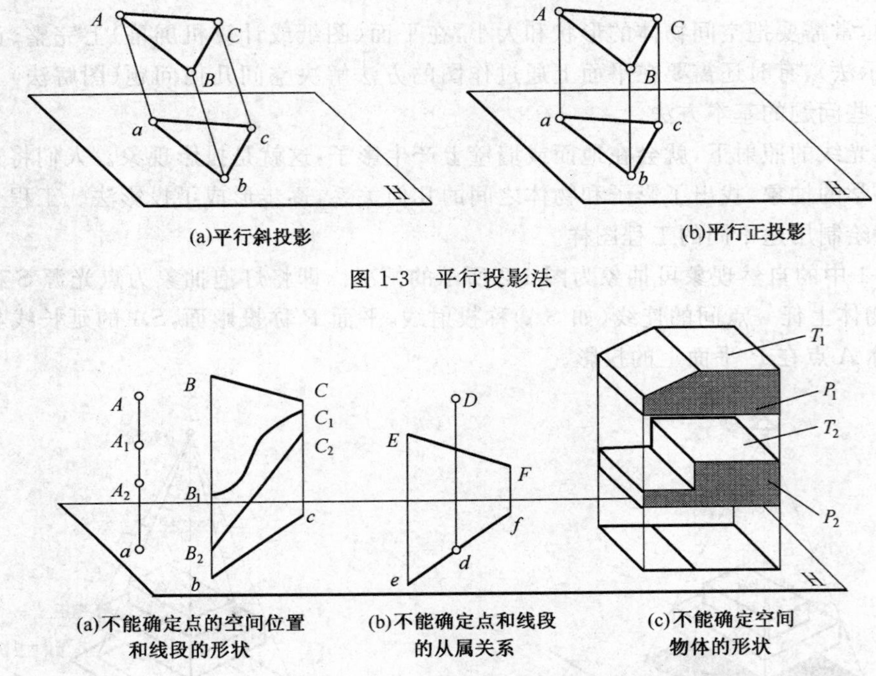

(a)平行斜投影　　(b)平行正投影

图 1-3　平行投影法

(a)不能确定点的空间位置和线段的形状　　(b)不能确定点和线段的从属关系　　(c)不能确定空间物体的形状

图 1-4　几何元素的空间位置和形状与其投影的关系

1. 轴测投影图

如图 1-5，用平行正投影法或平行斜投影法将空间物体及确定其空间位置和形状的直角坐标系，共同投射在单一投影面上所得的图形称为轴测投影图，简称轴测图，是工程中常用的辅助图样。

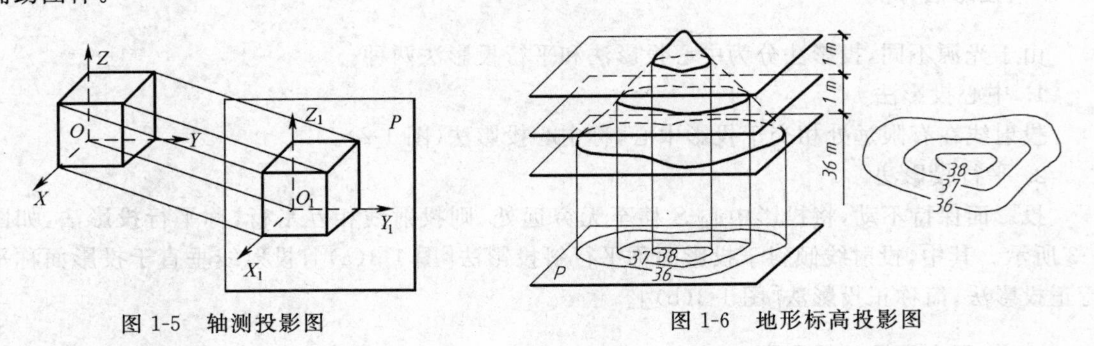

图 1-5　轴测投影图　　图 1-6　地形标高投影图

2. 标高投影图

标高投影图常用来表示不规则曲面，如船舶、汽车的外形曲面以及地形等。它是将若干与投影面平行且具有不同距离的平面与曲面的交线，用正投影法投射到投影面上，并在交线的投影上用数字标注出交线到投影面的距离，所以称为标高投影图(图 1-6)。

3. 透视投影图

透视投影图采用中心投影法，它与照相成影的原理相似，所以其投影图接近于视觉映像，富有逼真感，直观性强。故常作为建筑、桥梁及各种土木工程物体的辅助图样。图 1-7 是一建筑物的透视图，由于采用中心投影法，所以空间平行的直线，投射后就不平行了，而且不能直接反映物体真实的几何形状和大小。透视图虽然直观性强，但作图复杂且度量性较差。随着计算机绘图技术的发展，用计算机绘制透视图，可避免人工作图的繁杂性。因此，在某些场合如工艺美术及宣传广告图样中常采用透视图，以取其直观性强的优点。

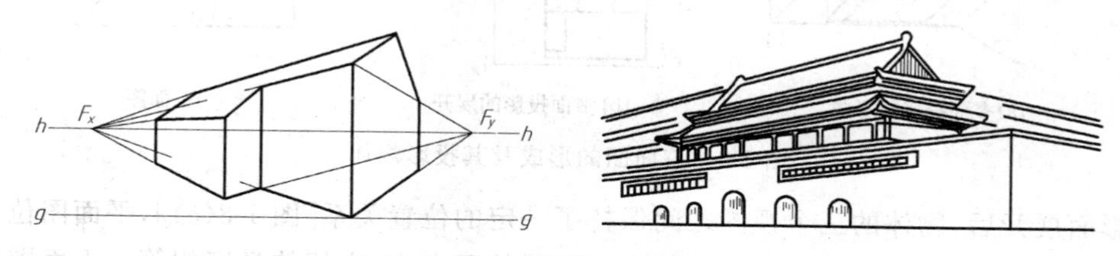

图 1-7　建筑物的透视图

4. 多面正投影图

为了使物体的投影能反映其某一方向的真实形状，通常总是使物体的主要平面平行于投影面。但物体上垂直于投影面的平面，经投射后将积聚为直线，所以仅凭物体的一个投影尚不能表达整个物体的完整形状。为此，将物体分别向两个或两个以上互相垂直的投影面投射，然后将投影和投影面一起按一定规则展开，从而得到物体的多面正投影图，以反映物体的完整形状。如图 1-8(c)所示。

虽然多面正投影图立体感较差，但由于其度量性好，作图简便，符合生产对工程图样的要求，故在工程上应用最为广泛，也是本课程的学习重点。

三、三面图的形成及其投影规律

1. 三面图的形成

如图 1-8(a)，设置三个互相垂直的投影面 V(正投影面)、H(水平投影面)、W(侧投影面)形成一个三投影面体系。将物体分别向三个投影面投射，物体在 V 面上的投影(正面投影)，在土木建筑工程图中，称正立面图，简称立面图(或正面图)，H 面上的投影(水平投影)称平面图，W 面上的投影(侧面投影)称左侧立面图，简称侧面图。物体在投影面上的投影也称视图。

工程图样是反映物体正确形状和大小的平面图纸，为此，要将三个投影面展开成一个平面。即：令 V 面保持不动，H 面和 W 面分别绕它们与 V 面的投影轴，如图 1-8(a)中箭头所示方向旋转，直至与 V 面重合[图 1-8(b)]。

2. 三面图的投影规律

在投影体系中，若改变物体与投影面间的距离，则物体的各投影与投影轴的距离也随之发生变化，但物体各投影的大小、形状，即视图不改变。因此，为了作图简便，绘制物体的三面图时，投影轴和投影面的边界线省略不画，如图 1-8(c)所示。三面图是用三个视图共同表达一个物体，正面图表达了物体与正投影面平行的所有表面的形状，平面图表达了物体与水平投影面平行的所有表面的形状，侧面图表达了物体与侧投影面平行的所有表面的形状。正面图反映了物体长和高方向的大小，平面图反映了物体长和宽方向的大小，侧面图反映物体高和宽方向的大小。根据正面图可以区分物体的上下、左右，根据平面图可以区分物体的左右、前后，根据侧面图可以区分物体的上下、前后。

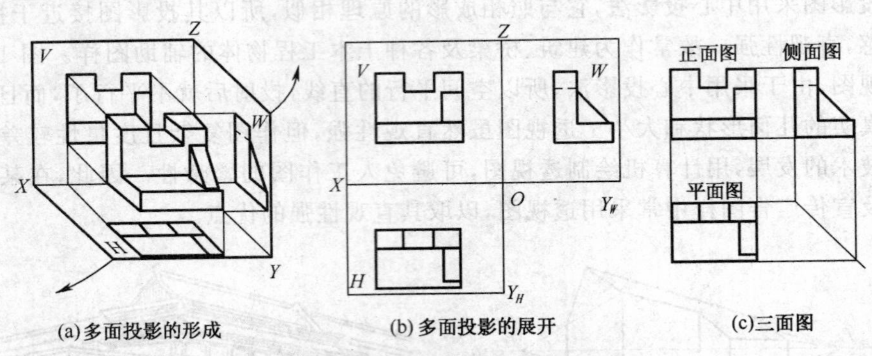

图 1-8　三面图的形成及其投影规律

投影面展开后，物体的三个视图之间保持了一定的位置关系[图 1-8(c)]，平面图位于正面图的正下方，它们的长度相等。侧面图位于正面图的正右方，它们的高度相等。平面图与侧面图则宽度相等。三面图之间必然存在，且应保持的对应投影关系可归纳为：

正面图与平面图——**长对正**

正面图与侧面图——**高平齐**

平面图与侧面图——**宽相等**

在三面图中，物体及其每一局部，如物体上的点、线、面等均应保持这种对应的投影关系，将这种对应的投影关系称作三面图的投影规律。

第二节　点的投影

通过前一节的学习，我们对物体与其投影间的关系有了初步的认识，为了提高空间分析和投影分析能力，使认识进一步深化，还必须研究和掌握组成物体的几何元素——点、线、面的投影规律和特点。

一、点的两面投影

图 1-9(a)是正三棱锥的两面投影，若如图 1-9(b)取走三棱锥，保留锥顶 S 点。自 S 分别向两个投影面作投射线，即得 S 点的两投影。

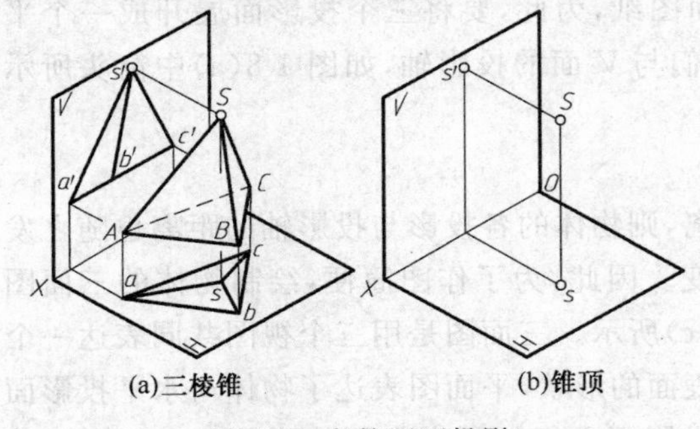

图 1-9　点的两面投影

1. 两投影面体系的建立

为了根据点的投影确定点在空间的位置，特设互相垂直的两个投影面 H 和 V[图 1-10(a)]，称两投影面体系。用 H 表示的投影面称水平投影面(简称 H 面或水平面)；用 V 表示的投影面称正立投影面(简称 V 面或正面)；两投影面相交于投影轴 OX。V 面和 H 面将空间分为四部分，称每一部分为一个分角。在 H 面上方，V 面前方的这一部分为第一分角，其他三个分角的排列顺序如图 1-10(a)所示。我国《技术制图》标准规定，物体的图形按正投影法绘制，并应采用第一角画法。因此，本书主要介绍第一分角的投影。

将空间点 A 分别向 H 面和 V 面投影，a 称为点 A 的水平投影，a'称为点 A 的正面投影。相反，若已知 A 点的两投影 a 和 a'，自 a 和 a'分别作线垂直于 H 和 V，其相交处就是 A 点在空间的位置[图 1-10(b)]。

为了将点的两个投影画在同一平面上，规定 V 面保持不动，在第一分角中，使 H 面绕 OX 轴向下旋转 90°，使之与 V 面重合，如图 1-10(c)所示。因投影面可以是无限大的，故通常在投影图中不画投影面的范围，如图 1-10(d)所示。

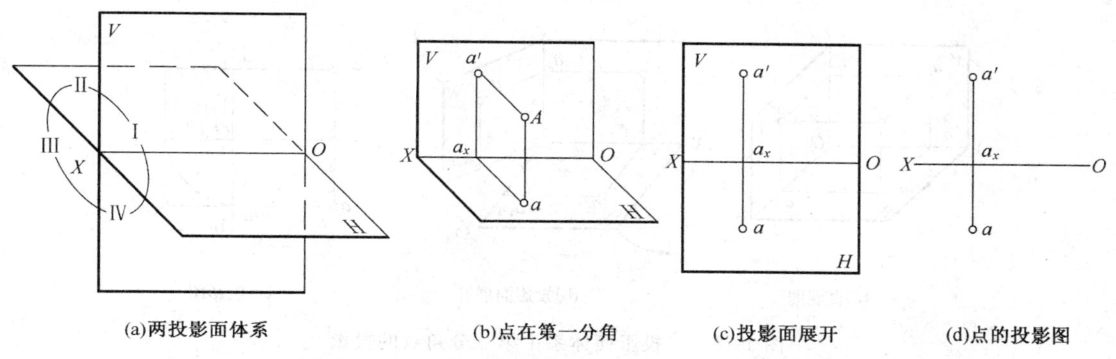

图 1-10　两投影面体系及其点在第一分角的投影

2. 点的投影规律

由图 1-10(d)可得点的投影规律如下：

(1) 点的相邻两个投影的连线必垂直投影轴，即 $a'a \perp OX$。

(2) 点的水平投影到 OX 轴的距离等于该点到 V 面的距离；点的正面投影到 OX 轴的距离等于该点到 H 面的距离。即 $aa_x = Aa'$，$a'a_x = Aa$。

由于点 A 的投射线 Aa 与 Aa'构成的平面 $Aa'a_xa$ 垂直于 H 面、V 面和 OX 轴，显然，当 H 面向下旋转 90°与 V 面重合时，a'、a_x 和 a 三点必在与 OX 轴垂直的同一直线上。并有 $aa_x = Aa'$(Aa'是点 A 到 V 面的距离)，$a'a_x = Aa$(Aa 是点 A 到 H 面的距离)。

3. 特殊位置点的投影

特殊位置的点，如图 1-11 所示都处在投影面或投影轴上，其投影特点是：

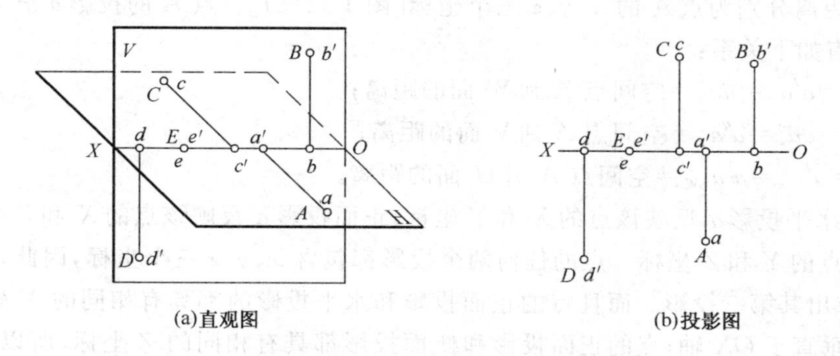

图 1-11　特殊位置点的投影

(1) 处于投影面上的点，点的一个投影与该点本身重合，而另一个投影必在 OX 轴上。

(2) 处于 OX 轴上的点 E，它的水平投影 e、正面投影 e'都与 E 点本身重合。

二、点的三面投影

1. 点在三投影面体系中的投影

在两投影面体系的基础上增加一个与 V、H 面均垂直的侧立投影面（简称 W 面或侧面），构成三投影面体系，如图 1-12(a)。在三投影面体系中，三个投影面的两两交线，统称为投影轴，分别记为 OX、OY 和 OZ，三投影轴的交点 O 称为原点。

由点 A 分别向 V、H 和 W 面作投射线，得点 A 的三个投影 a、a'、a''，点 A 在 W 面上的投影称为侧投影，用 a''表示。

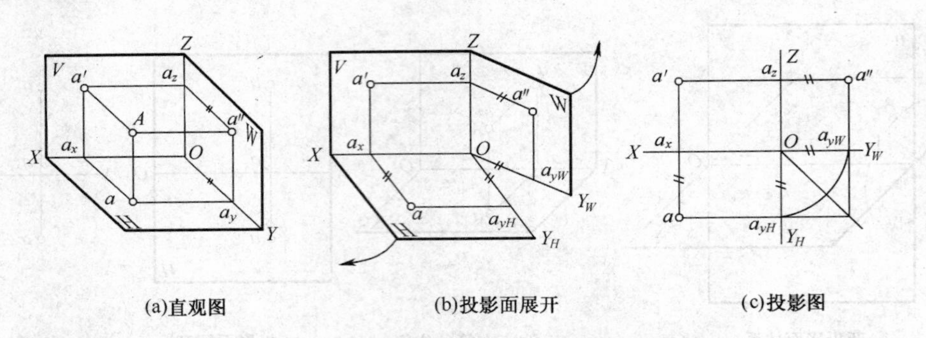

图 1-12　三投影面体系中第一分角点的投影

三投影面展开：V 面保持不动，在第一分角中，H 面绕 OX 轴向下旋转到与 V 面重合，W 面绕 OZ 轴向右旋转到与 V 面重合，如图 1-12(b)、(c)。因而，在投影图上 Y 轴有 Y_H（随 H 面旋转后的 Y 轴位置）和 Y_W（随 W 面旋转后的 Y 轴位置）两个位置。

由图 1-12 可得出点的三面投影规律为：

$a'a \perp OX$，即点的正面投影和水平投影的连线垂直于 OX 轴；

$a'a'' \perp OZ$，即点的正面投影和侧面投影的连线垂直于 OZ 轴；

$aa_x = a''a_z$，即点的水平投影到 OX 轴的距离等于该点的侧面投影到 OZ 轴的距离。

为了作图方便，可自点 O 作一条 45°辅助线，以保证 $aa_x = a''a_z$，如图 1-12(c)所示。

2. 点的投影与坐标

将三个投影面看做坐标面，三个投影轴即为坐标轴，三轴交点 O 为坐标原点，则点 A 至三个投影面的距离分别为点 A 的 x、y、z 三个坐标[图 1-12(a)]。点 A 的投影 a、a'、a''与其坐标 x、y、z 之间有如下关系：

$x = Aa'' = a'a_z = aa_y =$ 空间点 A 到 W 面的距离；

$y = Aa' = aa_x = a''a_z =$ 空间点 A 到 V 面的距离；

$z = Aa = a'a_x = a''a_{yW} =$ 空间点 A 到 H 面的距离。

点 A 的水平投影 a 反映该点的 X 和 Y 坐标，正面投影 a'反映该点的 X 和 Z 坐标，侧面投影 a''反映该点的 Y 和 Z 坐标。点的任何两个投影都包含 x、y、z 三个坐标，因此，已知点的两个投影，可求出其第三投影。而且点的正面投影和水平投影的都具有相同的 X 坐标，所以它们的连线必垂直于 OX 轴；点的正面投影和侧面投影都具有相同的 Z 坐标，所以它们的连线必垂直于 OZ 轴；由于点的水平和侧面投影都具有相同的 Y 坐标，所以水平投影 a 至 OX 轴的距离一定等于侧面投影 a''至 OZ 轴的距离。

【例 1-1】　已知空间点 D 的坐标(20,15,10)，试作出其投影图（图 1-13）。

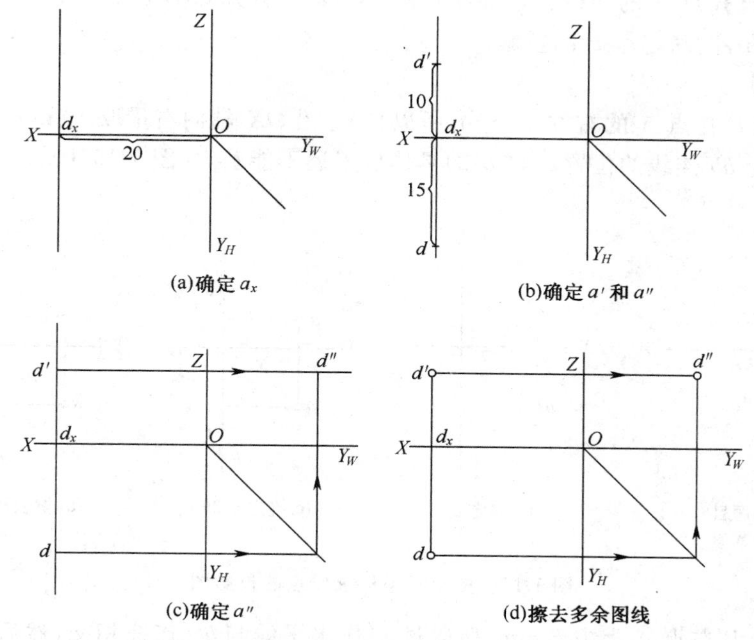

(a)确定 a_x　(b)确定 a' 和 a''

(c)确定 a''　(d)擦去多余图线

图 1-13　根据点的已知坐标求作点的投影图

【作图步骤】

(1) 在 OX 轴上由 O 向左量取 20 确定点 d_x，过 d_x 点作与 OX 轴垂直的投影连线。

(2) 自 d_x 向下量取 15 确定水平投影点 d，自 d_x 向上量取 10 确定正面投影点 d'。

(3) 借助 45°线和点的投影规律，作出侧面投影点 d''，图中箭头表示作图方向。

三、两点的相对位置

1. 点的方位

抽取正三棱锥上的两点 $A(X_A,Y_A,Z_A)$ 和 $S(X_S,Y_S,Z_S)$，如图 1-14 所示。从图中可以看出，因为 $X_S<X_A$，点 S 处于点 A 的右方，而点 A 相对的处于点 S 的左方。也就是说，比较两点 X 坐标值的大小可以确定两点左和右的相对位置。同样，比较它们的 Y 坐标值和 Z 坐标值也可以确定点的前后相对位置和上下的相对位置。即 $Y_S>Y_A$，则点 S 在点 A 的前方；$Z_S>Z_A$，则点 S 在点 A 的上方。反之若已知两点的相对位置及其中一个点的投影，也可求出另一点的投影。

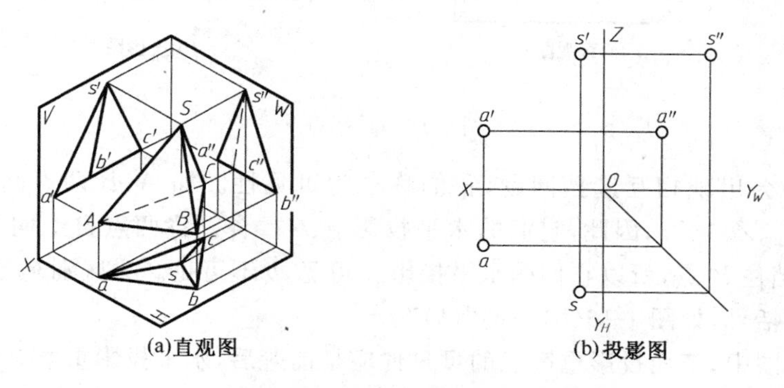

(a)直观图　(b)投影图

图 1-14　A、S 两点的相对位置

【例 1-2】 已知点 A 的两投影 a 和 a'[图 1-15(a)]，并知点 B 在点 A 的右方 10 mm、上方 8 mm、前方 6 mm，试确定点 B 的投影。

【作图步骤】

(1) 根据点 B 在点 A 的右方 10 mm，所以自 a_x 沿 OX 轴向右量取 10 mm，并作线垂直于 OX 轴，从而确定 bb' 连线的位置，b 和 b' 的具体位置还不能确定[图 1-15(b)]。

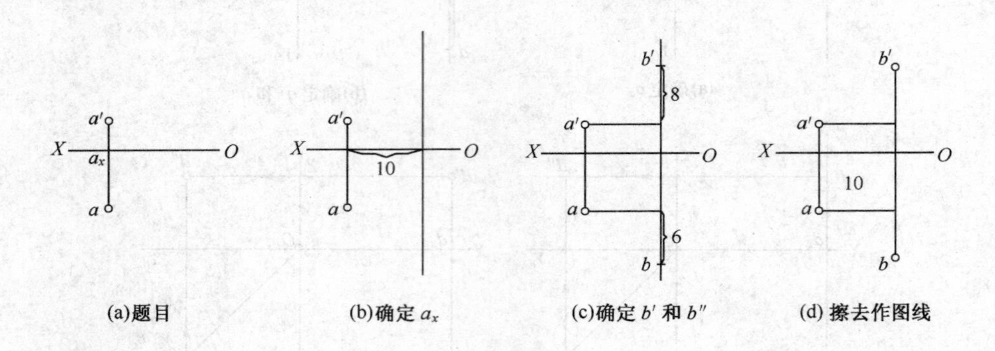

图 1-15 按相对坐标求作点的投影图

(2) 由于点 B 在点 A 上方 8 mm，所以过 a' 作水平线与 bb' 连线相交，然后由交点向上量取 8 mm，即得点 B 的正面投影 b'；点 B 在点 A 前方 6 mm，所以过 a 作水平线与 bb' 连线相交，然后由交点向前方量取 6 mm，即得水平投影 b[图 1-15(c)]。

(3) 擦去作图线得 B 点的两投影[图 1-15(d)]。

2. 重影点

若空间两点位于相对于某一投影面的同一投影线上，则它们在该投影面上的投影必然重合，投影重合的两点称为该投影面的重影点。图 1-16(a)中的 A、B 两点为 H 面的重影点，C、D 两点为 V 面的重影点。

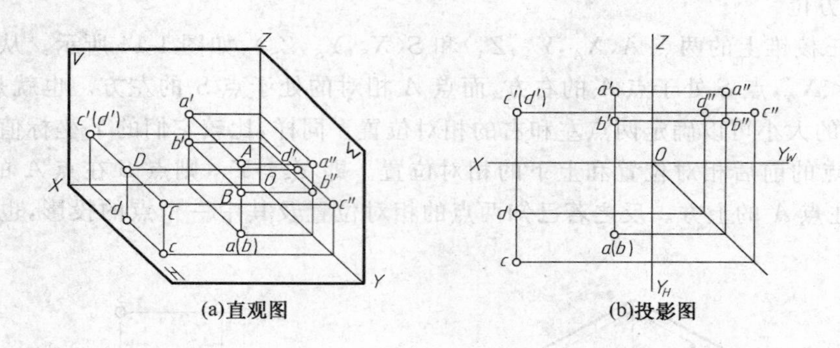

图 1-16 重影点

两点重影必会出现相互遮挡问题，我们称之为可见性。如 A、B 两点间的坐标关系为：$X_A = X_B$、$Y_A = Y_B$、$Z_A > Z_B$，因此，它们的水平投影 a、b 重合。将两点自上向下，向 H 面投射时，A 点必然遮挡住 B 点，所以它们的水平投影 a 可见，b 不可见。为区别起见，在投影不可见点的符号上加圆括号，如图 1-16(b)中的“(b)”。

在三面投影图中，正面投影重影点的可见性应是前遮后，水平投影重影点的可见性应是上遮下，侧面投影重影点的可见性应是左遮右。

第三节　线的投影及其投影分析

一、线的投影

1. 线及线上点的投影特性

投影特性是指空间几何要素——点、线、面与其投影间的对应关系，是图示工程物体和图解空间几何问题的基本依据。

(1) 当直线平行于投影面时，直线的投影反映实长，称实形性。

(2) 当直线倾斜于投影面时，直线的投影变短，称类似性。

(3) 当直线垂直于投影面时，直线的投影积聚为点，称积聚性。如图 1-17(a)所示。

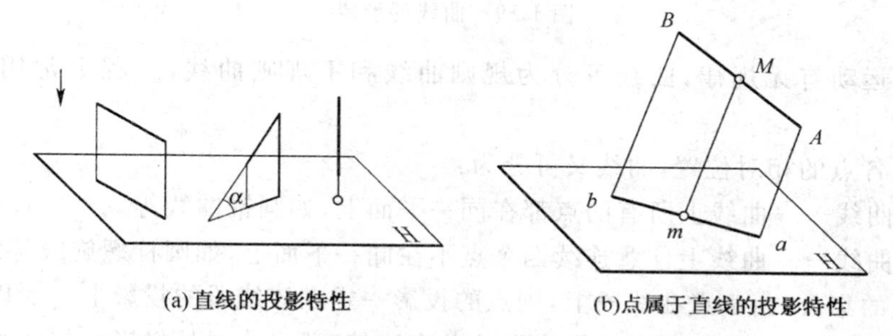

图 1-17　直线的投影特性

(4) 点在线段上，则点的投影一定在该线段的投影上。如图 1-17(b)，点 M 在线段 AB 上，则点 M 的投影 m 一定在线段 AB 的投影 ab 上。曲线的投影也有此性质，如图 1-19(a)所示。

(5) 点分线段之比，投影后保持不变。如图 1-17(b)，$AM:MB=am:mb$。

2. 直线的投影

由于点在线段上，则点的投影一定在该线段的投影上。所以直线的投影可由直线上任意两点(通常取线段的两个端点)的同面投影来确定。如已知直线 AB 的两个端点 A 和 B，连接 A、B 两点的同面投影 ab、$a'b'$ 和 $a''b''$，即得直线 AB 的三面投影图[图 1-18(b)]。

空间直线与投影面之间的夹角称为倾角，直线与 H 面、V 面和 W 面的倾角分别用 α、β 和 γ 表示，如图 1-18(c)所示。

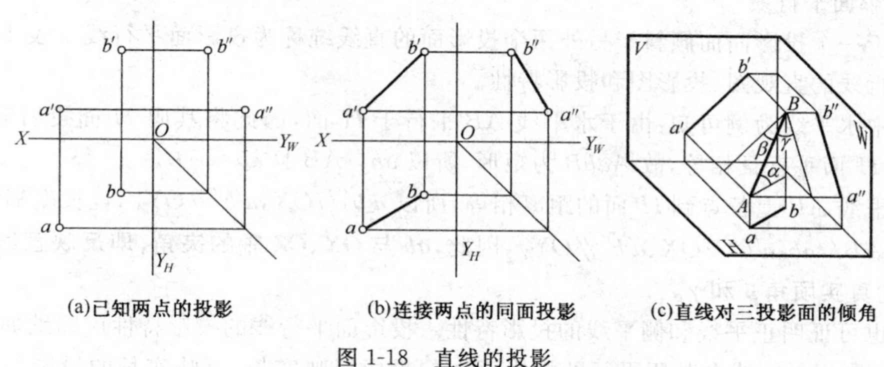

图 1-18　直线的投影

3. 曲线的投影

曲线可以是点在运动过程中连续改变其运动方向所形成的轨迹，也可以是两曲面相交或平面与曲面相交所形成的交线，如图 1-19 所示。

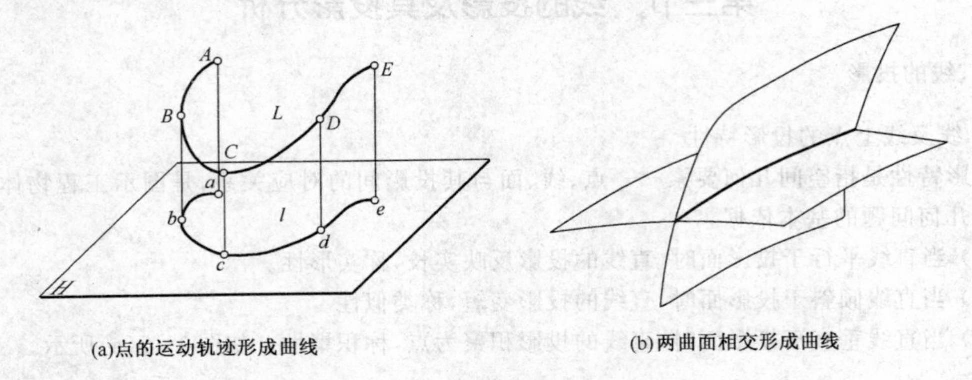

图 1-19　曲线的形成

根据点的运动有无规律，曲线可分为规则曲线和不规则曲线，工程上常用的都是规则曲线。

按曲线上各点的相对位置，曲线又可分为：

(1) 平面曲线——曲线上所有的点都在同一平面上，如圆锥曲线等。

(2) 空间曲线——曲线上任意连续四个点不在同一平面上，如圆柱螺旋线等。

曲线是点的集合，由于点在线段上，则点的投影一定在该线段的投影上。所以画出曲线上一系列点的投影，并将各点的同面投影光滑地顺次连接，即得曲线的投影。如能画出曲线上一些特殊点，如最高点、最低点、最左点、最右点、最前点、最后点等，则可更准确地表示曲线。如图 1-19(a)就是在曲线上取了 A、B、C、D、E 五个点，其中 A、E 两点是曲线的端点，B 为曲线上的最左点，点 C 为最前点，作出它们在 H 面上的投影，并光滑地顺次连接，即得曲线 L 在 H 面上的投影 l。

二、三投影体系中各种位置直线及其投影特性

在三投影面体系中，直线对投影面的相对位置可分为三类：投影面的平行线、投影面的垂直线和投影面的倾斜线。前二类还可再各分三种，统称为特殊位置直线，倾斜线称为一般位置直线。

1. 投影面平行线

平行于一个投影面而倾斜于另外两个投影面的直线统称为投影面平行线。表 1-1 列出了投影面平行线的直观图、投影图和投影特性。

以表中水平线为例可知：由于水平线 AB 平行于 H 面，因此将其向 H 面投射时，投射线 Aa、Bb 与 H 面垂直且相等，故 $AabB$ 为矩形，所以 $ab//AB$ 且 $ab=AB$。

因水平线 AB 上各点到 H 面的距离相等，所以 $a'b'//OX$，$a''b''//OY_W$，且长度都缩短。

由于 $AB//ab$、$a'b'//OX$、$a''b''//OY_W$，因此，**ab 与 OX、OZ 轴的夹角，即反映直线 AB 对 V 面、W 面的真实顷角 β 和 γ。**

同理也可证明正平线和侧平线的投影特性。投影面平行线的投影特性可归纳如下：

(1) 投影面平行线在其所平行的投影面上的投影反映实长，反映实长的投影与投影轴的夹角，分别反映该直线对另外两个投影面的真实倾角。

(2) 投影面平行线在其所倾斜的投影面上的投影长度都缩短，且平行于相应的投影轴。

表 1-1　投影面平行线

名称	水 平 线	正 平 线	侧 平 线
特征	$/\!/H$，对 V、W 倾斜	$/\!/V$，对 H、W 倾斜	$/\!/W$，对 V、H 倾斜
实例	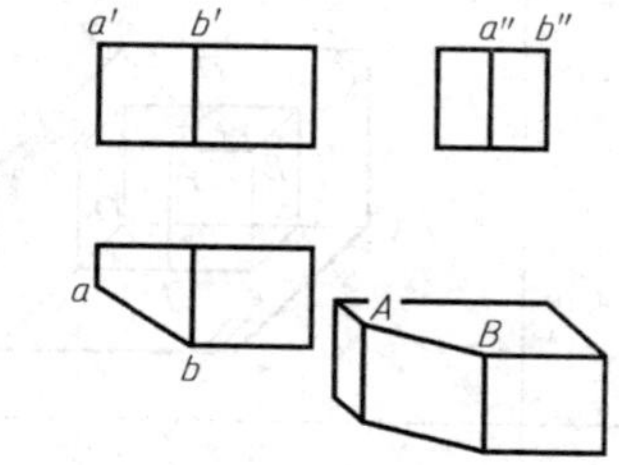	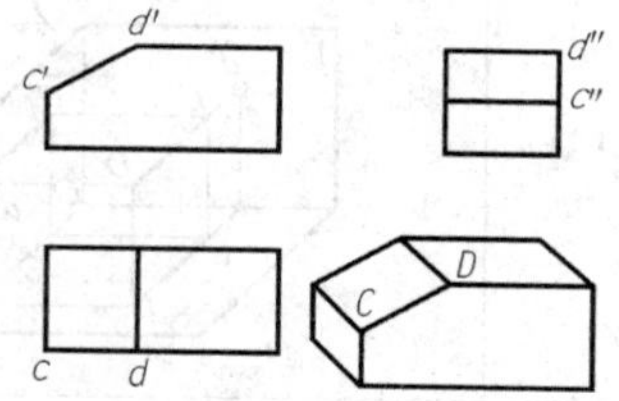	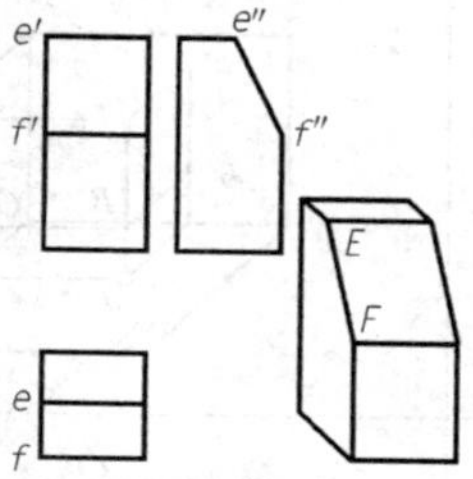
直观图	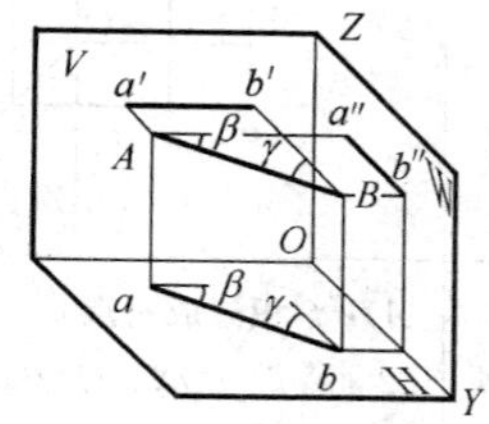	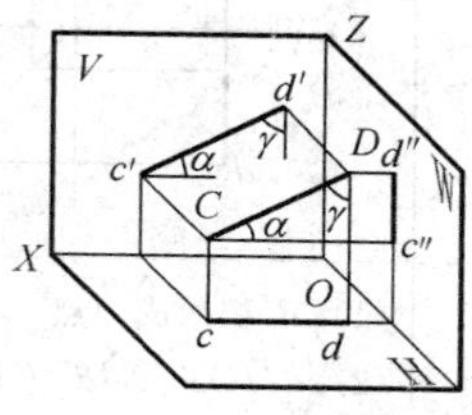	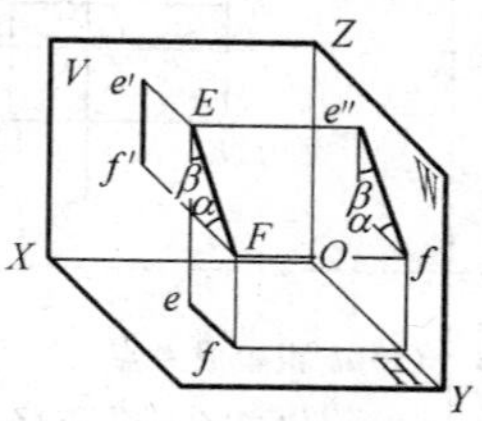
投影图	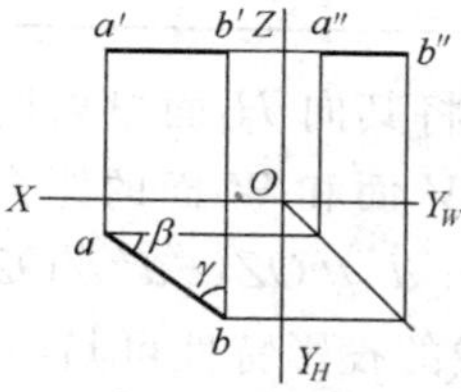	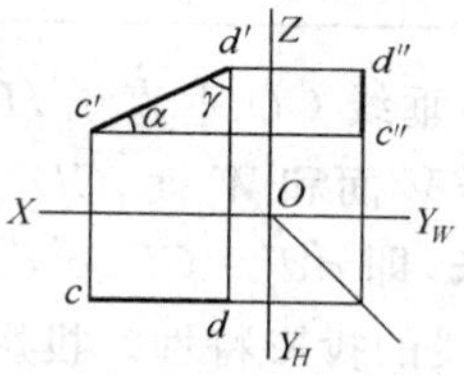	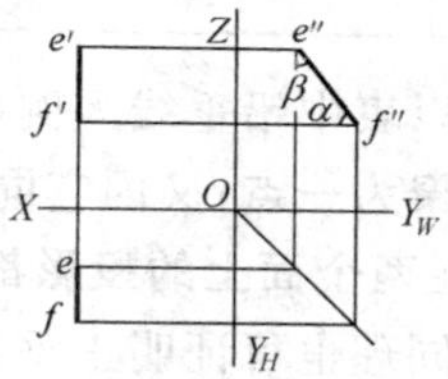
投影特性	(1)ab 反映实长及真实倾角 β、γ (2)$a'b' /\!/ OX$ 轴，$a''b'' /\!/ OY_W$ 轴，长度缩短	(1)$c'd'$ 反映实长及真实倾角 α、γ (2)$cd /\!/ OX$ 轴，$c''d'' /\!/ OZ$ 轴，长度缩短	(1)$e''f''$ 反映实长及真实倾角 α、β (2)$e'f' /\!/ OZ$ 轴，$ef /\!/ OY_H$ 轴，长度缩短

2. 投影面的垂直线

垂直于一个投影面，必然平行于另外两个投影面的直线，称为投影面垂直线。表 1-2 列出了投影面垂直线的直观图、投影图和投影特性。

表 1-2　投影面垂直线

名称	铅 垂 线	正 垂 线	侧 垂 线
特征	$\perp H$，$/\!/V$，$/\!/W$	$\perp V$，$/\!/H$，$/\!/W$	$\perp W$，$/\!/V$，$/\!/H$
实例	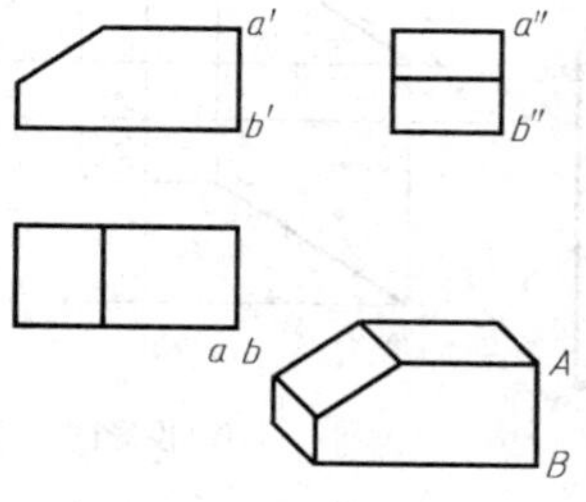	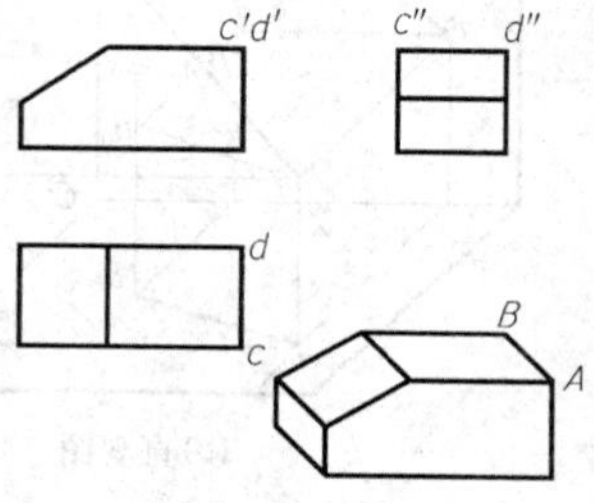	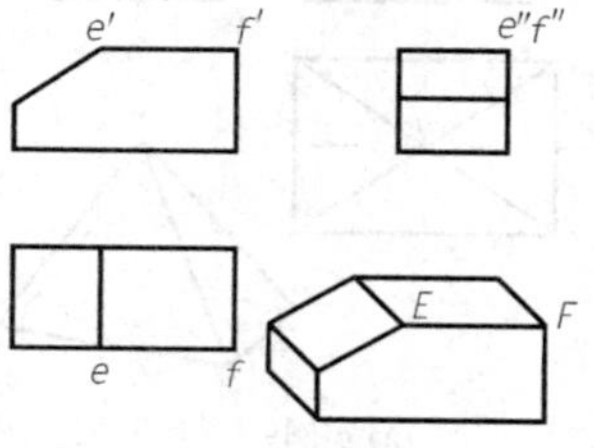

续上表

名称	铅垂线	正垂线	侧垂线
特征	$\perp H, /\!/ V, /\!/ W$	$\perp V, /\!/ H, /\!/ W$	$\perp W, /\!/ V, /\!/ H$
直观图			
投影图			
投影特性	(1) ab 积聚成一点 (2) $a'b'//OZ$、$a''b''//OZ$，都反映实长	(1) $c'd'$ 积聚成一点 (2) $cd//OY_H$、$c''d''/\!/OY_W$，都反映实长	(1) $e''f''$ 积聚成一点 (2) $e'f'//OX$、$ef//OX$，都反映实长。

以表中铅垂线为例可知：因铅垂线 CD 垂直于 H 面，因此将其向 H 面投射时，其**水平投影积聚为一点**；又因它同时平行于 V 面和 W 面，CD 上各点到 V 面和 W 面的距离相等，所以 CD 在**两个面上的投影都反映实长**，即 $c'd'=CD$、$c''d''=CD$，且 $c'd'/\!/OZ$、$c''d''/\!/OZ$。

同理也可证明正垂线和侧垂线的投影特性。投影面垂直线的投影特性可归纳如下：

(1) 投影面垂直线在其所垂直的投影面上的投影积聚为点。

(2) 投影面垂直线在其他两个投影面上的投影反映实长，且平行于相应的投影轴。

3. 一般位置直线

一般位置直线相对于三个投影面都是倾斜的(图 1-20)。若过点 A 作线段 $AB_0//ab$ 交 Bb 于 B_0，则 $AB_0=ab$。在直角三角形 AB_0B 中，AB_0 为直角边，其长度小于 AB，所以 $ab<AB$，而$\angle BAB_0$ 反映直线 AB 与投影面 H 的夹角 α。因此，**$a'b'$ 与 OX 夹角不能反映倾角 α**。由此可归纳一般位置直线的投影特性如下：

(1) 三个投影都与投影轴倾斜且长度都比实长短。

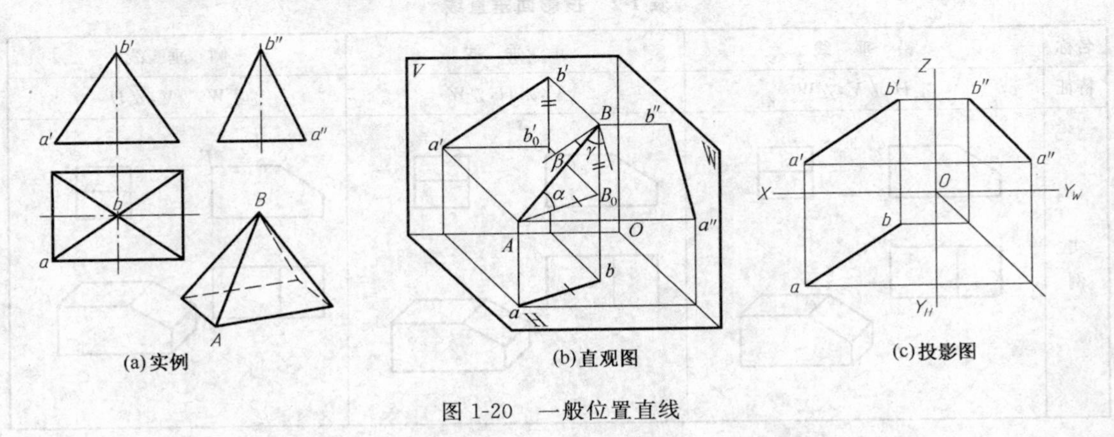

图 1-20　一般位置直线

(2) 三个投影与投影轴的夹角都不反映直线对投影面的倾角。

在一般位置直线的投影图上不能反映线段的实长及其与投影面的倾角。但在工程上，又常常需要在投影图上用作图的方法求出线段的实长及其与投影面的倾角，下面我们将介绍用变换投影面法解决这一问题的图解方法。

三、换面法及直线的换面

1. 换面法的基本概念

由投影面平行线的投影能反映直线的实长及其对投影面的倾角得到启示，当几何元素(点、线、面)在两投影面体系中，对某一对投影面处于特殊位置时，可以直接利用一些投影特性求解图示和图解问题并使作图简化。因此，研究其原理和作图方法，具有重要的理论和实际意义。在图 1-21(a)中，直线 AB 为倾斜线，在两投影面体系中其投影均不反映实长。若保留一个投影面(如 H 面)，用垂直于保留投影面的新投影面(如 V_1 面)替换另一投影面(如 V 面)，组成一个新的两投影面体系，使直线 AB 在新投影面体系中与新投影面平行，则 AB 在新投影面上的投影反映实长，其与新投影轴的夹角是 AB 与 H 面的倾角 α。保持几何元素的空间位置不变，用一个新投影面替换原投影体系中的某个投影面，与保留投影面构成新的投影面体系，并使几何元素在新投影体系中处于有利于解题的特殊位置，在新投影面体系中作图求解，称变换投影面法，简称换面法。

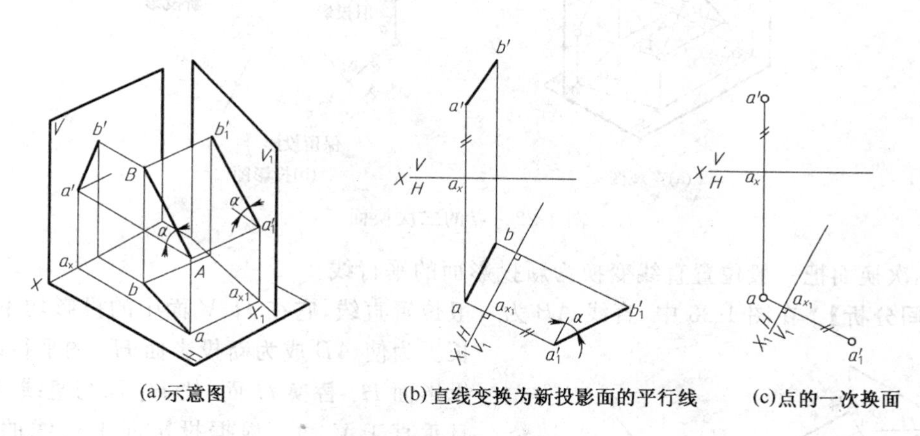

图 1-21　换面法概念

2. 换面法的基本作图方法

由图 1-21 可归纳出建立新投影面体系的原则是：

(1) 新投影面必须垂直于保留投影面，构成一个新的两投影面体系，以便应用正投影规律求作新投影面上的投影[图 1-21(a)]。

(2) 新投影面必须与空间几何元素处于有利于解题的特殊位置[图 1-21(a)、(b)]。

若变换一次投影面即可使空间几何元素的新投影处于有利于解题的位置，称为一次换面，若需变换二次投影面才能解决问题，则称二次换面。必要时还可多次换面。

如图 1-21(c)，已知直线 AB 上的点 A 在 V/H 体系中的投影 a' 和 a。若保留 H 面，并选取一新投影面 V_1 来替换 V 构成新投影体系 H/V_1。将点 A 向 V_1 面投射得新投影 a_1'，则称 a' 为旧投影、a 为保留投影。在新投影体系 H/V_1 中，$a_1 a_{x1}$ 是点 A 到 V 面的距离，而在旧投影体系 V/H 中，aa_x 也是点 A 到 V 面的距离，所以 $a_1' a_{x1} = Aa = a' a_x$；此外，当 V_1 面绕 X_1 轴

旋转到与 H 面重合时，根据正投影原理知，在新投影体系 H/V_1 中，$a_1{}'$和 a 的连线垂直于新投影轴 X_1，由此可得点的投影变换规律：

(1) 点的新投影与保留投影的连线垂直于新投影轴。

(2) 点的新投影到新投影轴的距离等于被替换的旧投影到旧投影轴的距离。

根据上述投影变换规律，求作点 A 新投影的作图步骤如下：

(1) 首先按解题需要，确定新投影面，即在适当的位置作新投影轴 X_1。

(2) 过保留投影 a 向新投影轴 X_1 作垂线，交 X_1 轴于 a_{x1}。

(3) 量取 $a_1{}'a_{x1}=a'a_x$，即得到点 A 的新投影 $a_1{}'$。

用新投影面 H_1 代替旧投影面 H 时，求作 H_1 面上点的新投影的作图过程与上述类似。

多次换面时，也是连续地按上述步骤作图。只是第二次换面时，第一次换面时的保留投影为第二次换面的旧投影，第一次换面所求新投影为第二次换面的保留投影。第一次换面后的新投影、新投影轴、新投影的符号均加注脚标“1”，第二次换面后的新投影、新投影轴、新投影的符号均加注脚标“2”，如图 1-22 所示。

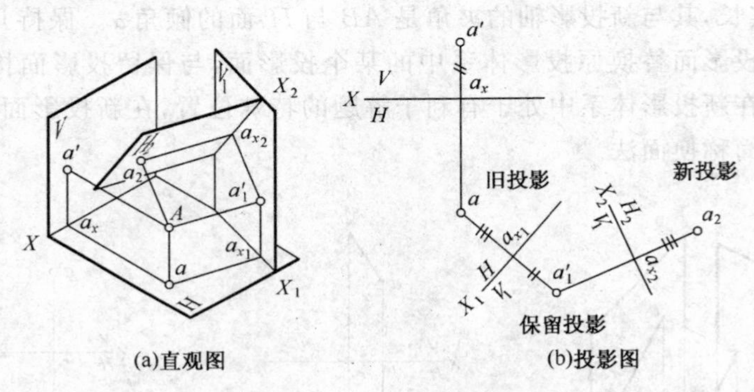

(a)直观图　(b)投影图

图 1-22　点的二次换面

3. 一次换面把一般位置直线变换为新投影面的平行线

【空间分析】 在图 1-23 中，直线 AB 为一般位置直线，它在 H、V 面中的投影均不反映实长。为使 AB 成为新投影面 H_1 的平行线，用新投影面 H_1 替换 H 面，使 H_1 面与直线 AB 平行且垂直于 V 面。根据投影面平行线的投影特性，新投影轴 X_1 应与 $a'b'$平行。而且新投影 a_1b_1 与新投影轴 X_1 的夹角反映了直线 AB 与正投影面的夹角 β。因为换面时 V 面是不变的保留投影面。因此直线 AB 与保留投影面 V 的倾角不变。

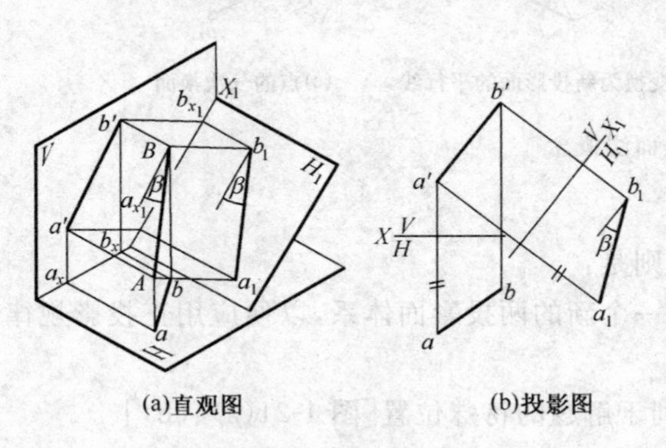

(a)直观图　(b)投影图

图 1-23　一般位置线变换为投影面平行线(保留 V 面)

【作图步骤】

(1) 画出新投影轴 X_1，使 $X_1 /\!/ a'b'$(与远近无关)。

(2) 根据点的投影变换规律作出 AB 端点 A 的新投影 a_1 和端点 B 的新投影 b_1。

(3) 连接 a_1b_1 即为直线 AB 的新投影。

另外，如图 1-21(b)，为使一般位置直线 AB 变换为新投影面 V_1 的平行线，应以新投影面 V_1 代替 V，使 V_1 面平行于 AB 且垂直于 H 面。其作图方法与上例类似，取新投影轴 X_1 平行

于保留投影 ab，求出 AB 在 V_1 面的新投影 $a_1'b_1'$，$a_1'b_1'$ 反映 AB 的实长，$a_1'b_1'$ 与新投影轴 X_1 的夹角反映了 AB 与 V 面的倾角 β。

4. 一次换面把投影面平行线变换为新投影面的垂直线

【空间分析】 在图 1-24 中，由于 AB 为正平线，因此选择新投影面 H_1 垂直于直线 AB，则 H_1 必垂直于 V 面，AB 在 V/H_1 新的两投影面体系中成为 H_1 面的垂直线。按照投影面垂直线的投影特性，新投影轴 X_1 垂直于保留投影 $a'b'$。

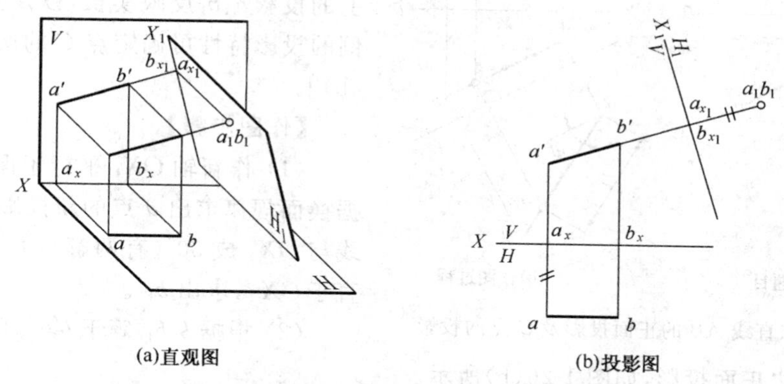

(a)直观图　　(b)投影图

图 1-24　正平线变换为投影面垂直线(保留 V 面)

【作图步骤】

(1) 绘制新投影轴，使 $X_1 \perp a'b'$。

(2) 根据点的投影变换规律，求出 AB 在 H_1 面的新投影 a_1b_1，a_1b_1 必积聚为一点。

同理，经一次换面可将水平线变换成新投影面 V_1 的垂直线。此时，需用 V_1 面替换 V 面，保留 H 面。

显然，若将一般位置直线变换为新投影面的垂直线，必须连续变换两次投影面。如图 1-25(a)，先以新投影面 V_1 代替 V，使 V_1 平行于 AB 且垂直于 H，则 AB 在 V_1/H 体系中为 V_1 面的平行线；再以新投影面 H_2 代替 H，使 H_2 同时垂直于 AB 及 V_1，则 AB 在 V_1/H_2 体系中变换成 H_2 面的垂直线。作图过程参见图 1-25(b)。

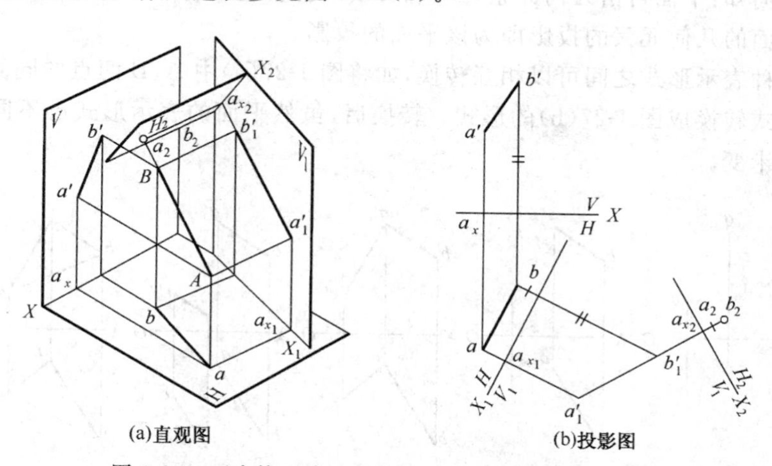

(a)直观图　　(b)投影图

图 1-25　两次换面将一般位置线变换为投影面垂直线

当然亦可先以 H_1 面替换 H 面，再以 V_2 面替换 V 面，使一般位置直线 AB 变换为 V_2/H_1 投影体系中 V_2 面的垂直线，其作图方法与上述类似。

【例 1-3】 如图 1-26(a)，已知直线 AB 的水平投影 ab 和 A 点的正面投影 a'，且 $\alpha=30°$，试求(1)直线 AB 的正面投影 $a'b'$；(2)在直线 AB 上定一点 C，使 $AC=15$ mm。

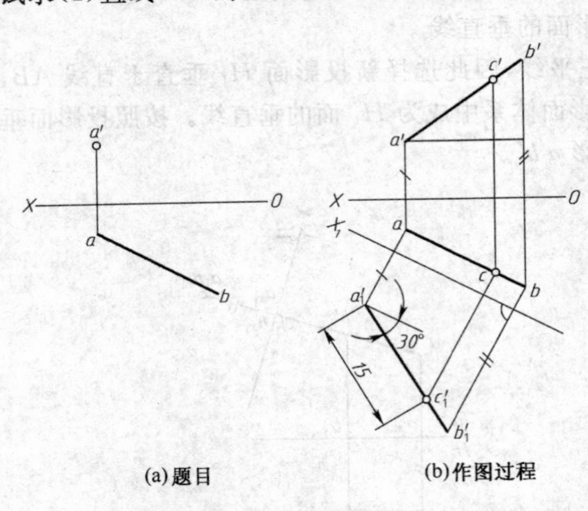

(a)题目　　(b)作图过程

图 1-26　求直线 AB 的正面投影及 C 点的投影

【分析】 由于已知 AB 的水平投影 ab 及其 α，因此，保留 H 面，用 V_1 面替换 V 面，根据 $\alpha=30°$可作出 AB 在新投影面上的投影 $a_1'b_1'$，从而可确定 b'。根据 AB 在新投影面上的投影 $a_1'b_1'$ 反映实长，以及点分线段成比例的投影特性可确定点 C 的两投影[图 1-26(b)]。

【作图步骤】

(1) 作新轴 OX_1 平行于保留投影 ab，根据换面规律求出 a 点的新投影 a_1'，过 a_1'点作线与 OX_1 成 30°(有两解)，并过 b 点作线垂直于 OX_1，求出 b_1'。

(2) 根据 $b_1'b_{x1}$ 等于 $b'b_x$，确定 b'点，连接 $a'b'$即为所求之正面投影，如图 1-26(b)所示。

(3) 在 $a_1'b_1'$上量取 15 mm 确定 c_1'，按投影规律可确定 C 的两投影 c、c'，如图 1-26(b)所示。

第四节　面的投影及其投影分析

前一节介绍了线的投影及相关特性，当线运动的时候便形成面。直线的运动方式不同，可形成不同性质的面，即平面或曲面。而曲线的运动只能形成曲面。

一、平面的表示法

由初等几何知：平面可由几何元素(如点、直线)确定，通常有图 1-27 所示的五种形式。因此作出确定平面的几何元素的投影即为该平面的投影。

平面的各种表示形式之间可以相互转换，如将图 1-27(a)中 A、B 两点的同面投影相连，则平面的表示形式转换成图 1-27(b)的形式。转换后，虽然平面的表示形式已不同，但平面在空间的位置始终未变。

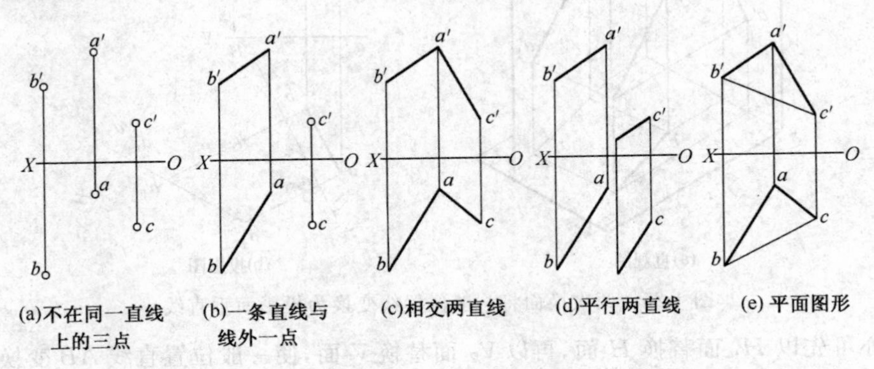

(a)不在同一直线上的三点　(b)一条直线与线外一点　(c)相交两直线　(d)平行两直线　(e)平面图形

图 1-27　用几何元素表示平面

二、三投影体系中各种位置平面及其投影特性

1. 平面的投影特性

平面相对于一个投影面有平行、垂直和倾斜三种位置，不同位置具有不同的投影特性。

(1) 当平面与投影面垂直时，由于平面平行于投射方向，平面的投影积聚为一条直线，称积聚性[图 1-28(a)]。

(2) 当平面平行于投影面时，平面的投影反映实形，称实形性[图 1-28(b)]。

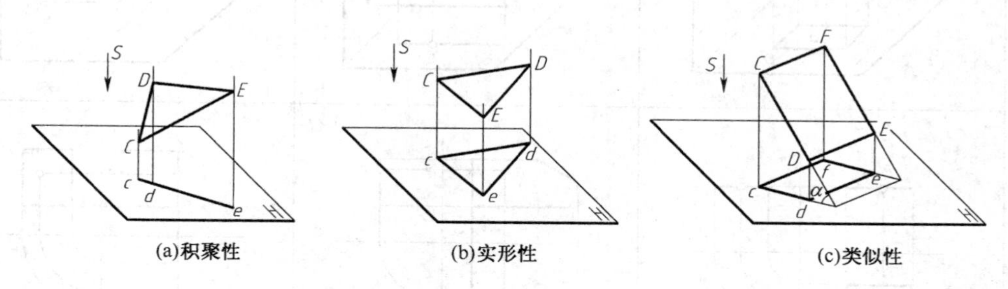

(a)积聚性　(b)实形性　(c)类似性

图 1-28　平面的投影特性

(3) 当平面倾斜于投影面时，平面在投影面上的投影是一个和原平面类似并小于原平面的类似形，称类似性[图 1-28(c)]。

平面在三投影面体系中相对于投影面的位置仍是平行、垂直和倾斜三类。平行于一个投影面，必然垂直于另外两个投影面的平面，称为投影面的平行面(简称平行面)。垂直于一个投影面，而必须倾斜于另外两个投影面的平面，称为投影面的垂直面(简称垂直面)。对三个投影面都倾斜的平面称为一般位置平面。前两类中的每一类又可各分为三种情况，统称为特殊位置平面。平面与投影面的夹角称为倾角。平面与 H、V 和 W 面的倾角分别用 α、β 和 γ 表示。

2. 投影面平行面

投影面平行面分为：平行于 V 面、垂直于 H 面和 W 面的**正平面**，平行于 H 面、垂直于 V 面和 W 面的**水平面**，平行 W 面、垂直于于 V 面和 H 面的**侧平面**。表 1-3 列出了投影面平行面的直观图、投影图和投影特性。

表 1-3　投影面平行面

名称	水　平　面	正　平　面	侧　平　面
特征	∥H 面，⊥V 面和 W 面	∥V 面，⊥H 面和 W 面	∥W 面，⊥H 面和 V 面
实例	a′　a″　a　A	a′　a″　a　A	a′　a″　a　A

续上表

名称	水平面	正平面	侧平面
特征	$//H$ 面，$\perp V$ 面和 W 面	$//V$ 面，$\perp H$ 面和 W 面	$//W$ 面，$\perp H$ 面和 V 面
直观图	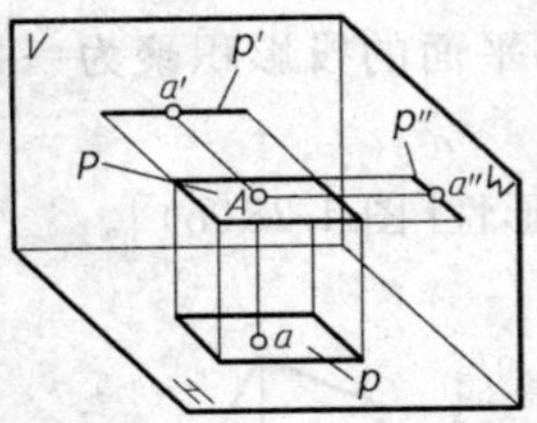	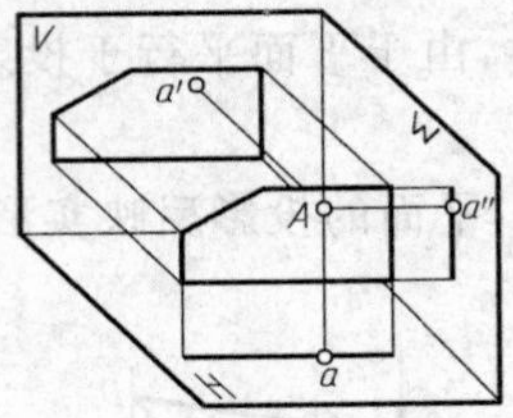	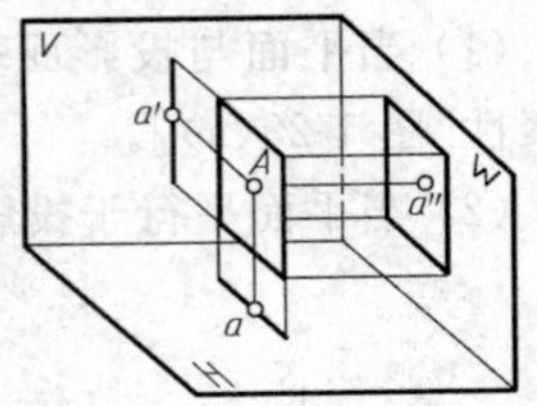
投影图	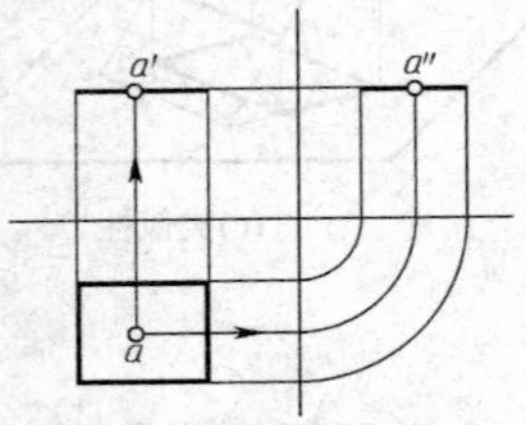	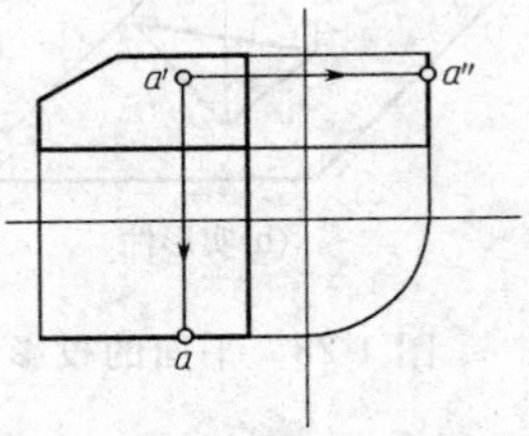	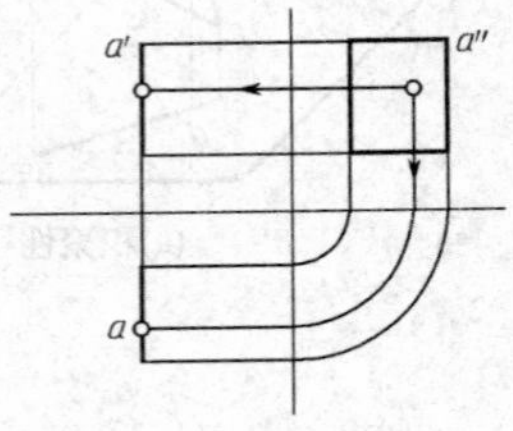
投影特性	(1)水平投影反映实形 (2)正面和侧面投影都积聚成直线段且分别平行于 OX 和 OY_W 轴	(1)正面投影反映实形 (2)水平投影和侧面投影积聚成直线段且分别平行于 OX 和 OZ 轴	(1)侧面投影反映实形 (2)正面投影和水平投影积聚成直线段且分别平行于 OZ 和 OY_H 轴

以表 1-3 中的水平面为例可知：因水平面 P 与 H 面平行，故其在 H 面的投影 p 反映实形；因水平面 P 还同时与 V、W 两投影面垂直，所以它在这两个面上的投影 p' 与 p'' 都积聚为一条直线段。平面 P 与 H 面平行，还意味着 P 平面上所有点到 H 面的距离都相等，所以 p' 上的点到 OX 轴的距离都相等，p'' 上的点到 OY 轴的距离都相等，故 $p' // OX$，$p'' // OY$。同理，可证明正平面和侧平面的投影特性。投影面平行面的投影特性归纳如下：

(1) 平面在其所平行的投影面上的投影反映实形。

(2) 在另外两个投影面上的投影都积聚成直线段，且分别平行于相应的投影轴。

3. 投影面垂直面

投影面垂直面分为：垂直于 H 面、倾斜于 V 面和 W 面的铅垂面，垂直于 V 面、倾斜于 H 面和 W 面的正垂面，垂直于 W 面、倾斜于 V 面和 H 面的侧垂面。表 1-4 列出了投影面垂直面的直观图、投影图和投影特性。

以表 1-4 中的铅垂面为例可知：因铅垂面 T 垂直于 H 面，所以它的水平投影积聚为一条直线段 t。如果将 T 延展使其与 V 面相交，则 t 与 OX 的夹角反映铅垂面 T 与 V 面的倾角 β；同样，t 与 OY_H 的夹角反映铅垂面 T 与 W 面的倾角 γ。因为 T 对 V 面和 W 面都倾斜，所以正面投影 t' 和侧面投影 t'' 为类似形。同理也可证明正垂面和侧垂面的投影特性。投影面垂直面的投影特性可归纳如下：

(1) 平面在其所垂直的投影面上的投影积聚成倾斜的直线段，该直线段与投影轴的夹角分别反映平面对另外两个倾斜投影面倾角。

(2) 在另外两个倾斜投影面上的投影，仍为平面图形，但是类似形，不反映实形。

表 1-4　投影面垂直面

名称	铅垂面	正垂面	侧垂面
特征	⊥H 面，倾斜于 V、W 面	⊥V 面，倾斜于 H、W 面	⊥W 面，倾斜于 H、V 面
实例			
直观图			
投影图			
投影特性	(1) 水平投影积聚为一条倾斜的直线段，该线段与 OX、OY_H 轴的夹角即为该平面与 V 面和 W 面的倾角 β 和 γ (2)正面和侧面投影为类似形	(1)正面投影积聚为一条倾斜的直线段，该线段与 OX、OZ 轴的夹角即为该平面与 V 面和 W 面的倾角 α 和 γ (2)水平和侧面投影为类似形	(1)侧面投影积聚为一条倾斜的直线段，该线段与 OY_W、OZ 轴的夹角即为该平面与 H 面和 V 面的倾角 α 和 β (2)水平和正面投影为类似形

4. 一般位置平面

如图 1-29 所示，一般位置平面对三个投影面 V、H、W 都倾斜，因此它的三个投影均为类似形，不能反映实形。显然，也不能直接反映该平面对各投影面的倾角。

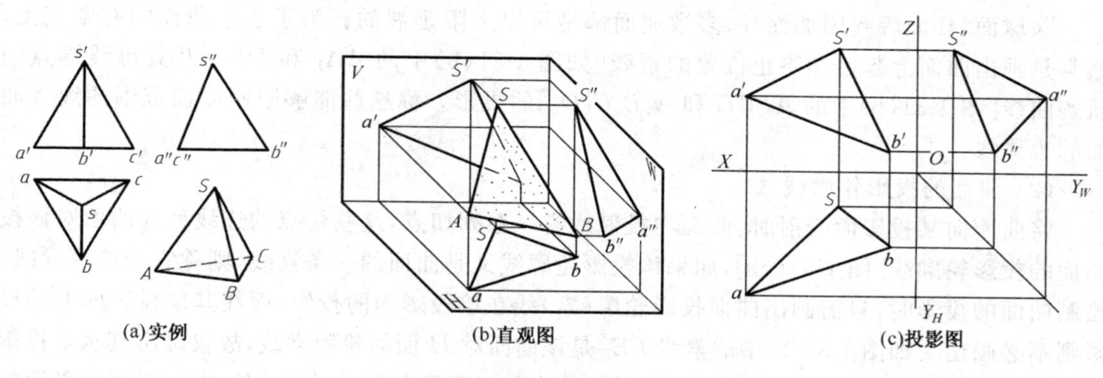

图 1-29　一般位置平面

三、曲面的投影

1. 曲面的形成和分类

曲面可看作是一动线在空间连续运动所形成的轨迹。该动线称为**母线**，母线处于曲面上任一位置时，称为**素线**。母线作不规则运动形成不规则曲面；作规则运动形成规则曲面。如图1-30，母线 AA_1 沿曲线 $ABCD$ 运动且始终平行于直导线 MN，故母线 AA_1 运动所形成的曲面为规则曲面。

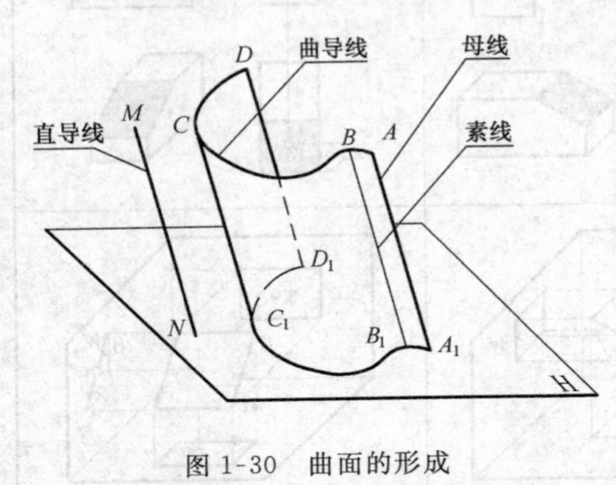

图 1-30 曲面的形成

控制母线运动，而本身不动的几何元素，如图1-30 中的 MN 和 $ABCD$，称为**导元素**（导线、导面、导点）。

根据母线的形状，规则曲面可分为直纹曲面和曲纹曲面。

(1) 直纹曲面——由直母线运动而形成的曲面称为直纹曲面，它又可分为单曲面和扭曲面。

(2) 曲纹曲面——由曲母线运动而形成的曲面称为曲纹曲面，它又可分为定线曲面和变线曲面。

表 1-5 是工程上常见曲面的分类。

表 1-5 曲面的分类

直纹曲面	单曲面	锥面、圆锥面、柱面、圆柱面、切线曲面、渐开线螺旋面	可展
	扭曲面	双曲抛物面、锥状面、柱状面、斜螺旋面（阿基米德螺旋面）、单叶双曲回转面	不可展
曲纹曲面	定线曲面	球面、环面、回转抛物面、柱状圆纹曲面	不可展
	变线曲面	羊角状圆纹曲面、椭圆抛物面	

不论是直纹曲面还是曲纹曲面，若曲面形成是由母线（直线或曲线）绕其直导线回转一周而形成的，又称回转面，如圆锥面、圆柱面、圆球面、圆环面、单叶双曲回转面等。

2. 曲面的表示法

从几何学观点来看，画出形成曲面的几何元素的投影，该曲面即可确定，如图 1-31(a)。但是在工程图中，通常还需画出曲面边界线、曲面轮廓线等几何元素的投影。

(1) 曲面边界线的投影

除球面、环面等封闭曲面外，多数曲面都是可以无限延展的。为了表示曲面的有限范围，通常是画出曲面上起始和终止位置的素线[如图 1-31(b)中的 AA_1 和 DD_1]及其母线端点的轨迹曲线[图 1-31(b)中的 $ABCD$ 和 $A_1B_1C_1D_1$]的投影。称这些能够限制曲面范围的线为曲面的边界线。

(2) 曲面的投影轮廓线

将曲面向某投影面投射时，曲面与投射线有一系列切点，这些切点的连线称为曲面对该投影面的投影轮廓线[图 1-31(c)]，如果该投影轮廓线又是曲面的一条素线，则称它为轮廓素线。绘制曲面的投影时，只需画出曲面投影轮廓（素）线在该投影面的投影，而在其他投影面上的投影则不必画出。如图 1-31(b)中的素线 EE_1 是该曲面对 H 面的轮廓素线，故仅画出其水平投影 ee_1；素线 CC_1 是曲面对 V 面的轮廓素线，故仅画出其正面投影为 $c'c_1'$。此外，曲面对某投影面的轮廓素线也是曲面对该投影面的可见性分界线[图 1-31(c)]，所以也称之为曲面的外视转向线。

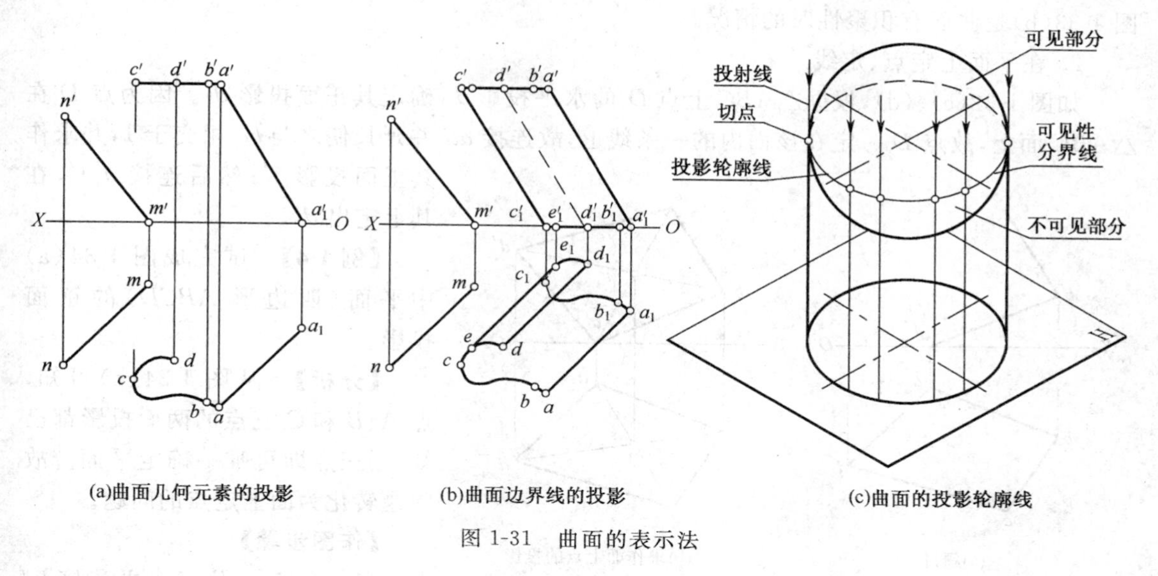

(a)曲面几何元素的投影　(b)曲面边界线的投影　(c)曲面的投影轮廓线

图 1-31　曲面的表示法

四、面内的点和线

1. 点和线属于面的几何条件

(1) 点属于(平)面内任一条(直)线，则点属于该(平)面，如图 1-32(a)所示。

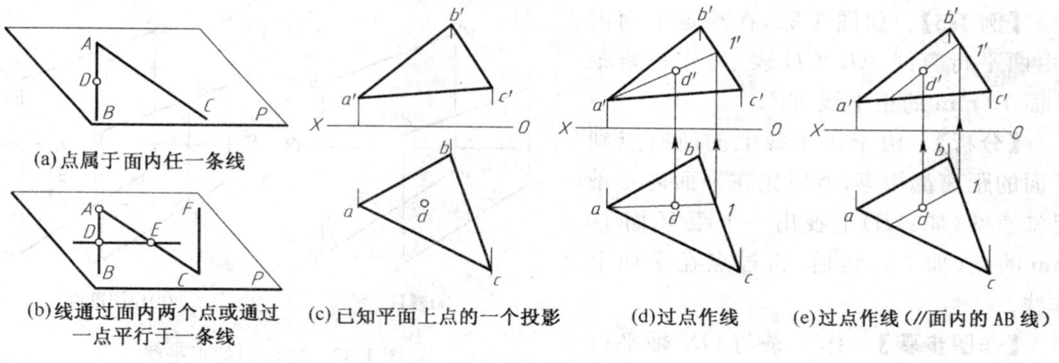
(a)点属于面内任一条线　(b)线通过面内两个点或通过一点平行于一条线　(c)已知平面上点的一个投影　(d)过点作线　(e)过点作线(//面内的 AB 线)

图 1-32　在平面上定点

(2) 直线通过平面内的两个点[图 1-32(c)]，或通过平面内的一个点且与平面内任一直线平行，则直线属于平面，如图 1-32(b)所示。

根据以上几何条件，在面(平面或曲面)上定点、定线的作图方法是：在面上定点，必须先在面上取线；但要在面上取线，又必须先在面上的已知(直)线上找点[图 1-32(d)]。它们之间就是这种循环嵌套、相互依存的关系，并没有什么先后顺序之分。

若面的投影有积聚性，则利用积聚性这一投影特性，作图过程可简化。如图 1-

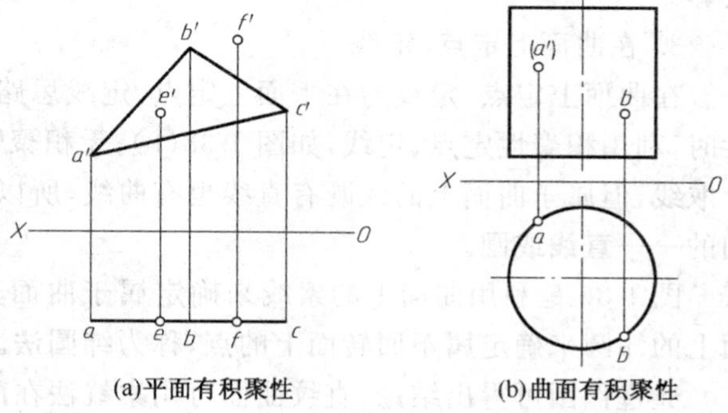
(a)平面有积聚性　(b)曲面有积聚性

图 1-33　利用积聚性在平面上和曲面上定点

33(a)中,点 E 和 F 在正平面△ABC 上,并知点的正面投影 e' 和 f',确定其水平投影 e 和 f。图 1-33(b)是曲面有积聚性时的情况。

2. 在平面上定点、定线

如图 1-32(c)、(d),根据△ABC 上点 D 的水平投影 d,确定其正面投影 d'。因为点 D 在△ABC 面上,故点 D 一定在该面内的一条线上,故连接 ad 并延长使之与 bc 相交于 1,并求作其正面投影 1′;然后连接 $a'1'$,在其上定出 d'。

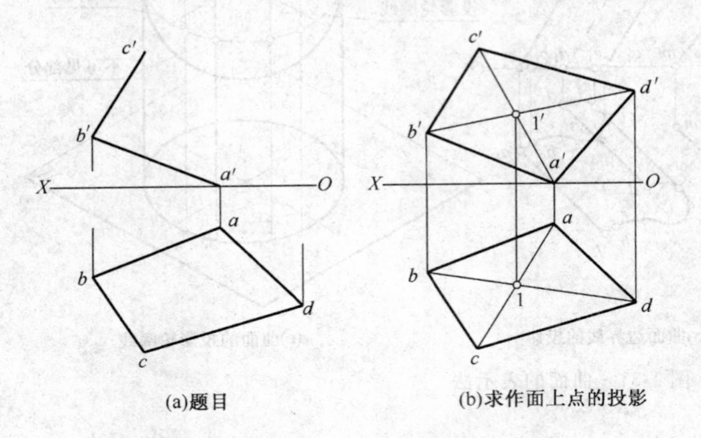

图 1-34　求平面四边形的正投影

【例 1-4】　试完成图 1-34(a)中平面(四边形 $ABCD$)的正面投影。

【分析】　从图 1-34(a)可知,点 A、B 和 C 三点的两面投影都已知,因三点即可唯一确定平面。故问题转化为面上定点的问题。

【作图步骤】

(1) 连接 ac 及 $a'c'$,并连接 bd 交 ac 于 1 点,1′在 $a'c'$ 上;

(2) 在 $b'1'$ 的延长线上定出 d',连接相应边得四边形 $ABCD$ 的正面投影,如图 1-34(b)所示。

【例 1-5】　如图 1-35,在给定平面内(由两平行直线 AB、CD 表示)作一条距 V 面 10 mm 的正平线 EF。

【分析】　由于正平线上的所有点到 V 面的距离都相等,所以先在平面内一条已知直线(如 AB)上找出一个距 V 面 10 mm 的点(如 E),然后,再过点在平面上作线。

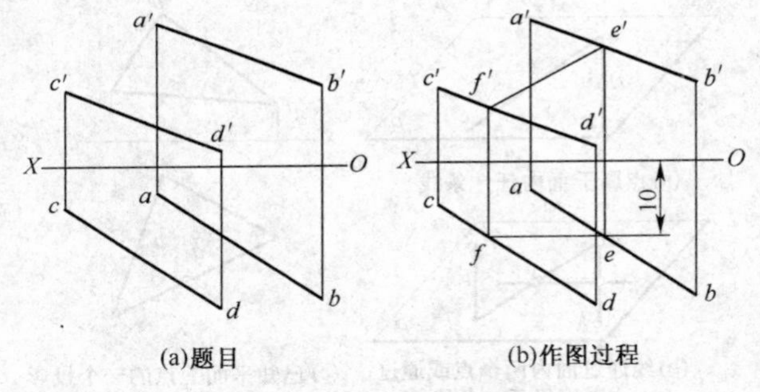

图 1-35　平面内的正平线

【作图步骤】　作一条与 OX 轴平行且距离为 10 mm 的直线,交 ab 于点 e,交 cd 于点 f,在 $a'b'$ 上定出 e',在 $c'd'$ 上定出 f',连接 $e'f'$ 即作出平面内正平线 EF 的两面投影。

3. 在曲面上定点、定线

在曲面上定点、定线与在平面上定点、定线思路相同,方法类似。即当曲面的投影有积聚性时,利用积聚性定点、定线,如图 1-33(b);无积聚性时,要在曲面上定点,仍是必须先在曲面上取线,但属于曲面上的线既有直线也有曲线,所以在曲面上所取之线,其投影必须是容易作图的——**直线**或**圆**。

图 1-36 是利用曲面上的素线来确定属于曲面上的点,称为**素线法**。图 1-37 是利用回转面上的纬圆来确定属于回转面上的点,称为**纬圆法**。

通过作图可得出结论:直纹曲面可用素线法在曲面上定点定线,回转面可用纬圆法在曲面上定点定线。

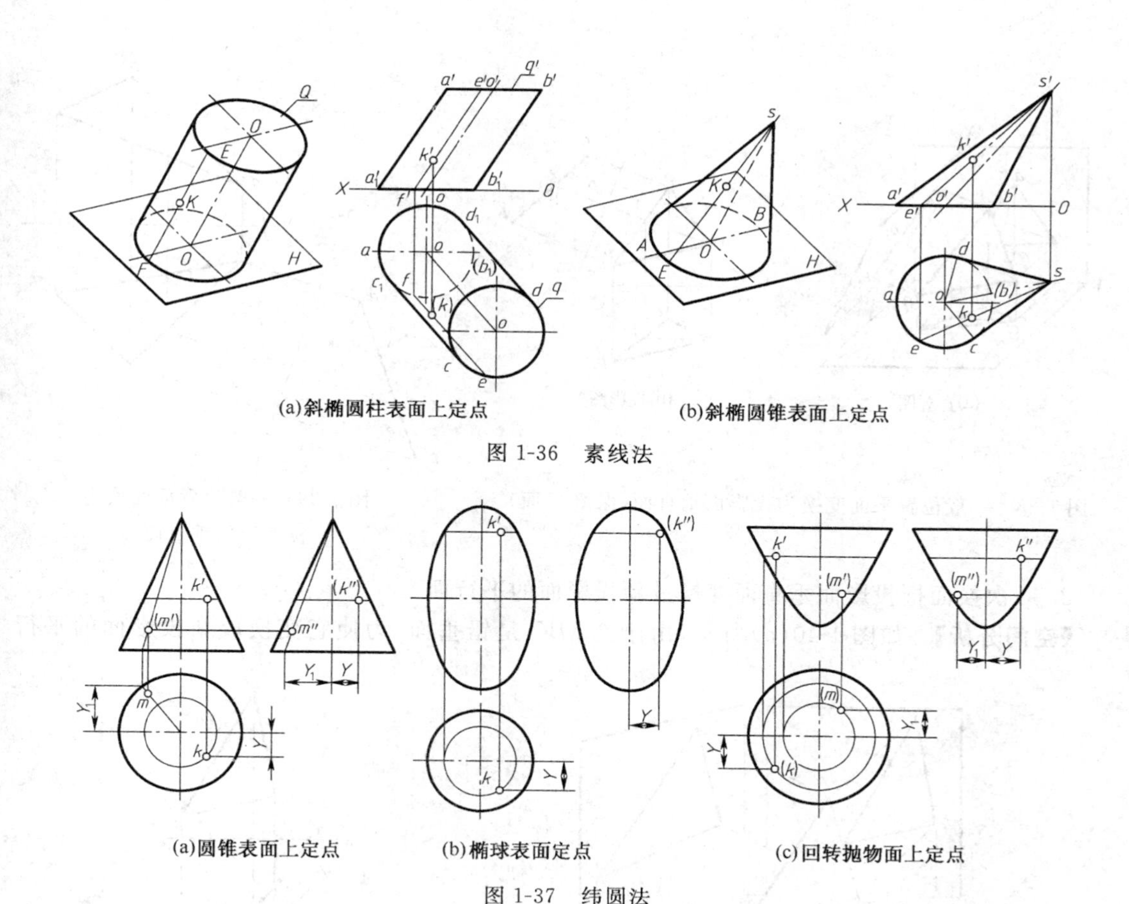

(a)斜椭圆柱表面上定点　　(b)斜椭圆锥表面上定点

图 1-36　素线法

(a)圆锥表面上定点　　(b)椭球表面定点　　(c)回转抛物面上定点

图 1-37　纬圆法

五、平面的换面

1. 一次换面把一般位置平面变换成新投影面的垂直面

【空间分析】 如图 1-38(a)所示，作一新投影面垂直于$\triangle ABC$，可将$\triangle ABC$变换为新投影面的垂直面。根据两平面垂直定理，$\triangle ABC$面上要有一条直线垂直于新投影面，又根据投影面平行线经一次换面可变换为新投影面的垂直线，所以在$\triangle ABC$上先作一条投影面平行线，例如作一正平线CⅠ，以新投影面H_1代替H，并使H_1同时垂直于面内正平线CⅠ及V面，那么$\triangle ABC$在V/H_1体系中就是H_1面的垂直面。而且新投影与X_1轴的夹角反映$\triangle ABC$与V面的倾角β。作图过程如图 1-38(b)所示。

【作图步骤】

(1) 在$\triangle ABC$上作正平线，过点C的水平投影c作$c1 /\!/ OX$轴，由$c1$求作$c'1'$。

(2) 使新投影轴$X_1 \perp c'1'$。

(3) 按点的投影变换规律作出A、B、C三点的新投影$a_1b_1c_1$。显然c_11_1积聚为一点，$a_1b_1c_1$积聚为一直线段(实际作图只找二点即可)。

新投影$a_1b_1c_1$与X_1新投影轴的夹角反映了$\triangle ABC$平面与V面的倾角β。

同理，若以新投影面V_1代替V，使V_1既垂直于$\triangle ABC$上的某条水平线(如CⅡ)，又垂直于H面。则$\triangle ABC$在V_1/H体系中一定为新投影面V_1的垂直面。作图步骤如图 1-39。新投影$a_1'b_1'c_1'$与X_1轴的夹角反映了ABC平面与H面的倾角α。

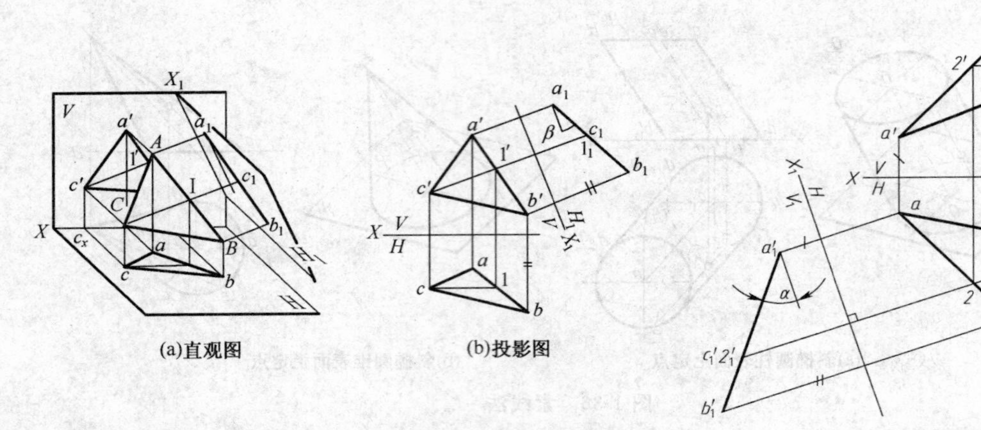

(a)直观图　　(b)投影图

图 1-38　一般位置平面变换为投影面垂直面(保留 V 面)

图 1-39　一般位置面变换为投影面的垂直面

2. 一次换面把投影面垂直面变换成新投影面的平行面

【空间分析】　如图 1-40(a)所示,由于$\triangle ABC$是铅垂面,为使它变换成新投影面的平行

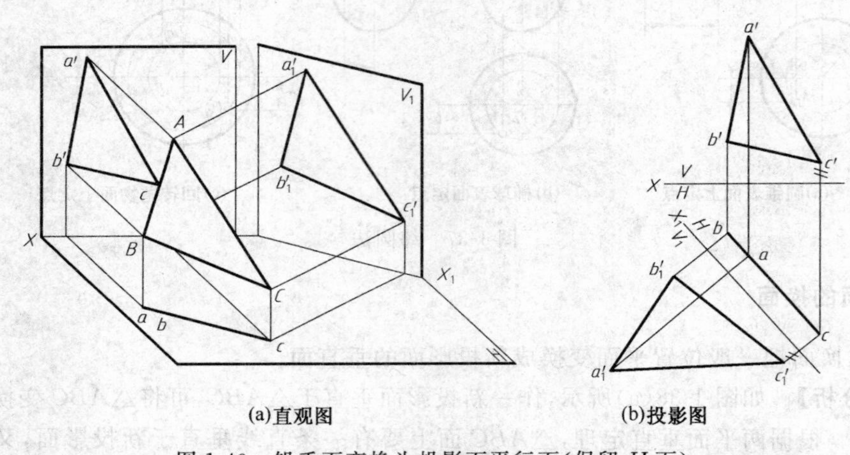

(a)直观图　　(b)投影图

图 1-40　铅垂面变换为投影面平行面(保留 H 面)

面,只需一次换面,即以新投影面 V_1 代替 V,使 V_1 平行于$\triangle ABC$,它必然垂直于 H 面,则$\triangle ABC$在 H_1/V 体系中就成为新投影面 V_1 的平行面。作图过程如图 1-40(b)所示。

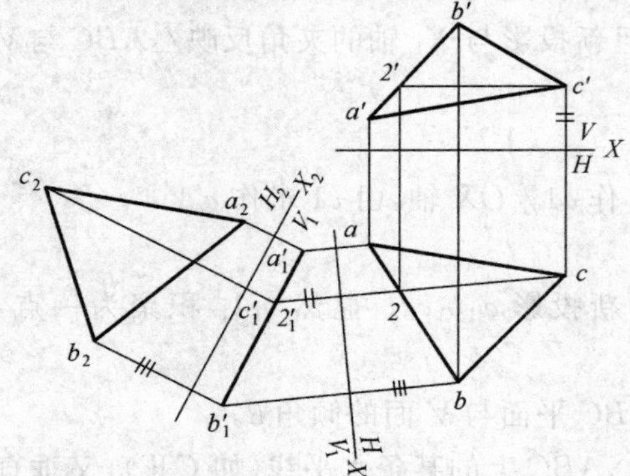

图 1-41　两次换面将一般位置面变换为投影面平行面

【作图步骤】

(1) 作 $X_1 /\!/ abc$,即使新投影轴平行于保留投影 abc。

(2) 按点的投影变换规律,作出 A、B、C 三点的新投影 $a_1'b_1'c_1'$。显然,新投影$\triangle a_1'b_1'c_1'$反映$\triangle ABC$的实形。

同理,若以新投影面 H_1 代替 H,使 H_1 平行正垂面,它必然垂直于 V 面。那么,正垂面在 V/H_1 体系中就变换为 H_1 面的平行面。

显然，要想将一般位置面换成新投影面的平行面，必须两次换面。因为一般位置面倾斜于旧投影体中的各投影面，所以不可能选择一个新投影面既平行于已知的一般位置平面又垂直于某个旧投影面。因此，先经过一次换面将一般位置平面换成新投影面的垂直面，再经第二次换面将垂直面换成新投影面的平行面。图 1-41 表示了将一般位置面△ABC 变换成新投影面平行面的作图过程。

六、工程上常用曲线的投影

1. 圆的投影

(1) 圆的投影分析

圆是工程中最常见的一种平面曲线，它不但具有曲线的投影特性，而且还具有平面的投影特性（实形性、积聚性、类似性）。所以，平行于投影面的圆投影反映为圆，垂直于投影面的圆投影积聚为长度等于直径的直线段，倾斜于投影面的圆投影为椭圆。

如图 1-42(a)所示，在平面 P 上有一圆心为 O 的圆，它与水平投影面 H 处于倾斜位置时，其投影为椭圆。圆上一对相互垂直的直径 AB 和 CD，其中一条直径（如 AB）为投影面平行线时，这对直径在该投影面上的投影为椭圆上的长、短轴 ab 和 cd。

若以平行于 P 平面的 H_1 面替换 H 面，则圆在 H_1 面上的投影反映实形。根据线的投影特性知，椭圆周上的点一定在圆周上。因此利用换面法可求出圆在 H 面上的投影——椭圆。

(2) 倾斜于投影面的圆的投影画法

图 1-42(c)是利用换面法求作椭圆的作图过程。

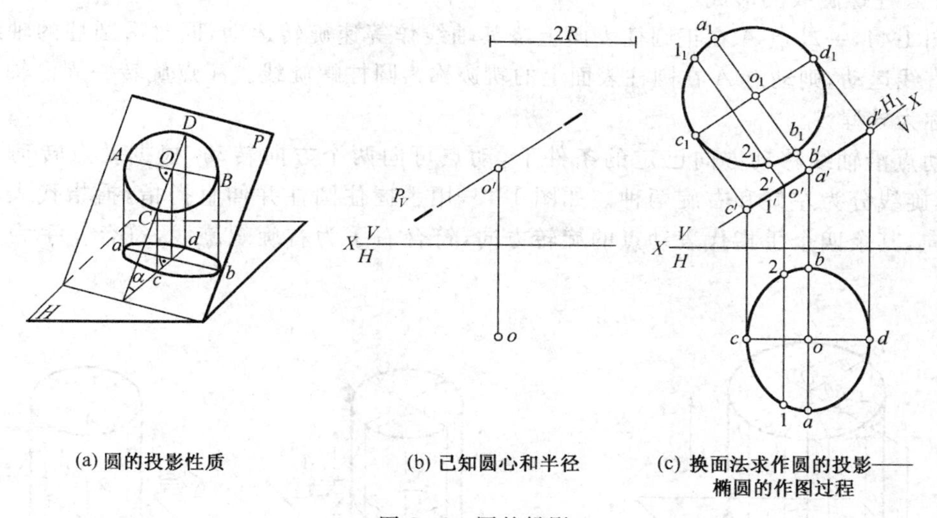

(a) 圆的投影性质　　(b) 已知圆心和半径　　(c) 换面法求作圆的投影——椭圆的作图过程

图 1-42　圆的投影

①椭圆的长轴 ab 为圆的直径 AB 的水平投影。此处 AB 为正垂线，垂直于 V 面，平行于 H 面，故 $ab \perp X$ 轴，长度等于直径($2R$)。

②椭圆的短轴 cd 为圆直径 CD 的水平投影。由于 $cd \perp ab$，必然平行于 X 轴，所以 CD 为正平线，正面投影 $c'd'$ 反映实长，根据 $c'd'$ 可求出 cd。（求得椭圆的长、短轴后，也可按第三章中所介绍的四心圆法或同心圆法作近似椭圆）。

③根据换面规律求作圆心 O 的新投影 o_1，并作出圆的新投影。

④作 $1_1 2_1$ 平行于 $a_1 b_1$，$1'2'$ 必积聚在 $c'd'$ 上，根据换面规律可求出 12。如此求得圆上若干个点的投影后，依次光滑相连即得圆的水平投影。

同理，如图 1-43 所示，利用换面法还可作出一般位置面上圆的投影。

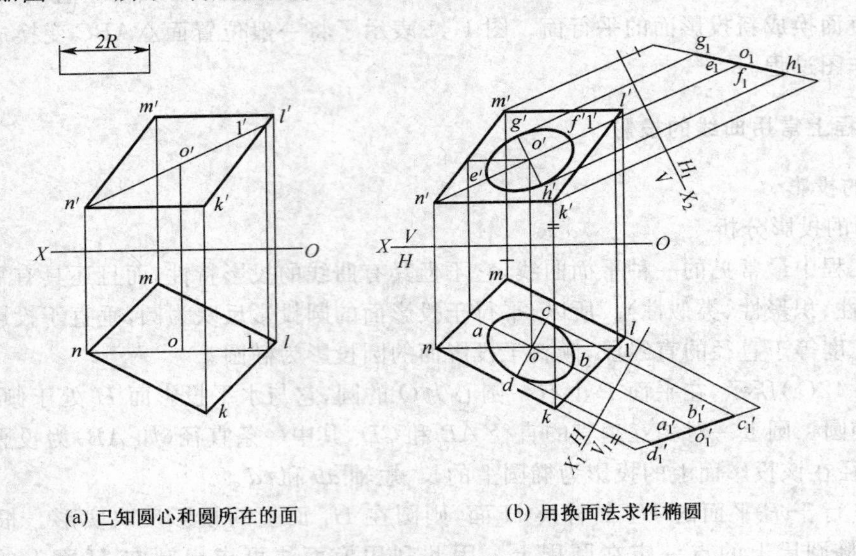

(a) 已知圆心和圆所在的面　　(b) 用换面法求作椭圆

图 1-43　一般位置面上圆的投影

2. 圆柱螺旋线的投影

圆柱螺旋线是工程上应用最广泛的一种空间曲线，如螺纹、圆柱螺旋弹簧等。

(1) 圆柱螺旋线的形成

如图 1-44，一动点 A 在正圆柱表面上绕其轴线作等速旋转运动，同时沿圆柱的轴线方向作等速直线运动，则动点 A 在圆柱表面上的轨迹称为圆柱螺旋线。A 点旋转一周沿轴向移动的距离称为导程 S。

在动点沿轴线移动方向已定的条件下，动点可向两个方向转动，根据动点转动方向的不同，螺旋线分为左旋和右旋两种。如图 1-45，用手握住圆柱并伸直拇指，拇指代表动点移动的方向，其余四个手指代表动点的旋转方向，符合右手为右旋螺旋线，符合左手为左旋螺旋线。

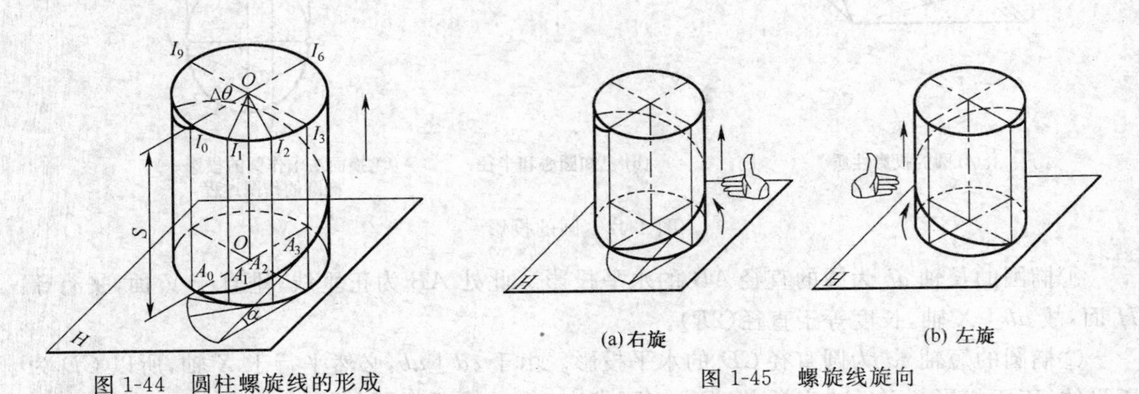

图 1-44　圆柱螺旋线的形成

(a) 右旋　　(b) 左旋

图 1-45　螺旋线旋向

(2) 圆柱螺旋线的投影

圆柱面的直径，螺旋线的旋向和导程为确定圆柱螺旋线的三要素，根据螺旋线的三要素，运用曲面上定点的方法可作出其投影图(图 1-46)。

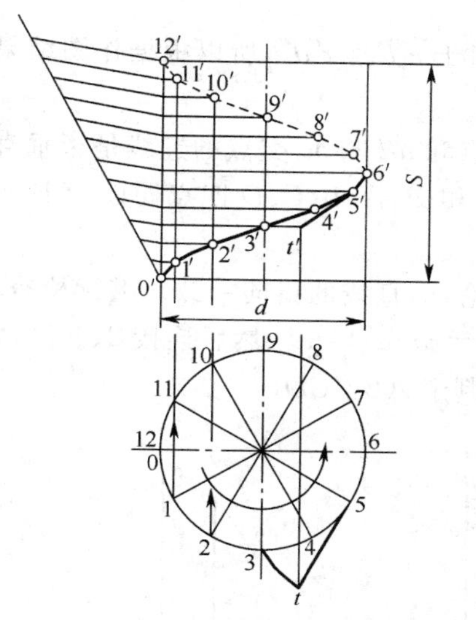

图 1-46　圆柱螺旋线的投影图

①作出直径为 d 的圆柱面的两投影,并将圆柱面的圆周及导程 S 作相同的等分(图中为 12 等分),由于圆柱面的水平投影有积聚性,所以圆周上的各等分点即为圆柱螺旋线上各点的水平投影。

②由圆周上各等分点作 OX 轴的垂线,与由导程上相应的各等分点所作的 OX 轴的平行线相交,得交点 $1'$、$2'$、$3'$、…、$12'$,即为圆柱螺旋线上各点的正面投影。

③依次光滑连接 $1'$、$2'$、$3'$、…、$12'$,并区分可见与不可见部分,即得圆柱螺旋线的正面投影。

由图 1-46 可看出,圆柱螺旋线的正面投影为一正弦曲线,其水平投影为圆。

第五节　直线、平面的相对位置

一、两直线的相对位置

两直线在空间的相对位置有三种:平行、相交和交叉。两直线平行或相交时位于一个平面内,故称为同面直线;两直线交叉时不在同一平面内,称为异面直线。

1. 两直线平行

如图 1-47 两直线 $AB /\!/ CD$,将两直线向 H 面投射,所形成的投射面相互平行,故两直线在 H 面上的投影也相互平行即 $ab /\!/ cd$。同理可证明:两直线在 H、V 和 W 三个投影面上的投影应分别平行,即 $a'b' /\!/ c'd'$、$ab /\!/ cd$ 和 $a''b'' /\!/ c''d''$。**因此,若空间两直线相互平行,一般情况下,则其同面投影必然相互平行**。反之,若两直线的各个同面投影相互平行,则两直线在空间一定平行。但是,若两直线同时是某个投影面的平行线时,平行是否则不确定。

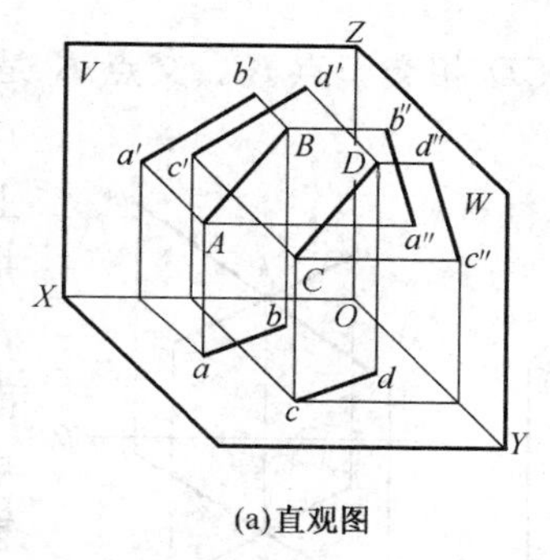

(a)直观图

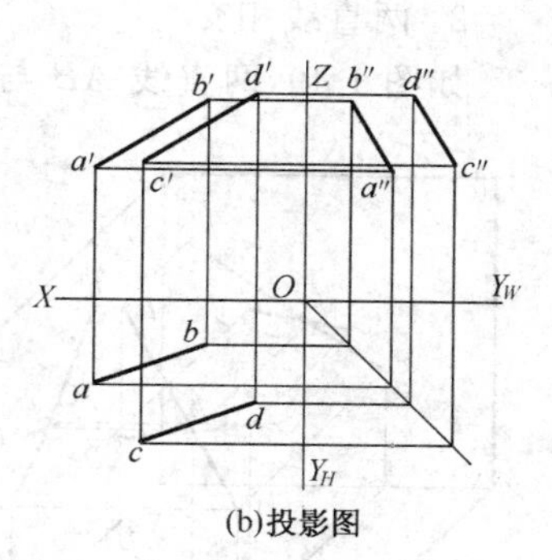

(b)投影图

图 1-47　两直线平行

【例 1-6】　图 1-48(a)给出两条侧平线 AB、CD 的两面投影,试判断 AB 与 CD 是否平行。

【分析】　由于侧平线的正面投影平行于 OZ 轴、水平投影平行于 OY_H 轴,所以,两条侧平线 AB 与 CD 的正面投影和水平投影必然相互平行,即 $ab /\!/ cd$、$a'b' /\!/ c'd'$,但是不能确定 AB 和 CD 是否平行,必须求出其侧面投影,检查 $a''b''$ 是否平行于 $c''d''$。若 $a''b'' /\!/ c''d''$[图 1-48(b)],则 AB 与 CD 平行。当然,若能通过作图证明 AB 与 CD 是同面直线也能确定 AB 与 CD 平行[图 1-48(c)]。或者先检查 AB 与 CD 两直线的指向是否一致,若不一致,两直线交叉。若一致,再根据两平行直线长度之比等于其投影长度之比,这一投影特性,进一步检查

$ab:cd$是否等于$a'b':c'd'$[图 1-48(d)]。

【作图步骤】

(1) 如图 1-48(b),求出 AB、CD 的侧投影 $a''b''$、$c''d''$,由于 $a''b''/\!/c''d''$,所以根据作图结果判定 AB、CD 两直线平行。

(2) 如图 1-48(c),连接 AD 和 BC,检查 $a'd'$ 与 $b'c'$ 交点和 ad 与 bc 交点的连线是否垂直于 OX 轴,若它们的交点连线垂直于 OX 轴,则 AD 与 BC 相交,A、B、C、D 四点同面,AB 与 CD 一定平行。

(3) 如图 1-48(d),AB 和 CD 都是向前、向下,故得结论:两直线的指向一致。继续检查,在 $a'b'$ 上量取 $a'1=c'd'$,过 a' 任作一直线,在其上量取 $a'2=cd$,$a'3=ab$,然后连接 2、1 和 3、b'。若 $21/\!/3b'$,则 $ab:cd$ 等于 $a'b':c'd'$。根据结果可以判定 $AB/\!/CD$。

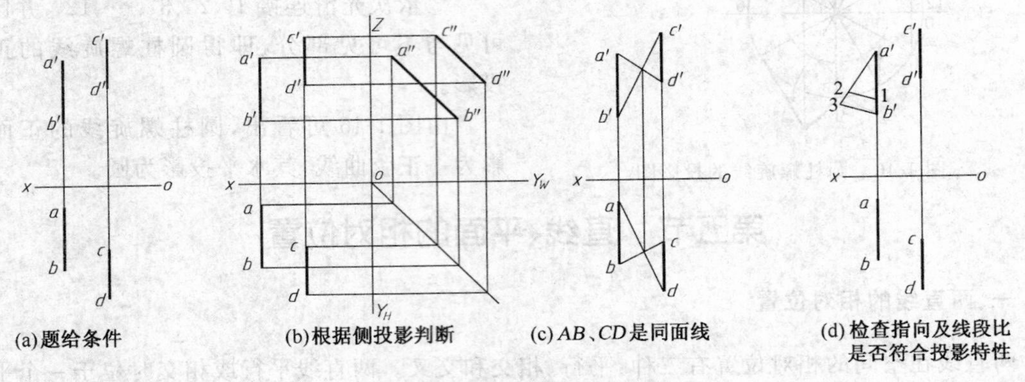

(a)题给条件　(b)根据侧投影判断　(c) AB、CD 是同面线　(d)检查指向及线段比是否符合投影特性

图 1-48　判断两直线是否平行

2. 两直线相交

如图 1-49,两直线 AB 与 CD 相交于点 K。交点 K 是两直线仅有的一个公共点,所以 K 点的水平投影 k 应既在 ab 上也在 cd 上,即 k 是 ab 与 cd 的交点。同理,k' 是 $a'b'$ 与 $c'd'$ 的交点、k'' 是 $a''b''$ 与 $c''d''$ 的交点。因 k、k' 和 k'' 是点 K 的三面投影,所以它们必然符合点的投影规律,$k'k\perp OX$,$k''k\perp OY$。因此,**两直线相交,则两直线的三对同面投影必然相交,且交点的投影符合点的投影规律**。反之亦然。

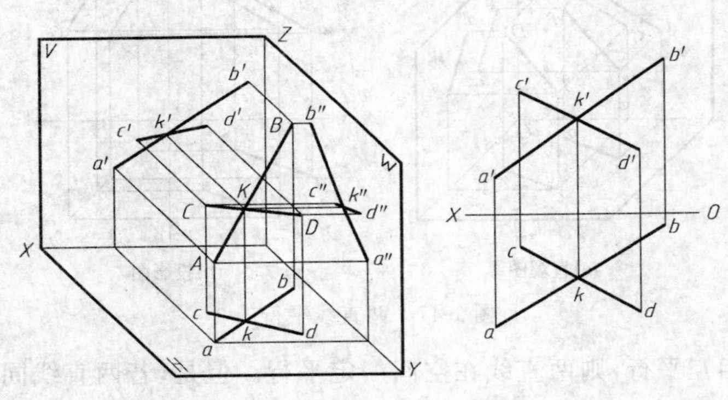

图 1-49　两直线相交

3. 两直线交叉

如图 1-50(a),虽然两直线的三对同面投影都相交,但交点的投影不符合点的投影规律。又如图 1-50(b),两对或一对同面投影相交,其余的同面投影虽平行,但不符合两直线平行的投影特性。所以两直线在空间既不平行也不相交就是交叉。

交叉两直线同面投影的交点实际是一直线上的某点与另一直线上的某点对该投影面的重影点。如图 1-50 所示,AB 和 CD 两直线的水平投影 ab 和 cd 的交点,实际上是 AB 上的 Ⅰ 点与 CD 上的 Ⅱ 点对 H 面的重影点。由于 Ⅰ 点在上,Ⅱ 点在下,所以在水平投影上“1”可见,

“(2)”不可见。由此可判断两直线在空间的相对位置。

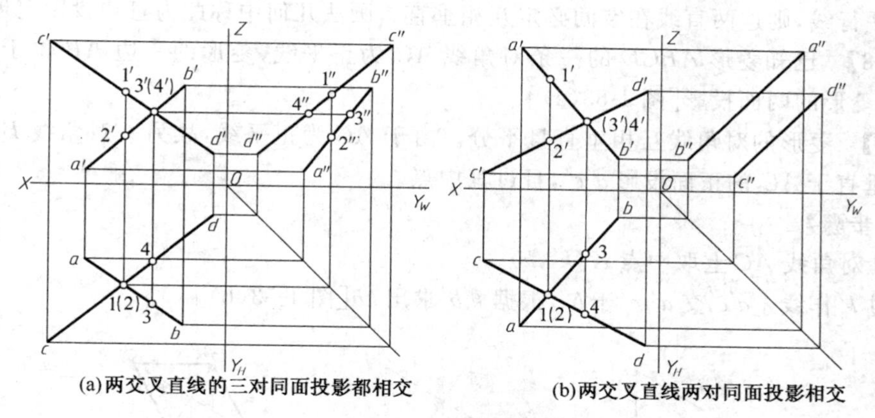

图 1-50 两交叉直线

【例 1-7】 已知直线 AB、CD 的两面投影及点 E 的正面投影 e'，如图 1-51(a)，试作一条直线 EF 与直线 CD 平行且与直线 AB 相交。

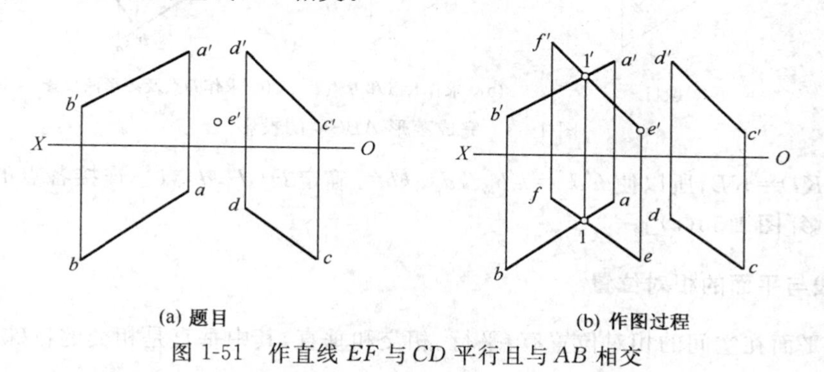

图 1-51 作直线 EF 与 CD 平行且与 AB 相交

【分析】 使 EF 与 CD 平行，且还要保证 EF 与 AB 相交，除使 EF 的投影与 CD 的同面投影平行外，还意味着它们的同面投影都要相交且交点符合点的投影规律。

【作图步骤】

(1) 过 e' 作直线平行于 $c'd'$ 交 $a'b'$ 于 $1'$；由 $1'$ 点作投影连线交 ab 于 1 点。

(2) 过 1 点作 $ef/\!/cd$（注意：e 与 e'、f 与 f' 的连线要与 OX 轴垂直）。

4. 直角投影定理

如图 1-52，两直线 $AB\perp BC$，其中 $AB/\!/H$ 面，BC 倾斜于 H 面。因 $AB/\!/H$ 面，$Bb\perp H$ 面，所以 $AB\perp Bb$，又因 $AB\perp BC$，所以 $AB\perp$ 平面 $BCcb$，因此，$ab\perp bc$，$\angle abc=\angle ABC=90°$。反之，若 $ab\perp bc$ 且 $AB/\!/H$ 面，则同样可证 $AB\perp BC$。

由此可得出结论：**两条互相垂直的直线（相交或交叉），若其中有一条直线是某一投影面的平行线，则两直线在该投影面上的**

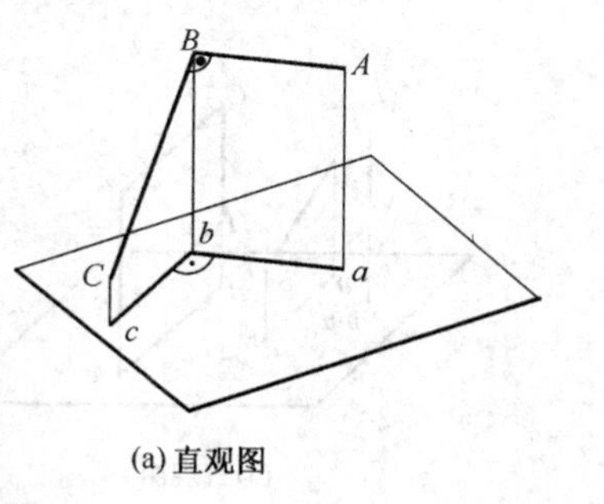

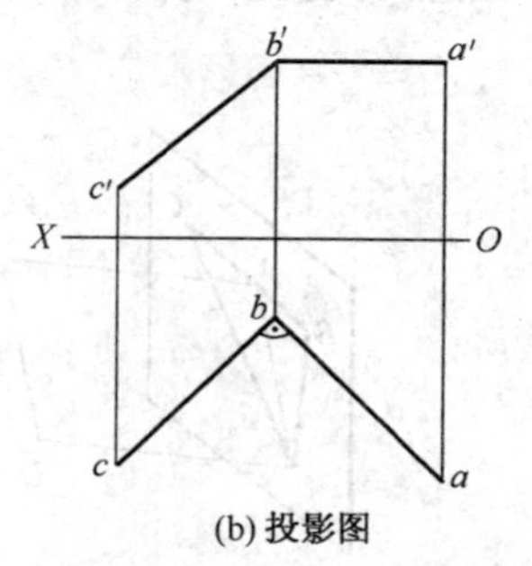

图 1-52 直角投影定理

投影仍互相垂直。反之，若两条直线在某一投影面上的投影互相垂直，且其中有一条直线是该投影面的平行线，则这两直线在空间必定互相垂直。画法几何中称此为直角投影定理。

【例 1-8】 已知菱形 $ABCD$ 的一条对角线 AC 为正平线，菱形的一边 AB 位于直线 AM 上，试完成菱形的两面投影[图 1-53(a)]。

【分析】 菱形的对角线互相垂直且平分。由于 AC 为正平线，故另一对角线 BD 的正面投影必定垂直于 AC 的正面投影 $a'c'$，且过其中点。

【作图步骤】

(1) 在对角线 AC 上取中点 $K(k',k)$。

(2) 过 k' 作线 $\perp a'c'$ 交 $a'm'$ 于 b'，根据 $k'b'$ 求出 kb[图 1-53(b)]。

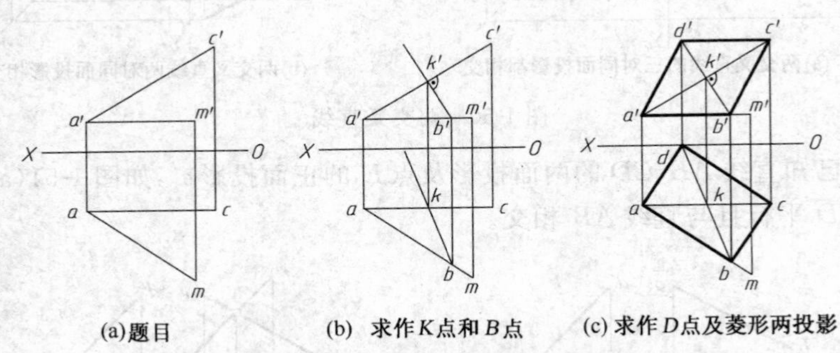

(a)题目　(b) 求作 K 点和 B 点　(c) 求作 D 点及菱形两投影

图 1-53　完成菱形 $ABCD$ 的投影

(3) 因 $KD=KB$，所以使 $k'd'=k'b'$、$kd=kb$ 可确定 $D(d',d)$ 点。连接各点的同面投影得菱形的两投影[图 1-53(c)]。

二、直线与平面的相对位置

直线与平面在空间的相对位置有：平行、相交和垂直，其中垂直是相交的特殊情况。

(一) 直线与平面平行

1. 几何条件

若一直线平行于平面内的一直线，则该直线与该平面平行，如图 1-54 所示。

2. 投影作图

由于通过换面可使直线或平面的投影对新投影面有积聚性，所以仅考虑平面或直线的某个投影有积聚性的情况。

当平面的某个投影有积聚性时，若直线与平面平行，则直线必有一个投影平行于平面有积聚性的同面投影，或者直线和平面在同一投影面上的投影都有积聚性。反之亦然，如图 1-55 所示。

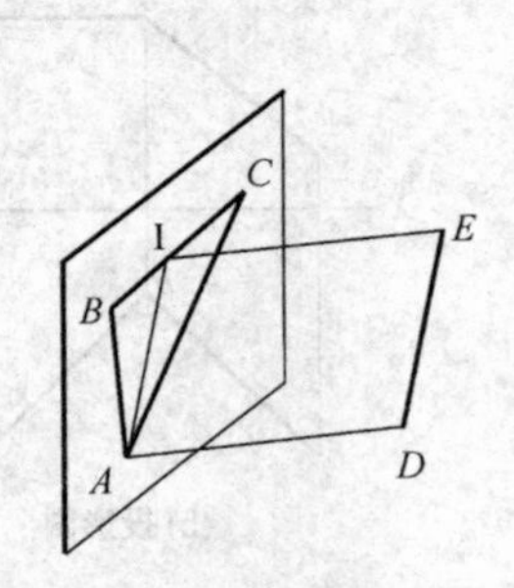

图 1-54　直线与平面平行的几何条件

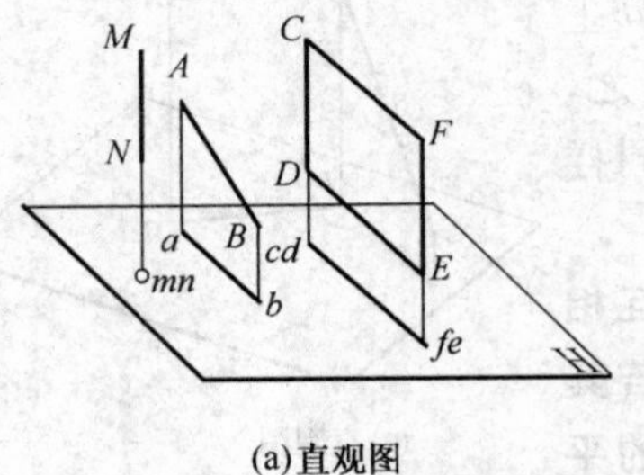

(a)直观图

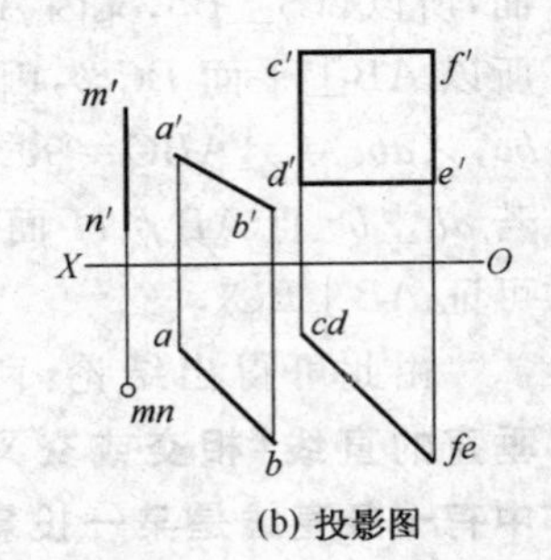

(b) 投影图

图 1-55　直线与投影面垂直面平行

（二）直线与平面相交

1. 几何条件

直线与平面不平行，则必定相交。**直线与平面的交点是直线与平面唯一的公共点，既在直线上又在平面内。**

2. 投影作图

● 利用积聚性求线面交点

【例 1-9】 求图 1-56 所示一般位置直线与铅垂面的交点。

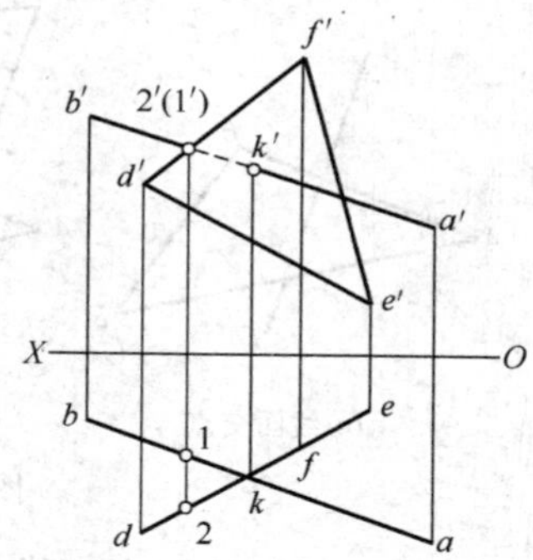

图 1-56 直线与有积聚性平面的交点

【空间分析】 设直线 AB 与△CDE 的交点为 K，K 点在△CDE 上，其水平投影必在平面有积聚性的投影 cde 上，K 点又在直线 AB 上，其水平投影必在 ab 上。因此，ab 与 cde 的交点 k 为交点 K 的水平投影。根据 k 在 $a'b'$ 上可求出 k'。

【作图步骤】

(1) 求出交点 K 的水平投影 k。

(2) 根据投影关系，在 $a'b'$ 定出 k'。k、k' 即为直线 AB 与△CDE 的交点 K 的两面投影。

(3) 判断可见性。为使图形清晰、层次分明，需要在投影图上，判断直线与平面同面投影重叠部分线段的可见性，并将直线被平面遮住的部分画成虚线。

判断可见性的一般方法是利用交叉直线的重影点。但是，当平面有积聚性时，可根据投影图上所表示出的直线与平面的位置关系直接判断。图 1-56 中，交点 K 把直线 AB 分成两段，从水平投影图上可看出，ak 在△CDE 平面之前，故其正面投影 $a'k'$ 可见，画成粗实线；kb 在△CDE 平面之后，故在正面投影中其被平面遮住的一段应画成虚线。

【例 1-10】 求作图 1-57 所示直线与平面的交点。

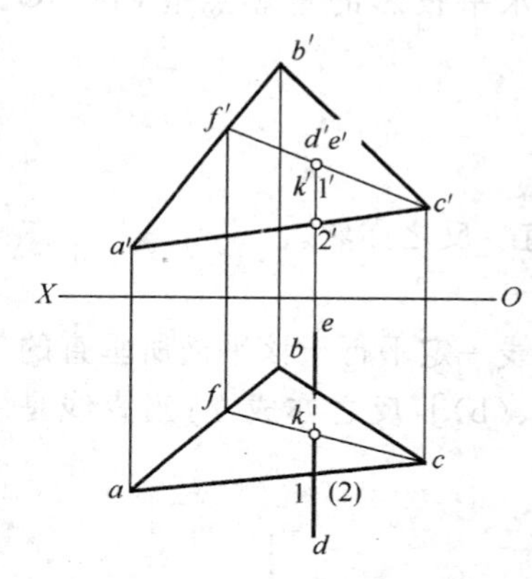

图 1-57 一般位置面与垂直线相交

【分析】 由于 DE 是正垂线，其正面投影积聚成一点，而交点 K 是直线 DE 上的点，K 点的正面投影 k' 与 $d'e'$ 重合，又因交点 K 还在△ABC 上，故可利用平面上取点的方法，求出点 K 的水平投影 k。

【作图步骤】

(1) 由于 k' 与 $d'e'$ 重合，先定出交点的正面投影 k'。

(2) 过 k' 在△$c'd'e'$ 上连直线 $c'f'$，并作出其水平投影 cf，cf 与 de 的交点即为 k。

(3) 判断可见性。平面无积聚性，需利用交点某一侧的重影点判断 DE 水平投影的可见性。找出交叉直线 DE 与 AC 对水平投影面的一对重影点Ⅰ(1,1′)、Ⅱ(2,2′)，设Ⅰ在 DE 上，Ⅱ在 AC 上。在正面投影中可作出比较，即 $Z_{Ⅰ} > Z_{Ⅱ}$，因此，DK 在平面之上可见，KE 在平面之下不可见，ke 与平面投影重合的一段画成虚线。

● 辅助面法求线面交点

当直线和平面都处于一般位置时[图 1-58(c)]，不能在投影图上直接反映出交点的投影，可通过换面法使平面或直线的投影有积聚性，或作辅助平面求线面交点。

如图 1-58(a)，K 点是一般位置直线 DE 与一般位置平面△ABC 的交点，因交点是线面的公共点，故交点必在△ABC 平面上。过 K 点在面内可作无数辅助直线（如 MN），若使 MN 与

DE 构成一辅助平面 Q，而 MN 就是△ABC 与辅助平面 Q 的交线，MN 与 DE 必然相交于直线 DE 与平面△ABC 的交点 K，如图 1-58(b)。由此得出利用辅助面，求一般位置直线与一般位置平面交点的作图方法如下：

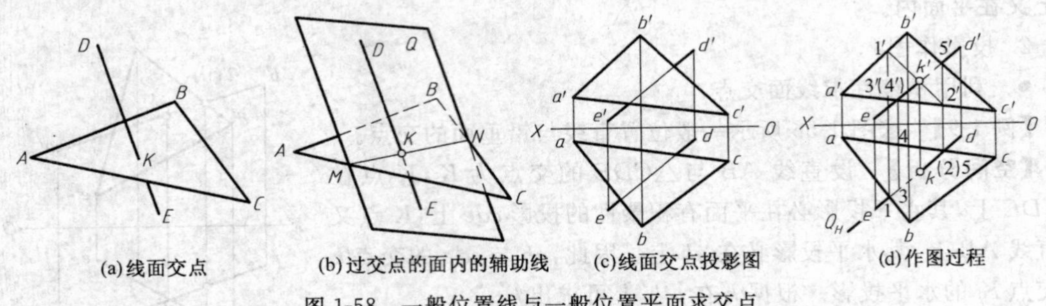

图 1-58　一般位置线与一般位置平面求交点

如图 1-58(d)，包含直线 DE 作一辅助平面 Q(为作图方便，常为投影面垂直面)，例中为铅垂面。求出辅助平面 Q 与△ABC 平面的交线 MN(例中为ⅠⅡ)。然后，求出交线 MN(例中为ⅠⅡ)与已知直线 DE 的交点 K，即为直线 DE 与△ABC 的交点。

【例 1-11】 求直线 DE 与平面△ABC 的交点[图 1-58(c)]。

【作图步骤】 如图 1-58(d)所示。

(1) 过直线 DE 作一辅助铅垂面 Q，即过 de 作 Q_H。

(2) 求出 Q 平面与△ABC 平面的交线ⅠⅡ($1'2'$，12)。

(3) 求 DE 与ⅠⅡ的交点 $K(k',k)$。即 $1'2'$ 与 $a'b'$ 的交点 k'，根据 k' 求出 k。

(4) 判断可见性。由于投影图上两个投影均有重影，所以需分别判断两投影的可见性。在正面投影上有重影点Ⅲ(在 DE 上)、Ⅳ(在 AC 上)，从水平投影可看出 3 在前、4 在后，故在正面投影中 $k'e'$ 可见画成粗实线。同理，在水平投影中，利用水平投影的重影点Ⅱ(在 AC 上)、Ⅴ(在 DE 上)判断出 kd 可见。

(三) 直线与平面垂直

1. 几何条件

直线垂直于平面内的任意两条相交直线，则直线与平面垂直。反之亦然。

2. 投影作图

当平面是某个投影面的垂直面时，若直线与平面垂直，则直线一定平行于该平面所垂直的投影面，且直线的投影与平面有积聚性的投影垂直[图 1-59(a)、(b)]，反之亦成立；当直线是

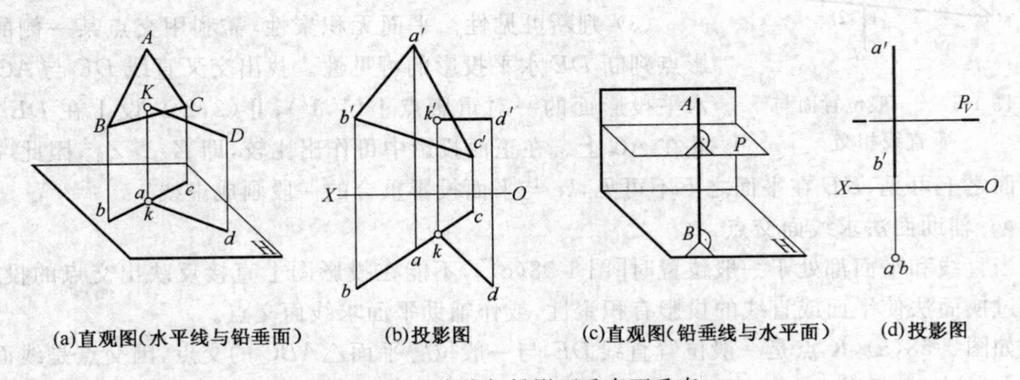

图 1-59　直线与投影面垂直面垂直

某个投影面的垂直线时，若直线与平面垂直，则平面必然平行于该直线所垂直的投影面，且直线的投影与平面有积聚性的投影垂直，如图 1-59(c)、(d)所示。

三、两平面的相对位置

两平面在空间的相对位置有：平行、相交和垂直，其中垂直是相交的特殊情况。

（一）两平面相交

1. 几何条件

两平面不平行就一定相交。**两平面相交于一条直线，此直线是两平面的共有线**，所以两平面的交线可由其上的两个共有点确定，也可由其上的一个共有点及交线的方向确定。

2. 投影作图

(1) 穿点法

当相交两平面都用平面图形表示，且同面投影有互相重叠的部分时，可用求线面交点的方法求出交线上两个共有点的投影。

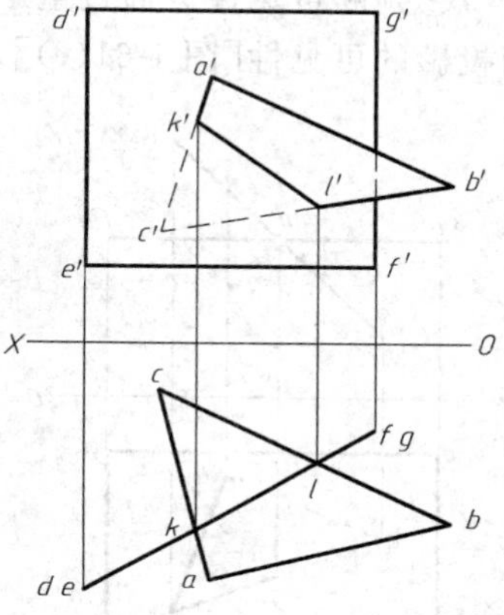

图 1-60　求铅垂面与一般位置面的交线

【例 1-12】 求作图 1-60 所示两平面的交线。

【空间分析】 如图 1-60 所示，平面 $DEFG$ 为铅垂面，其水平投影有积聚性，故利用积聚性可直接求得 $DEFG$ 平面与 $\triangle ABC$ 的两条边 AC 与 BC 的交点 KL。

【作图步骤】

①根据积聚性，在水平投影上定出交点 K 及 L 的水平投影 k、l。

②求作 k、l 的正面投影，k'在 $a'c'$ 上，l'在 $b'c'$ 上。

③连接 $k'l'$和 kl 即为交线的两投影。

④判断可见性。由于铅垂面 $DEFG$ 的水平投影有积聚性，因此根据水平投影可直接判断出，$\triangle ABC$ 平面的 $KABL$ 部分在 $DEFG$ 平面之前，故在正面投影上，$k'a'b'l'$可见，画成粗实线。

【例 1-13】 试求相交两$\triangle ABC$ 和 DEF 的交线，并判断可见性[图 1-61(a)]。

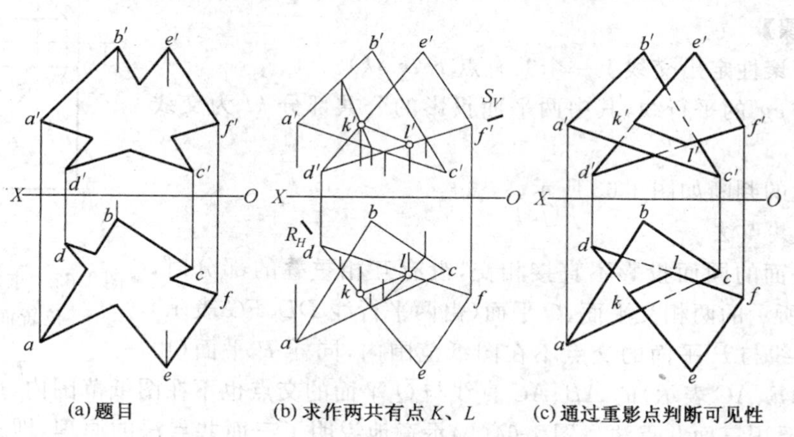

(a)题目　　(b)求作两共有点 K、L　　(c)通过重影点判断可见性

图 1-61　穿点法求两一般位置平面的交线

【空间分析】 如图 1-61 所示，相交两三角形平面均为一般位置平面，但同面投影相互重叠，可用穿点法作出两平面的交线。可通过换面法使两平面之一在新投影面上的投影有积聚性，如例 1-12 利用积聚性求作交线上的共有点。可如本例包含△DEF 平面的两条边 DE 和 DF 作辅助面，求作交线上的两共有点。

【作图步骤】

①过 $d'f'$ 作正垂面 $S(S_V)$，过 de 作铅垂面 $R(R_H)$。

②求出 DE、DF 与△ABC 平面的交点 $K(k',k)$ 和 $L(l,l')$，连接 KL 的同面投影即求出两平面交线的两投影[图 1-61(b)]。

③判断可见性。通过重影点Ⅰ、Ⅱ可判断水平投影的可见性，通过重影点Ⅲ、Ⅳ可判断正面投影的可见性[图 1-61(c)]。

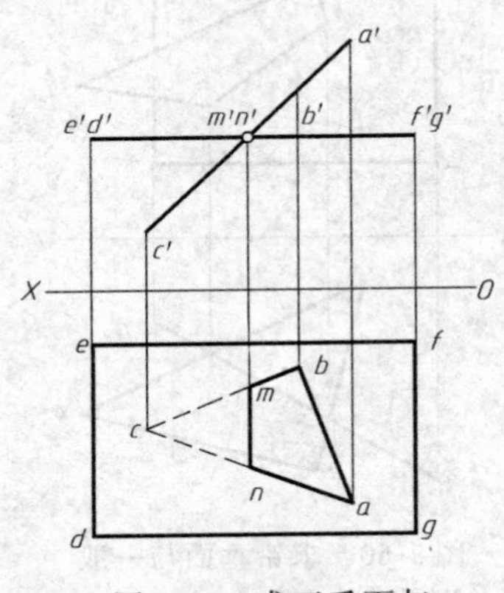

图 1-62　求正垂面与水平面的交线

【例 1-14】 求两相交平面△ABC 和 $DEFG$ 的交线(图 1-62)。

【空间分析】 当两相交平面同时垂直于某一投影面时，它们的交线必为该投影面的垂直线。如图 1-62 所示△ABC 平面是正垂面，$DEFG$ 平面是水平面，它们的正面投影都有积聚性，所以两平面的交线必为正垂线。

【作图步骤】

①根据积聚性定出交线的正面投影 $m'n'$。

②由 $m'n'$ 可确定交线的水平投影 mn。

③可见性的判断与例 1-12 类似，如图 1-62 所示。

【讨论】

在投影图中，交线的投影只在两平面的投影所确定的范围内，画出两平面投影重合的公共部分，如图 1-62 中的 mn。

【例 1-15】 求两相交平面 $ABCD$ 及△EFG 的交线(图 1-63)。

【空间分析】 如图 1-63 所示，$ABCD$ 平面是水平面，其正面投影有积聚性，两平面交线的正面投影必积聚在 $a'b'c'd'$ 上，平行于 OX 轴，故知两平面交线为水平线，而△EFG 平面的 EG 边也是水平线，因而可分析出两平面交线的方向平行于△EFG 平面的 EG 边。

【作图步骤】

①根据积聚性定出交线上一个共有点 $K(k',k)$。

②过 k 作 eg 的平行线，其中两平面投影的公共部分 kl 为交线的水平投影。

③可见性的判断如图 1-63 所示。

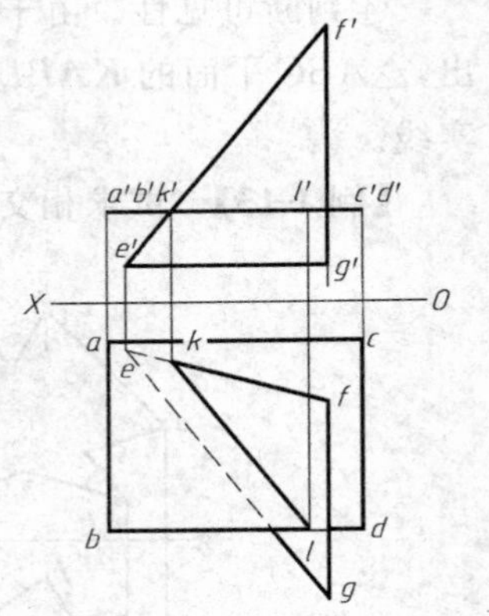

图 1-63　求水平面与一般位置面的交线

(2) 三面共点法

相交两平面的同面投影不直接相交，没有互相重叠的部分时，如图 1-64(a)所示的两相交平面，Q 平面(由两平行线 DE、FG 表示)的 DE、FG 直线与 P 平面的交点不在图纸范围内，同样 P 平面(由两相交直线 AB、AC 表示)的 AB、AC 直线与 Q 平面的交点也不在图纸范围内，所以不便用穿点法作图，而要用三面共点法。图 1-64(b)示意地说明了三面共点法的原理，即三面相交且交于一点时，该点在三相交平面的两两交线上。如作辅助面 R 使其同时与 P、Q 两平面相交，求

出 R 与 P 的交线ⅠⅡ和 R 与 Q 的交线ⅢⅣ，由于ⅠⅡ和ⅢⅣ同在 R 平面上且不平行，它们必然交于一点 K。

【例 1-16】 求 Q(由两平行线 DE、FG 表示)、P(由两相交直线 AB、AC 表示)两平面的交线[图 1-64(a)]。

【空间分析】 因相交两平面的同面投影不直接相交，也没有互相重叠的部分，所以宜用三面共点法求作交线。

【作图步骤】

①作辅助水平面 $R(R_V)$，利用 R_V 的积聚性，求出 R 与 P 交线的两投影 $1'2'$和 12，R 与 Q 交线的两投影 $3'4'$和 34。

②12 与 34 的交点 k 即为 P 平面和 Q 平面交点的水平投影，正面投影 k'在 R_V 上。

③使辅助面 S 平行于辅助面 R，所以 S 与 P、Q 平面交线的方向已知，即平行于ⅠⅡ和ⅢⅣ。作 S_V 平行于 R_V 并确定 $5'$和 $6'$，过 5 和 6 作线平行于 12 和 34 即求出 $L(l、l')$。

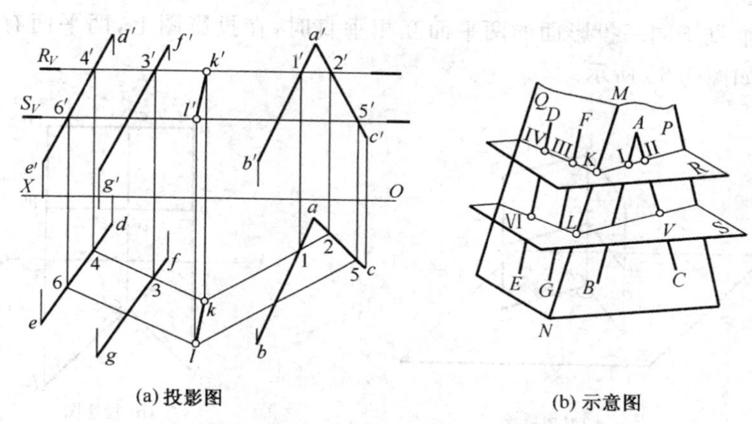

图 1-64 用三面共点的方法求交线

④连接 KL 的同面投影 kl 和 $k'l'$即求出交线的两投影。

【讨论】

辅助面 R 是任意取的，为作图方便，一般选用投影面垂直面或平行面。而且使辅助面 S 平行于辅助面 R。

用三面共点求公共点的方法是画法几何的基本作图方法之一，它不但用于求两平面的公共点，而且还可用于求两曲面的公共点(将在后续章节讨论)。

(二) 两平面平行

1. 几何条件

某一平面内的两相交直线分别与另一平面内的两相交直线对应平行，则两平面平行。如图 1-65 所示。

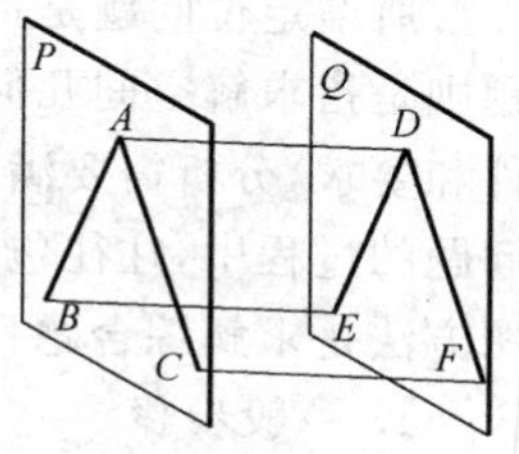

图 1-65 两平面平行的几何条件

2. 投影作图

若两平面有积聚性的同面投影相互平行，则两平面平行，反之亦然。如图 1-66 所示。

(三) 两平面垂直

1. 几何条件

如果直线垂直于某一平面，则包含这条直线的所有平面都垂直于该平面。显然，如果两平面垂直，那么包含第一平面内一点所作的垂直于第二个平面的直线，必在第一个平面内，如图1-67所示。

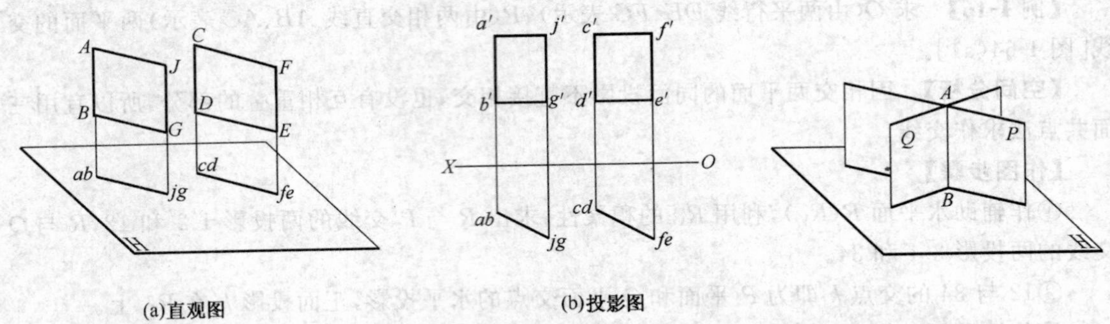

图 1-66 两平面平行

图 1-67 两平面垂直的几何条件

2. 投影作图

在空间，当垂直于同一投影面的两平面互相垂直时，在投影图上，两平面有积聚性的同面投影互相垂直，如图1-68所示。

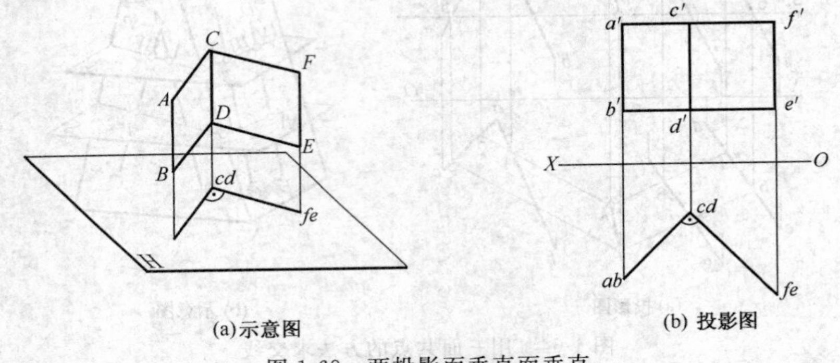

图 1-68 两投影面垂直面垂直

第六节 定位及度量问题

所谓定位问题是指求解空间几何元素间的交点、夹角或确定其自身位置等问题，而度量问题则是指求解空间几何元素的实长、实形、距离、角度等问题。解决问题时，要善于根据已知条件和要求，分析需要满足的空间几何条件，探讨并确定在投影图上解题的方法和步骤。在解决问题的过程中，往往包含着若干个基本概念和作图方法，所以掌握前述各章节的基本概念和作图方法是求解综合题目的必要前提。

1. 一般步骤

(1) 通过空间分析确定解题方法和步骤

分析题目中的已知条件和所要求的结果及其应满足的空间几何条件。一般已知条件由文字和图形(投影图)两部分构成，对文字部分的分析主要以几何概念和定理为依据，根据欲求结果，分析应满足的几何条件。对投影图部分的分析主要是以投影概念和投影特性为依据，分析已知几何元素相对于投影面的位置(如一般位置、平行于投影面、垂直于投影面、在投影面上、在投影轴上等)及几何元素间的相对位置(如从属、平行、相交、垂直、交叉等)。从而确定解题方法和步骤。

(2) 投影作图

以投影规律和特性为依据，将确定的解题步骤绘制在投影图上。所以必须掌握基本的作图方法，如过点作线垂直于面、求线(面)与面交点(线)、利用重影点判断可见性等。

2. 解题方法

根据题目的性质不同可以有不同的分析和解题方法，解题可以在给定的 V/H 投影面体系中作图求解，也可以用换面法求解。在分析题目中的已知条件和所要求的结果及其应满足的空间几何条件时，常用的方法有以下三种。

(1) 综合分析法

即先假设待求几何元素已经求出，然后分析该几何元素的空间位置以及与其他几何元素之间的相对位置，逐步推理，最后得到具体的解题方法。整个推理过程，一般要“正”、“反”两面进行。所谓“正”是指由已知条件推出结果，而“反”则是指由结果反求。

【例 1-17】 求点 A 到已知直线 BC 的距离[图 1-69(a)]。

【空间分析】 点到直线的距离，就是由点向直线作垂线，垂足到点的距离即为所求。但直线是一般位置直线，不能直接运用直角投影定理在直线与已知直线垂直。若通过两次换面法，将直线变换为新投影面的垂直线，则在新投影面上两点间距离即为所求。

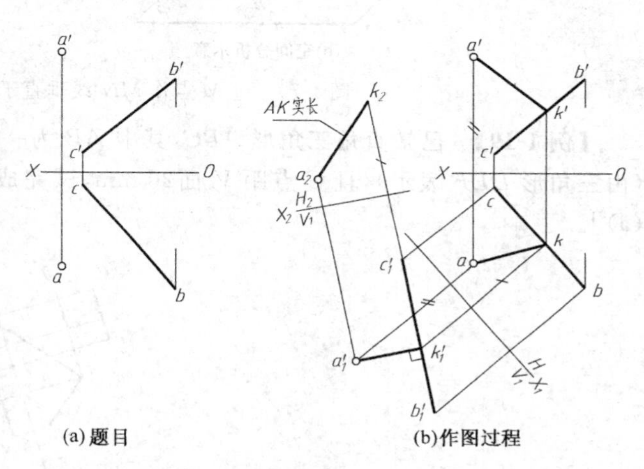

图 1-69 用换面法求点到直线的距离

【作图步骤】

①如图 1-69(b)，将直线 BC 变换为新投影面的平行线。为此作 $X_1 /\!/ bc$，使直线 BC 变为 V_1 面的平行线(变为 H_1 面平行线也可，必须 $X_1 /\!/ b'c'$)。

②将点 A 随同直线 BC 一起变换，得新投影 $b_1'c_1'$ 及 a_1'。

③二次换面将直线 BC 变换为新投影面的垂直线，得点 A 和直线 BC 的新投影 b_2c_2 及 a_2。

④在新投影面中，$b_2c_2k_2$(积聚为一点)及 a_2 两点间距离即为所求。

【例 1-18】 过点 M 作直线 MN，使其与两直线 AB 和 CD 均垂直[图 1-70(a)]。

【空间分析】 若直线 MN 垂直于两直线 AB 和 CD 共同平行的平面 P，则 MN 同时垂直于两直线 AB 和 CD，如图 1-70(b)所示。

【作图步骤】

①如图 1-70(c)，两次换面将直线 AB 变换为新投影面的垂直线，得点 M 和两直线 AB、CD 的新投影 m_2 和 a_2b_2、c_2d_2。

②过 a_2b_2(积聚为一点)作 $P_{V2} /\!/ c_2d_2$，即包含 AB 作 P 平面平行于 CD。

③过 m_2 作线 $\perp P_V$，得交点 n_2，过 m_1' 作线 $/\!/ OX_2$ 轴得 n_1'。

④求出 MN 在 V/H 投影面体系中的投影，连接其同面投影(mn、$m'n'$)即为所求。

(2) 轨迹相交法

适用于有两个或多个作图条件的问题。所谓“轨迹”是满足一定条件的几何元素的集合。这时，单独考虑每一个条件，都有无数个解答，并各自形成一个轨迹。各轨迹相交，即为所求的结果。

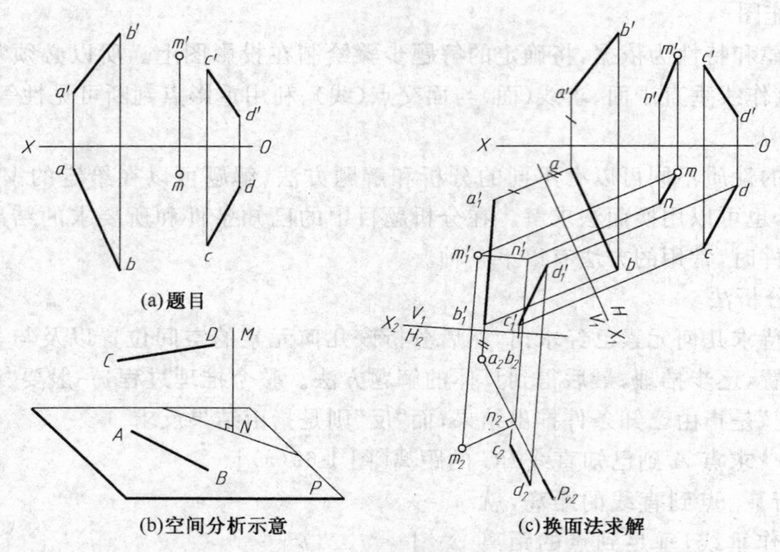

图 1-70　过 M 点作 MN 线垂直于两直线 AB 和 CD

【例 1-19】 已知直角三角形 ABC，其中 AB 为一直角边，另一直角边 AC 平行于 R 平面（由三角形 DEF 表示），且 C 点距 V 面20 mm，试完成该直角三角形 ABC 的两投影[图 1-71(a)]。

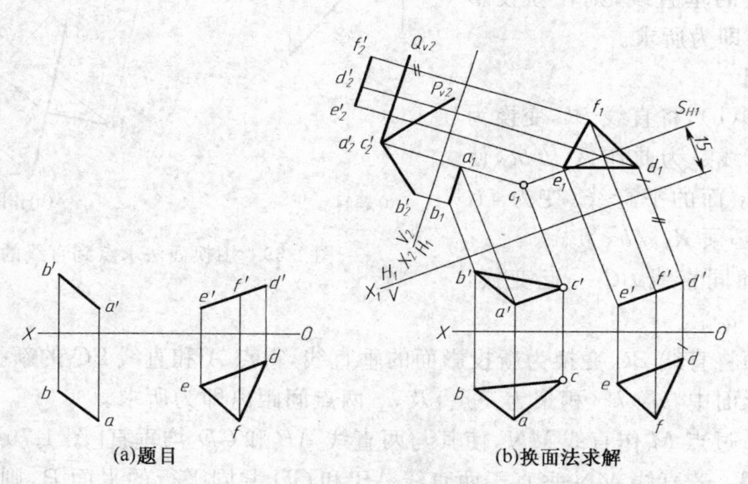

图 1-71　完成该直角三角形 ABC 的两投影

【空间分析】 由已知条件知，直角三角形 ABC 的一直角边 AC 应满足以下条件，即 $AC \perp AB$，$AC /\!/ R$，C 距 V 面20 mm。由于 AB 是一般位置线。所以要满足 $AC \perp AB$，AC 的轨迹为过 A 点且垂直于 AB 的平面 P，要满足 $AC /\!/ R$，AC 的轨迹为平行于 R 平面的平面 Q，要满足 C 距 V 面 20 mm，C 点的轨迹为距 V 面 20 mm 的正平面 S。P、Q、S 三平面必交于一点，即为 C 点。

【作图步骤】

①如图 1-71b，一次换面将 R 平面（$\triangle DEF$）变换为新投影面的平行面，使 $X_1 /\!/ d'e'f'$，求作$\triangle DEF$ 和 AB 直线在新投影面上的投影。

②二次换面将 AB 直线变换为新投影面的平行线，使 $X_2 /\!/ a_1b_1$，求作$\triangle DEF$ 和 AB 直线在新投影面上的投影。

③在新投影面 V_2 上，过 a_2' 作 $P_{V2} \perp a_2'b_2'$，过 a_2' 作 $Q_{V2} // d'e'f'$。此时 P_{V2} 与 Q_{V2} 的交线垂直于新投影面 V_2，故 $a_2'c_2'$ 积聚为一点，a_1c_1 必垂直于 X_2 轴。

④在新投影面 H_1 上，作平行于 V 面且相距 15 mm 的 S_{H1} 面，S_{H1} 与 P 和 Q 两平面交线的交点即为 c_1。

⑤将 c_2' 和 c_1 返回 V/H 投影体系，得 c' 和 c，连接 AC 和 BC 的同面投影即可。

【例 1-20】 在直线 MN 上确定一点 F，使其距△ABC 和△ABD 平面等距，其中两面交线 AB 为水平线[图 1-72(a)]。

【空间分析】 由已知条件知与△ABC 和△ABD 平面等距的轨迹是两平面的角分面 P，所以求出两平面的角分面 P，再求 P 平面与直线 MN 的交点即为 F 点。

【作图步骤】

①如图 1-72(b)，一次换面将两平面的交线 AB 变换为新投影面的垂直线（积聚为一点），因此两平面在新投影面上的投影积聚为直线。

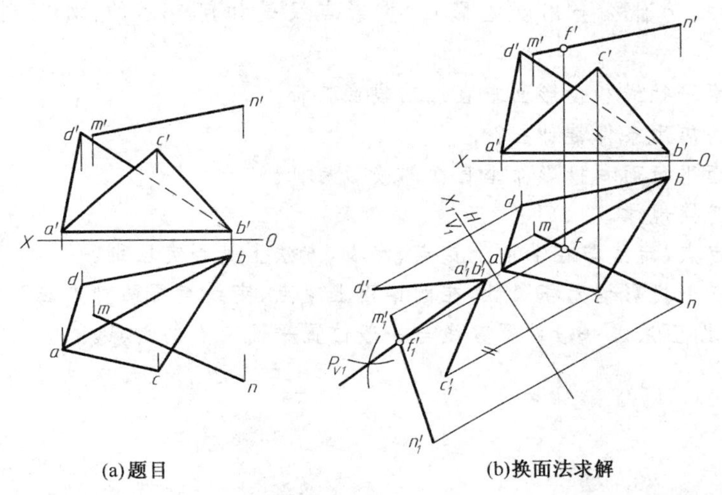

(a)题目　　(b)换面法求解

图 1-72　在直线 MN 上确定一点 F 使其距△ABC 和△ABD 平面等距

②在新投影面 V_1 上，作 $a_1'b_1'c_1'$ 和 $a_1'b_1'd_1'$ 的角分线，即 P_{V1}，利用 P 平面在新投影面上的积聚性，求出交点 f_1'。

③将 f_1' 返回到 V/H 投影体系中，得 F 点的两投影 f' 和 f。

(3)反推法

适用于欲求结果是特定平面图形（如等腰三角形、等边三角形、矩形、菱形、正方形等）的投影问题。通过另行作出几何图形的投影或实形，推理出求解方法及潜在的解题条件。

【例 1-21】 已知等边三角形 ABC 的顶点 A，试在直线 EF 上确定顶点 B 和 C，完成等边三角形 ABC 的两投影[图 1-73(b)]。

【空间分析】 由已知条件不易找出应满足的几何条件。但从欲求结果（等边三角形）入手，知

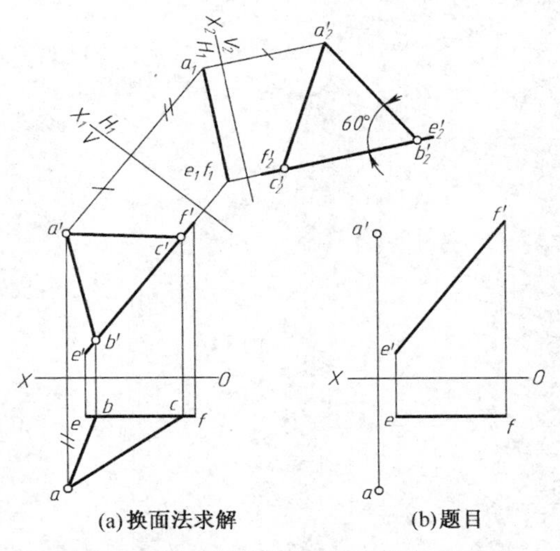

(a)换面法求解　　(b)题目

图 1-73　完成等边三角形 ABC 的两投影

等边三角形 ABC 的三条边相等，且高与底边 BC 垂直。根据已知投影可作出△ABC 的高，根据△ABC 的高可求出其实形，反推出△ABC 的边长。

【作图步骤】

①如图 1-73(a)，由于直线 EF 是正平线，所以经两次换面，可将点 A 和直线 EF 所确定的平面变换为新投影面的平行面，所以等边三角形 ABC 在新投影面上的投影反映实形。

②在新投影面 V_2 上，作等边三角形 ABC，得 B、C 两点在新投影面上的投影 b_2'、c_2'。

③将 b_2、c_2 返回 V/H 投影体系中，得 b'、c' 和 b、c，连接其同面投影即为所求。

复习思考题

1. 简述两投影面体系中，点的投影规律。
2. 三投影面体系是如何展开的？
3. 多面投影中，为什么会出现重影点，重影点又是如何表示的，如何判断重影点的可见性？
4. 简述投影面平行线和投影面垂直线的投影特征。
5. 直角定理的应用条件是什么？
6. 简述投影面平行面和投影面垂直面的投影特征。
7. 简述点的变换规律。
8. 在平面上定点、定线与在曲面上定点、定线，方法上是否有区别？
9. 圆锥面的三个投影均无积聚性，在圆锥面上定点、定线有哪两种方法？
10. 试总结辅助面法求一般位置直线与一般位置平面交点的步骤。

第二章　立体及其表面交线的投影

任何物体不管其形状如何复杂，都可以看成是由一些基本立体按一定方式组合而成，而这些基本体又根据其表面性质不同分为平面体和曲面体两大类。

第一节　基本体的投影

一、平　面　体

平面体的投影实质是平面体各个表面的投影。所以平面体的投影图是由直线段组成的图形。平面体有棱柱和棱锥。

1. 棱柱的投影及其画法

棱柱可看成是一平面多边形（称基面）沿某一方向延伸（形成棱线）而形成的。所以绘制棱柱的投影，先画出基面即反映棱柱形状特征的投影，再画出棱线及顶面（基面运动的最后位置）的投影并判断可见性。如图 2-1(b)，在正面投影图中，棱线 DD_1 被前面的棱面遮住，不可见，故画成虚线。在侧面投影图中，棱线 CC_1 被左面的棱面遮住画成虚线。

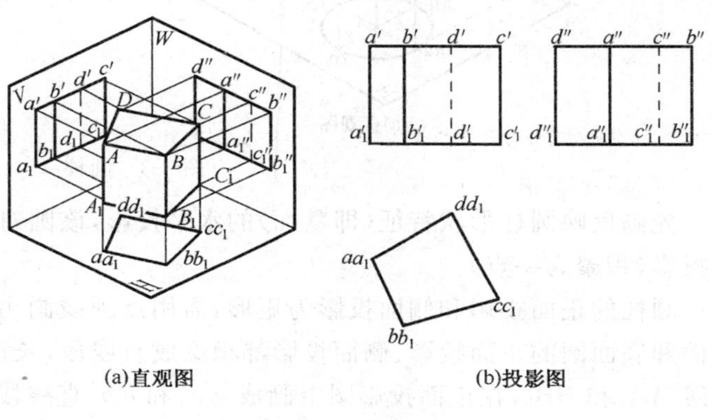

图 2-1　四棱柱

2. 棱锥的投影及其画法

图 2-2(b)是一个三棱锥的三面投影图。绘制投影图时，先画底面（平行于 H 面的 $\triangle ABC$）的投影，水平投影反映实形，正面及侧面投影都积聚为水平方向的直线段。画出锥顶 S 的三投影，并将锥顶 S 和底面各顶点 A、B、C 的同面投影相连，即得三棱锥的三面投影图。由于该三棱锥的三个侧棱面为一般位置平面，故它们的各个投影均为与其本身相类似的三角形。在侧面投影中，棱线 SC 被左面的棱面遮住，不可见，故画成虚线。

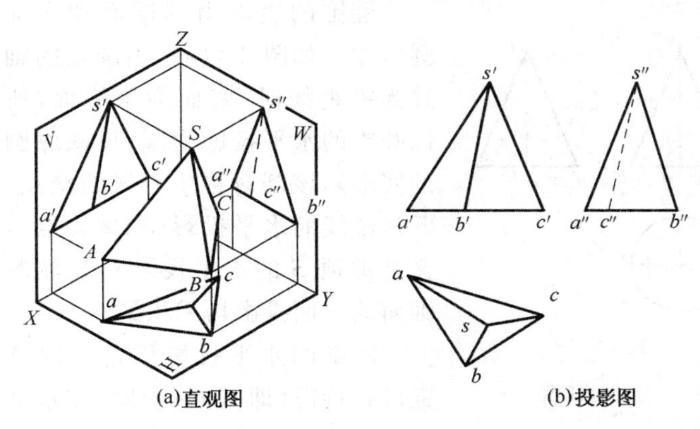

图 2-2　三棱锥

二、常见回转体

回转体是由回转面或回转面与平面所围成的曲面体，工程中常见的有圆柱、圆锥、圆球、圆环及由它们组合而成的复合回转体。

1. 圆柱的投影及画法

圆柱的表面由圆柱面、底面圆(基面)和顶面圆组成。如图 2-3(a),当圆柱的轴线为铅垂线时,圆柱面上所有素线都是铅垂线,圆柱面的水平投影积聚为一个圆(包括圆柱的底面和顶面圆的投影),圆柱面上所有点、线的水平投影都积聚在这个圆周上。

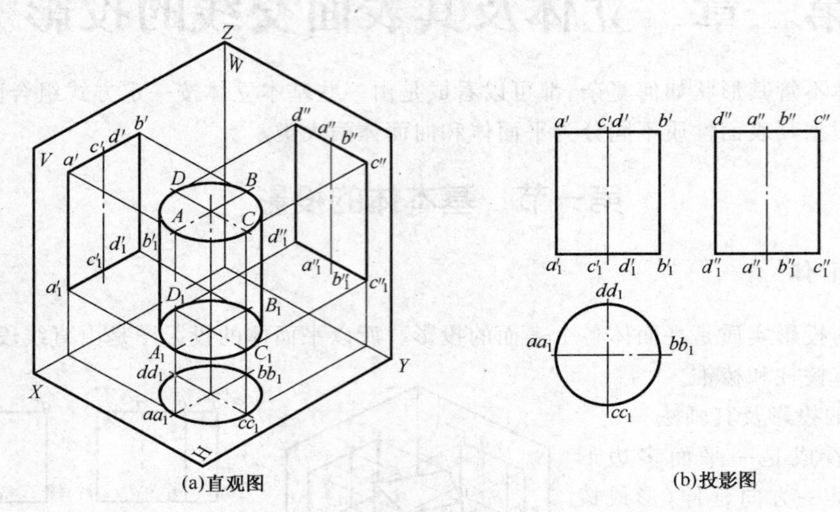

图 2-3　圆柱

先画反映圆柱形状特征(即基面)的水平投影,该圆对称中心线的交点就是圆柱轴线的水平投影(积聚为一点)。

圆柱的正面投影和侧面投影为矩形,需用点画线画出轴线的正面投影和侧面投影。圆柱顶面和底面圆的正面投影、侧面投影都积聚成直线段,长度等于圆的直径,圆柱面正面投影轮廓线 AA_1 和 BB_1,在正面投影图上画成 $a'a_1'$ 和 $b'b_1'$ 直线段,水平投影积聚为圆周上的 aa_1、bb_1 两点,侧面投影与轴线的侧面投影重合,投影图上不画出。AA_1 和 BB_1 把圆柱面分为前、后两部分,在正面投影图中前半圆柱面可见,后半圆柱面不可见;圆柱面侧面投影轮廓线 CC_1 和 DD_1,在侧面投影图上画成 $c''c_1''$ 和 $d''d_1''$ 直线段,水平投影积聚为圆周上的 dd_1、cc_1 两点,正面投影与轴线的正面投影重合,投影图上不画出。CC_1 和 DD_1 把圆柱面分为左、右两部分,在侧面投影图中左半圆柱面可见,右半圆柱面不可见[图 2-3(b)]。

2. 圆锥的投影及其画法

圆锥的表面由圆锥面和底面圆组成。如图 2-4(a),当圆锥的轴线为铅垂线时,底面为水平面,所以圆锥的水平投影为圆(反映底圆的实形),该圆对称中心线的交点,既是轴线的水平投影(积聚为点),又是锥顶 S 的水平投影 s,显然圆锥面的三面投影均无积聚性。

圆锥的水平投影仍是反映圆锥形状特征(即基面)的圆,在水平投影图上,圆锥面可见,底面圆不

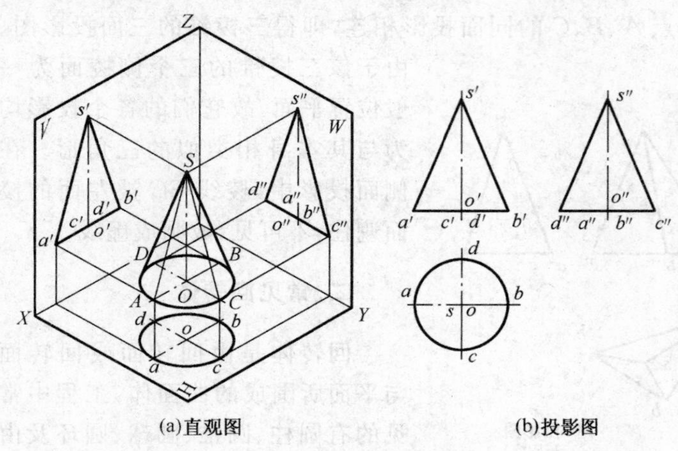

图 2-4　圆锥

可见。

圆锥的正面投影和侧面投影为三角形，需用点画线画出轴线的正面投影和侧面投影。圆锥底面圆的正面投影、侧面投影都积聚成直线段，长度等于底圆的直径；圆锥面的正面投影轮廓线 SA 和 SB，在正面投影上画成 $s'a'$ 和 $s'b'$ 直线段，水平投影 sa 和 sb 与底圆水平方向的中心线重合，在水平投影图中不画出；侧面投影 $s''a''$ 和 $s''b''$ 与轴线的侧面投影重合，在侧面投影图中不画出；SA 和 SB 把圆锥面分为前、后两部分，在正面投影图中前半圆锥面可见，后半圆锥面不可见；圆锥面侧面投影轮廓线 SC、SD，在侧面投影图上画成 $s''c''$ 和 $s''d''$ 直线段，水平投影 sc 和 sd 与底圆垂直方向的中心线重合，在水平投影图中不画出。正面投影 $s'c'$ 和 $s'd'$ 与轴线的正面投影重合，在正面投影图中不画出；SC 和 SD 把圆锥面分为左、右两部分，在侧面投影中左半圆锥面可见，右半圆锥面不可见[图 2-4(b)]。

3. 圆球的投影及其画法

如图 2-5，圆球的三面投影都是直径与圆球面直径相等的圆，它们分别是圆球面的正面投影轮廓线 A、侧面投影轮廓线 B 和水平投影轮廓线 C 在相应投影面上的投影。正面投影轮廓线 A 在 V 面上的投影为圆 a'，在 H 面和 W 面的投影积聚为直线段 a 和 a''，并与相应投影的中心线重合，故在 H 面和 W 面的投影图上不画出。正面投影轮廓线 A 把圆球面分为前、后两部分，在正面投影图中前半圆球面可见，后半圆球面不可见。侧面投影轮廓线 B 和水平投影轮廓线 C，在三投影面上的投影类同，读者可对照图 2-5 分析。显然，圆球的三面投影均无积聚性。

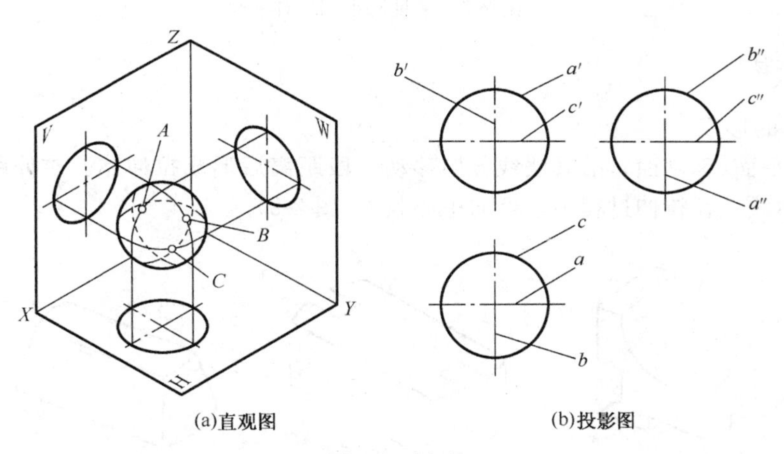

图 2-5　圆球

4. 同轴回转体的投影及其画法

任一动平面(有界平面)绕与其共面的轴线回转一周所形成的立体称为同轴回转体。轴线可以是动平面的一条边[图 2-6(a)]，也可以是与动平面分离的一条直线[图 2-6(b)]。

同轴回转体一般由复合回转面和两端面组成。以母线上的折点或切点为界，可以把复合回转面划分成若干单一的回转面，折点或切点的轨迹圆是它们的分界线。图 2-7 是一些常见的轴线为侧垂线的复合回转体的两面投影图。

必须指出，由折点轨迹所形成的回转面分界线，在投影图中必须画出，如图 2-7(a)中的 $a'b'$ 线，而切点轨迹所形成的回转面分界线，只用于投影分析，而在投影图中不画出，如图 2-7(b)所示。另外，回转面上的喉圆(最小的圆)和赤道圆(最大的圆)，在回转面反映为圆的投影上应按其可见性画出，在其他投影图中不画出，如图 2-7(c)所示。

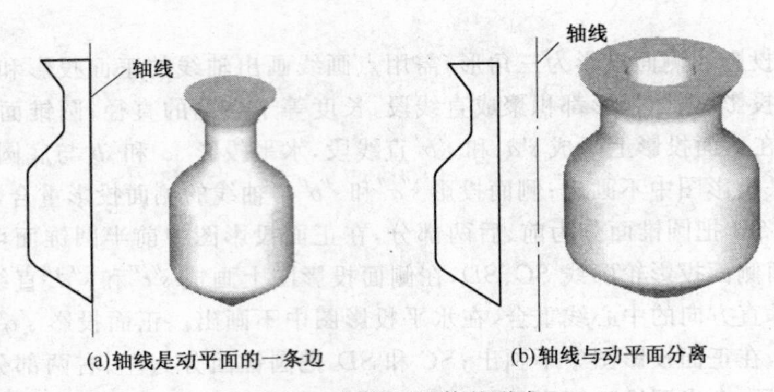

图 2-6　同轴回转体的形成

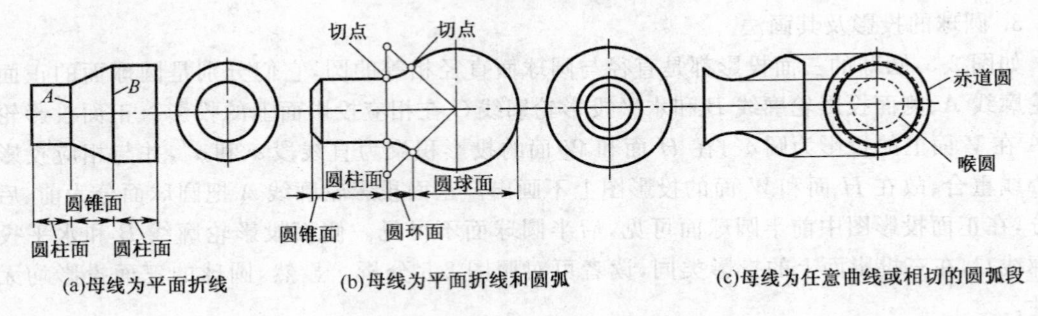

图 2-7　常见同轴回转体

三、拉 伸 体

1. 拉伸体的形成

任一有界平面(称基面),沿其法线方向移动一段距离后形成拉伸体。拉伸路径可以是直线,也可以是曲线。在拉伸过程中还可向中心收缩(图 2-8)。

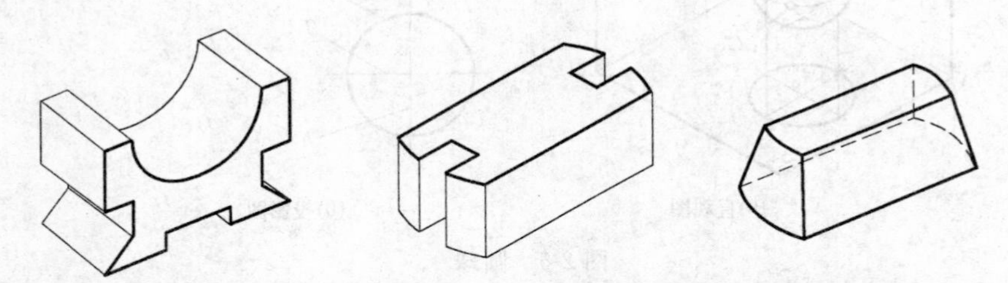

图 2-8　拉伸体的形成

2. 拉伸体的投影及其画法

拉伸方向若垂直于基面,拉伸体实际上是柱体[图 2-8(a)、(b)],其投影图的画法与棱柱或圆柱类同。拉伸方向若在拉伸过程中向中心收缩,拉伸体实际上是锥体[图 2-8(c)],其投影图的画法与棱锥或圆锥类同。

第二节　平面与立体相交

工程物体的构型、图示以及图解某些空间几何问题,常常会碰到平面与立体相交的问题。

如图 2-9 是一简化后的木榫头，其形体的构成是一六棱柱被斜截后，又穿孔。于是六棱柱表面就产生了平面与立体表面相交所生成的截交线。此外，立体与平面相交还是工程中图示不规则曲面的一种手段，如汽车、飞机、船舶的外壳等。在图示这些不规则曲面时，除用轮廓线的投影表示外，常通过一系列平面与立体的截交线来表示不规则曲面的变化规律。如图 2-10 就是离心水泵壳体的两面投影图。

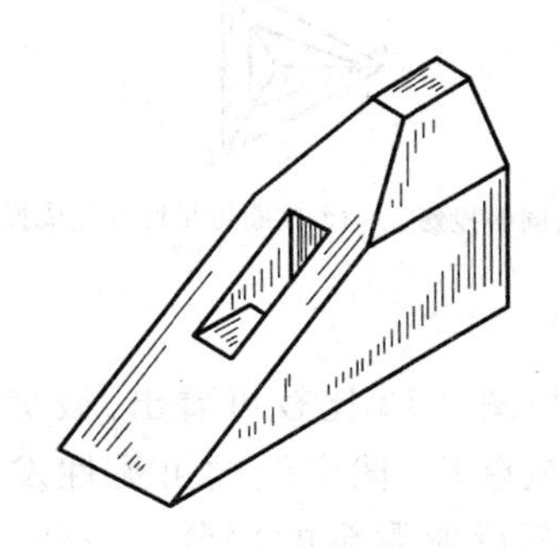

图 2-9 简化后的木榫头

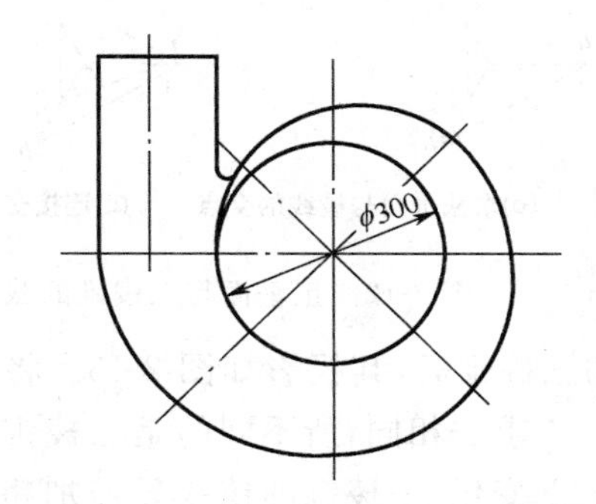

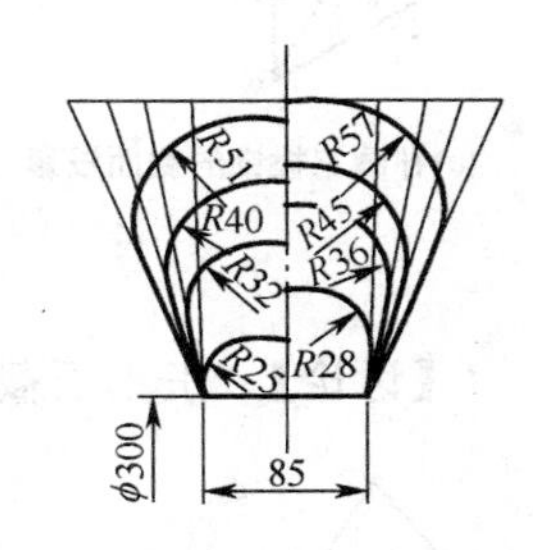

图 2-10 离心水泵壳体的模型图

平面与立体相交可看成是立体被平面所截，在立体表面产生的交线称截交线，平面称截平面，截交线所围成的图形称截断面(图 2-11)。

截交线是截平面与立体表面的共有线，截交线上的点必然是截平面和立体表面的共有点。当截平面和立体的表面性质、相对位置和立体的大小在投影图中确定后，截交线就确定了，本节要解决的问题是如何从截交线是截平面与立体表面的共有线这一基本性质出发，求出截交线的投影，即求出截平面与立体表面一系列共有点的投影。

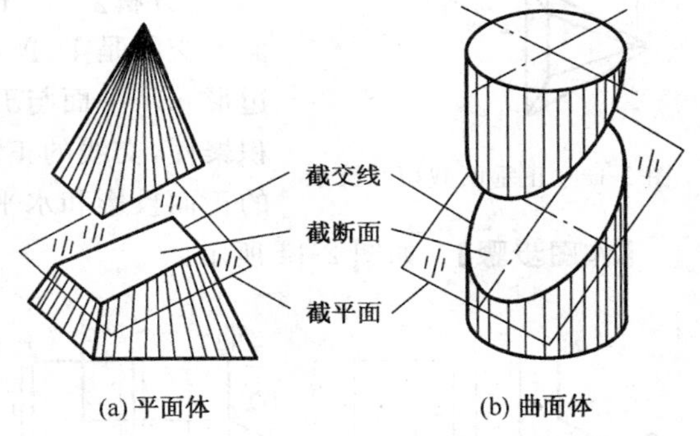

图 2-11 平面与立体相交

一、平面与平面体相交

平面与平面体相交，截交线是封闭的平面多边形，从图 2-11(a)可看出，多边形的顶点是截平面与平面体棱线的交点，多边形的边是截平面与平面体表面的交线。因此，求出截平面与平面体棱线的交点或截平面与平面体表面的交线，然后用实线(可见)或虚线(不可见)将这些点和线依次连成多边形，即可得到平面与平面体相交的截交线。

截平面与平面体棱线的交点实质是线面交点，而截平面与平面体表面的交线实质是面面交线，因此当平面的投影或立体的投影有积聚性时，应充分利用积聚性求作截交线。

【例 2-1】 求作正垂面与三棱锥的截交线(图 2-12)。

【分析】 根据已知投影分析知，截平面与三棱锥的底面不相交，仅与三个棱面相交，因此截交线是一个三角形，其顶点是截平面与三棱锥棱线的交点。

由于截平面是一正垂面，它的正面投影有积聚性，所以截平面与三棱锥三条棱线的交点可直接利用积聚性求出。

【作图步骤】 如图 2-12 所示。

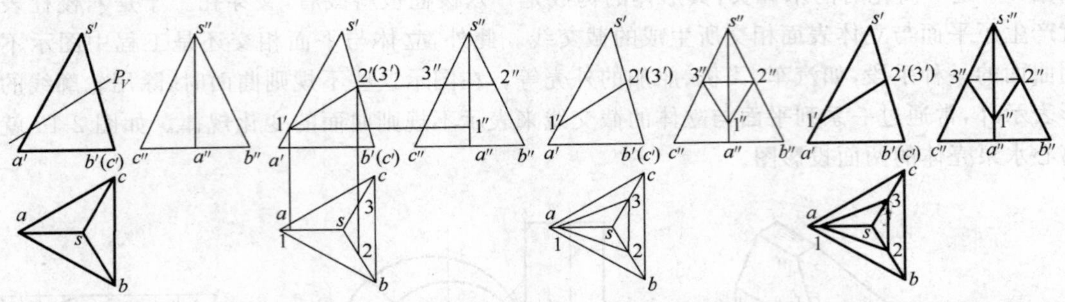

(a)补画三棱锥的侧面投影　(b)求截平面与棱线的交点　(c)连接交点的同面投影　(d)判断可见性并完成投影图

图 2-12　正垂面与三棱锥的截交线

【讨论】　正垂面截切三棱锥后，其投影如图 2-13。将其与图 2-12 比较可看出：截交线的求法相同，所不同的是三棱锥被截断后，截交线的可见性发生了变化，三棱锥的棱线只需加粗截断后所剩余的部分。另外，用换面法可求出截断面的实形。

图 2-13　正垂面截切三棱锥

【例 2-2】　P、Q 两平面截切五棱柱(图 2-14)。

【分析】　P 平面为正垂面，Q 平面为侧平面。P 平面与 Q 平面的交线是Ⅰ-Ⅳ，Q 平面与五棱柱表面的交线为Ⅳ-Ⅰ-Ⅱ-Ⅲ(四边形)；P 平面与五棱柱的交线为Ⅳ-Ⅵ-Ⅶ-Ⅴ-Ⅰ(五边形)。由于积聚性，交线的正面投影和水平投影可直接求出，然后根据交线的正面投影和水平投影可求出交线的侧面投影。

【作图步骤】　如图 2-14 所示。

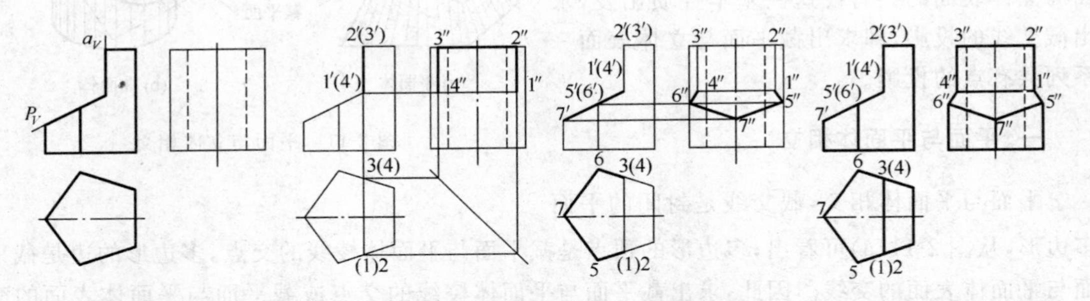

(a)补画五棱柱的侧面投影　(b)求 Q 平面与棱柱的交线　(c)求 P 平面与棱柱的交线　(d)判断可见性并完成投影图

图 2-14　正垂面 P 和侧平面 Q 截切五棱柱

【例 2-3】　正垂面 P 截切平面体(图 2-15)。

【分析】　穿孔平面体可看成是由两个基本体构成，即四棱锥(实体)和三棱柱(虚体)。可先求正垂面 P 与四棱锥的截交线Ⅰ-Ⅱ-Ⅳ-Ⅲ，再求正垂面 P 与三棱柱的截交线 A-B-C。

【作图步骤】　如图 2-15 所示。

【讨论】　若被截切立体是穿孔立体，应把形成穿孔的立体看作是虚体。因为无论是立体的外表面(由实体形成)还是孔洞的内表面(由虚体形成)都可以抽象为几何元素——面，因此，截平面与实体(或虚体)表面的交线都可按两面的共有线这一几何性质求作。

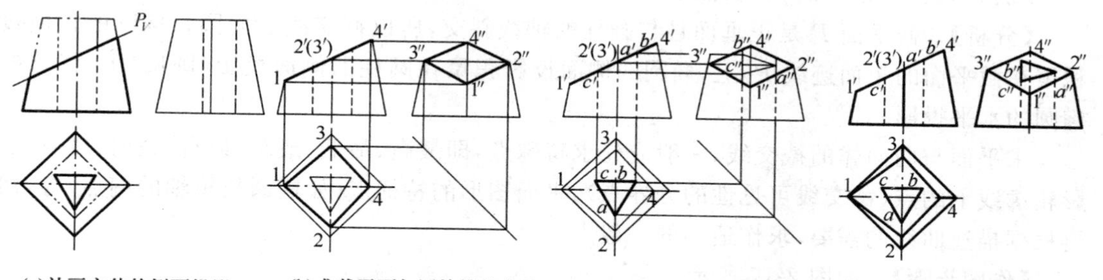

(a)补画立体的侧面投影　(b)求截平面与四棱锥的交线　(c)求截平面与三棱柱的交线　(d)判断可见性并完成投影图

图 2-15　正垂面 P 截切平面体

二、平面与回转体相交

平面与回转体相交,截交线一般情况下是平面曲线,也可能是平面曲线与直线段的组合图形或完全由直线段构成的平面多边形。根据截交线的性质,若平面与回转体上的回转面相交,其截交线上的任一点都可看作是回转面上某一条线(直素线或纬圆)与截平面的交点,如图 2-16(a)、(b)所示。因此,当回转面的某一投影有积聚性时,利用积聚性求作截交线上的点。当回转面的投影无积聚性时,需根据回转面的性质,选取一系列直素线(称素线法)或纬圆(称纬圆法),求出它们与截平面的交点,然后依次将这些点按其所在回转体表面的可见性光滑连接成平面曲线。

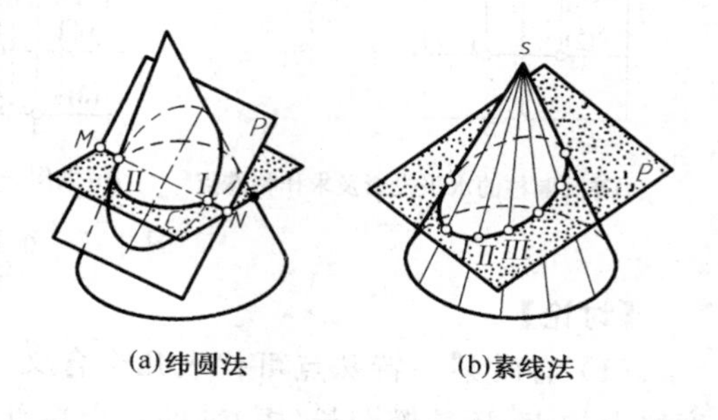

(a)纬圆法　(b)素线法

图 2-16　平面与曲面体相交

1. 平面与圆柱体相交

平面与圆柱体表面相交,根据截平面与圆柱轴线不同的相对位置,截交线有三种情况(表 2-1)。

表 2-1　平面与圆柱面相交

直观图	P	P	P
投影图	P_V	P_V	P_H
截平面位置	与圆柱轴线垂直	与圆柱轴线倾斜	与圆柱轴线平行
截交线	直径等于圆柱直径的圆	椭圆	两条与圆柱轴线平行的直线

【例 2-4】 求正垂面 P 与圆柱相交的截交线(图 2-17)。

【分析】 截平面 P 是正垂面且与圆柱的轴线斜交,所以截交线是椭圆。椭圆的正面投影积聚在截平面的正面迹线 P_V 上,椭圆的侧面投影积聚在圆柱的侧面投影(圆周)上,待求的是椭圆的水平投影。

求平面与曲面体的截交线,一般应先求特殊点,即最高、最低、最左、最右、最前、最后点、投影轮廓线上的点(截交线可见性的分界点)、平面图形的特征点(如椭圆长短轴的端点)等,然后再根据描述曲线的需要,求作适当的一般点。

【作图步骤】 如图 2-17 所示。

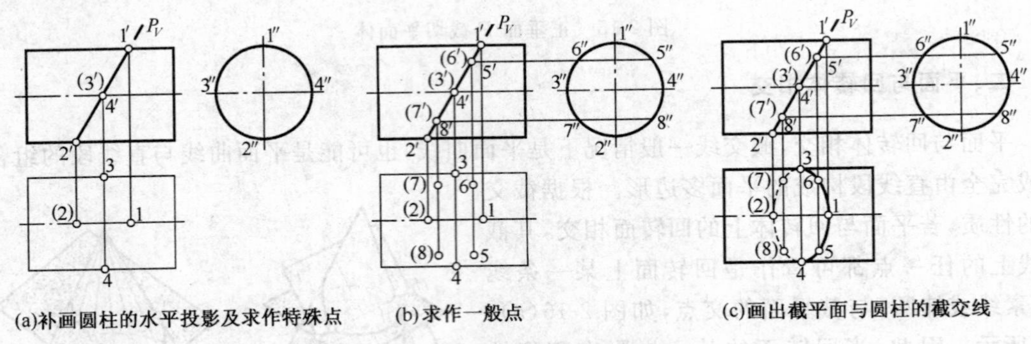

图 2-17 正垂面与圆柱的截交线

【讨论】

(1) 有时某一特殊点可代表几个含义,如Ⅰ点,既是最高点也是最右点,还是正面投影轮廓线上的点,还是椭圆长(短)轴的一个端点,所以在本例中,只需求出正面投影轮廓线和水平投影轮廓线上的Ⅰ、Ⅱ、Ⅲ、Ⅳ点,即求出了所有特殊点。

(2) 图 2-18 是正垂面截切圆柱后的投影图,将其与图 2-17 相比,截交线相同,只是可见性发生了变化,而且圆柱的水平投影轮廓线只加粗截断后所剩余的部分。用换面法可求出截交线的实形。

(3) 若正垂面 P 截切空心圆柱,则 P 与内(虚体)、外(实体)圆柱均有截交线,如图 2-19 所示,P 与内圆柱(虚体)的截交线求法与 P 与外圆柱(实体)的截交线求法相同。

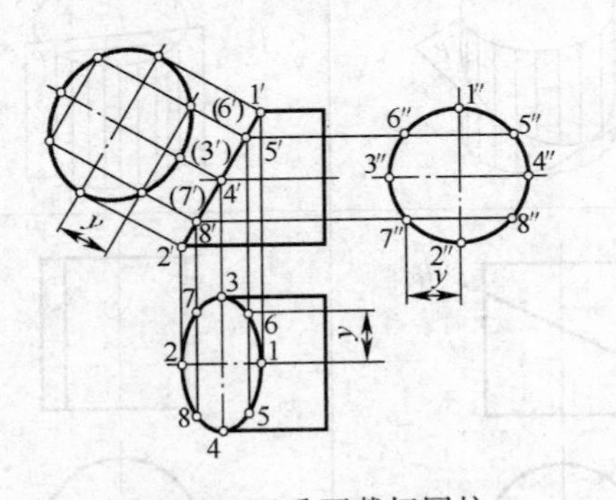

图 2-18 正垂面截切圆柱

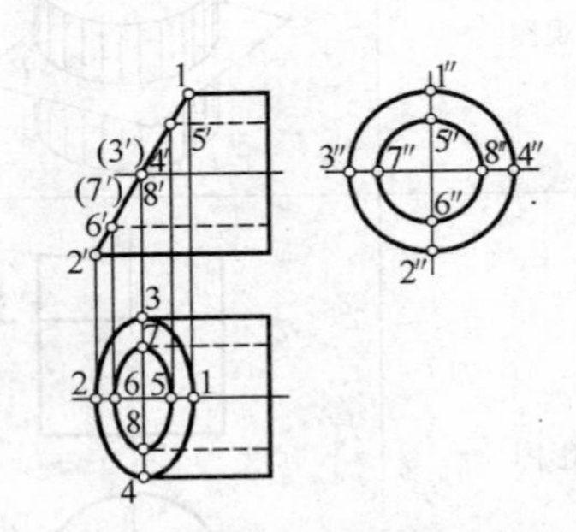

图 2-19 正垂面截切空心圆柱

(4) 从图 2-20 可看出,随着截平面 P 与圆柱轴线倾斜角度的变化,截交线也在变化,但仍是椭圆。在投影过程中,虽然短轴长度不变(等于圆柱的直径),但长轴的投影长度却随截平面与圆柱轴线夹角 θ 的变化而变化。当 $\theta>45°$ 时,椭圆长轴的投影长度比短轴的投影长度短[图

2-20(a)]；当 $\theta=45°$ 时，椭圆的长短轴相等，椭圆的投影为圆[图 2-20(b)]；当 $\theta<45°$ 时，椭圆长轴的投影长度比短轴的投影长度长[图 2-20(c)]。

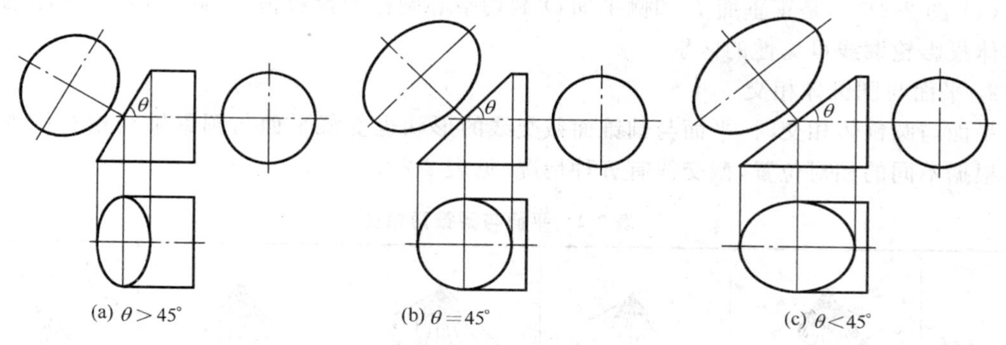

图 2-20　分析椭圆长短轴的变化

(5) 作图时，若能在投影图中直接找到椭圆长、短轴上的端点，可根据椭圆的长、短轴用四心圆弧法作图。

【例 2-5】 P、Q 两平面截切圆柱(图 2-21)。

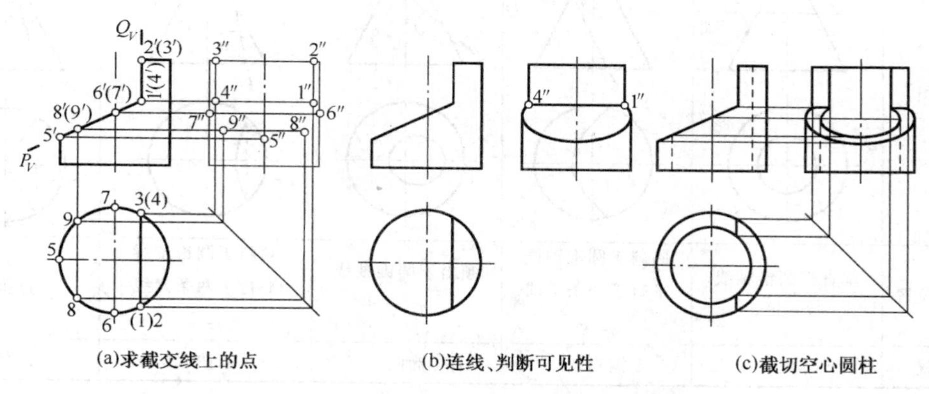

图 2-21　正垂面 P 和侧平面 Q 截切圆柱

【分析】 Q 平面是侧平面且与圆柱的轴线平行，故与圆柱的截交线为矩形。P 平面是正垂面且与圆柱的轴线倾斜，但没有完全截切，故与圆柱的截交线为不完整的椭圆。Ⅰ-Ⅳ是 P 平面与 Q 平面的交线也是矩形和椭圆的分界。

【作图步骤】

(1) 用细实线画出完整圆柱的侧投影，求出侧平面 Q 与圆柱的截交线Ⅰ-Ⅱ-Ⅲ-Ⅵ(矩形)，以及正垂面 P 与圆柱的截交线(椭圆)上的各点。

(2) 依次光滑连接各点，并判别可见性，注意画出两截平面的交线Ⅰ-Ⅳ。加粗侧面投影上被截切后剩余的投影轮廓线，完成全图。

【讨论】

(1) 当多个平面截切立体时，应将多个截平面分解为单个截平面，然后分别根据单个截平面与立体的相对位置分析其截交线的形状，求出各截交线的投影，并注意画出截平面与截平面间交线的投影。

(2) 立体被多个平面截切时，其中某一段截交线(某一单个截平面与立体相交)的可见性，不仅取决于截交线所处立体表面的可见性，还与截平面间的相对位置有关。

(3) 从图 2-21(b)可看出，截平面 P 将圆柱的前后投影轮廓线截断，所以侧面投影中自 6″和 7″向上的投影轮廓线不存在。

(4) 图 2-21(c)是正垂面 P 和侧平面 Q 截切空心圆柱的投影情况，此时，要特别注意实体与虚体投影轮廓线可见性的区别。

2. 平面与圆锥体相交

平面与圆锥体相交时，平面与圆锥面截交线的形状也受截平面与圆锥轴线相对位置的影响。根据不同的相对位置，截交线有五种情况（见表 2-2）。

表 2-2　平面与圆锥面相交

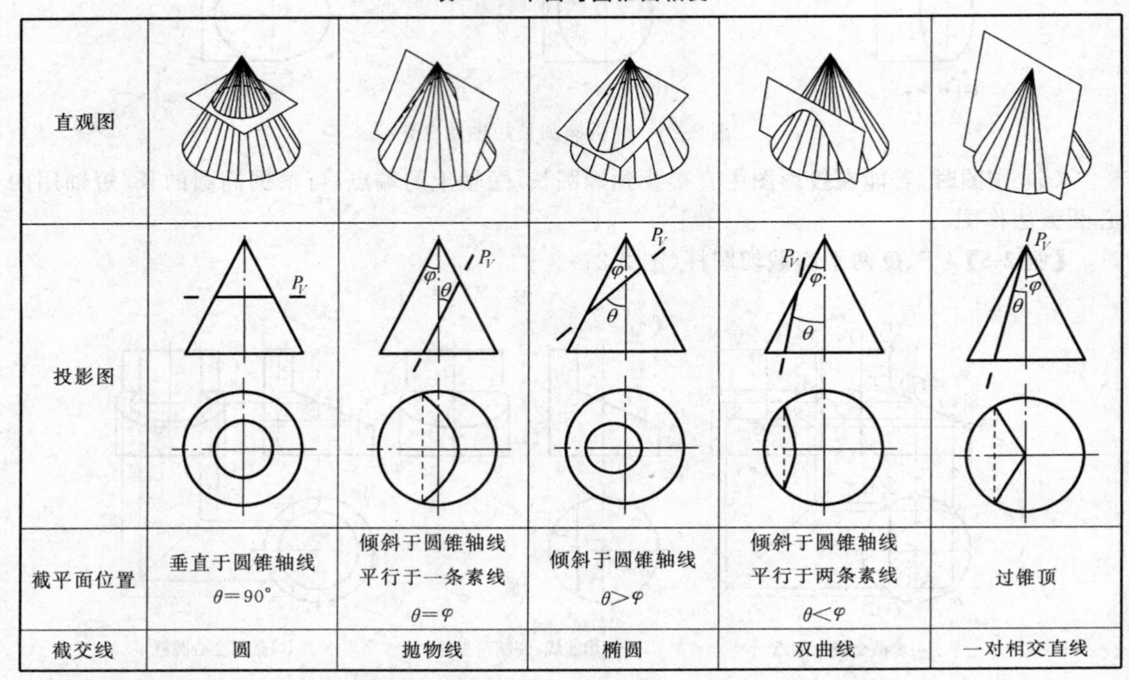

直观图					
投影图					
截平面位置	垂直于圆锥轴线 $\theta=90°$	倾斜于圆锥轴线 平行于一条素线 $\theta=\varphi$	倾斜于圆锥轴线 $\theta>\varphi$	倾斜于圆锥轴线 平行于两条素线 $\theta<\varphi$	过锥顶
截交线	圆	抛物线	椭圆	双曲线	一对相交直线

【例 2-6】 求正垂面与圆锥的截交线（图 2-22）。

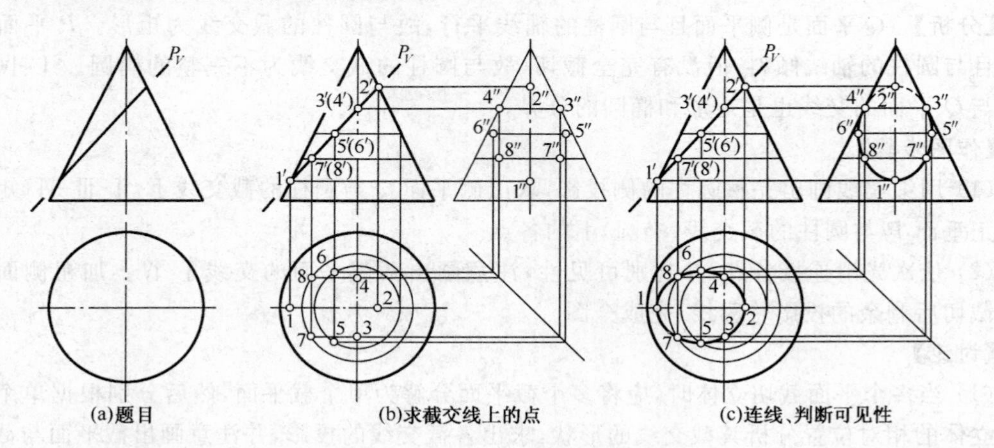

(a)题目　(b)求截交线上的点　(c)连线、判断可见性

图 2-22　正垂面与圆锥的截交线

【分析】 根据截平面 P 与圆锥的相对位置可判断截交线为椭圆。由于截平面 P 是正垂面，截交线的正面投影积聚在 P_V 上，其水平投影和侧面投影均为椭圆。

【作图步骤】

(1) 补画圆锥的侧面投影[图 2-22(b)]。

(2) 求特殊点，如图 2-22(b)所示。

① 投影轮廓线上的点Ⅰ、Ⅱ和Ⅲ、Ⅳ，可直接由正面投影 1′、2′和 3′(4′)确定其水平投影 1、2 和 3、4 以及侧面投影 1″、(2″)和 3″、4″。3″、4″还是截交线在侧投影上可见与不可见的分界点。

②椭圆的长轴为Ⅰ、Ⅱ，根据椭圆长、短轴互相垂直平分的几何关系，可知短轴的正面投影 5′(6′)一定位于长轴正面投影 1′2′的中点处，其水平投影和侧面投影可用纬圆法求出。

(3) 求一般点。在已求出的特殊点之间空隙较大的位置上定出 7′(8′)两点，同样用纬圆法求出水平投影 7、8 和侧面投影 7″、8″。

(4) 光滑连接各点并判断可见性，如图 2-22(c)所示。

【讨论】

(1) 图 2-23 是正垂面截切圆锥后的投影情况，应注意截交线的可见性和圆锥被截断后侧面投影轮廓线的变化。

(2) 图 2-24 是正垂面截切圆柱(实体)和圆锥(虚体)的投影情况，不论圆锥是实体还是虚体，求交线的方法相同。

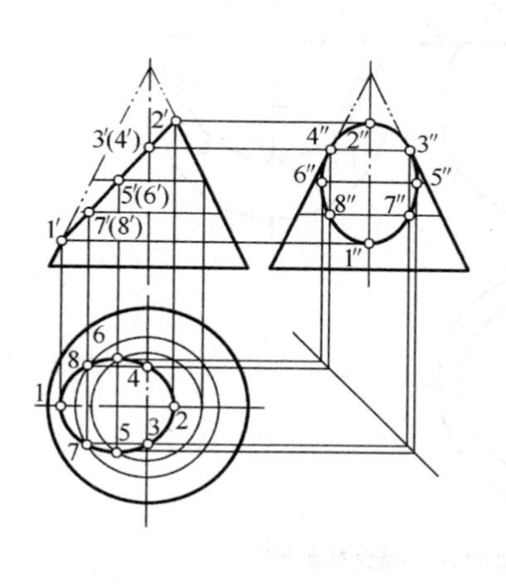

图 2-23 正垂面截切圆锥

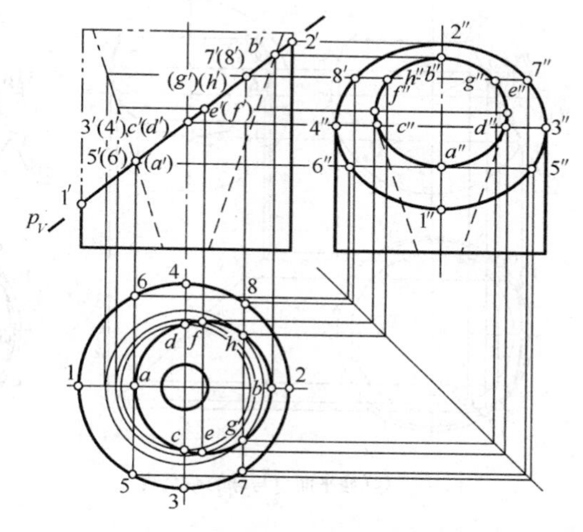

图 2-24 正垂面截切圆柱(实体)和圆锥(虚体)

3. 平面与圆球体相交

任何截平面与球相交，截交线都是圆。当截平面平行于某一投影面时，截交线在该投影面上的投影反映实形——圆，而在另外两投影面上的投影积聚为直线，当截平面垂直于某一投影面时，截交线在该投影面上的投影积聚为直线，而在另外两投影面上的投影为椭圆；当截平面为一般位置平面时，截交线在三个投影面上的投影均为椭圆。

【例 2-7】 P、Q 两平面截切球(图 2-25)。

【分析】 P 平面是水平面，与球面的截交线是水平圆的一部分；Q 平面是正垂面与球面的截交线的水平投影和侧面投影是椭圆的一部分。

【作图步骤】

如图 2-25 所示。

【讨论】 作图时应注意球的投影轮廓线的变化。由于 P、Q 平面的正面投影有积聚性，所以从图 2-25(d)正面投影中可看出，球体在 P 平面以上被截掉了，故这部分投影轮廓线在侧面投影中不画出；Q 平面左侧也被截掉了，而Ⅴ、Ⅵ两点是球体水平投影轮廓线上的点，因此以其水平投影 5、6 两点为界左侧的投影轮廓线在水平投影中不画出。

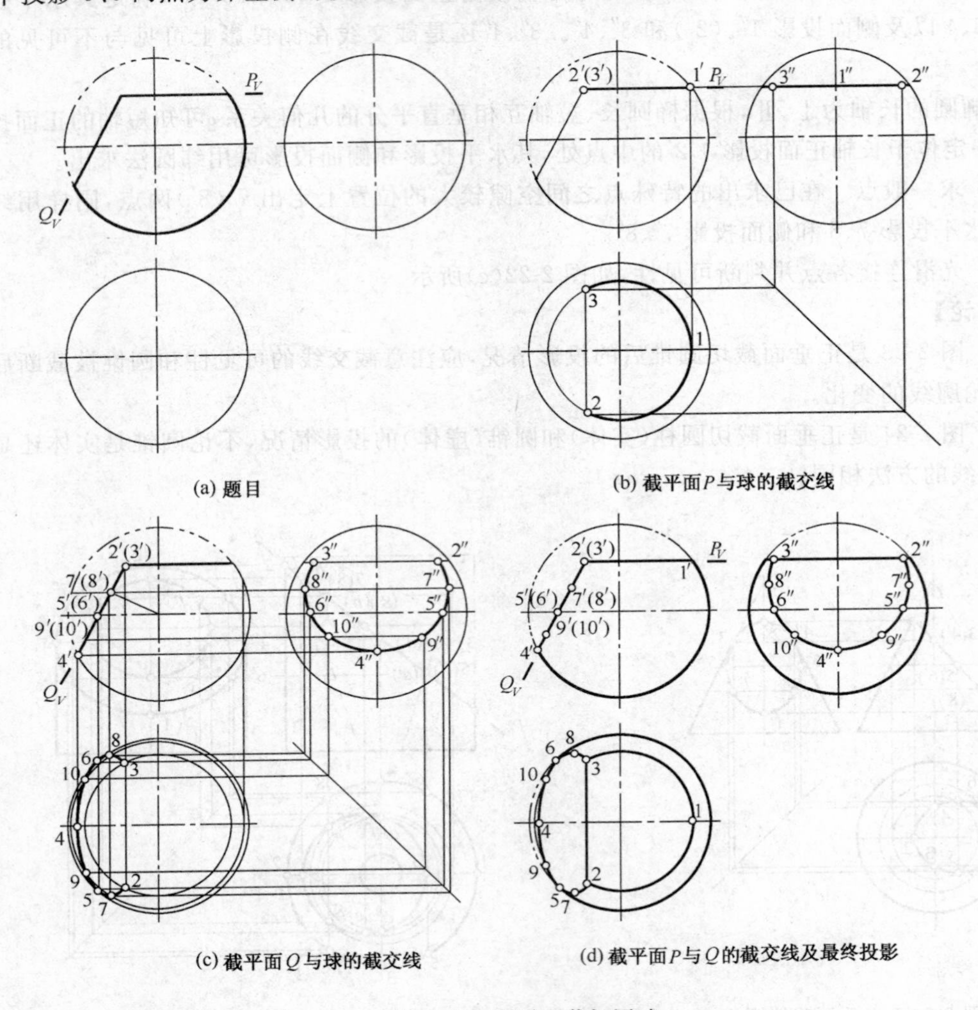

图 2-25 两平面截切圆球

4. 平面与复合回转体相交

平面与复合回转体相交时，截交线是由截平面与构成复合回转体的各单个基本体的截交线组成的平面图形，各段截交线在相邻基本体的分界处连接起来。因此，求作复合回转体的截交线，应先将复合回转体分解为单个基本体(称形体分析)，找出各单个基本体间的分界线，然后分析与截平面相交的是那些基本体，最后按基本体分段求作截交线。

【例 2-8】 P、Q 两平面截切复合回转体(图 2-26)。

【分析】 复合回转体由圆锥和两个同轴但直径不同的圆柱组合而成，截平面 P 为水平面，与圆锥的截交线是双曲线，与两个圆柱的截交线是两个大小不同的矩形；截平面 Q 为正垂面仅与大圆柱相交，截交线是椭圆的一部分。由于两截平面正面投影有积聚性，而且圆柱和 P 平面的侧面投影也有积聚性，故只需求作截交线的水平投影。

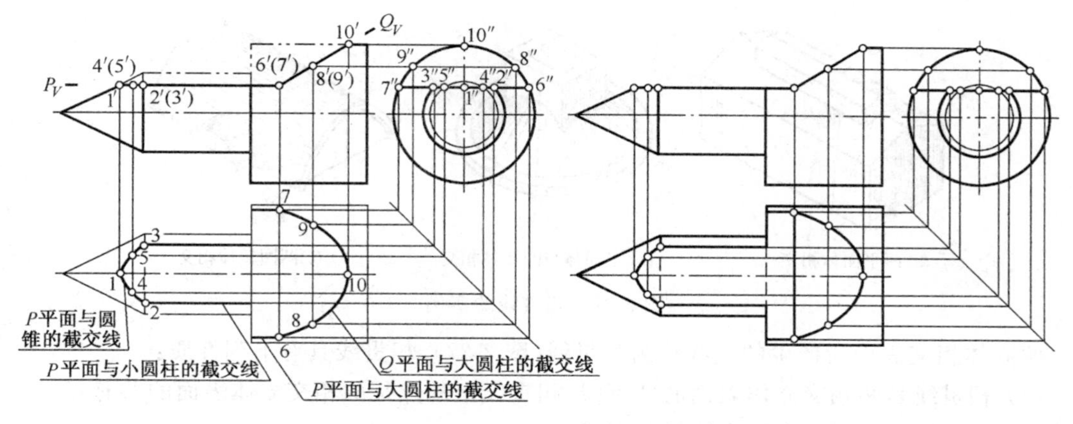

图 2-26　P、Q 两平面截切复合回转体

【作图步骤】

(1) 求作水平面 P 与圆锥的截交线。

①特殊点Ⅰ、Ⅱ、Ⅲ可直接求出，其中，Ⅱ、Ⅲ是圆锥和圆柱分界线上的点。

②求一般点Ⅳ、Ⅴ，在正面投影的适当位置确定 4′(5′)，过 4′(5′)作一垂直于圆锥轴线的直线段定出纬圆半径，并求作该纬圆的侧面投影，在侧面投影中纬圆与截平面的交点即 4″、5″，然后定出 4、5。光滑连接各点并以实线画出。

(2) 求作水平面 P 与小圆柱的截交线。

过 2、3 点作线平行于圆柱轴线，并以粗实线画出。

(3) 求作水平面 P 与大圆柱的截交线。

ⅥⅦ是水平面 P 与正垂面 Q 的交线，其正面投影是 6′(7′)，利用圆柱的积聚性可确定 6″、7″，据 6′(7′)和 6″、7″可确定其水平投影 6、7，过 6、7 点作线平行于圆柱轴线，并以粗实线画出。

(4) 求作正垂面 Q 与大圆柱的截交线。

①特殊点Ⅹ，是正垂面 Q 与大圆柱正面投影轮廓线上的点可直接求出。

②求一般点Ⅷ、Ⅸ，在正面投影的适当位置确定 8′(9′)，过 8′(9′)向侧投影面连线，在侧面投影中找到 8″、9″，最后定出 8、9。光滑连接各点并以粗实线画出。

(5) 画出水平面 P 与正垂面 Q 间的交线 6、7 以及圆锥与小圆柱间、小圆柱与大圆柱间的交线，由于同一平面上不应有分界线，所以 2、3 之间的虚线为圆锥与小圆柱分界线的下半部分的水平投影。

(6) 从正面投影中可看出，复合回转体的水平投影轮廓线未被截切，故在水平投影中，应用粗实线画出其完整的轮廓线。

【讨论】 两个以上的截平面截切复合回转体时，按基本体分段求作截交线后，还应画出截平面间的交线和基本体间的交线，但必须注意同一平面上不应有分界线。

第三节　两立体相交

由于常见的工程基本体分为平面体和回转体两大类，故两立体相交有以下三种情况，两平面体相交、平面体与回转体相交和两回转体相交，如图 2-27 所示。

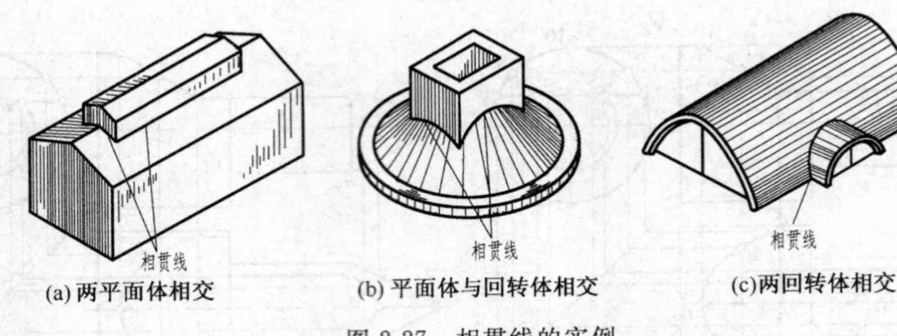

(a) 两平面体相交　(b) 平面体与回转体相交　(c)两回转体相交

图 2-27　相贯线的实例

两立体相交表面所产生的交线称为相贯线(图 2-27),相贯线具有下列性质:

(1) 相贯线是两相交立体表面的共有线,相贯线上的点是两相交立体表面的共有点。

(2) 相贯线是两相交立体表面的分界线。

(3) 相贯线都是封闭的。

根据相贯线的性质,求相贯线的实质就是求两相交立体表面的共有点。如果将两平面相交求交线的思想扩展,则求共有点的方法与之相同,即利用相交立体表面投影的积聚性或辅助面法。

一、两平面体相交

两平面体相交,一般情况下,相贯线是封闭的空间折线框,如图 2-28(a)所示;但随着相交两立体的相对位置不同,相贯线有时可能分裂成两支空间折线框或平面多边形,如图 2-28(b)所示。

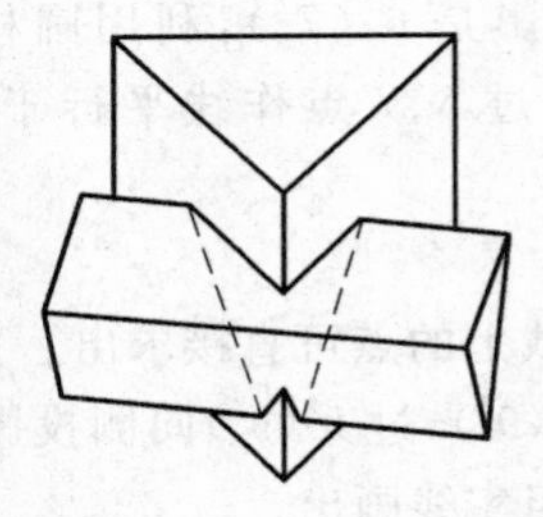

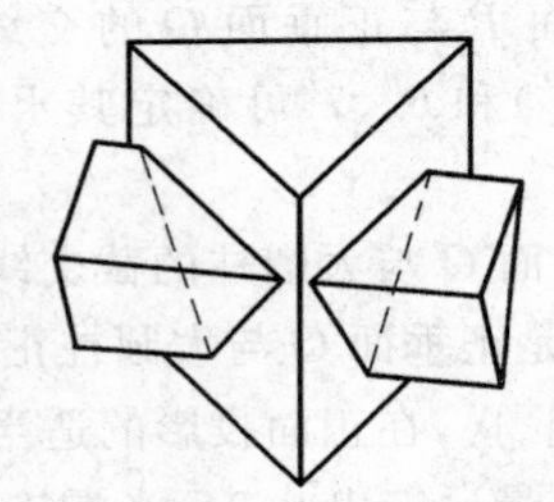

(a)互贯(相贯线是一支空间折线框)　(b)全贯(相贯线是两支平面多边形)

图 2-28　平面体相贯的两种情况

由图 2-28 可以看出,两平面体相交形成的相贯线——空间折线框的各个顶点实质是一个平面体的棱线与另一个平面体表面的线面交点;空间折线框的各边实质是两相交平面体棱面的交线,所以求两平面体相贯线的方法也有两种。

(1) 交点法——求某一平面体上的棱线与另一平面体相应棱面的线面交点。

(2) 交线法——求两平面体各相交棱面的面面交线。

实际上,两个相交的平面体并不是所有棱面(包括底面)或者所有棱线都参与相贯。因此,在求作其相贯线的作图过程中,首先要分析立体上哪些棱面或棱线参与了相贯,产生了几对线面交点。然后根据相交两立体的表面性质(是否有积聚性)确定求线面交点和表面交线的方法,以及用哪一个方法更有利于解决问题。

【例 2-9】 如图 2-29(a),求直立三棱柱与横置三棱柱的交线。

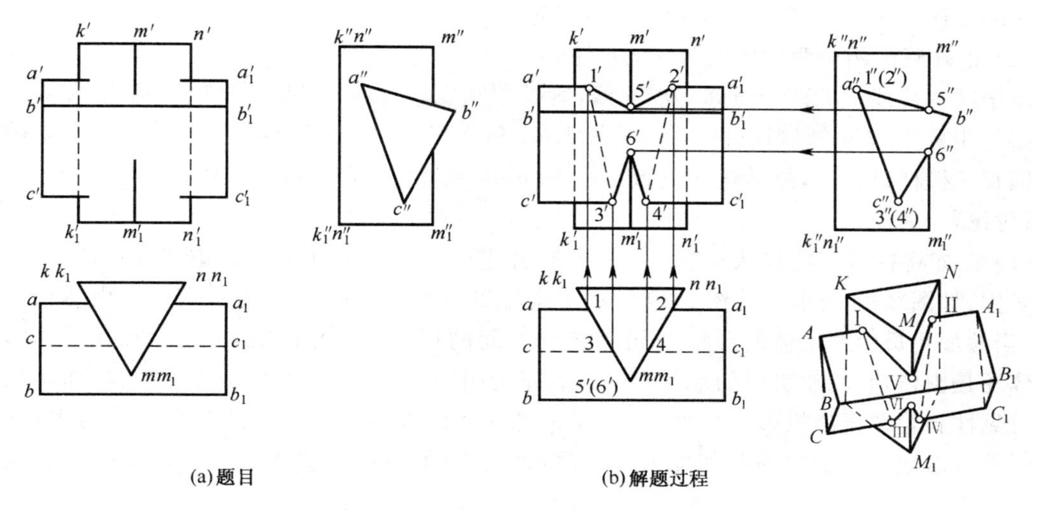

图 2-29　直立三棱柱与横置三棱柱相贯

【分析】 首先分析两相贯立体上哪些棱线参与了相交。从图中可以看出,横置三棱柱的两条棱线 AA_1、CC_1 与直立三棱柱的棱面相交,而直立三棱柱的最前棱线 MM_1 与横置三棱柱的棱面相交,所以两三棱柱是互贯的情况,其相贯线是一支封闭的空间折线框。

由于直立三棱柱的水平投影和横置三棱柱的侧面投影都有积聚性,所以相贯线的水平投影必然积聚在直立三棱柱的水平投影上;而相贯线的侧面投影一定积聚在横置三棱柱的侧面投影上,因此可利用积聚性求出 AA_1、CC_1 和 MM_1 三条棱线对另一立体的线面交点。故此题用交点法较好。

【作图步骤】

(1) 求线面交点。

利用直立三棱柱水平投影的积聚性,确定横置三棱柱的棱线 AA_1、CC_1 与直立三棱柱 KM 和 MN 两棱面的线面交点Ⅰ、Ⅱ和Ⅲ、Ⅳ。

利用横置三棱柱侧面投影的积聚性,求直立三棱柱的棱线 MM_1 与横置三棱柱 AB 和 BC 两棱面的线面交点Ⅴ、Ⅵ。

(2) 依次连接各交点。

因为相贯线的每一段直线段都是相交两棱面的共有线,所以,**只有当两交点既在甲立体的同一棱面上又在乙立体的同一棱面上才能连接成直线段,否则不可连接**。如Ⅰ、Ⅴ两点既在直立三棱柱 KM 棱面上,又在横置三棱柱的 AB 棱面上,所以 $1'$ 和 $5'$ 可以相连。再如Ⅴ、Ⅵ两点由于都属于直立三棱柱 MM_1 棱线上,可以认为它们都是直立三棱柱 KM 或 MN 棱面上的点;而对横置三棱柱来讲,Ⅴ点在 AB 棱面上,Ⅵ点在 BC 棱面上,因此 $5'$ 和 $6'$ 不能相连。由此也可得出结论:**同一棱线上的两个点间不能连线**。

按上述方法逐点分析,连接 $5'$-$2'$-$4'$-$6'$-$3'$-$1'$-$5'$ 得到相贯线的正面投影。

(3) 判别可见性。

相贯线可见性的判别规则是:**当两个棱面的同面投影都是可见时,它们的交线在该投影面上的投影才是可见,否则不可见**。例如,在正面投影中,虽然直立三棱柱的 KM 和 MN 棱面都是可见的,但是横置三棱柱上的 AC 棱面是不可见的,所以它们的交线Ⅰ-Ⅲ和Ⅱ-Ⅳ的正面投影 $1'3'$、$2'4'$ 均为不可见;而它们与 AB、BC 两棱面的交线,因 AB 和 BC 棱面都可见而可见。

即交线的正面投影 $1'5'$、$5'2'$、$3'6'$和 $6'4'$都可见。

(4) 正确画出相交两立体轮廓线的投影。

由于同一棱线上的两个点间不能连线，所以 $1'$和 $2'$、$3'$和 $4'$、$5'$和 $6'$之间不画线；棱线 BB_1 没有参与相贯，故 $b'b_1{}'$应画成粗实线；棱线 KK_1 和 NN_1 虽然也没有参与相贯，但有一段被前面的横置三棱柱遮住了，故其正面投影 $k'k_1{}'$和 $n'n_1{}'$被遮挡的部分画成虚线。

【讨论】

(1) 假如将横置三棱柱从直立三棱柱中抽出，则横置三棱柱可看作是虚体，而直立三棱柱仍是实体，如图 2-30 所示。将图 2-29 所示实体与实体相交与图 2-30 所示实体与虚体相交做比较，当参加相贯的两立体的形状、大小和它们之间的相对位置相同时，无论参加相贯的形体是实体还是虚体，它们相贯线的形状和特殊点完全相同，其区别并不是相贯线本身，而是相贯线的可见性和轮廓线的投影。也就是说，无论是立体的外表面(实体)还是空腔的内表面(虚体)，但都可以把他们抽象为几何元素——面，因此，它们表面的交线都可按两面的共有线来求作。

(2) 在实体与实体相交的情况下，相贯线的可见性是根据相贯两立体表面的可见性来判断的，立体轮廓线的投影遵循的原则是:同一棱线上的两个点间不能连线，没有参与相贯的棱线的投影应完整画出(实线或虚线)。但是在实体与虚体相交的情况下，由于虚体仅是一个概念体，相贯线的可见性是根据实体表面的可见性来判断的，虚体轮廓线的投影所遵循的原则是:同一棱线上的两个点之间必须连线(也可看作是两截平面的交线)，贯穿点之外的棱线以及没有参与相贯的棱线不画。

(3) 若将图 2-30 所示直立三棱柱的缺口看作是三个截平面截切直立三棱柱，则可用第二节介绍的方法求作其表面交线，此时同一棱线上两个点之间的连线实际是两截平面间的交线。

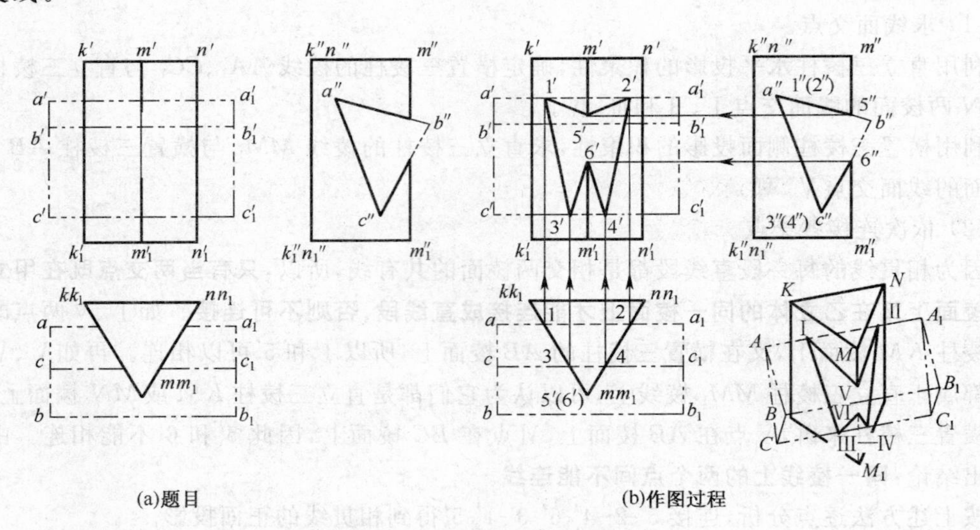

图 2-30　实体三棱柱与虚体三棱柱相交

【例 2-10】 三棱锥与四棱柱相贯，如图 2-31 所示，画出其相贯线。

【分析】 四棱柱的四条棱都穿过了三棱锥，所以两立体是全贯的情况，其相贯线是两条封闭的折线。前面一条是空间折线，它由三棱锥的 SAB、SBC 棱面与四棱柱相交产生；后面一条是平面多边形，它由三棱锥的 SAC 棱面与四棱柱相交产生。

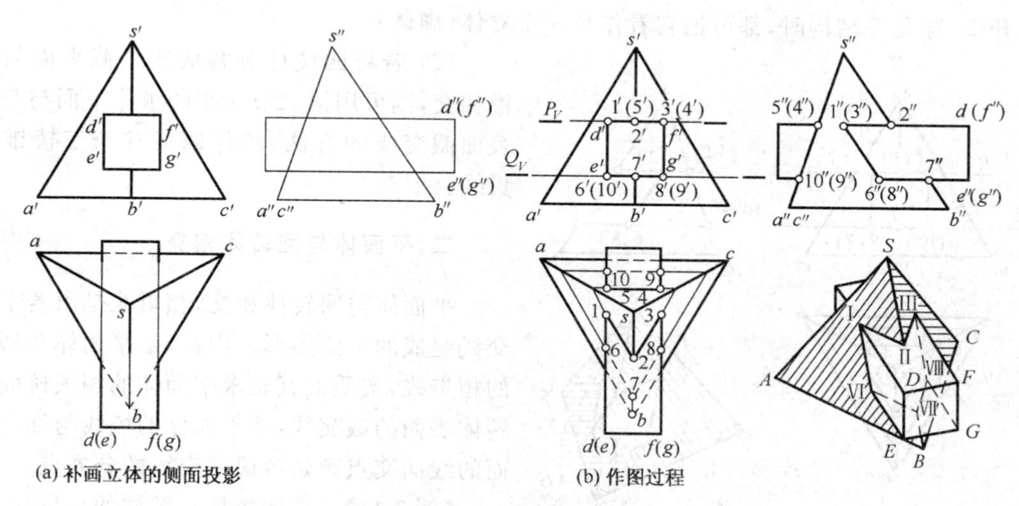

图 2-31 三棱锥(实体)与四棱柱(实体)相贯

四棱柱的四条棱都穿过了三棱锥,而三棱锥的最前棱线穿过了四棱柱,所以共有 5 对线面交点。

由于四棱柱的上下两个棱面都是与三棱锥底面平行的水平面(正面投影有积聚性),其交线的水平投影与三棱锥底面的水平投影分别平行,而且 5 对线面交点分布在四棱柱的上下两个棱面上,因此,该题用交线法较好。

【作图步骤】

(1) 补出三棱锥与四棱柱的侧面投影(用细实线画出)。

(2) 求四棱柱上下两棱面与三棱锥的交线。

将四棱柱的两个水平棱面假想为扩大的 P 和 Q 平面,则 P 和 Q 平面与三棱锥的交线为两个与棱锥底面相似的三角形。在水平投影中,1-2-3、4-5 和 6-7-8、9-10 线段即为四棱柱上下两棱面与三棱锥各棱面交线的水平投影。线段上的各点为所有线面交点的水平投影,根据它们的水平投影和棱面的积聚性可确定线面交点的其他投影。

(3) 依次连接各交点,并判别交线的可见性。

由于四棱柱的两侧平棱面水平投影有积聚性,故仅连接 1-2-3、6-7-8 和 4-5、9-10。因三棱锥的三个棱面和四棱柱的上棱面都可见,所以,1-2-3、4-5 画成粗实线;因四棱柱的下棱面不可见,故 6-7-8、9-10 为不可见,画成虚线。

由于三棱锥的 SAC 棱面和四棱柱上下两棱面的侧面投影有积聚性,所以,交线 4″-5″、9″-10″积聚在三棱锥的 SAC 棱面上,交线 1″-2″-3″、6″-7″-8″分别积聚在四棱柱上下两水平棱面的侧面投影上。因两立体均左右对称,故四棱柱的两侧棱面与三棱锥的交线的侧面投影重合,即 4″-9″与 5″-10″重合,1″-6″与 3″-8″重合,实际作图时,仅需画出可见的 1″-6″即可。

(4) 画出立体轮廓线的投影。

棱线 SB 位于两个线面交点Ⅱ、Ⅶ间的一段不画线,四棱柱的四条棱对三棱锥的线面交点之间亦不画线;水平投影上,棱线 ab、bc、ac 被四棱柱遮住的部分画成虚线。

【讨论】

(1) 图 2-32 是三棱锥从前向后穿了一个矩形孔,若把矩形孔看成虚体的四棱柱,求作三棱锥表面因穿孔所产生的交线,则与求作三棱锥与四棱柱的相贯线相同。所以,当立体上有空腔、开槽、穿孔等结构时，都可把它看作是一个立体（虚体）。

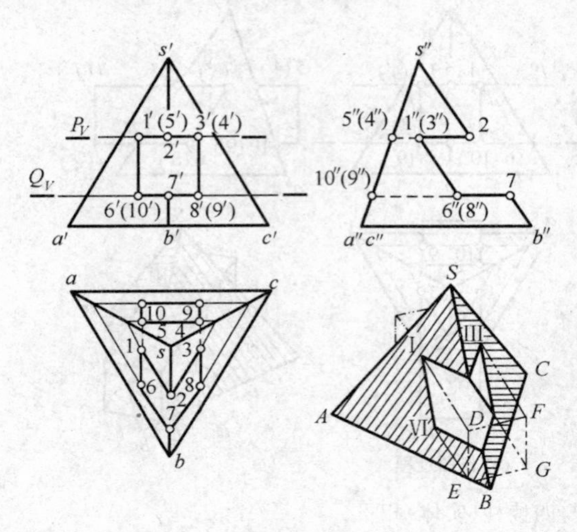

图 2-32　三棱锥（实体）与四棱柱（虚体）相贯

（2）若将四棱柱分解成四个截平面与三棱锥相交，则可用第二节介绍的求作平面与三棱锥表面截交线的方法，求作四棱柱与三棱锥的相贯线。

二、平面体与回转体相交

平面体与回转体相交，相贯线是由若干段截交线组成的平面图形。因此，求平面体与回转体的相贯线，实质上就是求平面体的相关棱面与回转体表面的截交线，而平面体的棱线与回转体表面的线面交点则是各段截交线的分界点。

【例 2-11】 求四棱柱与圆柱的相贯线，如图 2-33 所示。

【分析】 将四棱柱的四个棱面看作是四个截平面截切圆柱，四棱柱的前后两个棱面是正平面与圆柱的截交线为直线，四棱柱的上下两个棱面是水平面与圆柱面的截交线为两段圆弧，四棱柱与圆柱的相贯线是由两段圆弧和两条直线段构成的两组封闭线框，而四棱柱的棱线与圆柱面的线面交点则是圆弧和直线的分界点。所以本例求出分界点用直线和圆弧连接其同面投影即得相贯线的投影。

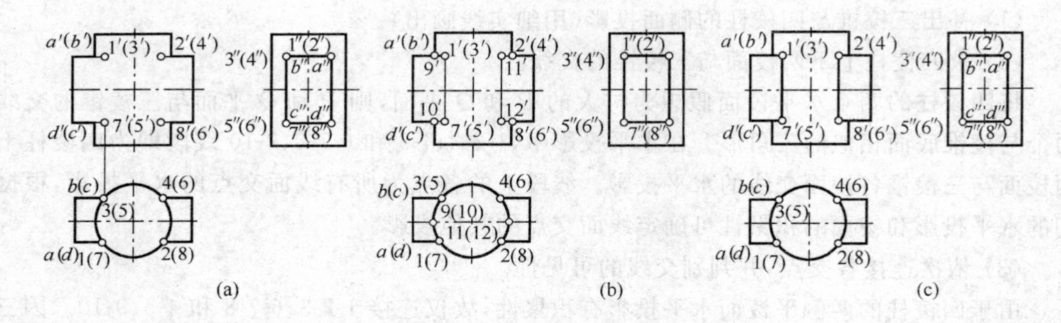

图 2-33　四棱柱与圆柱的相贯线

【作图步骤】

（1）利用圆柱和四棱柱水平投影的积聚性，求出各交点的正面投影，如图 2-33(a)所示。

（2）连接各点，并判别相贯线的可见性。

棱面 AD 和棱面 BC 的截交线是直线段Ⅰ-Ⅶ、Ⅱ-Ⅷ和Ⅲ-Ⅴ、Ⅳ-Ⅵ，由于图形对称，交线的正面投影重合，故只画出可见的 1′-7′、2′-8′。棱面 AB 和棱面 CD 的截交线为圆弧Ⅰ-Ⅲ、Ⅱ-Ⅳ和Ⅴ-Ⅶ、Ⅵ-Ⅷ，它们的正面投影积聚为直线段 9′-1′、2′-11′和 10′-7′、12′-8′，如图 2-33(b)所示。

（3）正确画出参与相贯的两立体轮廓线的投影，并判断可见性，如图 2-33(c)所示。

【讨论】

（1）图 2-34 是四棱柱为虚体时的投影情况。

（2）图 2-35 是四棱柱（虚体）与空心圆柱相贯时的投影情况。需要指出的是四棱柱与内

(虚体)、外(实体)圆柱均有交线,切不可漏掉四棱柱与内圆柱(虚体)的交线。此时四棱柱与内圆柱相交尽管是虚体与虚体相交,但相贯线的求作方法与圆柱为实体时相同,只是交线不可见。

(3) 图 2-36 是将四棱柱(虚体)上移并与空心圆柱相贯时的投影情况。这时相贯线的求作方法与前例相同。

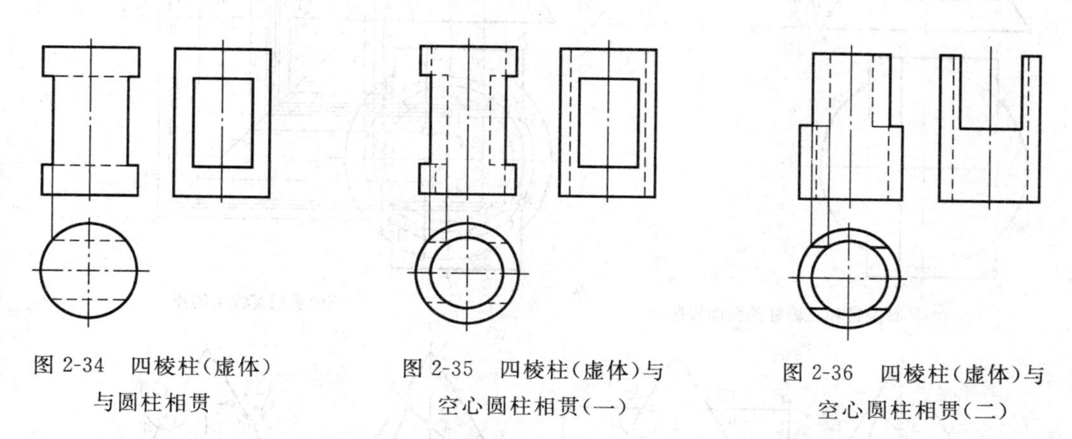

图 2-34 四棱柱(虚体)与圆柱相贯

图 2-35 四棱柱(虚体)与空心圆柱相贯(一)

图 2-36 四棱柱(虚体)与空心圆柱相贯(二)

【讨论】 根据平面体与回转体相交的实质,若将四棱柱分解成四个截平面,则可用第二节介绍的求作平面与圆锥表面截交线的方法,求作平面体与回转体的相贯线。

【例 2-12】 求三棱柱与圆锥的相贯线,如图 2-37(a)所示。

【分析】 相贯线由三段平面曲线组成,即三棱柱的 *AB* 棱面与圆锥表面的截交线为椭圆,*BC* 棱面与圆锥表面的截交线为圆,*CA* 棱面与圆锥表面的截交线为过锥顶的直线。Ⅰ、Ⅱ和Ⅲ点分别是三棱柱的三条棱线与圆锥面的线面交点,也是三段平面曲线的分界点。

【作图步骤】

(1) 用细实线补画出圆锥与三棱柱的侧面投影,如图 2-37(a)所示。

(2) 求作 *BC* 棱面与圆锥表面的截交线,过 1′点作纬圆求出其水平投影 1 和侧面投影 1″以及点Ⅲ(3′,3,3″)如图 2-37(b)所示。

(3) 求作 *CA* 棱面与圆锥表面的截交线,过锥顶和 1′、2′作素线,其水平投影与 *aa*、*cc* 交于点 2、1,并求出其侧面投影 2″,如图 2-37(b)所示。

(4) 求作 *AB* 棱面与圆锥表面的截交线,由于截交线是椭圆,还需先求作一些特殊点。

①圆锥侧面投影轮廓线上的点Ⅳ。根据 *AB* 棱面的积聚性可直接求出其侧面投影 4″,从而求出其水平投影 4。

②椭圆的特征点Ⅴ。延长 2′-3′使其与圆锥的最左、最右两条素线的正面投影相交,取其中点即为椭圆短轴的正面投影 5′;过 5′作纬圆,纬圆与投影连线的交点 5 即为特征点Ⅴ的水平投影,根据 5′和 5 可求出其侧面投影 5″。

③求作一般点。在适当位置确定 6′,过 6′作纬圆,纬圆与投影连线的交点 6 即为一般点Ⅵ的水平投影,根据 6′和 6 可求出其侧面投影 6″。

(5) 光滑连接各点,并判断相贯线的可见性,如图 2-37(c)所示。

只有当相贯线同时处于两立体表面的可见部分时,相贯线的投影才可见。圆锥表面及三棱柱的 *AB* 和 *AC* 棱面在水平投影上均可见,所以,3-6-5-4-2-1 为可见,画成粗实线。三棱柱的 *BC* 棱面在水平投影上不可见,所以,相贯线 1-3 圆弧不可见,画成虚线。

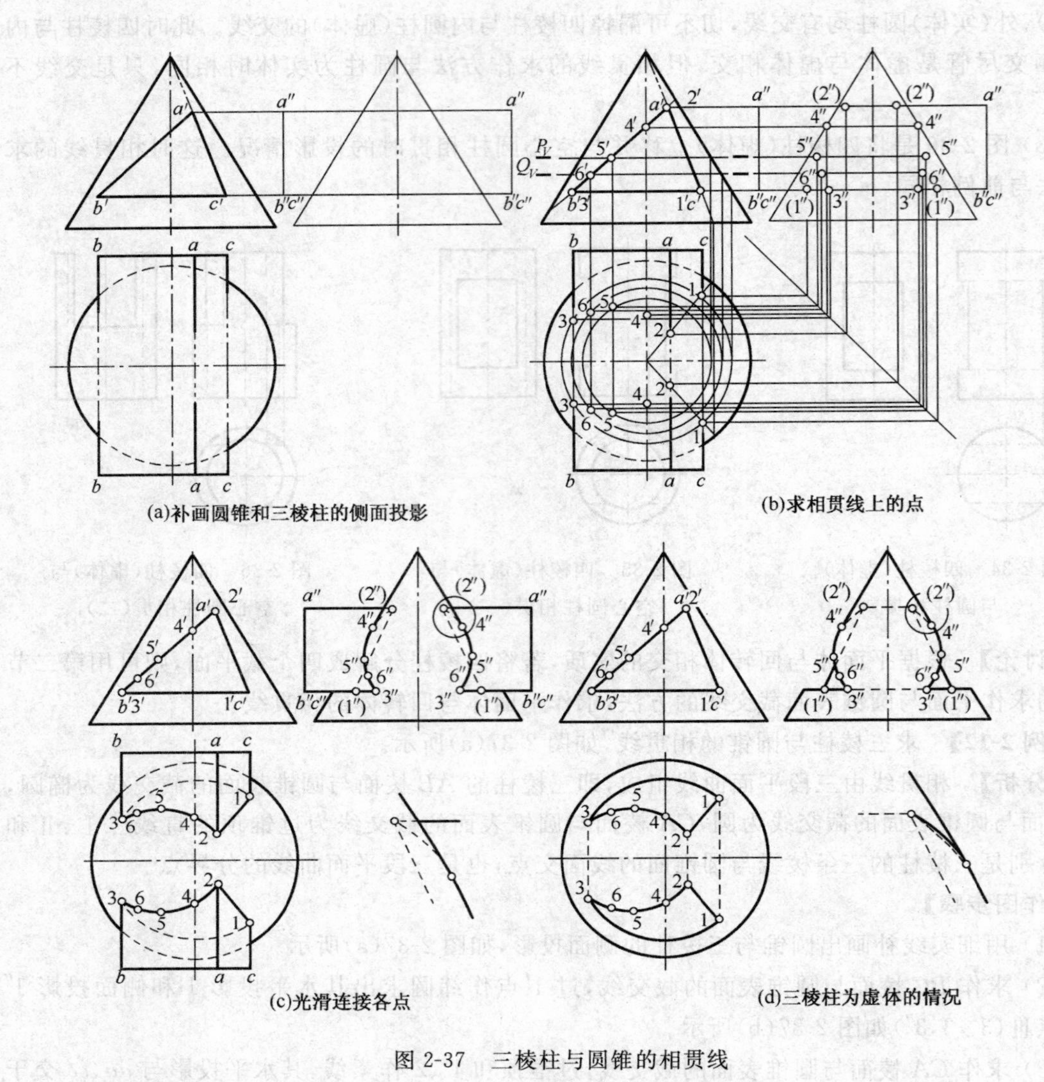

图 2-37　三棱柱与圆锥的相贯线

在侧面投影上，AB 棱面虽可见，但Ⅳ是圆锥侧面投影轮廓线上的点，即可见与不可见的分界点，所以，同一段交线上 4″-5″-6″-3″可见，4″-2″不可见。交线 1″-2″，由于 AC 棱面和右半个圆锥的侧面投影均不可见，所以其中一段画成虚线；BC 棱面侧面投影有积聚性，交线 1″-3″积聚在 BC 棱面的侧面投影上。

(6) 正确画出参与相贯的两立体轮廓线的投影，并判断可见性，如图 2-37(c)所示。

由于Ⅰ、Ⅱ、Ⅲ点是三棱柱的棱线对圆锥表面的线面交点，所以三棱柱的三条棱线在水平投影和侧面投影上都要画至各自的线面交点；圆锥的侧面投影轮廓线自锥顶画至 4″。

图 2-37(d)是三棱柱为虚体时的情况。

三、两回转体相交

两回转体相交表面形成的相贯线，一般情况下是封闭的空间曲线；在特殊情况下可能是平面曲线或直线，如图 2-38 所示。

两回转体的相贯线也是先求相贯线上的一些共有点，然后连接而成。求共有点的一般方

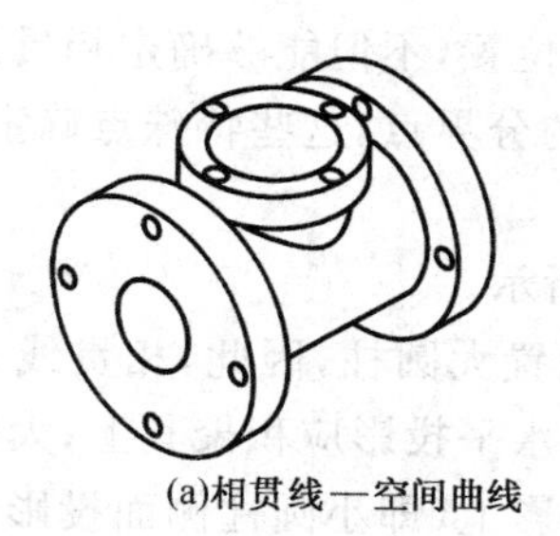

(a)相贯线—空间曲线

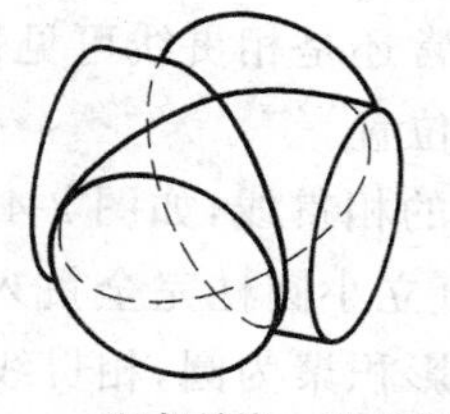

(b)相贯线—平面曲线

(c)相贯线—直线

图 2-38　两曲面体相贯

法是辅助面法(既可以是平面,也可以是曲面),辅助面法的基本原理是三面共点(见第二章第四节)。如图 2-39,用辅助面法求相贯线上的共有点时,需先求出辅助面与相交两立体的交线,交线与交线的交点即为共有点——相贯线上的点。

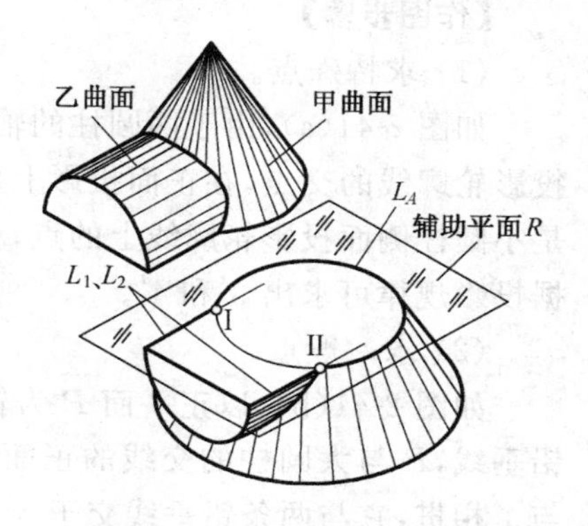

图 2-39　辅助平法的基本原理

1. 选择辅助面

为了便于作图,用辅助面法求作相贯线时,辅助面的选择原则是:**使辅助面与两曲面立体的交线的投影都是简单易画的圆或直线**。因此,所选辅助平面与相交回转体的相对位置至关重要,因为它决定了辅助平面与两相交回转体的截交线及其投影的形状是否是简单易画的圆和直线。例如,用辅助平面法求作圆柱和圆锥的相贯线时[图 2-40(a)],可采用水平面(如 P 平面)为辅助平面[图 2-40(b)]。因为水平面与圆柱和圆锥的截交线都是水平圆,在水平投影上两圆的交点Ⅰ、Ⅱ就是相贯线上的点。也可采用过锥顶 S 的铅垂面(如:Q 平面)为辅助平面[图 2-40(c)]。因为铅垂面过锥顶,它与圆锥的截交线是过锥顶的直素线(此例为 SL),铅垂面与圆柱的截交线是圆柱面上与圆柱轴线平行的直素线(此例为 KK_1),两直素线的交点Ⅲ就是相贯线上的点。那么,是否可用不过锥顶的正平面(如 R 平面)作辅助平面呢?正平面 R 与圆柱的截交线是矩形,但是与圆锥的截交线是双曲线[图 2-40(d)],不是简单易画的圆和直线,因此,在本例中不能用正平面作为辅助平面。

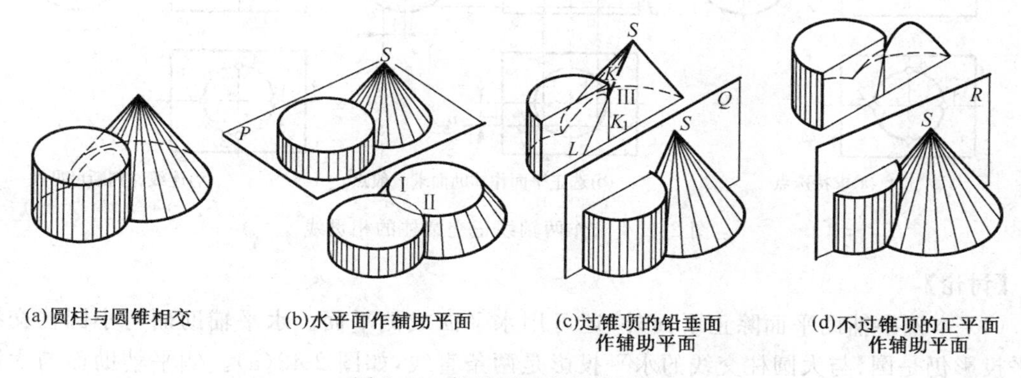

(a)圆柱与圆锥相交　(b)水平面作辅助平面　(c)过锥顶的铅垂面作辅助平面　(d)不过锥顶的正平面作辅助平面

图 2-40　辅助平面的选择原则

2. 求作两回转体的相贯线

求作两回转体的相贯线时,必须先求出相贯线上的一些特殊点,如最高、最低点,回转体投影轮廓线上的点等，因为这些点大多处于相贯线上的极限位置，不但能够确定相贯线的投影范围、特征，而且投影轮廓线上的点通常还是相贯线可见性的分界点，这些特殊点确定后，才可恰当地设置求作一般点的辅助平面的位置。

【例 2-13】 求两轴线正交圆柱的相贯线，如图 2-41 所示。

【分析】 两圆柱的轴线正交，直立小圆柱完全贯入横置大圆柱，因此，相贯线是一条闭合的空间曲线。由于小圆柱的水平投影积聚为圆，相贯线的水平投影应积聚其上；大圆柱的侧面投影积聚为圆，相贯线的侧面投影也积聚在大圆柱侧面投影上（即小圆柱侧面投影轮廓线之间的一段圆弧），所以，此例只需求出相贯线的正面投影。

由于两圆柱的轴线都是投影面垂直线，故辅助面可用正平面也可用水平面和侧平面。

【作图步骤】

（1）求特殊点。

如图 2-41(a)，由于两圆柱的轴线相交，相贯线的最高点也是最左、最右点就是两圆柱正面投影轮廓线的交点，在正面投影上可直接确定 1′和 2′。相贯线的最低点也是最前、最后点就是小圆柱侧面投影轮廓线上的点，在侧面投影中利用大圆柱的积聚性可直接确定 3″和 4″，根据投影规律可求出 3′和 4′。

（2）求一般点。

如图 2-41(b)，以正平面 P 为辅助平面，P 与小圆柱的交线的正面投影是过 a、b 点的两条铅垂线，P 与大圆柱的交线的正面投影是过 c''、d'' 点的两条侧垂线。其中，只有过 c 点的线参与了相贯，它与两条铅垂线交于 5′、6′点。由于两圆柱垂直相交，前后，左右均对称，所以实际作图中只需求出 5′和 6′两点。

（3）依次光滑地连接各点，并判断可见性。

由于前后对称，相贯线的正面投影的可见与不可见部分重合，只需用粗实线画出其可见部分即可，如图 2-41(c)所示。

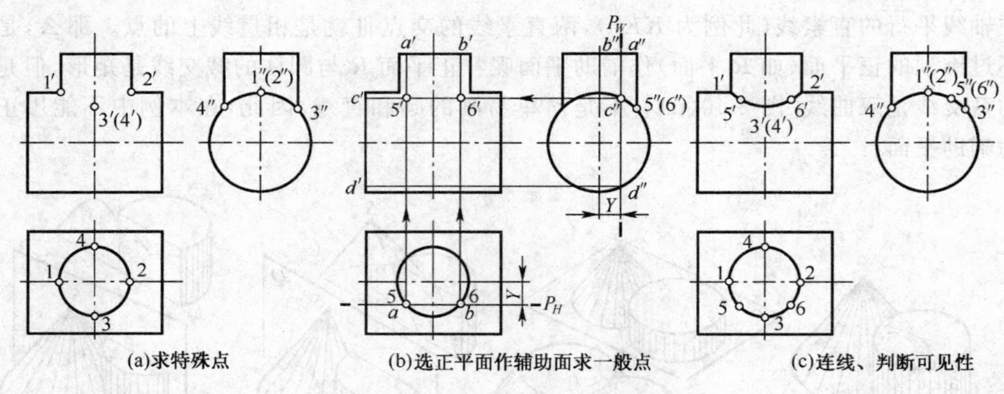

图 2-41　求作两轴线正交圆柱的相贯线

【讨论】

（1）本例中辅助平面除正平面外，还可用水平面或侧平面。水平辅助面与小圆柱交线的水平投影仍是圆，与大圆柱交线的水平投影是两条直线，如图 2-42(a)。侧平辅助面与大圆柱交线的侧面投影仍是圆，与小圆柱交线的侧面投影是两条直线，如图 2-42(b)。

（2）由于两圆柱反映为圆的投影都有积聚性，所以，本例还可利用积聚性求一般点。比如，在水平投影的小圆上取 5、6 两点，根据投影规律在侧面投影的大圆上确定其相应的侧面投影 5″和 6″，然后再确定其正面投影 5′和 6′，如图 2-42(c)所示。

(3) 图 2-43(a)是水平圆柱为实体，直立圆柱为虚体时，两圆柱相交的情况。图 2-43(b)是在一个长方体中打了横、竖两个孔，即两圆柱均为虚体时，相交的情况。图 2-43(c)是水平空心圆柱与直立圆柱(虚体)相交的情况。从图中可以看出，这些相贯线的性质和求解方法与两圆柱均为实体时相同，只是作图时要注意相贯线的可见性和虚体的投影轮廓线。

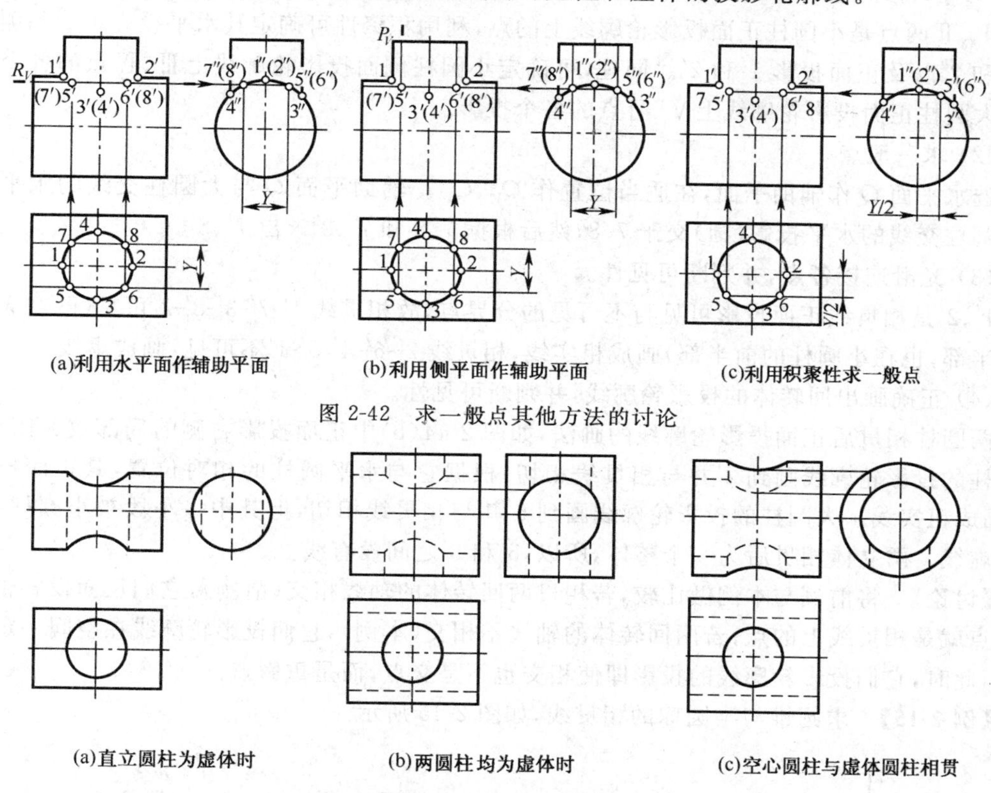

(a)利用水平面作辅助平面　(b)利用侧平面作辅助平面　(c)利用积聚性求一般点

图 2-42　求一般点其他方法的讨论

(a)直立圆柱为虚体时　(b)两圆柱均为虚体时　(c)空心圆柱与虚体圆柱相贯

图 2-43　两圆柱虚体、实体变化的讨论

【例 2-14】 求轴线垂直交叉的两圆柱的相贯线，如图 2-44 所示。

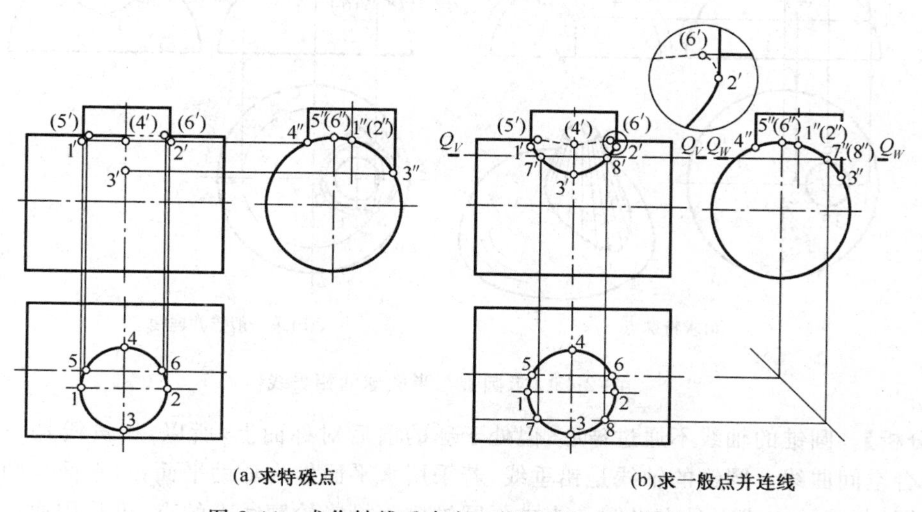

(a)求特殊点　(b)求一般点并连线

图 2-44　求作轴线垂直交叉的两圆柱的相贯线

【分析】 小圆柱的轴线为铅垂线，大圆柱的轴线为侧垂线，因此，相贯线的水平投影积聚在小圆柱的水平投影圆周上，侧面投影积聚在大圆柱的侧面投影的一段圆弧上，只需求出相贯线的正面投影。两圆柱的轴线垂直交叉，前后不对称，因此相贯线的正面投影不重合。

【作图步骤】

(1) 求特殊点。

Ⅰ、Ⅱ两点是小圆柱正面投影轮廓线上的点，利用积聚性可确定其水平投影 1、2 和侧面投影 1″和 2″以及正面投影 1′和 2′。同理，可确定小圆柱侧面投影轮廓线上Ⅲ、Ⅳ点的各个投影以及大圆柱正面投影轮廓线上Ⅴ、Ⅵ点的各个投影。

(2) 求一般点。

选水平面 Q 作辅助平面，在适当位置作 Q_V、Q_W。辅助平面 Q 与大圆柱交线的水平投影与小圆柱交线的水平投影(圆)交于 7、8，然后根据 7、8 和 7″、8″求出 7′、8′。

(3) 光滑连接各点，并判断可见性。

1′、2′是相贯线正面投影可见与不可见的分界点，故相贯线 1′-7′-3′-8′-2′可见(既在大圆柱的前半部，也在小圆柱的前半部)画成粗实线，相贯线 2′-6′-4′-5′-1′不可见，画成虚线。

(4) 正确画出回转体的投影轮廓线，并判断可见性。

两圆柱相贯后正面投影轮廓线的画法，如图 2-44(b)中正面投影右侧的局部放大图所示，小圆柱的投影轮廓线画到 2′并与相贯线相切；根据它与水平圆柱的相对位置，其正面投影可见，画成粗实线。大圆柱的投影轮廓线画到 6′并与相贯线相切，但其中一小段被小圆柱遮挡，画成虚线。两立体相贯后为一个整体，所以，5′和 6′之间没有线。

【讨论】 将前例与本例做比较，若相贯两回转体的轴线相交(前例)，它们正面投影轮廓线的交点就是相贯线上的点；若两回转体的轴线不相交(本例)，它们投影轮廓线在空间一定不会相交，此时，它们投影轮廓线的投影即使相交也不是交点，而是重影点。

【例 2-15】 求圆锥与半圆球的相贯线，如图 2-45 所示。

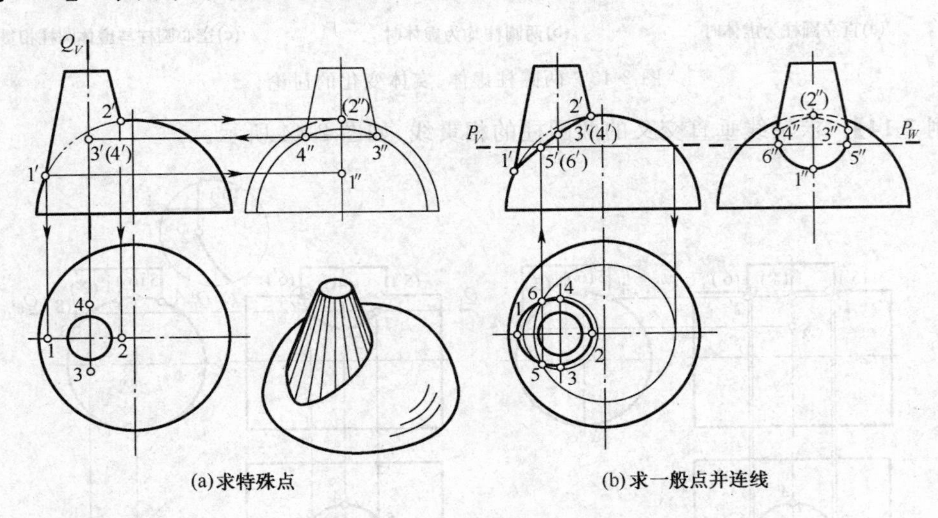

图 2-45 求圆锥与半圆球的相贯线

【分析】 圆锥的轴线不通过球心，但处于球的前后对称面上，所以，相贯线是一支前后对称的闭合空间曲线。圆锥的轴线是铅垂线，若采用水平面作为辅助平面，水平面与圆锥的交线是水平圆，与球的交线也是水平圆。为求作圆锥侧面投影轮廓线上的点，可采用通过锥顶的一个侧平面作辅助平面。但不通过锥顶的正平面和侧平面都不可取,因它们与圆锥的交线是双曲线。

【作图步骤】

(1) 补画半圆球和圆锥的侧面投影,如图 2-45(a)所示。

(2) 求特殊点。

①虽然球和圆锥的轴线不相交,但球和圆锥有公共的前后对称面,所以圆锥与球的正面投影轮廓线在空间相交,投影也相交。交点既是球和圆锥正面投影轮廓线上的点,也是相贯线的最高点和最低点,其投影 1′、2′、1、2、1″、2″可直接求出。

②过锥顶作侧平面 Q,它与圆锥的截交线正是圆锥的侧面投影轮廓线,与球的截交线是一侧平圆,两交线的交点 3″、4″是相贯线上的点,3′、4′和 3、4 也随之确定。

(3) 求一般点。

如图 2-45(b),在正面投影点 1′和 3′之间的适当位置,作一个水平面 P,它与圆锥的截交线为一个水平圆,与球的截交线也是一个水平圆,两圆的交点 5、6 就是相贯线上的点Ⅴ和Ⅵ的水平投影,根据 5、6 在 P 上可找出 5′、6′以及 5″、6″。同理,可求出相贯线上其他的一般点。

(4) 光滑连接各点,并判断可见性。

在正面投影上,因相贯体前后对称,用粗实线画出 1′-5′-3′-2′即可。在水平投影上,相贯线都在上半个球面上,而且圆锥的水平投影可见,所以,相贯线也可见,应画成粗实线。在侧面投影上,3″、4″是相贯线侧面投影可见与不可见的分界点,4″-6″-1″-5″-3″在锥和球的左半部,其侧面投影可见,画成粗实线。3″-2″-4″虽在球的左半部,但在圆锥的右半部,故侧面投影不可见,画成虚线,如图 2-45(b)所示。

(5) 正确画出两回转体的投影轮廓线,并判断可见性。

两回转体相贯后为一整体,所以,正面投影 1′与 2′之间应去掉球的正面投影轮廓线。圆锥的侧面投影轮廓线应画至 3″和 4″。球的侧面投影轮廓线没有参与相贯应完整画出,但其中有一段被圆锥遮挡画成虚线,如图 2-45(b)所示。

3. 相贯线的特殊情况

(1) 两个二次曲面公切于同一球面时,相贯线为平面曲线(椭圆)。当它们的公共对称平面平行于某个投影面时,相贯线在该投影面上的投影积聚为直线,如图 2-46 所示。

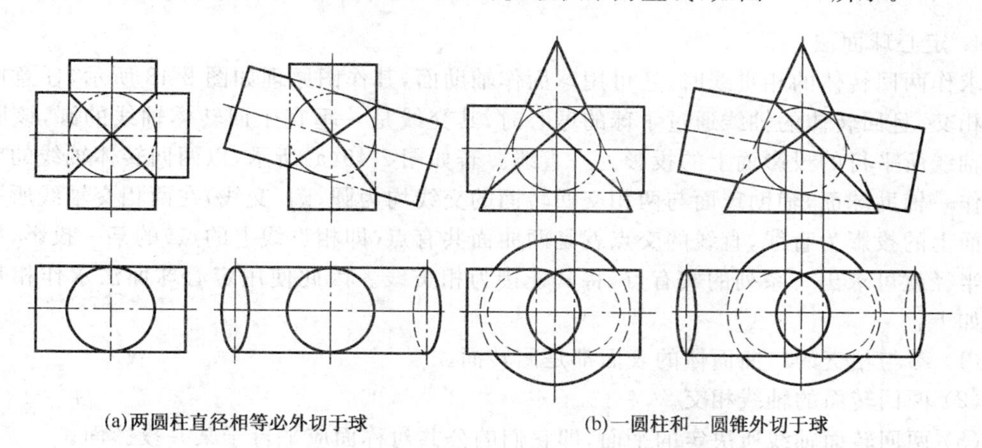

(a)两圆柱直径相等必外切于球　　(b)一圆柱和一圆锥外切于球

图 2-46　回转体的相贯线为平面曲线

(2) 当两轴线相互平行的柱体或两共锥顶的锥体相交，相贯线为直线，如图 2-47 所示。

(3) 当两回转体同轴时，无论回转面是几次曲面，相贯线一定是垂直于公共轴线的圆。若两相贯的回转体之中有一个是球，且球心在回转体轴线上，则相贯线也是垂直于回转体轴线的圆，如图 2-48 所示。

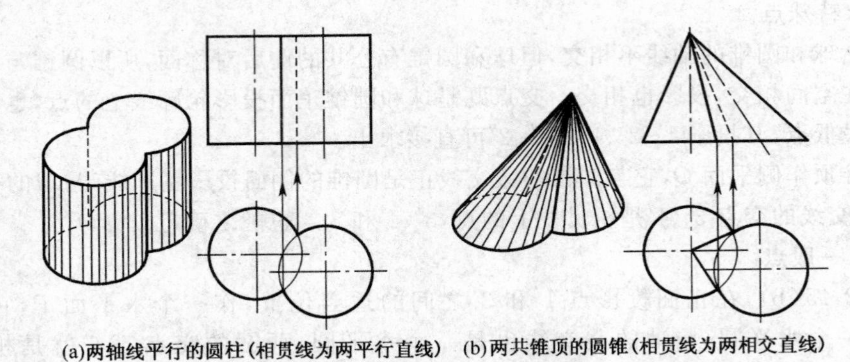

(a)两轴线平行的圆柱(相贯线为两平行直线)　(b)两共锥顶的圆锥(相贯线为两相交直线)

图 2-47　回转体的相贯线为直线

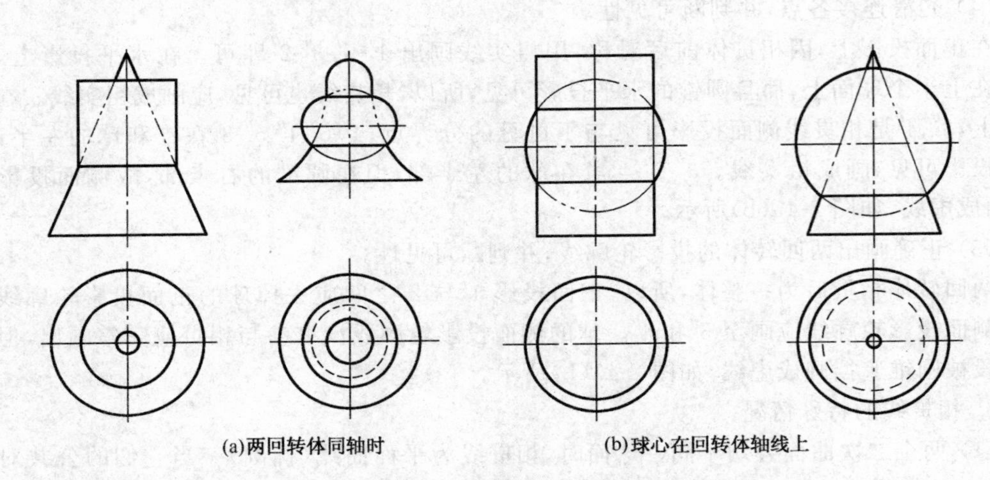

(a)两回转体同轴时　(b)球心在回转体轴线上

图 2-48　回转体的相贯线为垂直于公共轴线的圆

4. 定心球面法

求作两回转体的相贯线时，还可用球面作辅助面，其作图原理如图 2-48 所示，任意回转体与球相交，且回转体的轴线通过了球的球心时，其交线是一垂直于回转体轴线的圆，该圆在回转体轴线所平行的投影面上的投影为一直线。若如图 2-49(a)所示，以两回转体轴线的交点为球心作一辅助球面，辅助球面与两相交回转面的交线均为圆，圆(交线)在两相交轴线所平行的投影面上的投影为直线，直线的交点就是两曲面共有点(即相贯线上的点)的某一投影，如改变球的半径就可求出一系列的共有点，将其连接为相贯线。因此使用定心球面法求作相贯线的条件如下：

(1) 参与相交的二曲面体的表面都是回转面。

(2) 两回转面的轴线相交。

(3) 两回转面轴线所决定的平面，即它们的公共对称面应平行于某一投影面。

【例 2-16】 求回转体与斜圆柱的相贯线(图 2-49)。

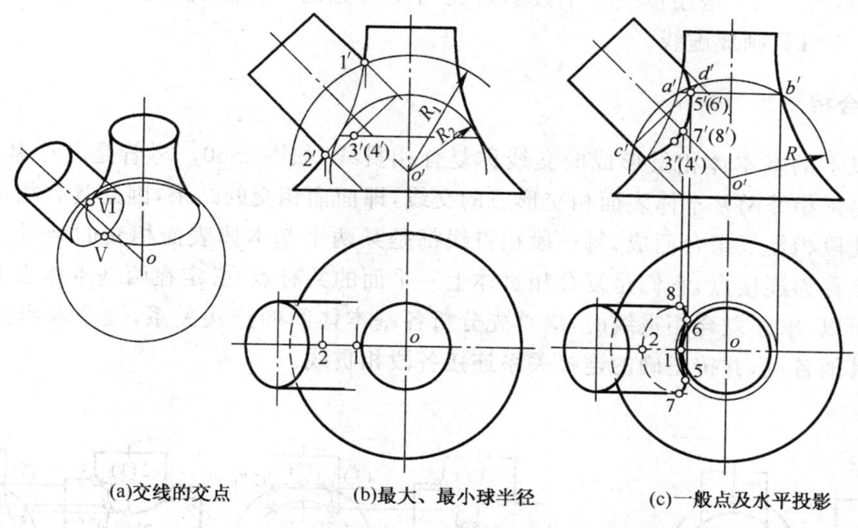

图 2-49　用定心球面法求作圆环与圆柱的相贯线

【分析】 回转体的轴线与圆柱的轴线斜交，且回转体的轴线是铅垂线，圆柱的轴线是正平线，若以平面为辅助面，则不能同时在两立体上得到投影简单的交线。但回转体与圆柱的轴线相交于 O 点，且轴线都平行于 V 面，故以回转体与圆柱轴线的交点为球心作辅助球面，辅助球面与回转体和圆柱的交线均为圆，圆的正面投影积聚为直线，在正面投影上，直线与直线的交点就是相贯线上的点。

【作图步骤】

(1) 回转体与圆柱正面投影轮廓线的交点 1′、2′是相贯线上的最高点和最低点的正面投影，Ⅰ、Ⅱ也是相贯线正面投影轮廓线上的点[图 2-49(a)、(b)]。

(2) 以 o'为圆心，取适当半径 R 作圆，圆与回转体及圆柱的正面投影轮廓线各交于 a'、b'和 c'、d'。a'、b'连线是辅助球面与圆环交线(圆)的正面投影，c'、d'连线是辅助球面与圆柱交线(圆)的正面投影，$a'b'$和 $c'd'$的交点 5′、(6′)即为相贯线上的点Ⅴ、Ⅵ的正面投影[图 2-49(c)]。

(3) 改变辅助球面的半径大小，即作若干同心球面。可得相贯线上的其他各点的正面投影，将所求得各点的正面投影依次光滑连接，便完成了相贯线正面投影。作图时，应先求出辅助球面的最大和最小球半径。

①最大球半径 R_1，由球心 o'至两回转面投影轮廓线的交点 1′、2′，其中最远的一个距离，就是最大球半径 R_1，因为半径再大，辅助球面与两回转面的交线就不能相交了，因此就得不到共有点[图 2-49(b)]。

②最小球半径 R_1，从球心 o'分别向两回转体的正面投影轮廓线作垂线，两垂线中较长的一个就是最小球半径 R_2，因为若半径再小，辅助球面与另一回转面(本题中是圆环)就不能相交了[图 2-49(c)]。

(4) 为了求出相贯线的水平投影，应利用纬圆法来作图。如已知相贯线某一点的正面投影 5′、(6′)，过 5′、(6′)在回转体表面上作一纬圆，找出纬圆的水平投影，再找出点的水平投影 5、6。

(5) 光滑连接各点，并判断可见性。在正面投影上，因相贯体前后对称，相贯线也前后对称，只画粗实线。7、8 是相贯线水平投影可见与不可见的分界点，因此 7-5-1-6-8 可见画成粗实线，8-2-7 不可见画成虚线。

四、复合相贯线

两个以上的基本体相贯形成的交线称复合相贯线，如图 2-50。尽管是几个基本体相贯，但相贯线仍是相邻两基本体表面相交形成的交线，即面面相交的结果，因此复合相贯线总可以分解成由几段相贯线组合而成，每一段相贯线都是某两个基本体表面相交的结果。各段相贯线的分界点称为连接点，它们是复合相贯体上三个面的共有点，必定在两基本体表面连接的分界线上。所以，求作复合相贯线时，应首先分析各基本体间的连接关系，逐个求出连接点及相贯线上的其他各点，并按正确的连接关系连接各段相贯线。

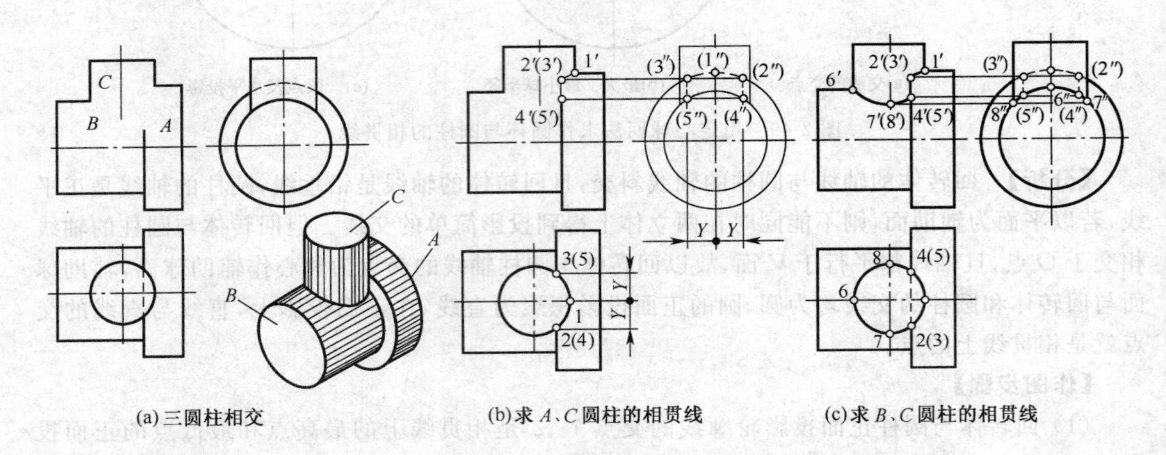

图 2-50　求作三个互交圆柱体的相贯线

【例 2-17】 求三个互交圆柱体的相贯线，如图 2-50 所示。

【分析】 *A*、*B* 两圆柱同轴（轴线是侧垂线），但直径不等，两圆柱面通过公共的端面连接。*C* 圆柱的轴线为铅垂线，分别与 *A*、*B* 两圆柱正交。

【作图步骤】

（1）求 *A* 圆柱和 *C* 圆柱的相贯线。

相贯线由两部分组成，即两圆柱面的交线和 *A* 圆柱左端面与 *C* 圆柱面的交线，其中Ⅰ是 *A* 圆柱和 *C* 圆柱正面投影轮廓线上的点（特殊点），Ⅱ、Ⅳ既是 *A* 圆柱和 *C* 圆柱相贯线上的点，也是 *A* 圆柱左端面与 *C* 圆柱面交线上的点。由于 *A* 圆柱的左端平面与 *C* 圆柱的轴线平行，所以，交线是 *C* 圆柱表面上的两条素线Ⅱ-Ⅲ和Ⅳ-Ⅴ。

（2）求 *B* 圆柱和 *C* 圆柱的相贯线。

Ⅵ是 *B* 圆柱和 *C* 圆柱正面投影轮廓线上的点，Ⅶ、Ⅷ是 *C* 圆柱侧面投影轮廓线上的点，Ⅲ、Ⅴ既是 *B* 圆柱和 *C* 圆柱相贯线上的点，也是 *A* 圆柱左端面与 *C* 圆柱面交线上的点。

（3）正确连接各段相贯线，并判别可见性。

Ⅲ、Ⅴ点是 *B* 圆柱和 *C* 圆柱的相贯线与 *A* 圆柱左端平面与 *C* 圆柱面交线的连接点，Ⅱ、Ⅳ点是 *A* 圆柱和 *C* 圆柱的相贯线与 *A* 圆柱左端平面与 *C* 圆柱面交线的连接点。两段圆柱面的相贯线，因相贯体前后对称，所以正面投影画成实线，水平投影和侧面投影积聚在相应的圆周上。交线Ⅱ-Ⅲ和Ⅳ-Ⅴ的正面投影和水平投影积聚在 *A* 圆柱左端平面的正面投影和水平投影上，由于交线在 C 圆柱的右半部，所以侧面投影 $2''3''$ 和 $4''5''$ 不可见，画成虚线。

(4) 补全各基本体的转向轮廓线，水平投影中 4(5) 到 2(3) 之间的虚线是 A 圆柱左端面下部的水平投影。侧面投影中，A 圆柱右端平面的侧投影有一部分被 C 圆柱遮住，也应画成虚线。

【讨论】

(1) 两同轴回转体的回转面相交，同时与第三个立体相贯，相贯体表面形成的两段相贯线也相交，交点即两回转面交线(分界线)与第三个立体表面的交点。

(2) 两回转体的回转面既不相切也不相交，而是中间用一个平面连接，并且与第三个立体相贯，则第三个立体与两回转面相贯形成的两段相贯线也不相交，中间要用第三个立体与两回转面间的连接平面相交所形成的截交线连接，如图 2-50 中的Ⅱ-Ⅲ和Ⅳ-Ⅴ。

(3) 两同轴回转体的回转面相切，同时与第三个立体相贯，相贯体表面形成的两段相贯线也相切，切点即是两回转面切线(分界线)与第三个立体表面的交点，也是两段相贯线的分界点。

复习思考题

1. 如何在投影图中表示平面体，如何判断其轮廓线的可见性？
2. 曲面的投影轮廓线是怎样形成的，它对曲面体投影的可见性有什么影响？
3. 截交线是怎样形成的，平面体的截交线有什么特征？试述求截交线的作图步骤。
4. 平面与圆柱的截交线、平面与圆锥的截交线、平面与球的截交线分别有哪几种情况？
5. 用辅助面法求作两回转体表面交线(相贯线)的基本原理是什么？选辅助面的原则是什么？试述求相贯线的作图步骤。
6. 试述两回转体相交，相贯线有哪几种特殊情况？

第三章　制图基本知识和技能

第一节　制图基本规定

工程图样是现代工业生产的主要技术文件之一，是交流技术思想的重要工具，是“工程界的语言”。因此必须要有统一的标准，对图样的格式、表达方法、尺寸标注、所采用的符号做出统一的要求和规定，使绘图和读图都有共同规则，以便于生产和技术交流。本节介绍国家标准《技术制图》和《房屋建筑制图统一标准》关于图纸幅面和格式、比例、字体、图线、尺寸注法中的基本规定。

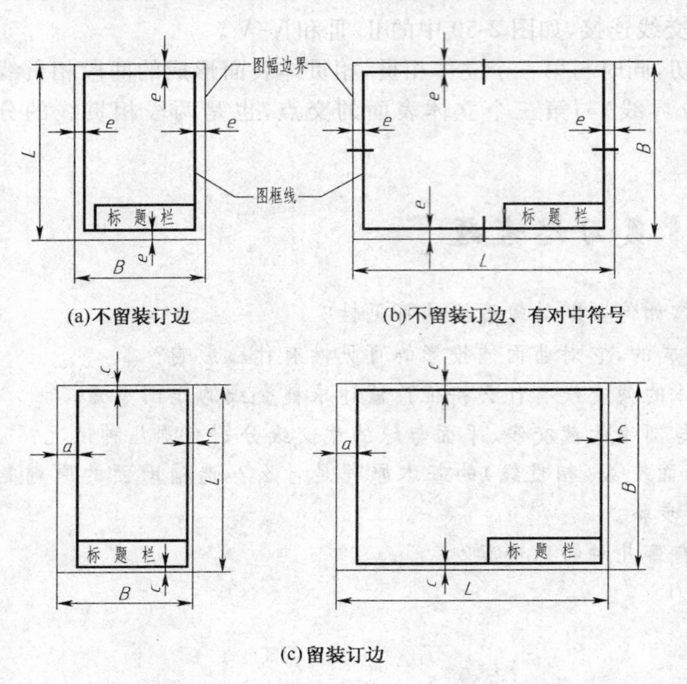

图 3-1　图纸幅面和图框格式

一、图纸幅面和标题栏

1. 图纸幅面和格式

绘制工程图样时，应优先采用表 3-1 中规定的基本幅面尺寸。必要时可按规定加长幅面，加长幅面的尺寸是由表 3-1 中所列基本幅面的短边成整数倍增加后得出的。

绘图时必须在图纸上用粗实线画出图框，其格式分为留有装订边和不留装订边两种，如图 3-1，但同一套图纸只能采用一种格式。图纸可以横放，也可以竖放。需要装订的图样，一般采用 A3 幅面横装或 A4 幅面竖装。

表 3-1　图 纸 幅 面　　　　单位：mm

幅面代号	A0	A1	A2	A3	A4
$B \times L$	841×1 189	594×841	420×594	297×420	210×297
e	20		10		
a	25				
c	10			5	

加长幅面的图框尺寸，采用比所选的基本幅面大一号的图框尺寸。

2. 标题栏

图纸的标题栏简称图标，用来填写设计单位、工程名称、图名、图纸编号、绘图比例、设计者和审核者等内容。其位置在图纸的右下角。标题栏中的文字方向为看图方向。在校学习期间的制图作业建议采用图 3-2 所示的格式和尺寸。

二、比　　例

比例是指图中图形与其实物相应要素的线性尺寸之比。绘制图样时，应优先在表 3-2 规定的“优先采用的比例”中选取适当比例，必要时也可在“允许选用的比例”中选取。土建图一般都采用缩小比例。比例的大小是指比值的大小，如 1∶50 大于 1∶100。

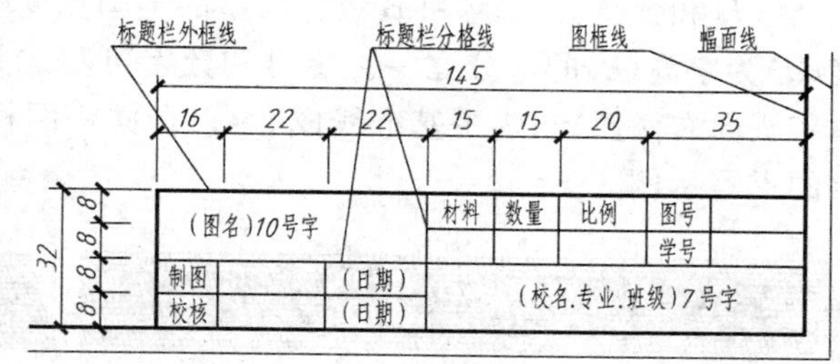

图 3-2　学生用标题栏

表 3-2　绘 图 比 例

种类	优先采用的比例	允许选用的比例
原值比例	1∶1	
放大比例	5∶1　2∶1　5×10^n∶1　2×10^n∶1　1×10^n∶1	4∶1　2.5∶1　4×10^n∶1　2.5×10^n∶1
缩小比例	1∶2　1∶5　1∶10^n　1∶2×10^n　1∶5×10^n　1∶1×10^n	1∶1.5　1∶2.5　1∶3　1∶4　1∶6　1∶1.5×10^n　1∶2.5×10^n　1∶3×10^n　1∶4×10^n　1∶6×10^n

比例一般应填写在标题栏中的比例栏内。必要时，可在视图名称的下方或右侧标注，此时，比例的字高应比视图名称的字高小一号或两号，字的底线应取水平。如：

Ⅰ　　A　　B-B　　墙板位置图　　平面图 1∶100

2∶1　　1∶100　　2.5∶1　　1∶200

在线路的纵断面图中，允许铅垂和水平方向采用不同的比例，如：

线路纵断面图　　铅垂方向 1∶1 000

　　　　　　　　水平方向 1∶5 000

三、字　　体

在图样中的字体必须做到：字体工整、笔画清楚、间隔均匀、排列整齐。

字体的号数用字体的高度表示，字体高度（用 h 表示）的公称尺寸系列为 1.8、2.5、3.5、5、7、10、14、20 mm。如需书写更大的字，其字体高度应按$\sqrt{2}$的比率递增。字宽一般为 $h/\sqrt{2}$。

1. 汉字

汉字应写长仿宋体，并采用国家正式公布的简化字。汉字的高度 h 不应小于 3.5 mm。

长仿宋体的书写要领是：横平竖直、注意起落、结构均匀、填满方格。图 3-3 是用长仿宋体书写的汉字示例。

7号字

横平竖直注意起落结构均匀填满方格

10号字

字体工整笔画清楚间隔均匀排列整齐

图 3-3　汉字的书写示例

2. 字母和数字

字母和数字分 A 型和 B 型。A 型的笔画宽度(d)为字高(h)的十四分之一;B 型的笔画宽度(d)为字高(h)的十分之一。字母和数字可写成斜体或直体(工程图样中常采用斜体)。斜体字头向右倾斜,与水平基准线成 75°。在同一图样上字号、字体应统一。图 3-4 为字母和数字的书写示例。

ABCDEFGHIJKLMNOP
QRSTUVWXYZ

(a) 大写拉丁字母(斜体)

abcdefghijklmnopq
rstuvwxyz

(b) 小写拉丁字母(斜体)

ABCDEFGHIJKLMNOP
QRSTUVWXYZ

(c) 大写拉丁字母(直体)

abcdefghijklmnopq
rstuvwxyz

(d) 小写拉丁字母(直体)

0123456789

(e) 阿拉伯数字(斜体)

I II III IV V VI VII VIII IX X

(f) 罗马数字(斜体)

0123456789

(g) 阿拉伯数字(直体)

ΑΒΓΔΕΖΗΘ αβγδεζηθϑ

(h) 希腊字母(斜体)

图 3-4 字母和数字的书写示例

四、图 线

1. 图线的型式及用途

在绘制工程图样时,为了表明图中的不同内容,并且层次分明,必须使用不同线型和线宽的图线。国标规定的部分图线的型式、线宽和用途见表 3-3,其中每种线型都有三种不同的宽度。图中的粗线宽度(d)应根据图样的类型、大小、比例和缩微复制的要求,在 0.25、0.35、0.5、0.7、1、1.4 mm 和 2 mm 中选用,粗线、中粗线和细线的宽度比率为 4∶2∶1。在同一张图纸内同类图线的线宽和型式应保持一致。图框线和图标格线按表 3-4 规定的线宽绘制。图 3-5 是楼梯间平面图中线型、线宽的应用实例。

表 3-3 图线型式及应用

名称		线型	线宽	用途
实线	粗	————	d	1. 主要轮廓线 2. 平、剖面图中被剖切的主要建筑构、配件的轮廓线 3. 建筑立面图的外轮廓线 4. 建筑构造详图中被剖切的主要部分的轮廓线 5. 建筑构配件详图中构配件的外轮廓线 6. 新建各种给排水管道线

续上表

名称		线型	线宽	用途
实线	中	——————	0.5d	1. 平、剖面图中被剖切的次要建筑构、配件的轮廓线 2. 建筑平、立、剖面图中一般建筑构配件的轮廓线 3. 建筑构造详图及建筑配件详图中一般轮廓线 4. 总平面图中新建花坛等可见轮廓线，道路、桥涵、围墙等的可见轮廓线和区域分界线 5. 尺寸起止线
	细	——————	0.25d	1. 总平面图中新建人行道、排水沟、草地、花坛、等可见轮廓线，原建筑物、铁路、道路、桥涵、围墙的可见轮廓线 2. 图例线、索引符号、尺寸线、尺寸界线、引出线、标高符号
虚线	粗	- - - - - -	d	1. 新建建筑物的不可见轮廓线 2. 结构图上不可见钢筋线
	中	- - - - - -	0.5d	1. 一般不可见轮廓线 2. 建筑构、配件不可见轮廓线 3. 总平面图中计划扩建的建筑物、铁路、道路、桥涵、围墙等的不可见轮廓线 4. 平面图中吊车轮廓线
	细	- - - - - -	0.25d	1. 总平面图上原有的建筑物、铁路、道路、桥涵、围墙等的不可见轮廓线 2. 图例线
点画线	粗	—— - ——	d	1. 吊车轨道线 2. 结构图的支撑线
	中	—— - ——	0.5d	土方填挖区的零点线
	细	—— - ——	0.25d	中心线、对称线、定位轴线
双点画线	粗	—— - - ——	d	预应力钢筋线
	细	—— - - ——	0.25d	假想轮廓线、成形前原始轮廓线
折断线		——\/\——	0.25d	断开界线
波浪线		～～～	0.25d	断开界线

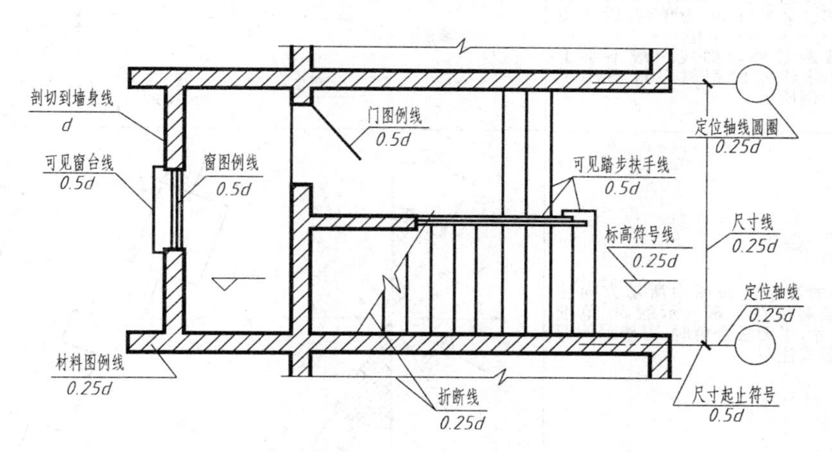

图 3-5　图线及其应用

2. 图线画法

（1）非连续线型的各独立部分称为线素，如点、长度不同的画和间隔。手工绘图时，线素的长度可按图 3-6 中推荐的长度绘制，各种线型的起止端应是画，而不是点或间隔。

（2）非连续线型如：虚线、点画线等自身相交或与其他图线相交时，均应线段相交，当虚线是实线的延长线时，在连接处应留出空隙（图 3-6）。

（3）绘制圆的中心线或图形的对称线时，细点画线首末两端应超出圆或图形外约 2～5 mm。在较小的图形上绘制细点画线有困难时，可用细实线代替（图 3-6）。

（4）两条平行线之间的最小间隙不得小于 0.7 mm。

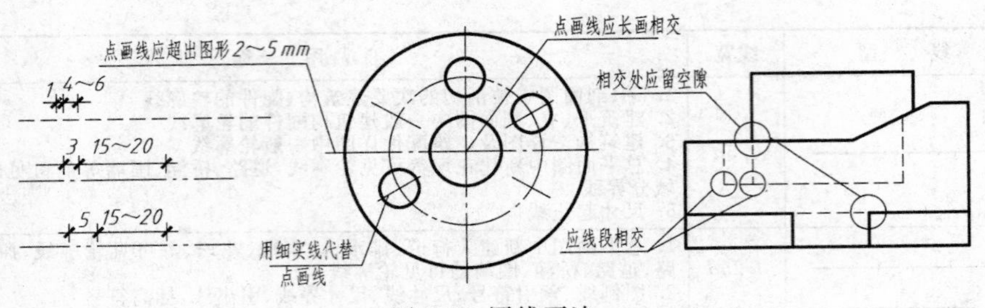

图 3-6 图线画法

五、尺寸注法

在工程图样中，除了要用视图表达工程物体各部分的形状外，还必须标注出其完整的尺寸，作为施工的依据。国标规定了尺寸标注的基本规则和方法，绘图和读图时必须遵守。表 3-4 列出了尺寸标注的基本规则。

表 3-4 尺寸标注的基本规则

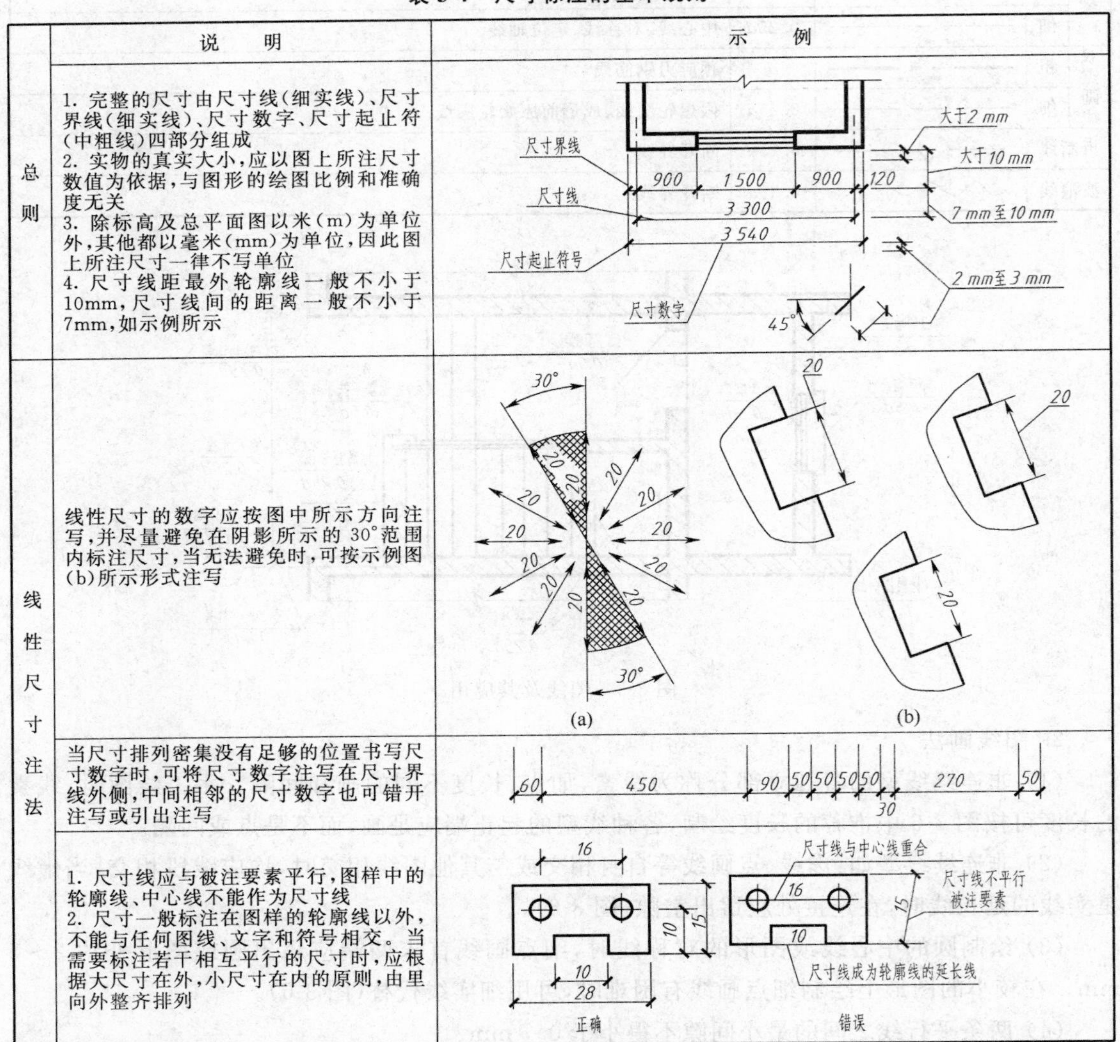

	说　明	示　例
总则	1. 完整的尺寸由尺寸线(细实线)、尺寸界线(细实线)、尺寸数字、尺寸起止符(中粗线)四部分组成 2. 实物的真实大小，应以图上所注尺寸数值为依据，与图形的绘图比例和准确度无关 3. 除标高及总平面图以米(m)为单位外，其他都以毫米(mm)为单位，因此图上所注尺寸一律不写单位 4. 尺寸线距最外轮廓线一般不小于10mm，尺寸线间的距离一般不小于7mm，如示例所示	
线性尺寸注法	线性尺寸的数字应按图中所示方向注写，并尽量避免在阴影所示的 30°范围内标注尺寸，当无法避免时，可按示例图(b)所示形式注写	
	当尺寸排列密集没有足够的位置书写尺寸数字时，可将尺寸数字注写在尺寸界线外侧，中间相邻的尺寸数字也可错开注写或引出注写	
	1. 尺寸线应与被注要素平行，图样中的轮廓线、中心线不能作为尺寸线 2. 尺寸一般标注在图样的轮廓线以外，不能与任何图线、文字和符号相交。当需要标注若干相互平行的尺寸时，应根据大尺寸在外，小尺寸在内的原则，由里向外整齐排列	

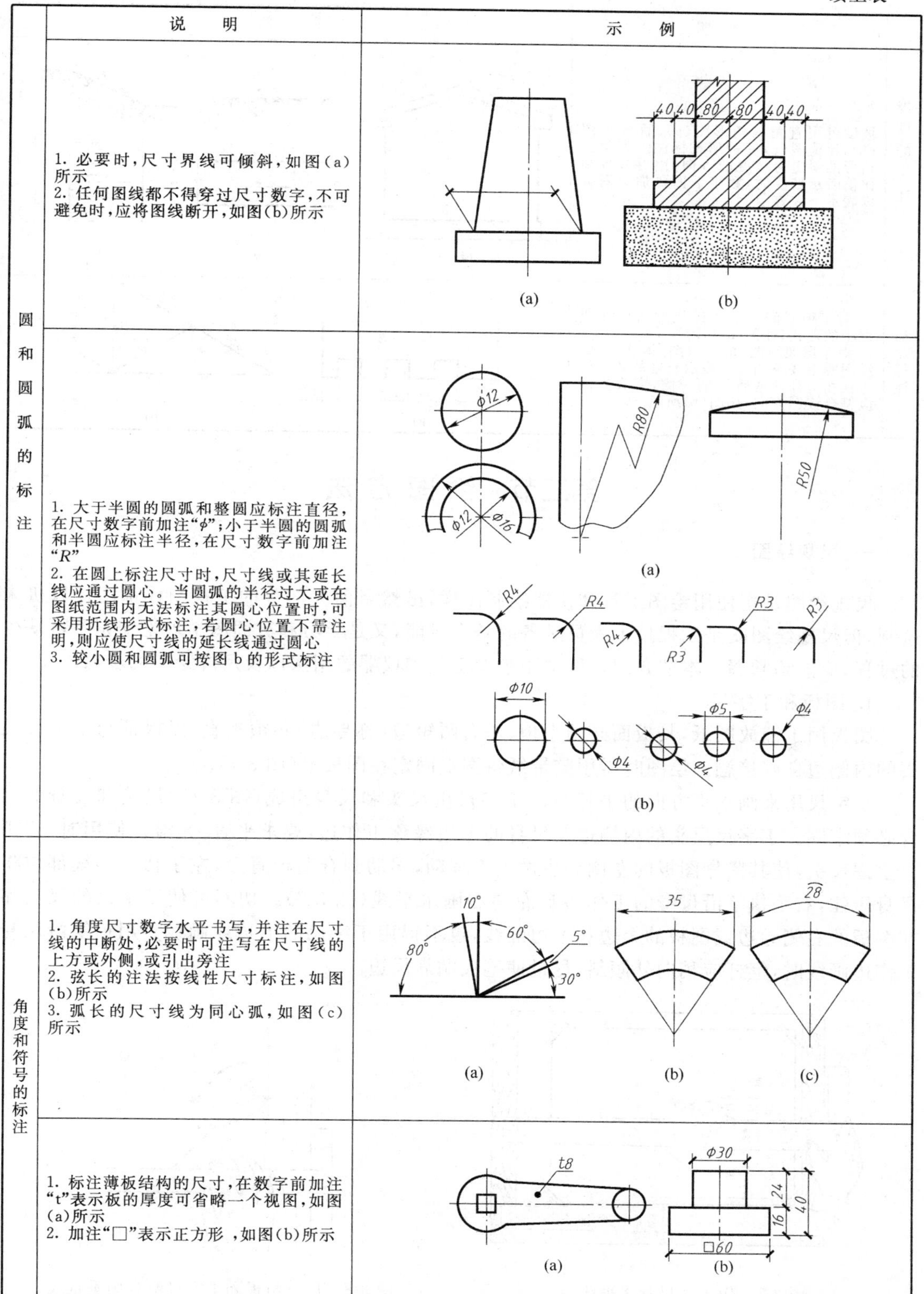

	说　明	示　例
圆和圆弧的标注	1. 必要时，尺寸界线可倾斜，如图(a)所示 2. 任何图线都不得穿过尺寸数字，不可避免时，应将图线断开，如图(b)所示	(a)　(b)
	1. 大于半圆的圆弧和整圆应标注直径，在尺寸数字前加注“φ”；小于半圆的圆弧和半圆应标注半径，在尺寸数字前加注“*R*” 2. 在圆上标注尺寸时，尺寸线或其延长线应通过圆心。当圆弧的半径过大或在图纸范围内无法标注其圆心位置时，可采用折线形式标注，若圆心位置不需注明，则应使尺寸线的延长线通过圆心 3. 较小圆和圆弧可按图 b 的形式标注	(a) (b)
角度和符号的标注	1. 角度尺寸数字水平书写，并注在尺寸线的中断处，必要时可注写在尺寸线的上方或外侧，或引出旁注 2. 弦长的注法按线性尺寸标注，如图(b)所示 3. 弧长的尺寸线为同心弧，如图(c)所示	(a)　(b)　(c)
	1. 标注薄板结构的尺寸，在数字前加注“t”表示板的厚度可省略一个视图，如图(a)所示 2. 加注“□”表示正方形，如图(b)所示	(a)　(b)

续上表

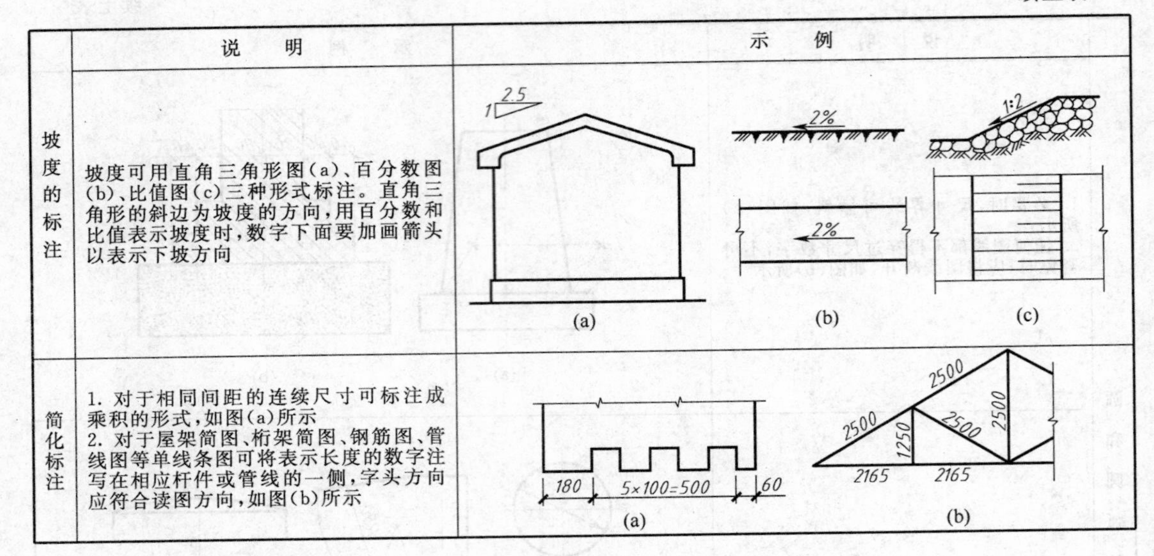

	说　明	示　例
坡度的标注	坡度可用直角三角形图(a)、百分数图(b)、比值图(c)三种形式标注。直角三角形的斜边为坡度的方向，用百分数和比值表示坡度时，数字下面要加画箭头以表示下坡方向	(a) (b) (c)
简化标注	1. 对于相同间距的连续尺寸可标注成乘积的形式，如图(a)所示 2. 对于屋架简图、桁架简图、钢筋图、管线图等单线条图可将表示长度的数字注写在相应杆件或管线的一侧，字头方向应符合读图方向，如图(b)所示	(a) (b)

第二节　绘图方法

一、尺规绘图

尺规绘图是指使用绘图工具和仪器绘制图样，虽然目前大部分的工程图样都用计算机来绘制，但尺规绘图既是工程技术人员必备的基本技能，又是学习和巩固图学理论知识不可缺少的过程，应熟练掌握。本节介绍几种常用绘图工具和仪器的用法以及尺规绘图的步骤。

1. 图板和丁字尺

图板用于铺放图纸，其板面必须平坦，左右两短边(称导边)必须平直，以保证与丁字尺尺头的内侧边良好接触。绘图时需用胶带纸将图纸固定在图板上(图 3-7)。

丁字尺用来画水平方向的平行线。丁字尺由尺头和尺身组成(图 3-7)，尺头和尺身的结合必须牢固。丁字尺尺头的内侧边及尺身的上边缘称工作边，要求平直、光滑。使用时，要用左手握尺头，使其紧靠图板的左侧导边做上下移动，移动到合适位置后，左手移至画线部位将尺身压住，右手执笔沿尺身的工作边自左向右画水平线(图 3-7)。切不可使丁字尺的尺头靠在图板的右侧导边或图板的上边和下边画线，也不得用丁字尺的下边缘画线。用铅笔沿尺身工作边画线时，笔杆应稍向外倾斜，尽量使笔尖贴靠尺边。

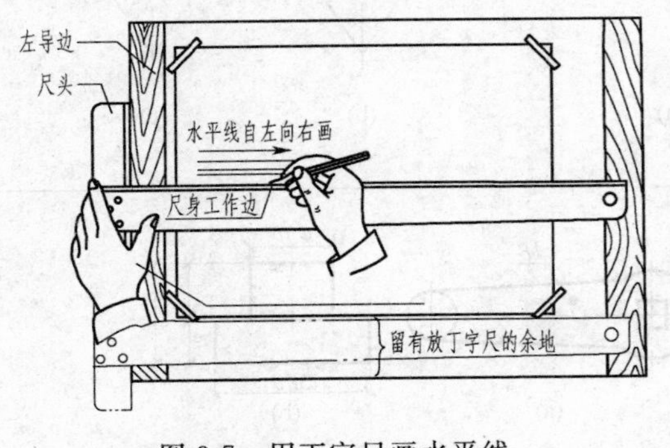

图 3-7　用丁字尺画水平线

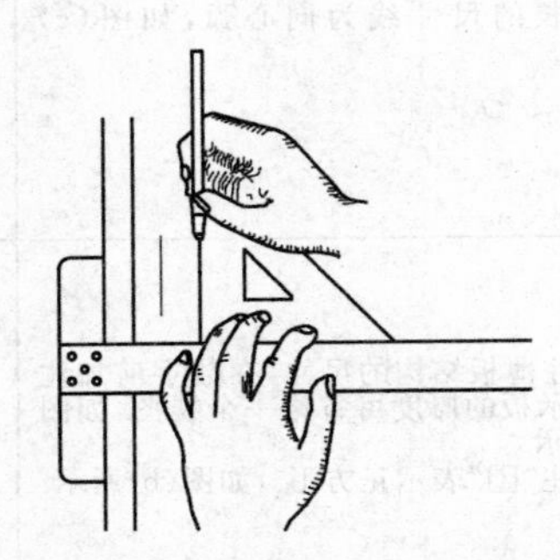

图 3-8　用三角板和丁字尺配合画垂直线

2. 三角板

绘图时要准备一副规格不小于 25cm 的三角板(45°和 30°、60°各一块),三角板应板平边直,角度准确。

三角板与丁字尺配合使用,可画竖直线和 15°倍角的斜线(图 3-8、图 3-9)。画竖直线时,将三角板的一直角边紧靠丁字尺的工作边,用左手按住尺身和三角板,右手执笔沿三角板的另一直角边自下而上画线。

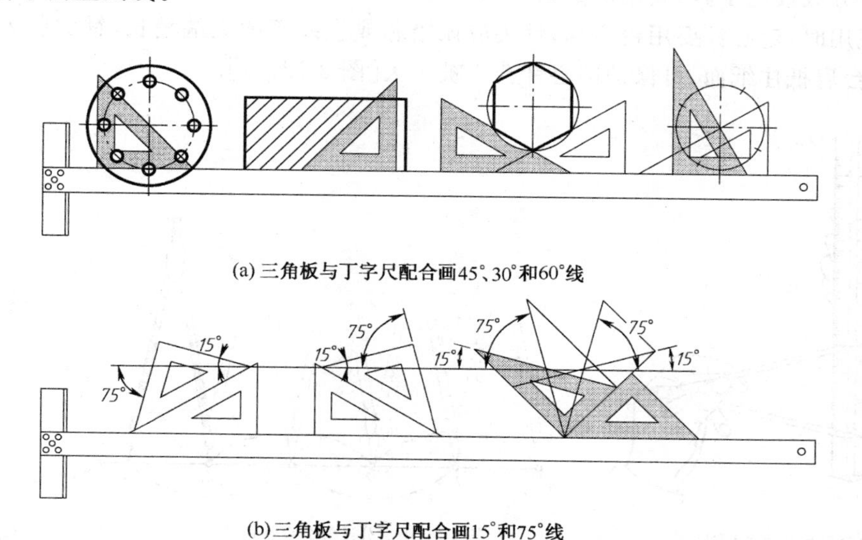

(a) 三角板与丁字尺配合画45°、30°和60°线

(b)三角板与丁字尺配合画15°和75°线

图 3-9 用三角板和丁字尺配合画 15°倍角的斜线

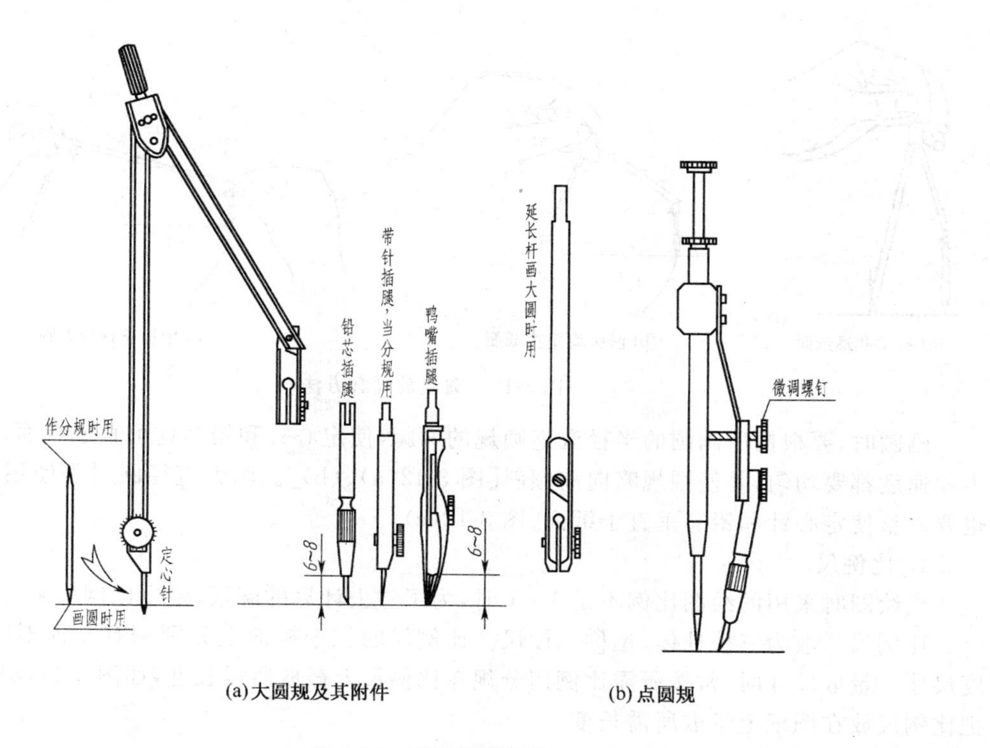

(a)大圆规及其附件

(b)点圆规

图 3-10 圆规及其附件

3. 圆规与分规

圆规的一条腿上装有定心针，定心针两端有不同的针尖，有台肩一端用于画圆定心，无台肩一端作分规用(图 3-10)。另一条腿上带有肘形关节，其插脚是可换的，装上针尖插脚可当作分规用，装上铅芯插脚或鸭嘴插脚以及加长杆，可用来画圆或墨线圆以及大圆。

作分规用时，两脚的针尖都用无台肩端，且两针尖靠拢后应平齐[图 3-11(c)]。分规是量取尺寸和等分线段的工具，其用法如图 3-11 所示。

作圆规用时，定心针要用台肩端，针尖应比铅芯或直线笔的尖端稍长，针尖扎入圆心要扎透纸面，使台肩抵住纸面，可保护圆心针孔不被扩大[图 3-12(a)]。

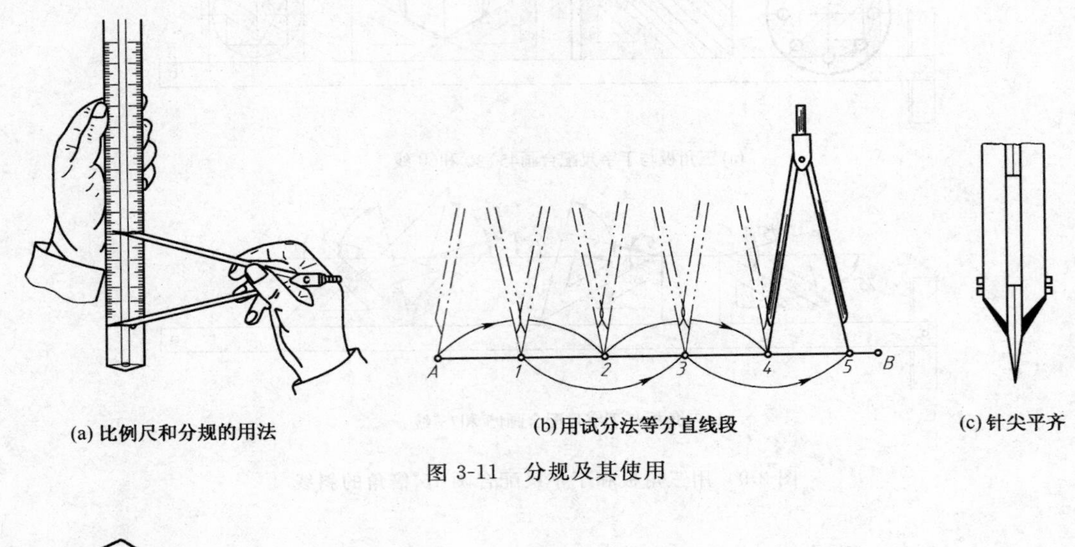

(a) 比例尺和分规的用法　　(b) 用试分法等分直线段　　(c) 针尖平齐

图 3-11　分规及其使用

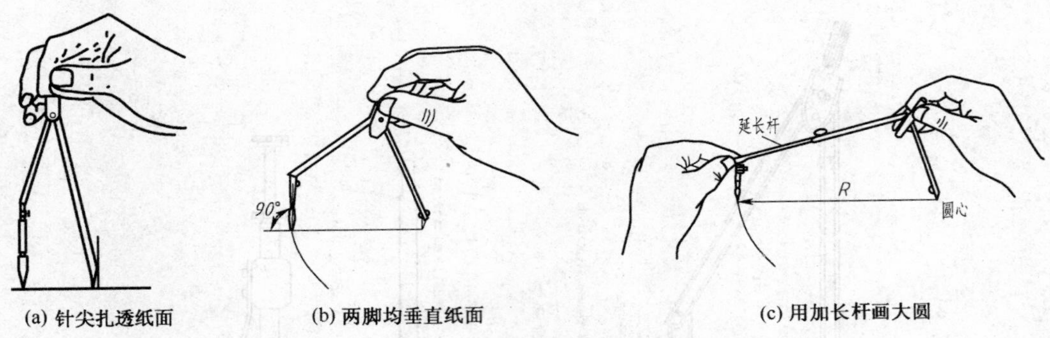

(a) 针尖扎透纸面　　(b) 两脚均垂直纸面　　(c) 用加长杆画大圆

图 3-12　圆规及画圆方法

画圆时，要根据所画圆的半径调整圆规的两脚，使定心针和铅芯均垂直于纸面，转动时，用力和速度都要均匀，并使圆规略向前倾斜[图 3-12(a)、(b)]。画大直径圆时需使用加长杆，但也要调整使定心针和铅芯垂直于纸面[图 3-12(c)]。

4. 比例尺

当绘图时采用的绘图比例不是 1∶1 时，为了省去计算的麻烦，要用比例尺来量取尺寸。

比例尺一般为三棱柱体，也称三棱尺。比例尺的三个棱面上分别刻有 6 种不同比例的刻度尺寸。量取尺寸时，常按所需比例用分规在比例尺上截取所需长度，如图 3-11(a)，也可直接把比例尺放在图纸上量取所需长度。

5. 绘图铅笔

铅笔的一端印有铅笔硬度的标记。铅芯的软硬用字母 B、H 表示，B 愈多表示铅芯愈软(黑)，H 愈多表示铅芯愈硬。绘制粗实线或写字宜用 2B、B 或 HB 铅笔；一般画底稿用 2H 或 3H 较硬的铅笔，加深图线时用 H、HB、B 等中等硬度的铅笔。画底稿及绘制各种细线的铅笔芯常削磨成锥形；绘制粗实线的铅笔芯宜削磨成四棱柱或扁铲形，其厚度符合所画图线的粗细；写字和画箭头的铅笔应削磨成圆锥形。削铅笔时应保留铅笔一端的标记，以便使用时识别。装在圆规铅笔插腿中的铅芯的削磨方法，也应如此。

画线时，铅笔的位置如图 3-13(c)所示，即从正面看应略向画线方向倾斜，尽量使铅笔靠紧尺边，从侧面看铅芯应与纸面垂直。

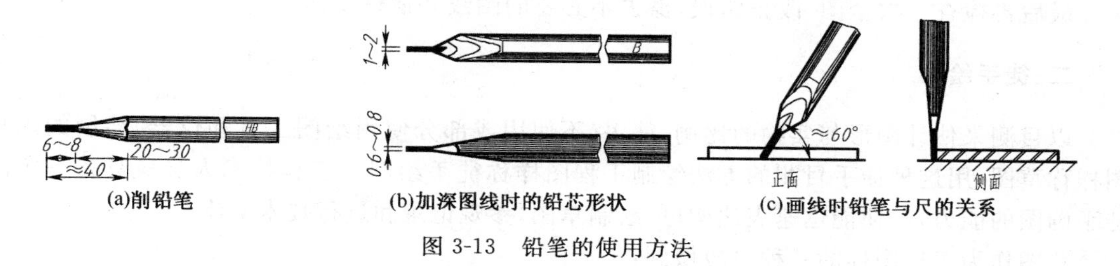

图 3-13　铅笔的使用方法

6. 曲线板

曲线板是画非圆曲线的工具，其轮廓线由多段不同曲率半径的曲线组成(图 3-14)。作图时，先徒手用较硬的铅笔轻轻地把曲线上的一系列点顺次地连接成曲线，然后选择曲线板上曲率合适的部分与徒手连接的曲线贴合(至少连续通过四个点)并描深，如此将曲线分段画完。应注意相邻两段曲线段要有一部分搭接才能使所画的每段曲线光滑过渡。

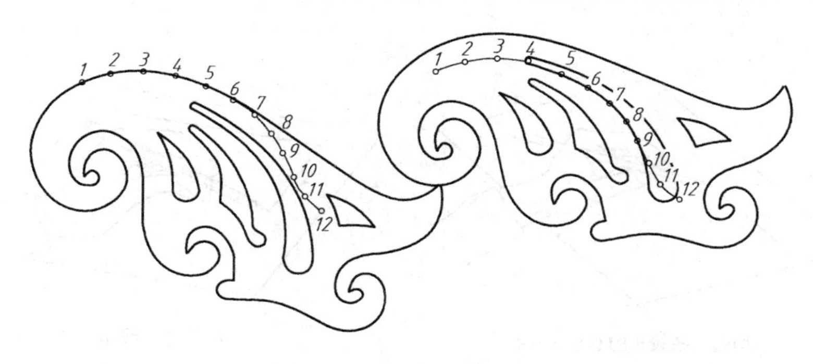

图 3-14　曲线板及其使用

7. 尺规绘图的步骤

使图纸上的图样画得既快又好，除熟悉制图标准，掌握几何作图的方法，正确使用绘图工具外，还应有合理的工作程序和绘图步骤。

(1) 准备工作

绘图前应准备好必要的绘图工具、仪器和用品，整理好工作地点。熟悉和了解所画图形的内容，按图形大小和比例选择适当的图幅，并将图纸固定在图板的适当位置(以丁字尺和三角板移动比较方便为准)。

(2) 合理布图

先按照国标规定，在图纸上用细实线画出选定的图幅及图框周边和标题栏，再合理布置图形。应根据每个图形的长、宽尺寸，画出各图形的基准线，图形的布局应匀称美观。

(3) 画底稿

用2H或3H铅笔画底稿，底稿线应"细、轻、准"。先画出主要轮廓线或中心线，再画细节。画好底稿后应仔细校核，改正错误，接着画出尺寸界线和尺寸线，最后再擦去多余图线。

(4) 描深(或上墨)

用铅笔描深时应按线宽选择铅笔，按自上而下、自左到右，先曲后直、先小圆弧后大圆弧的顺序原则，描深同一线宽的各类型图线。最后描深图框及图标。

(5) 写字、画各种符号

注写尺寸数值，画箭头，书写注释文字及各种符号，填写标题栏。

最后再检查一次全图，改正错误，擦去不必要的图线并清理图面。

二、徒手绘图

以目测来估计图形与实物的比例，徒手(不使用或部分使用绘图工具和仪器)绘制的工程图样称草图，用这种徒手目测的方法绘制工程图样称徒手绘图。工程技术人员应具备一定的徒手画图的能力，以便能迅速表达构思，绘制草图，参观记录和进行技术交流。

草图作为工程图样的一种也应做到：

(1) 图线粗细分明，图形正确、图面清晰；

(2) 尺寸标注正确、完整、清晰，字体工整。

1. 画直线

徒手绘图时，图纸不必固定，可随时转动图纸，使欲画图线正好是顺手方向，另外，运笔应力求自然，画短线以手腕运笔，画长线则以手臂动作。画直线时常将小拇指靠着纸面，以保证能画直线条。

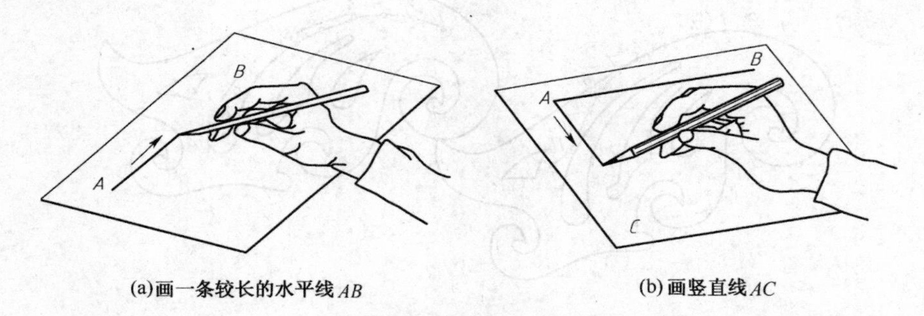

(a)画一条较长的水平线AB　　(b)画竖直线AC

图 3-15　徒手画直线的姿势和方法

画较长直线的底稿，眼睛不能看笔尖，要盯住终点，用较快的速度画线。加深和加粗底稿线时，眼睛则要盯住笔尖，用较慢的速度画线，如图 3-15 所示。

当画 30°、45°、60°等常见角度斜线时，先画相互垂直的两条直线，再根据斜线的斜度按比例近似定出两端点，然后连接两点即为所需角度的斜线(图 3-16)。徒手画等长线段或确定圆的半径都是用这种估画的办法作图。

2. 画圆

首先确定圆心并画出两条互相垂直的中心线，再根据目测所估计的半径大小，在中心线上估分截得四点，徒手连接成圆[图 3-17(a)]；对于较大半径的圆，还应再画一对约 45°且过圆心的斜线，并按半径大小在斜线上估分定出四个点[图 3-17(b)]。

画椭圆时，可先根据长、短轴的大小，估分定出 a、a_1、b、b_1 四个顶点，还可利用如图所示长方形的对角线，大致定出椭圆上另外四个点，然后通过八个点徒手连接成椭圆，同时还应注意图形的对称性(图 3-18)。

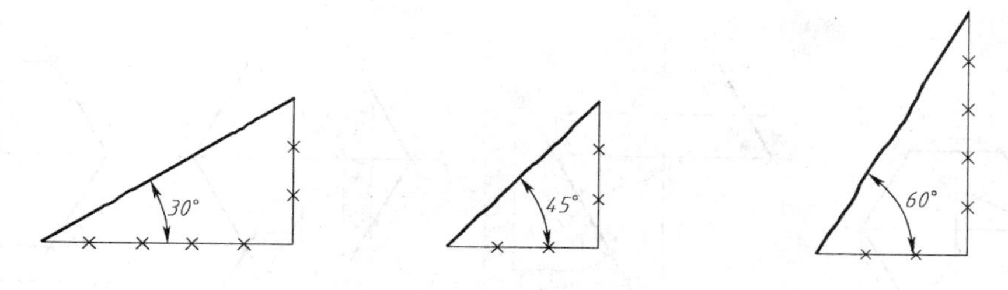

图 3-16　徒手画 30°、45°、60°的斜线

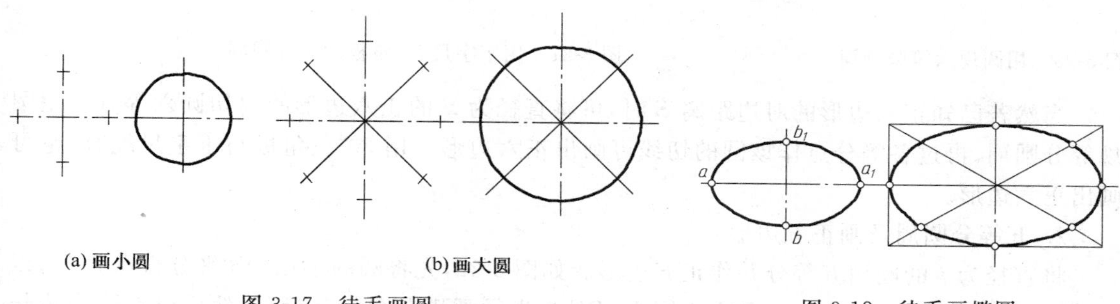

(a) 画小圆　　(b) 画大圆

图 3-17　徒手画圆　　图 3-18　徒手画椭圆

为了便于控制图线的平直、图形的大小以及图形各部分的比例关系，初学时，通常在方格纸上徒手绘图。画图时应尽可能使图形上主要的水平轮廓线、垂直轮廓线、对称线以及圆的中心线与方格纸上的线条重合，以便用方格估分线段长度。

第三节　几何作图

在绘制工程图样时，常会遇到等分线段、等分圆周、作正多边形、作斜度和锥度、圆弧连接以及绘制非圆曲线等几何作图问题，现介绍几种常用的作图方法。

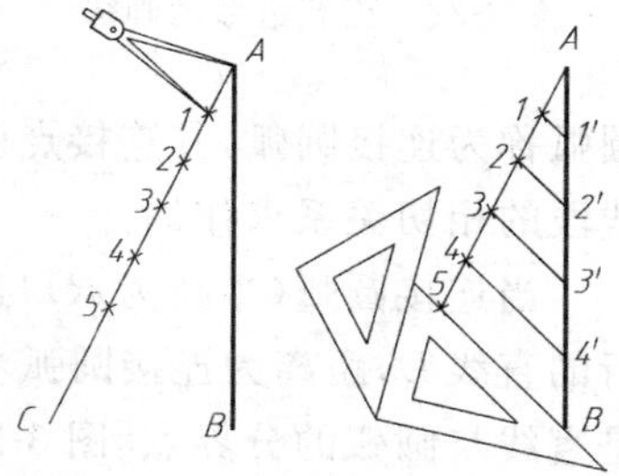

图 3-19　等分已知直线段

一、等分已知直线段

(1) 等分已知直线段的一般方法，如图 3-19 所示。

(2) 在实际绘图过程中，为了提高绘图速度和避免较多的作图线，也常采用试分法等分直线段。即先凭目测估计使分规两针尖距离大致接近等分长度，若试分后的最后一点未与线段的另一端重合，则需根据超出或留空的距离，调整两针尖距离，再进行试分，直到满意为止。

二、等分圆周与正多边形画法

1. 六等分圆周与画正六边形

已知正六边形的对角线距离 D。如图 3-20，以 $R=D/2$ 为半径作一圆，然后用圆规以半径为距离将圆周六等分，连接各等分点即得正六边形。

用 30°三角板与丁字尺配合可不画外接圆，直接做出正六边形，作图过程如图 3-21 所示。

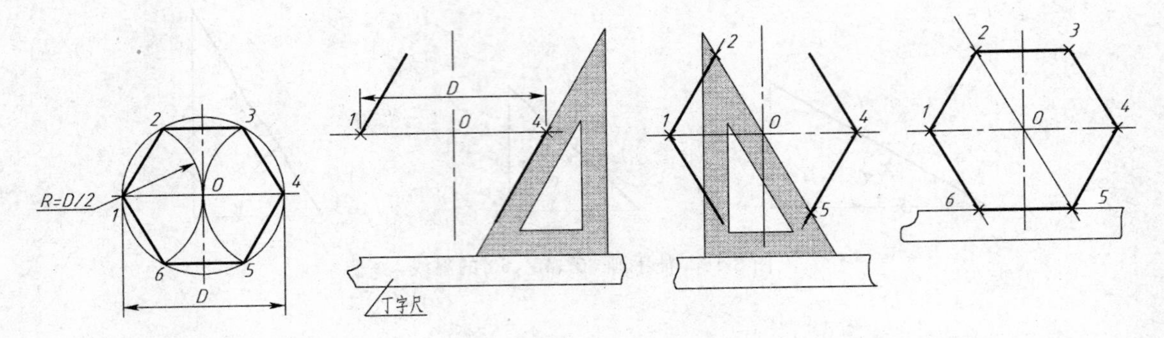

图 3-20　用圆规六等分圆周

图 3-21　用丁字尺、三角板六等分圆周

当然若已知正六边形的对边距离 S 时，可将直径为 S 的正六边形的内切圆六等分。用圆规等分圆周，再过各等分点作该圆的切线可画出正六边形。用 30°三角板与丁字尺配合，也可画出正六边形。

2. 五等分圆周及画正五边形

将直径为 ϕ 的圆周五等分并作正五边形。如图 3-22，先将圆的半径 OB 平分得点 P 后；以 P 点为圆心，PC 为半径画弧交 OA 于点 H；然后以 CH 为边长自 C 点开始等分圆周，得出 E、F、G、I 等分点，依次连接各等分点即得正五边形。

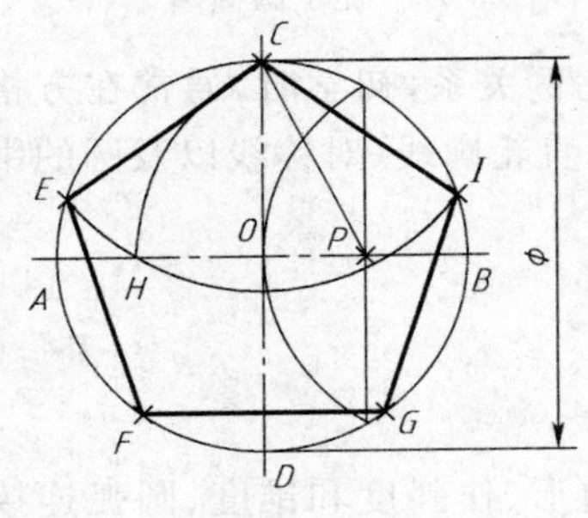

图 3-22　正五边形的画法

同理用任意等分圆周的方法 n 等分圆周，即可画出正 n 边形。

三、圆弧连接

工程上为了便于制造，通常都是将任意曲线和复杂的平面图形简化为由若干段直线和圆弧光滑连接而成。用圆弧光滑连接两已知线段（圆弧或直线）称为圆弧连接，连接两已知线段的圆弧称为连接圆弧，其连接点就是两线段相切的切点。所以连接圆弧的圆心是根据其与已知线段的相切关系求作的。

当连接圆弧（半径为 R）与已知直线 AB 相切时，其圆心的轨迹是一条与已知直线 AB 平行的直线 L，距离为连接圆弧半径 R。过连接弧圆心向被连接线段作垂线可求出切点 T，切点是直线与圆弧的分界点[图 3-23(a)]。

当连接圆弧（半径为 R）与已知圆弧 A（圆心为 O_A，半径为 R_A）相切时，其圆心的轨迹为已知圆弧 A 同心圆弧 B，其半径 R_B 随相切情况而定：两圆外切时，$R_B=R_A+R$，两圆内切时，$R_B=|R-R_A|$。连心线 OO_A 与圆弧 A 的交点为切点 T[图 3-23(b)、(c)]。

圆弧连接各种情况的作图方法如图 3-24，作图过程如下：

(1) 求作连接圆弧的圆心；

(2) 找出切点位置；

(3) 画连接圆弧。

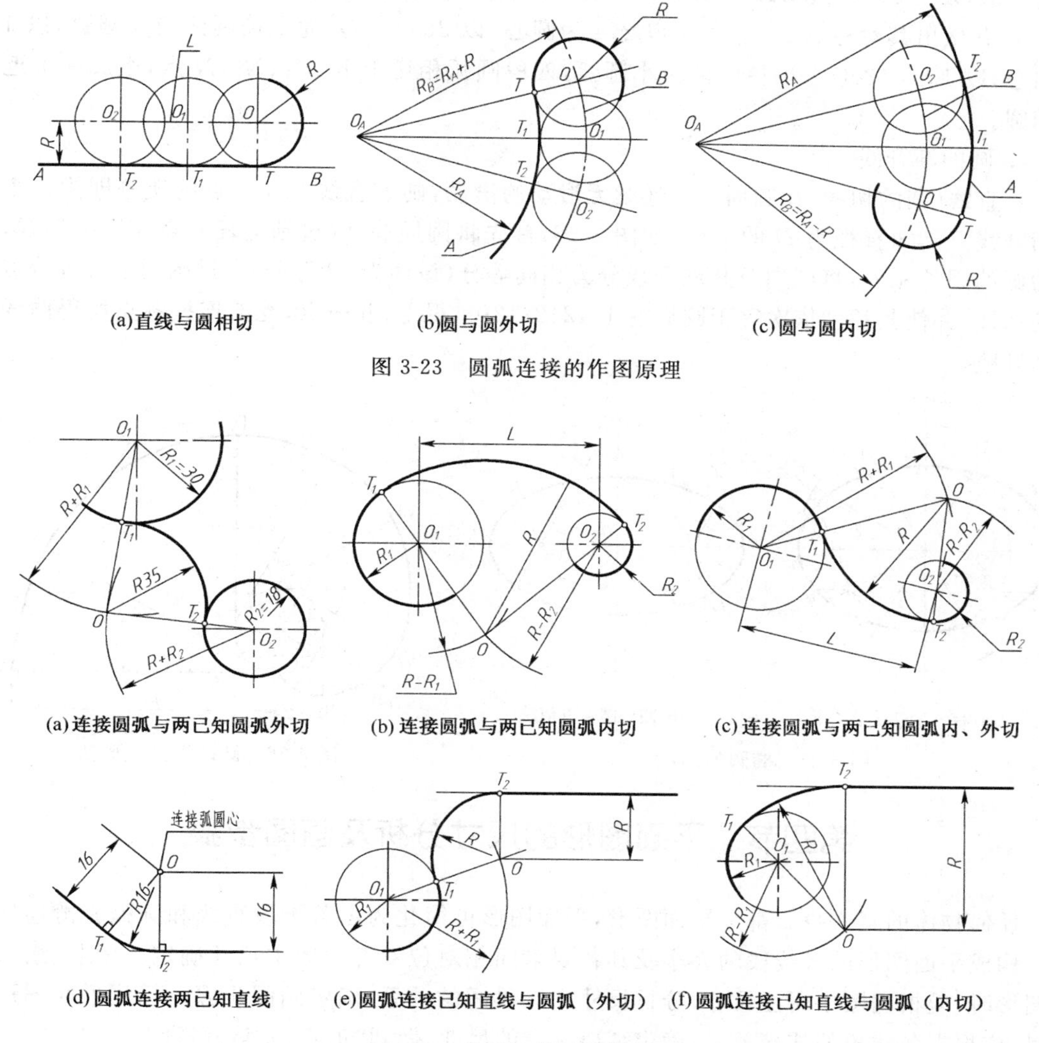

(a)直线与圆相切　(b)圆与圆外切　(c)圆与圆内切

图 3-23　圆弧连接的作图原理

(a)连接圆弧与两已知圆弧外切　(b)连接圆弧与两已知圆弧内切　(c)连接圆弧与两已知圆弧内、外切

(d)圆弧连接两已知直线　(e)圆弧连接已知直线与圆弧（外切）　(f)圆弧连接已知直线与圆弧（内切）

图 3-24　各种连接圆弧的画法

四、非圆平面曲线

工程上常用的非圆平面曲线有：椭圆、抛物线、双曲线、阿基米德螺线、圆的渐开线、摆线和四心涡线等二次曲线，均可用相应的二次方程或参数方程表示。画图时则按其运动轨迹求作一系列点或根据参数方程描点，然后用曲线板把所求各点光滑地连接起来。下面以椭圆和圆的渐开线为例说明非圆平面曲线的画法。

1. 椭圆

(1) 同心圆法：已知椭圆长轴 AB 和短轴 CD。如图 3-25(a)，分别以 AB、CD 为直径作同心圆，过圆心 O 作一系列射线与两圆相交，过大圆上各交点Ⅰ、Ⅱ…作短轴的平行线，过小圆上各交点 1、2…作长轴的平行线，两对应直线交于 M_1、M_2…各点。用曲线板光滑连接各点。

(2) 四心圆弧近似法：已知椭圆的长轴 AB 和短轴 CD。如图 3-25(b)，连接 AC，在 OC 延

长线上取 $OE=OA$，再在 AC 上取 $CF=CE$，然后作 AF 的垂直平分线，与长、短轴分别交于 1、2 两点，并做出其对称点 3、4。分别以 2、4 为圆心，以 $2C(=4D)$ 为半径画两段大圆弧，以 1、3 为圆心，以 $1A(=3B)$ 为半径画两段小圆弧，四段圆弧相切于 K、K_1、N_1、N 点，组成一个近似的椭圆。

2. 圆的渐开线

一直线(圆的切线)在圆周上作连续无滑动的滚动，则该直线上任一点的轨迹即为这个圆的渐开线。已知直径为 D 的圆周，如图 3-26，首先将圆周展开(过圆上任一点作圆的切线，长度为圆的周长 πD)，将圆周及其展开线分为相同等分(该例为 12 等分)。过圆周上各等分点作圆的切线，并使其长度依次等于圆周的 1/12、2/12…，得Ⅰ、Ⅱ…点，光滑连接各点所得曲线即为渐开线。

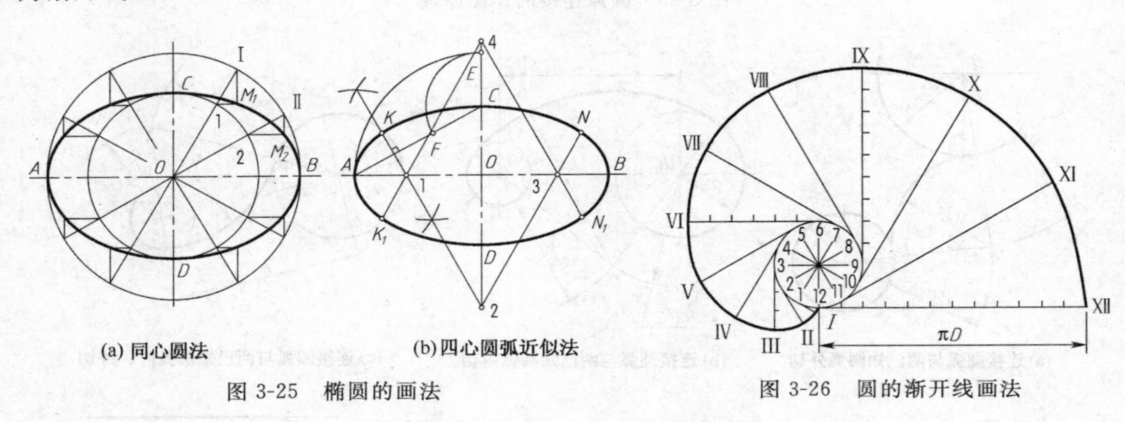

图 3-25　椭圆的画法　　　　图 3-26　圆的渐开线画法

第四节　平面图形的尺寸分析及画图步骤

任何物体的某一投影都是平面图形，平面图形可简化为由若干段直线和圆弧光滑连接而成。构成平面图形的各线段的大小及其各要素间相对位置都由图中尺寸确定。因此，绘制平面图形时，应根据图中所注尺寸，分析尺寸和线段间的关系，确定画图步骤。标注平面图形尺寸时，应根据各线段的连接关系，确定需要标注的尺寸，做到“正确、完整、清晰”。

一、平面图形的尺寸分析

1. 尺寸基准

确定图形中各线段长度和位置的测量起点称为尺寸基准。平面图形中至少在上下、左右两个方向上，应各有一个基准。一般对称图形的对称线、圆的中心线、图形的某一边界线(如重要的轮廓线)等均可作为尺寸基准，如图 3-27 所示。

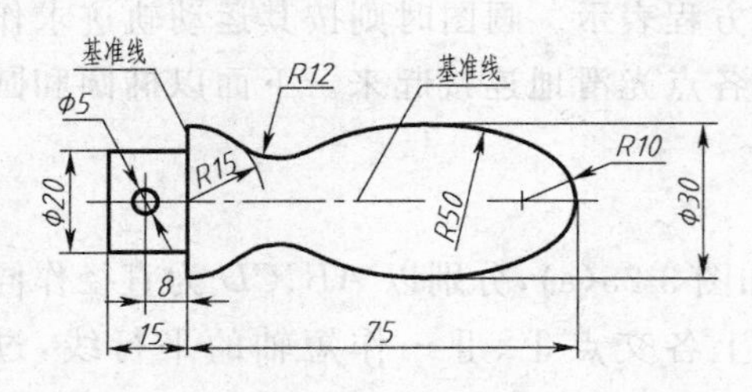

图 3-27　平面图形的线段和尺寸分析

2. 尺寸分类

平面图形的尺寸，按其在图中所起的作用可分为定形尺寸和定位尺寸两类。

(1) 定形尺寸：确定平面图形上各线段长度或线框形状大小的尺寸称为定形尺寸，如直线的长度、圆及圆弧的直径(半径)、角度尺寸等。图 3-27 中的 $\phi20$、$\phi5$、$R15$、$R12$ 等为定形尺寸。

(2) 定位尺寸：平面图形中确定各线段与基准间距离的尺寸称为定位尺寸。如图 3-27 中确定 $\phi5$ 小圆位置的尺寸 8 和确定 $R10$ 圆弧位置的尺寸 75 等为定位尺寸。

二、平面图形的线段分析

线段分析就是从几何角度研究线段与尺寸的关系，从而确定画图步骤。平面图形中的线段，根据其定位尺寸是否齐全，可分为已知线段、中间线段和连接线段三种。

1. 已知线段

凡是定形尺寸和定位尺寸齐全的线段称为已知线段。如图 3-27 中的 $\phi5$、$R15$、$R10$ 的圆弧和长度为 15 和 $\phi20$ 的直线等。

2. 连接线段

只有定形尺寸而无定位尺寸的线段称为连接线段。连接线段需根据与其相邻的两条线段的相切关系，用几何作图的方法绘制，如图 3-27 中 $R12$ 的圆弧。

3. 中间线段

有定形尺寸和定位尺寸但定位尺寸不全的线段称为中间线段。也需要根据与其相邻的已知线段的相切关系绘制。如图 3-27 中 $R50$ 的圆弧，该圆弧只有一个定位尺寸 $\phi30$，据此不能确定其圆心位置，还需根据它与已知圆弧 $R10$ 的相切关系作图确定圆心。

三、平面图形的画图步骤

一般是根据平面图形的尺寸，对平面图形进行线段分析，按线段分析的结果确定画图步骤，现以图 3-27 所示平面图形为例，将平面图形的画图步骤归纳如下：

(1) 根据平面图形的尺寸作线段分析，并确定平面图形的基准；

(2) 绘制基准线[图 3-28(a)]；

(3) 首先绘制已知线段[图 3-28(b)]；

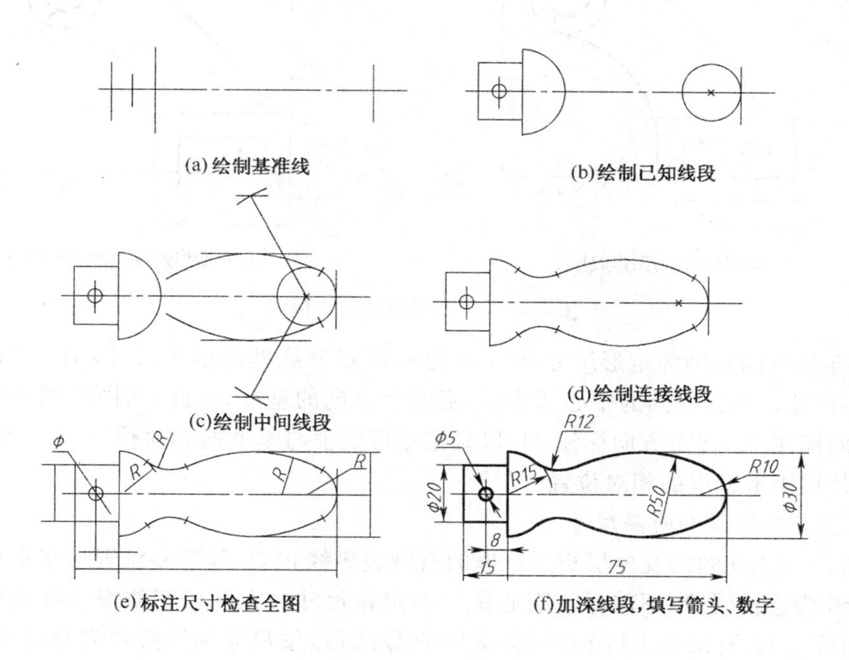

图 3-28　手柄的画图步骤

(4) 其次绘制中间线段[图 3-28(c)];

(5) 最后绘制连接线段[图 3-28(d)];

(6) 标注尺寸,检查全图[图 3-28(e)];

(7) 加深图线,填写箭头和数字[图 3-28(f)]。

四、平面图形的尺寸标注

平面图形尺寸标注的要求是:正确、完整、清晰。

1. 正确

平面图形的尺寸标注必须符合国标《技术制图》和《房屋建筑制图统一标准》的规定。

2. 完整

平面图形尺寸标注宜分两步进行。首先将平面图形分为若干简单的几何图形,并分别标注其定形尺寸,再确定长、宽两个方向的基准并标注定位尺寸。

3. 清晰

尺寸注写清晰,位置明显,布局整齐。

【例 3-1】 标注图 3-29 所示平面图形的尺寸。

(1) 分析图形,确定基准

图形由左下的双层矩形线框和右上的两同心圆及三段圆弧组成。可以同心圆的中心线为主要基准,也可以外层矩形线框的底边和左侧边界线为主要基准。本例以两同心圆的中心线为主要基准[图 3-29(a)]。

(2) 标注几何图形的尺寸[图 3-29(a)]

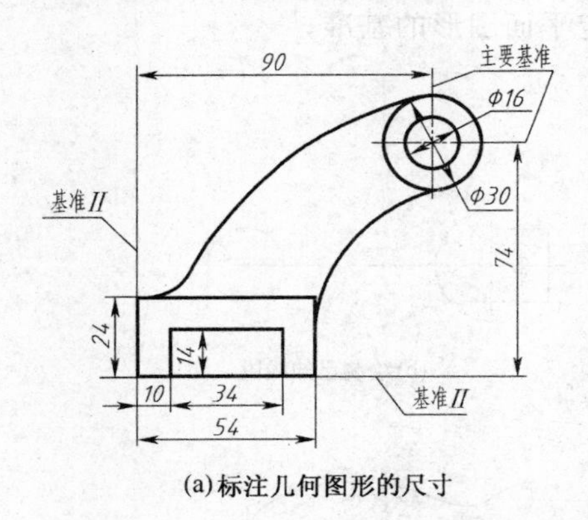

(a)标注几何图形的尺寸

(b)连接线段及中间线段的尺寸

图 3-29 平面图形的尺寸标注

ϕ30、ϕ16 是两同心圆的定形尺寸,54、24 是外层矩形线框的定形尺寸,34、14 是内层矩形线框的定形尺寸。两同心圆的中心线为长、宽两个方向的基准,因此,两同心圆不标注定位尺寸,水平方向标注 90,竖直方向标注 74,以确定矩形线框与基准的相对位置,标注水平尺寸 10 以确定内、外层矩形线框的相对位置。

(3) 标注其他线段的所需尺寸

圆弧 $R50$ 与 ϕ30 的圆及外层矩形线框的右侧边界线相切,其圆心位置可根据此相切条件确定,故 $R50$ 为连接线段,不需标注圆心位置的定位尺寸。在两已知线段 ϕ30 的圆和外层矩形框的上边线之间,有圆弧 $R110$ 和圆弧 $R15$ 两段线段,按尺寸标注必须完整的要求,两段线段中只能有一段连接线段,另一段应是中间线段。该两段线段定位尺寸的标注决定了线段的种类，所以此处定位尺寸的标注可有多种标注方案供选择。图 3-30 为其中三种不同的标注方案，采用哪一种标注方案，应以所注尺寸便于作图和在生产中便于度量为原则。

（4）按正确、完整、清晰的要求校核所注尺寸

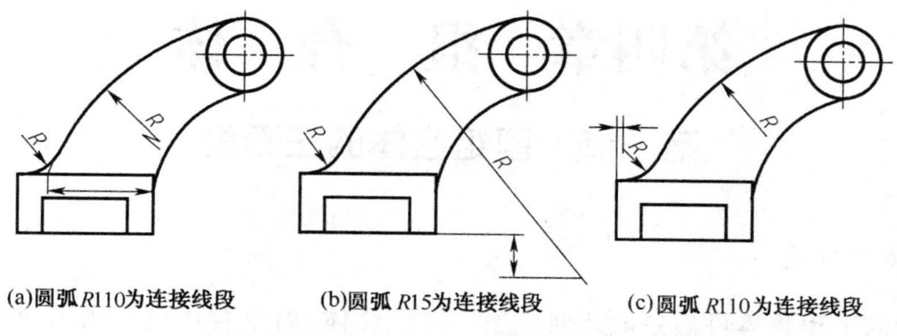

图 3-30　连接线段的三种不同的标注方案

复习思考题

1. 什么是绘图比例？

2. 图线的宽度分几种？各种线型的主要用途是什么？

3. 一个完整的尺寸应由几部分组成？

4. 试述已知长短轴，用四心圆弧法作近似椭圆的作图过程。

5. 平面图形的尺寸分为“定形尺寸”、“定位尺寸”，线段分为“已知线段”、“中间线段”和“连接线段”，试述各种线段与尺寸的关系。

第四章　组　合　体

第一节　画组合体的三面图

一、组合体的构成

形状复杂的工程物体可抽象成几何模型——组合体，而组合体则是由若干基本体按一定的位置关系组合而成。因此我们就找到了将复杂问题简单化的思路，即假想把组合体分解为若干个基本体，并确定各基本体间的组合形式和相对位置，这种方法称为形体分析法。

组成组合体的各基本体的表面形状及其相互位置决定了组合体的形状，而且各基本体的邻接表面会产生交线(或切线)。因此，在绘制和阅读组合体的三面投影图时，根据线、面的投影规律分析表面形状、表面与表面之间的相对位置及其交线称为线面分析法。运用形体分析法和线面分析法是绘制和阅读组合体的多面投影图的正确方法。

1. 基本体间的组合形式

表 4-1 列出了基本体间的几种组合形式，即**叠加**、**挖切**和**共有**。

表 4-1　形体的组合形式举例

基本体	组合形式		
	叠加	挖切	共有
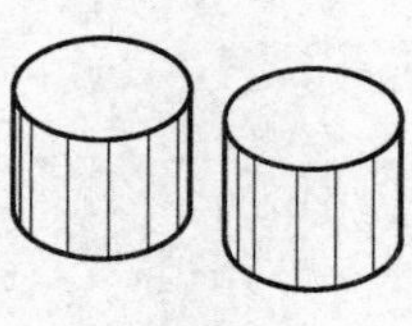	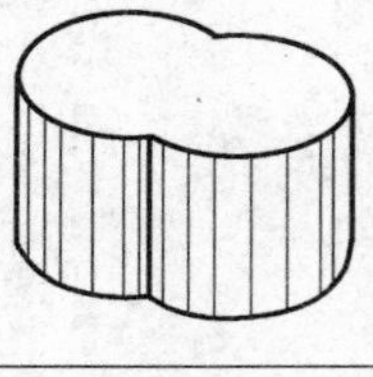	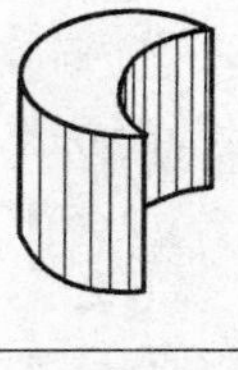	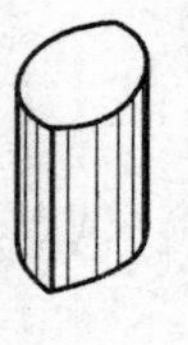
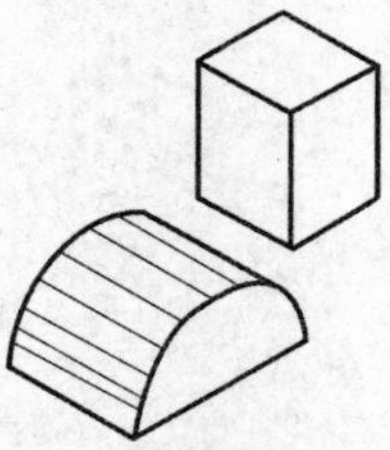	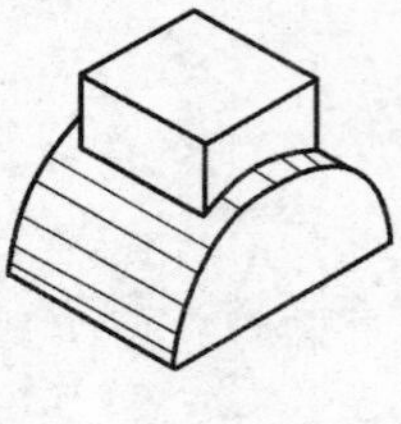	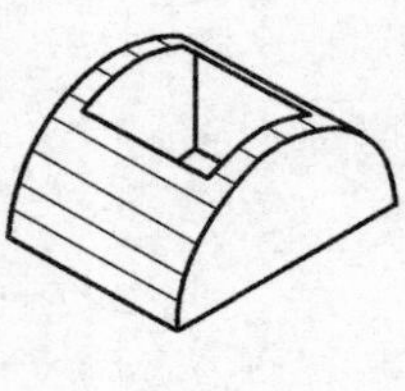	
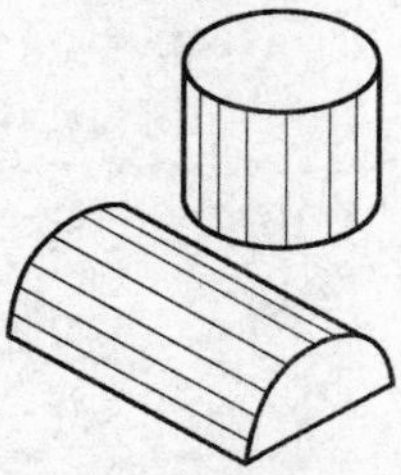	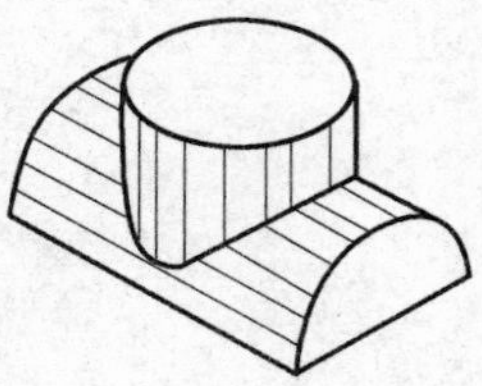	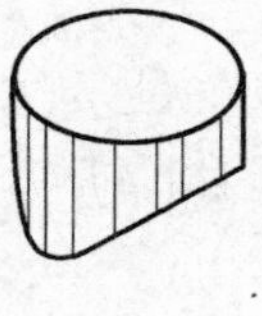	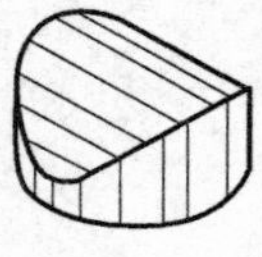

2. 组合体中各基本体邻接表面间的相对位置

基本体经叠加、挖切、共有组合后，基本体的邻接表面间可能产生**共面**、**相切**和**相交**三种情况。

(1) 共面　两基本体的邻接表面组合后连接成一个面(即共面)，即两基本体的邻接表面连接处不再有分界线，所以在投影图上此处不画线，如图 4-1 所示。

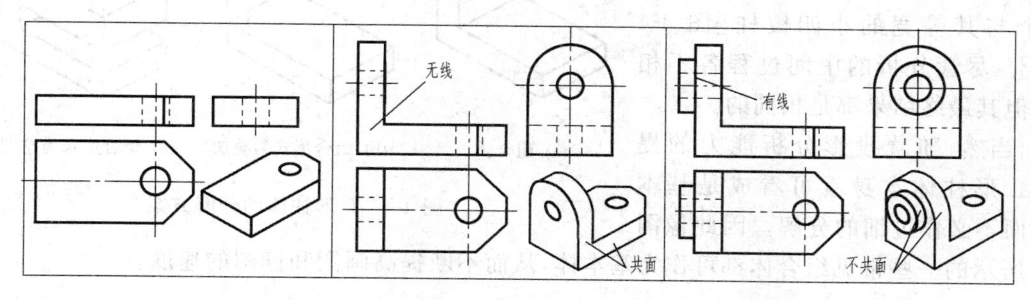

图 4-1　两基本体的邻接表面经组合后共面与不共面的不同画法

(2) 相切　相切是指两个基本体的邻接表面光滑过渡，两邻接表面在相切处不存在分界线，所以两基本体的邻接表面相切时，在投影图上相切处不画线，如图 4-2 所示。

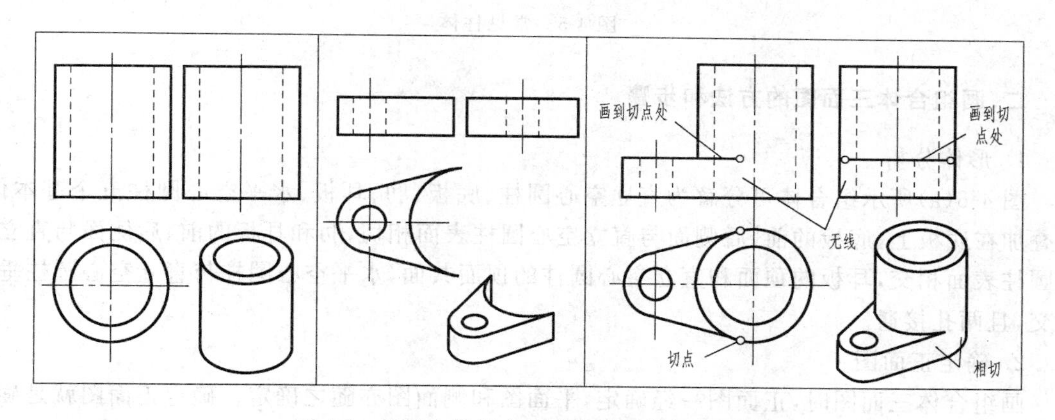

图 4-2　两基本体组合后邻接表面相切的画法

(3) 相交　两基本体的邻接表面相交，邻接表面之间一定产生交线，如图 4-3 所示。

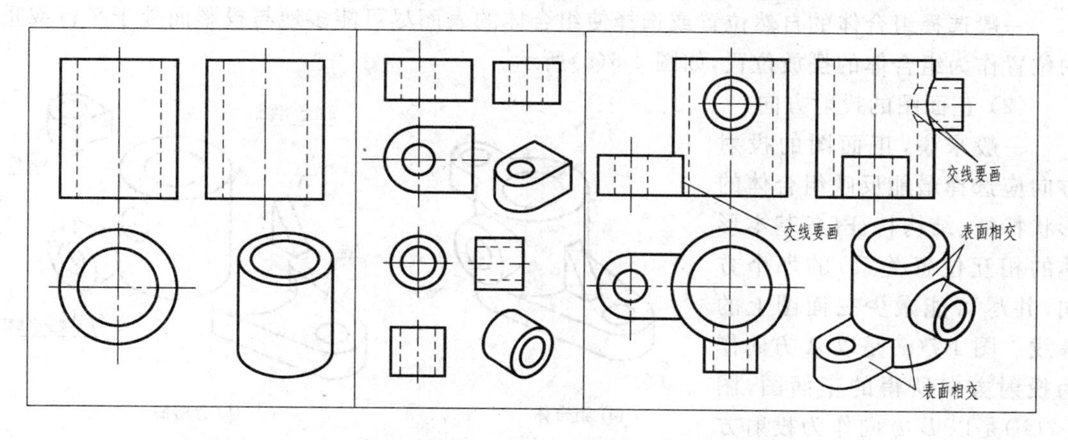

图 4-3　两基本体组合后邻接表面相交的画法

3. 组合体的分解方案

运用形体分析法假想分解组合体时，分解的过程并非是唯一和固定的。图 4-4(a)所示的L形柱体，可以分解为一个大四棱柱和一个与其等宽的小四棱柱[图 4-4(b)]；也可分解为一个大四棱柱挖去一个与其等宽的小四棱柱[图 4-4(c)]。尽管分析的中间过程各不相同，但其最终结果都是相同的。

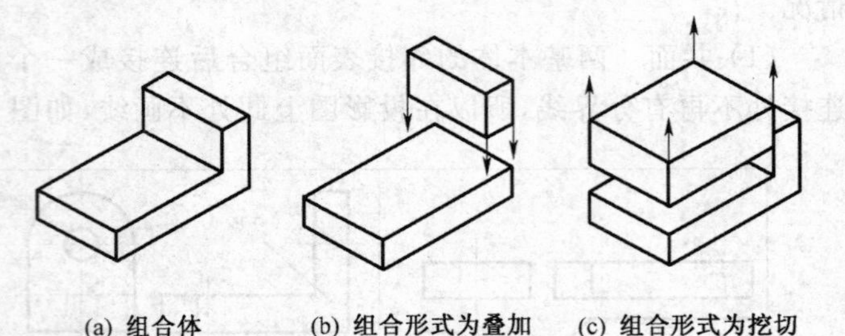

图 4-4　L形柱体的分解方案

当然，随着投影分析能力的提高，L形柱体本身就可看成是基本体，而不必作过细的分解。因此像图 4-5 所示的一些常见组合体都可作为基本体，从而不断提高画图和读图的速度。

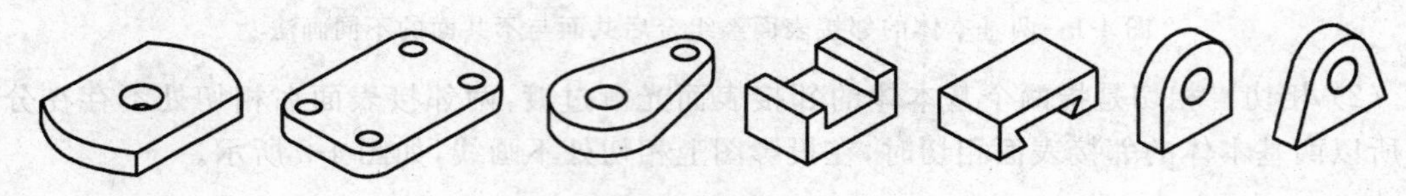
图 4-5　常见柱体

二、画组合体三面图的方法和步骤

1. 形体分析

图 4-6(a)所示组合体可分解为直立空心圆柱、底板、肋、耳板、水平空心圆柱五个基本体。肋叠加在底板上，底板的前、后侧面与直立空心圆柱表面相切，肋和耳板的前、后侧面与直立空心圆柱表面相交，耳板的顶面和直立空心圆柱的顶面共面，水平空心圆柱与直立空心圆柱垂直相交，且两孔接通。

2. 确定正面图

画组合体三面图时，正面图一经确定，平面图和侧面图亦随之确定。确定正面图就是确定组合体的摆放位置和正面图的投影方向。

(1) 组合体的摆放位置

一般选择组合体的自然位置或选择使组合体的表面尽可能多地与投影面处于平行或垂直的位置作为组合体的摆放位置，如图 4-6(a)所示。

(2) 正面图的投射方向

一般来说，正面图的投射方向应选择最能反映组合体的形状特征、结构特征(各基本形体的相互位置关系)的那个方向，并尽可能减少三面图上的虚线。图 4-7(a)是以 A 方向作为投射方向所得的正面图，图 4-7(b)是以 B 方向作为投射方向所得的正面图。比较后，选

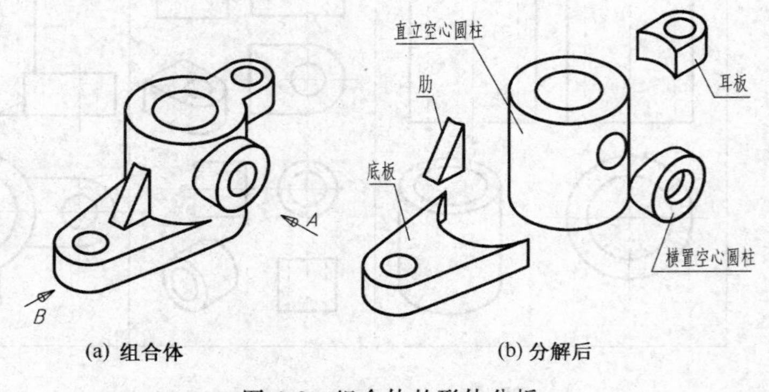

图 4-6　组合体的形体分析

A 方向作为正面图的投射方向。

3. 选比例，定图幅

画图时，应尽量选用 1∶1 的比例，既便于直接估量组合体的大小，也便于画图。通常是根据组合体的长、宽、高，以及各投影图之间留出的标注尺寸的位置和适当的间距，按选定的比例大致估计三面投影图所占面积，并据此选用合适的标准图幅。

绘制草图时，由于是运用徒手目测的方式绘图，所以不用确定比例，仅根据组合体的长、宽、高，以及各投影图之间留出的标注尺寸的位置和适当的间距，大致估计三面投影图所占面积选用合适的标准图幅。

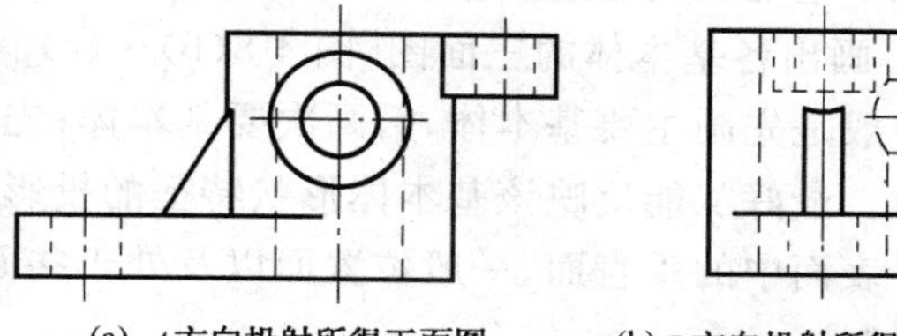

(a) A 方向投射所得正面图　(b) B 方向投射所得正面图

图 4-7　正面图的投影方向

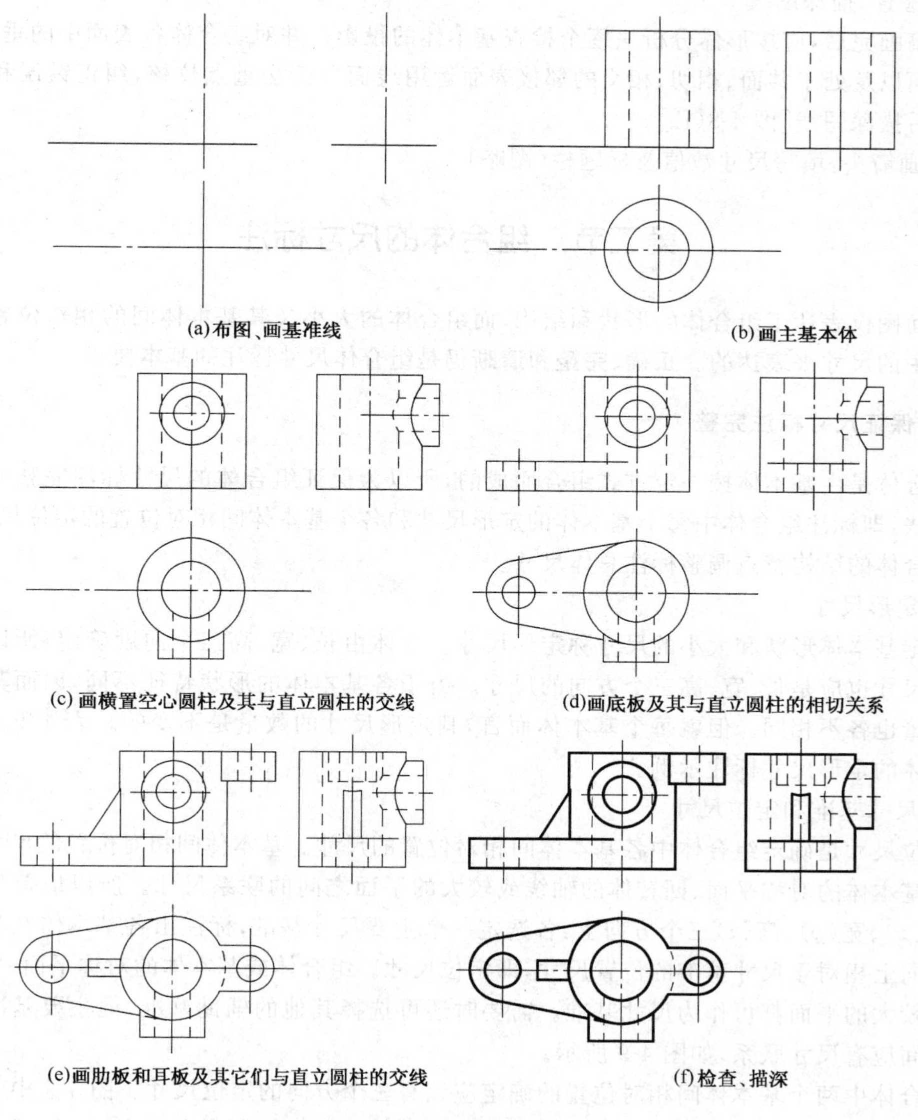

(a)布图、画基准线　(b)画主基本体

(c)画横置空心圆柱及其与直立圆柱的交线　(d)画底板及其与直立圆柱的相切关系

(e)画肋板和耳板及其它们与直立圆柱的交线　(f)检查、描深

图 4-8　支架的作图过程

4. 布图、画基准线

首先画出基准线，从而确定每个投影图在图纸上的具体位置。对组合体而言，需要在长、宽、高三个方向各确定一个基准，一般取组合体的主要对称面、较大的平面和回转体的轴线作为基准。基准线则是这些基准的三面投影，如图 4-8(a)所示。

5. 画出各基本体的三面图[图 4-8(b)～(e)]

一般是先画主要基本体，后画次要基本体；先画实体，后画虚体；先大后小；先画主轮廓后画细节。最好从能反映该基本体形状特征的投影图画起，并三个投影图联系起来画。对于组合体各表面中的垂直面、一般位置面以及处于共面、相切、相交的邻接表面，应运用线面分析法正确绘制。

6. 标注尺寸界线和尺寸线

具体尺寸、标注方法见本章第二节。

7. 检查、描深图线

底稿画完后，应按形体分析法逐个检查基本体的投影。并对组合体各表面中的垂直面、一般位置面以及处于共面、相切、相交的邻接表面运用线面分析法重点校核，纠正错误和补充遗漏。最后描深图线[图 4-8(f)]。

8. 画箭头，填写尺寸数值及标题栏(图略)

第二节　组合体的尺寸标注

三面图仅表达了组合体的形状和结构，而组合体的大小及其基本体间的相对位置则是通过视图中的尺寸来表达的。**正确**、**完整**和**清晰**仍是组合体尺寸标注的基本要求。

一、保证尺寸标注完整

组合体是由基本体按一定方式组合而成的，所以为保证组合体的尺寸标注完整应采用形体分析法，即标注组合体中每个基本体的定形尺寸和各个基本体间相对位置的定位尺寸，然后根据组合体的结构特点调整标注总体尺寸。

1. 定形尺寸

确定基本体形状和大小的尺寸称定形尺寸。立体由长、宽、高三个向度确定，所以基本体的定形尺寸也应是长、宽、高三个方向的尺寸。由于各基本体的形状特征不同，因而其定形尺寸的数量也各不相同。但就每个基本体而言，其定形尺寸的数量是不变的。表 4-2 列出了常见基本体的定形尺寸标注示例。

2. 尺寸基准和定位尺寸

定位尺寸是确定组合体中各基本体间相对位置的尺寸。基本体间相对位置的尺寸是指基本体和基本体的对称平面、回转体的轴线或较大的平面之间的联系尺寸。所以应首先在组合体的长(x)、宽(y)、高(z)三个方向上，各选定一个主要尺寸基准，标注出各基本体在长、宽、高三个方向上相对于尺寸基准的位置尺寸，即定位尺寸。组合体或基本体的对称平面、回转体的轴线和较大的平面都可作为尺寸基准。需要时还可选择其他的辅助基准，但主要基准与辅助基准之间应有尺寸联系，如图 4-9 所示。

组合体中两个基本体间相对位置的确定应该有三个方向的定位尺寸。图 4-9 中带圆圈的尺寸为定位尺寸。若两个形体在某一方向上处于共面、对称、同轴的特殊位置时，就可省略一个定位尺寸，如图 4-9 底板上的圆柱孔就省略了宽度方向和高度方向的定位尺寸。组合体中定位尺寸的数量是由其基本体的多少和基本体间的相对位置是否共面、对称、同轴等因素决定的。因此，对某一组合体而言，其定形尺寸和定位尺寸的数量是固定的。

表 4-2　常见基本体的定形尺寸标注示例

曲面立体	SΦ	φ	φ	φ φ	φ φ
平面立体					

注：带括号的为参考尺寸。

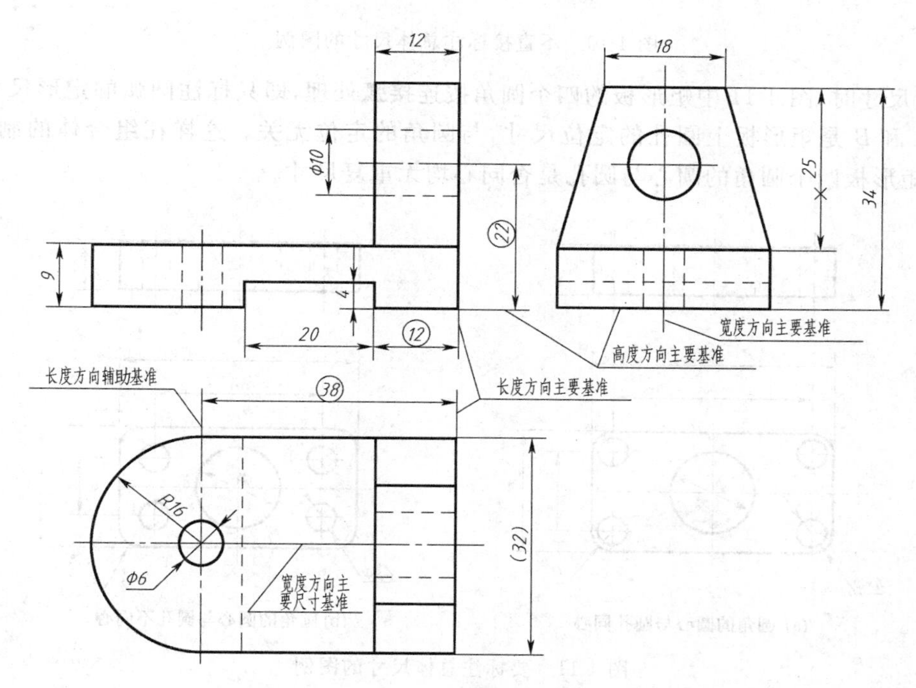

图 4-9　组合体的尺寸标注

3. 总体尺寸

组合体的总长、总高、总宽，称为总体尺寸。由于按形体分析法标注了定形尺寸和定位尺寸后，组合体的尺寸已标注完整，若加注总体尺寸就会出现重复尺寸，因此必须在同方向减去一个尺寸，所以总体尺寸的标注是调整，而不是加注。如图 4-9 中标注总高尺寸 34 后，就应在高度方向上去掉一个高度尺寸 25。有时定形尺寸或定位尺寸就反映了组合体的总体尺寸，如

图 4-9 中底板的宽度就是组合体的总宽、此时不必另外标注总宽尺寸。

当组合体的端部不是平面而是回转面时,该方向一般不直接标注总体尺寸,而是由确定回转面轴线的定位尺寸和回转面的定形尺寸来间接确定的,如图 4-9 中就没有标注总长尺寸,总长尺寸是由确定回转面轴线的定位尺寸 38 和回转面的定形尺寸 $R16$ 间接确定的。

图 4-10 为不直接标注总体尺寸的常见结构。有时为了满足加工要求,必须加注总体尺寸时,需将相应的定形尺寸加注括号,称为参考尺寸。

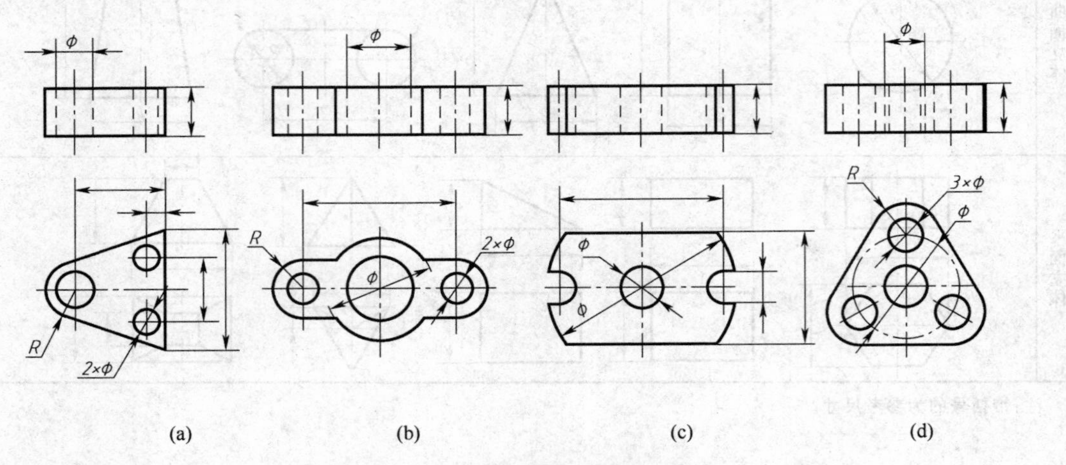

图 4-10　不直接标注总体尺寸的图例

标注尺寸时,图 4-11 中矩形板的四个圆角按连接弧处理,即只标注圆弧的定形尺寸 R,定位尺寸 A 和 B 是矩形板上圆孔的定位尺寸,与圆角的定位无关。这样在组合体的制造过程中,无论矩形板四个圆角的圆心与圆孔是否同心均无重复尺寸。

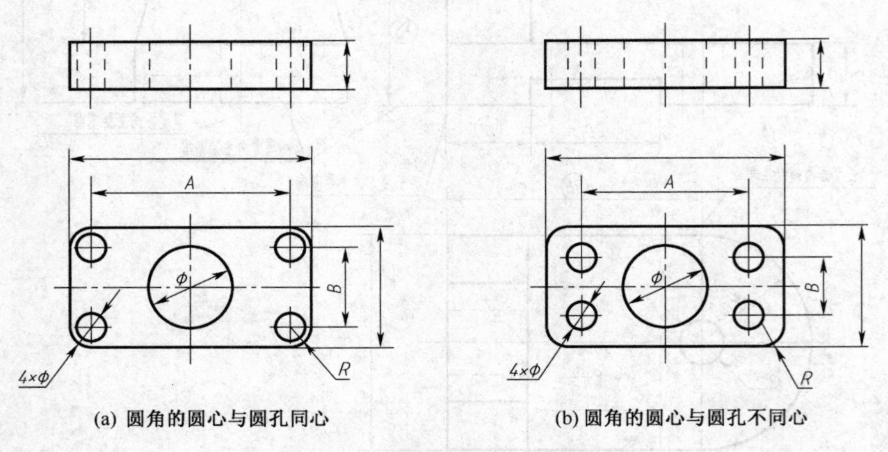

(a) 圆角的圆心与圆孔同心　　(b) 圆角的圆心与圆孔不同心

图 4-11　要标注总体尺寸的图例

4. 组合体的表面交线不应标注尺寸

无论组合体的组合形式如何,当基本体的邻接表面相交时就会产生交线。表面交线是在两邻接表面的形状(由各基本体的定形尺寸确定)及其相对位置(由定位尺寸确定)确定后,自然形成的。所以交线不能标注尺寸,否则为重复尺寸。如图 4-12 和图 4-13 所示的一些组合体,只需注出基本体的定形尺寸、截平面的定位尺寸以及参加相贯的两基本体间的定位尺寸,而不必标注截交线和相贯线的尺寸。图中打“×”的尺寸为重复尺寸。

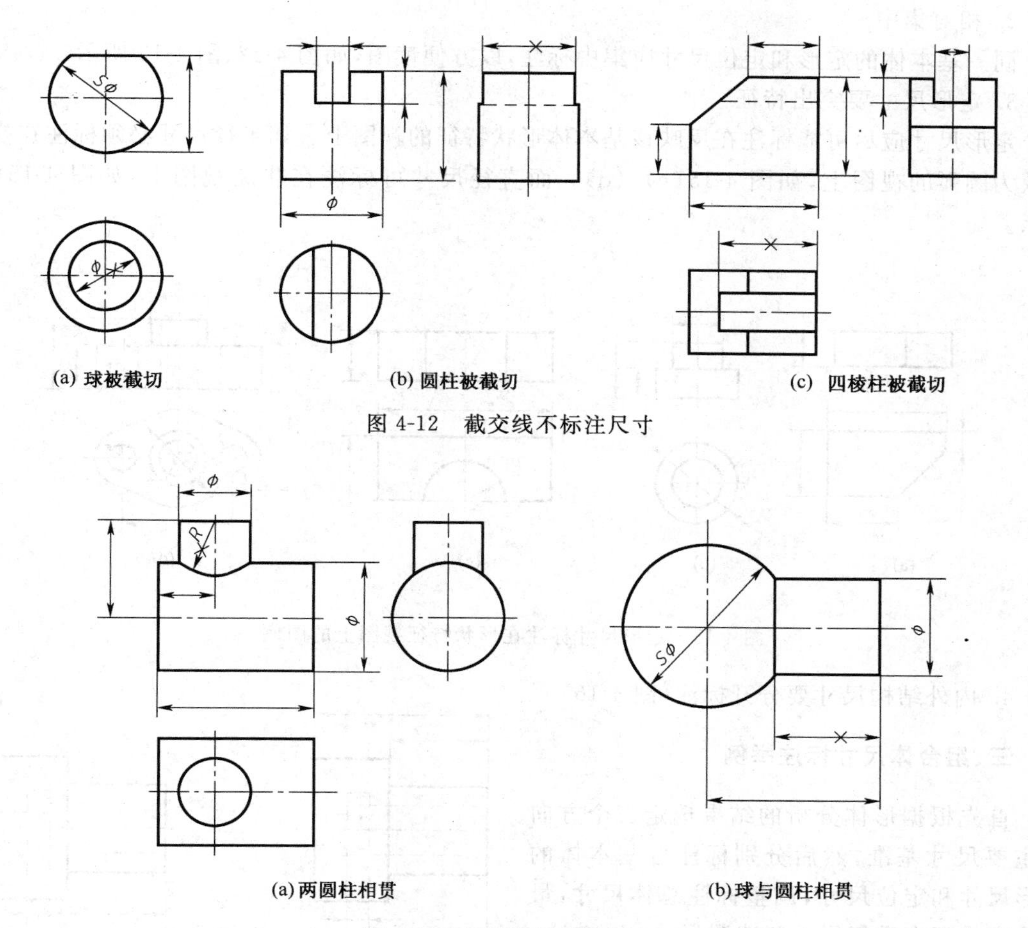

图 4-12　截交线不标注尺寸

图 4-13　相贯线不标注尺寸

二、尺寸的注写位置

为了使尺寸标注清晰、易读，尺寸的注写位置应考虑以下几点。

1. 尺寸应排列整齐

尺寸应尽量标注在视图外面，并配置在与之相关的两视图之间(如长度尺寸标注在正面图和平面图之间)。同一方向上的串联尺寸应尽量配置在一条线上，如图 4-14 所示。

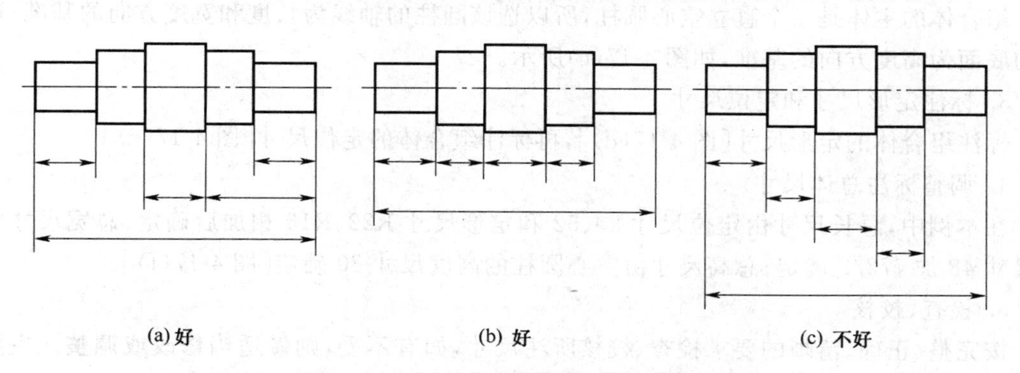

图 4-14　同方向的串联尺寸应排列整齐

2. 相对集中

同一基本体的定形和定位尺寸应集中标注，以方便读图，如图 4-12、图 4-13 所示。

3. 定形尺寸要突出特征

定形尺寸应尽可能标注在反映该基本体形状特征的视图上。如半径尺寸必须标注在投影反映为圆弧的视图上，如图 4-15(c)、(d)。而直径尺寸可标注在非圆视图上，如图 4-15(b)所示。

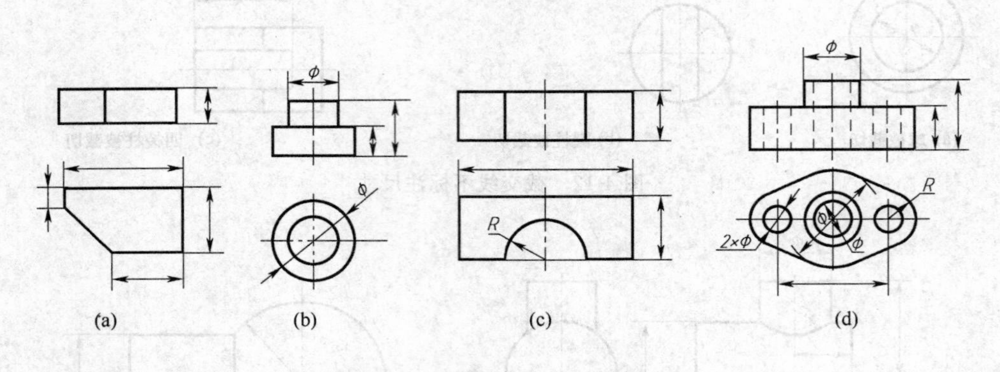

图 4-15　定形尺寸标注在形状特征视图上的图例

4. 内外结构尺寸要分开标注(图 4-16)

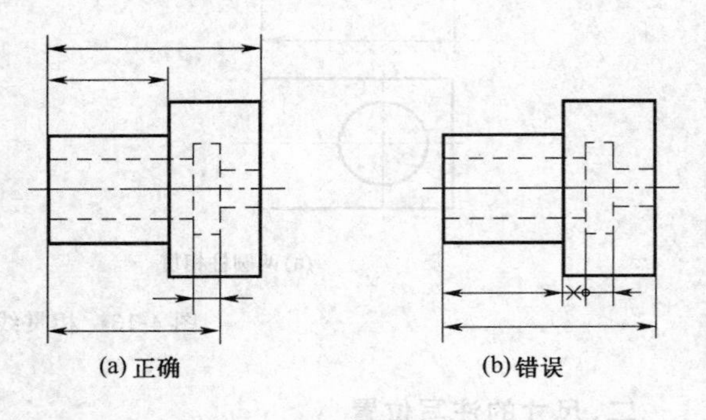

图 4-16　内外结构分开标注尺寸的图例

三、组合体尺寸标注举例

首先根据形体分析的结果选定三个方向的主要尺寸基准，然后分别标注各基本体的定形尺寸和定位尺寸，调整标注总体尺寸，最后检查是否有重复尺寸和遗漏尺寸。

【例 4-1】　标注组合体的尺寸[图 4-17(a)]。

1. 形体分析

根据形体分析的结果，初步考虑每个基本体的定形尺寸和定位尺寸如图 4-17(b)、(c)所示。

2. 确定尺寸基准

组合体的主体是一个直立空心圆柱，所以选该圆柱的轴线为长度和宽度方向的基准；选较大的底面为高度方向的基准，如图 4-17(c)所示。

3. 标注定形尺寸和定位尺寸

标注组合体的定形尺寸[图 4-17(d)]，再标注组合体的定位尺寸[图 4-17(e)]。

4. 调整标注总体尺寸

在本例中，总长尺寸由定位尺寸 80、52 和定形尺寸 R22、R16 相加后确定，总宽尺寸由定位尺寸 48 加 $\phi72/2$ 确定；总高尺寸由空心圆柱的高度尺寸 80 确定[图 4-17(f)]。

5. 检查、校核

按完整、正确、清晰的要求检查、校核所注尺寸，如有不妥，则做适当修改或调整。主要是核对尺寸数量，同时检查所注尺寸配置是否明显、集中和清晰[图 4-17(f)]。

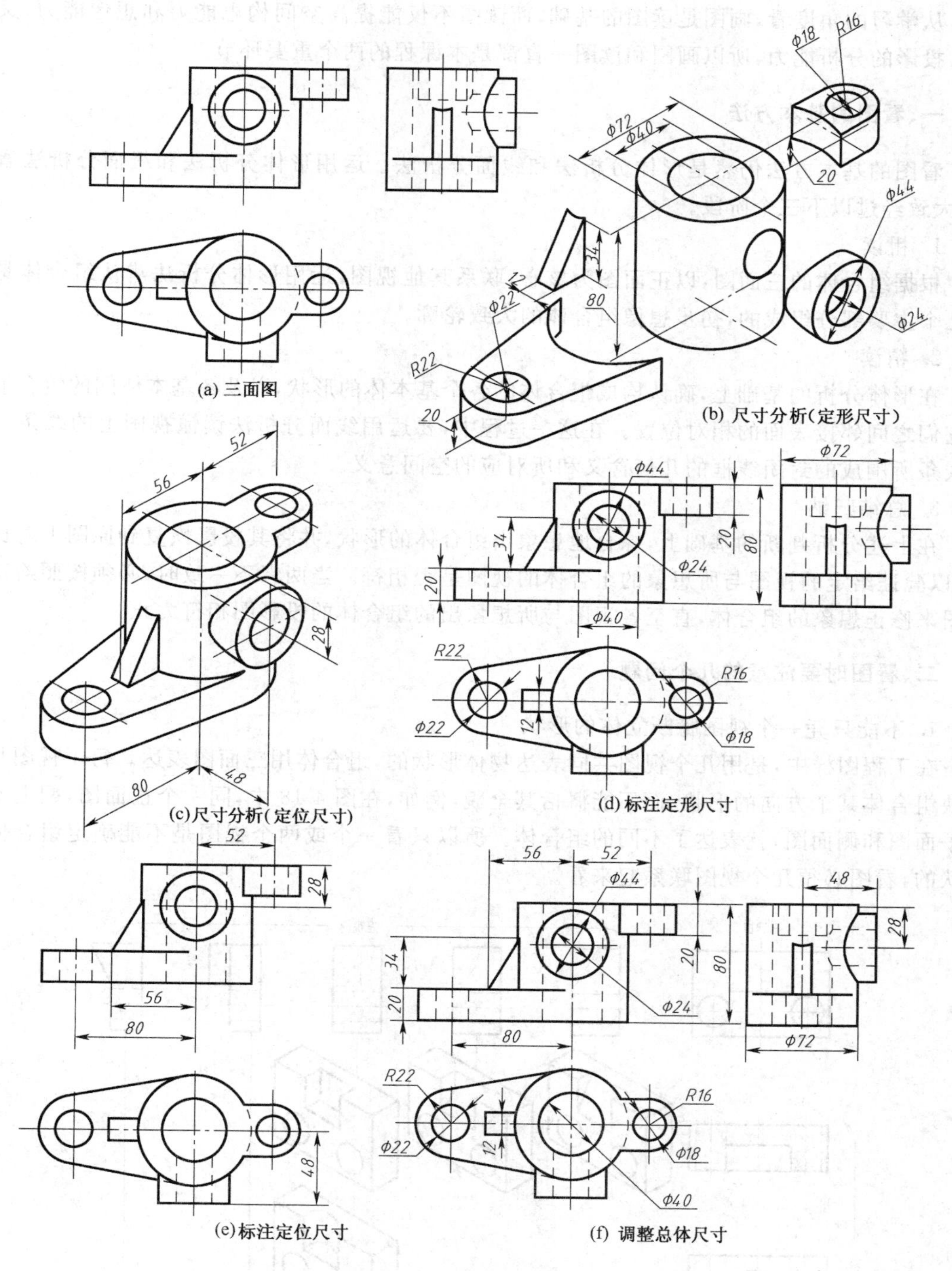

图 4-17　组合体的尺寸标注

第三节　读组合体的三面图

画图是将空间物体用正投影的方法表达在平面的图纸上，而读图则是根据平面图纸上已画出的投影图，运用正投影的投影特性和规律，分析空间物体的形状和结构，进而想象空间物体。从学习的角度看，画图是读图的基础，而读图不仅能提高空间构思能力和想像能力，又能提高投影的分析能力，所以画图和读图一直都是本课程的两个重要环节。

一、看图的基本方法

看图的基本方法仍然是形体分析法和线面分析法。运用形体分析法和线面分析法看图时，大致经过以下三个阶段。

1. 粗读

根据组合体的三面图，以正面图为核心，联系其他视图，运用形体分析法辨认组合体是由哪几个主要部分组成的，初步想像组合体的大致轮廓。

2. 精读

在形体分析的基础上，确认构成组合体的各个基本体的形状，以及各基本体间的组合形式和它们之间邻接表面的相对位置。在这一过程中，要运用线面分析法读懂视图上的线条以及由线条所围成的封闭线框的几何含义和所对应的空间意义。

3. 总结归纳

在上述分析判断的基础上，综合地想象出组合体的形状，并将其投影恢复到原图上对比检查，以验证给定的视图与所想象的组合体的视图是否相符。当两者不一致时，必须按照给定的视图来修正想象的组合体，直至各视图与所想象出的组合体的投影图相符为止。

二、看图时要注意的几个问题

1. 不能只凭一个视图臆断立体的形状

在工程图样中，是用几个视图共同表达物体形状的，组合体用三面图表达。每个视图只能反映组合体某个方向的形状，而不能概括其全貌，例如，在图 4-18 中，同一个正面图，配上不同的平面图和侧面图，就表达了不同的组合体。所以只看一个或两个视图是不能确定组合体的形状的，看图必须几个视图联系起来看。

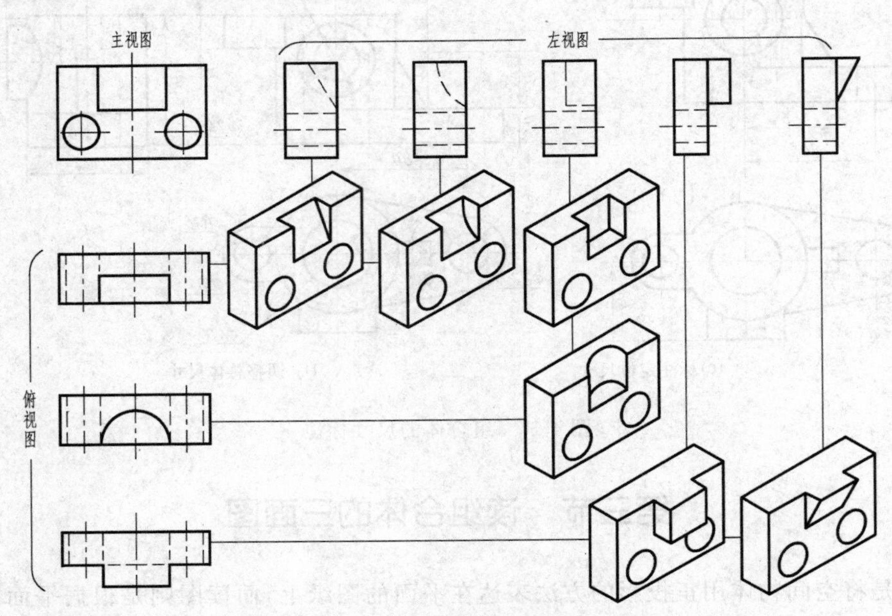

图 4-18　一个视图不能确定物体的形状

2. 找出反映立体形状特征的视图

对于基本体来说，在几个视图中，总有一个视图能比较充分地反映该基本体的形状特征，如图 4-19 的侧面图和图 4-20 的平面图。在形体分析的过程中，若能找到基本体的形状特征视图，再联系其他视图，就能比较快而准确地辨认基本体。

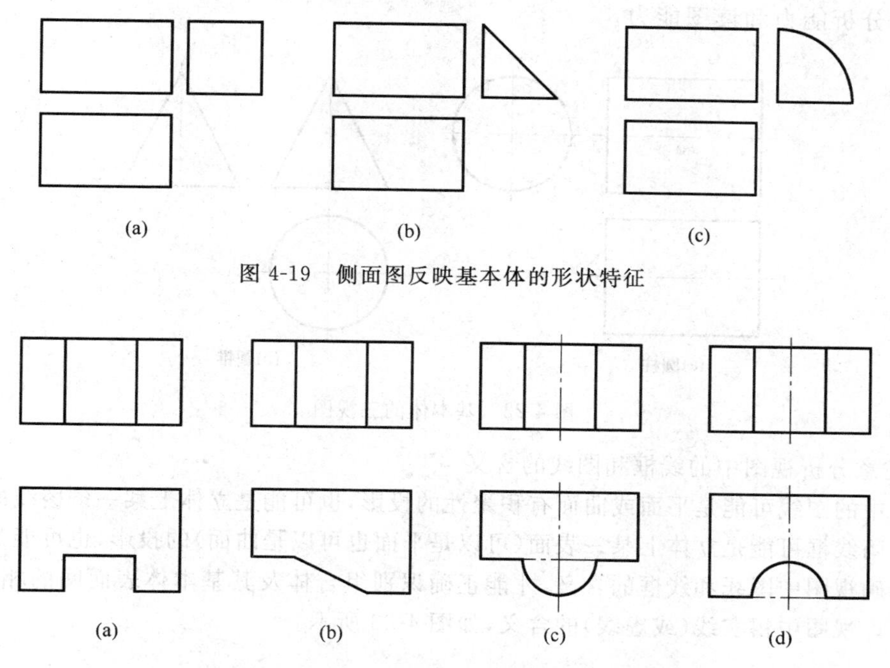

图 4-19　侧面图反映基本体的形状特征

图 4-20　平面图反映基本体的形状特征

由基本体构成的组合体的各基本体的形状特征，并非都集中在一个视图上，而是每个视图上可能都有一些，如图 4-21 中的支架是由五个基本体叠加而成，正面图反映了基本体Ⅰ和基本体Ⅳ的形状特征，侧面图反映了基本体Ⅲ的形状特征，平面图反映了基本体Ⅱ的形状特征。看图时就是要找到能够反映基本体形状特征的线框，联系其他视图，来划分基本体。

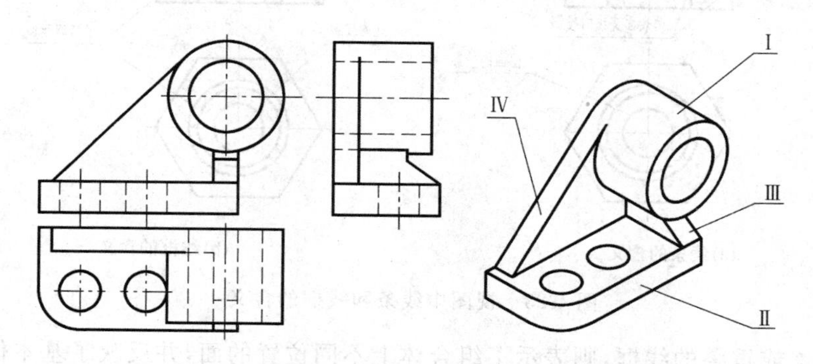

图 4-21　组合体各基本体的形状特征

3. 熟悉基本体的投影特性，多做形体积累

即使是初学者，看到图 4-22 所示的三面图都会马上反映出：图 4-22(a)表达的是一个水平放置的圆柱体，图 4-22(b)表达的是一个直立的圆锥体。这是因为通过学习基本体的投影，已经了解并熟悉了圆柱体、圆锥体的投影特性，并能随时根据其投影图反映出立

体形状来；另一原因是图上所表达的物体就是你经常看到和摸到的实物，或是类似的实物。看图时就会产生一种“好像见过面”的感觉，这就是形体积累在看图过程中的反映。构成组合体的各个基本体，就像一篇文章里的字和词，若字和词都不认识，当然无法阅读文章。若熟悉基本体的投影特性以及形体积累不断增多，就能增进空间立体感，较快地提高投影分析能力和读图能力。

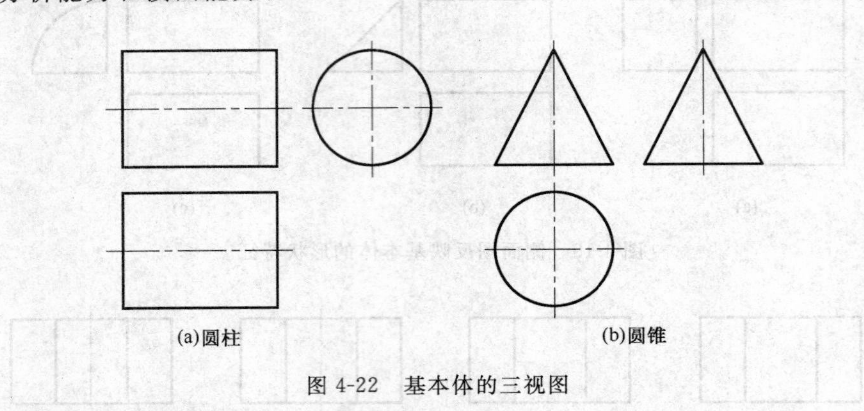

图 4-22 基本体的三视图

4. 注意分析视图中的线框和图线的含义

视图中的图线可能是平面或曲面有积聚性的投影，也可能是立体上某一条棱线的投影；视图中的封闭线框可能是立体上某一表面(可以是平面也可以是曲面)的投影，也可能是孔、洞的投影。明确视图中图线和线框的含义，才能正确识别组合体及其基本体表面间的相对位置和邻接关系。视图中粗实线(或虚线)的含义，如图 4-23 所示。

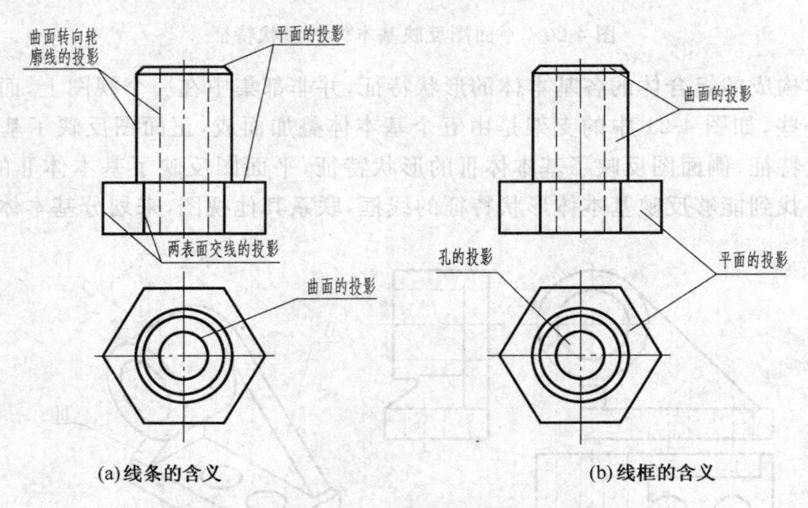

图 4-23 视图中线条和线框的含义

视图中相连或重叠的线框，则表示了组合体上不同位置的面，并反映了基本体之间的连接关系(图 4-24)。看图时需通过对照投影关系，区分出它们的前后、上下、左右位置及其邻接表面间相交、相切、共面等连接关系来帮助读图。

5. 善于构思立体的空间形状，在读图过程中不断修正读图结果

形体积累除柱、锥、球、环这些基本体外，还包括一些基本体经简单切割或叠加构成的组合体，看图时要善于根据视图构思出这些组合体的空间形状。

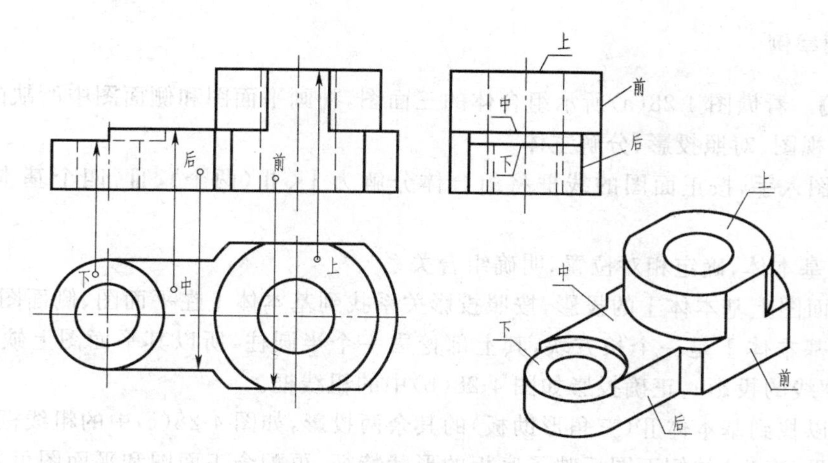

图 4-24　表面间的相对位置

例如，在某一视图上看到一矩形线框，可以联想出很多立体，如四棱柱、圆柱等[图 4-25(a)]，看到一个圆形线框，可以认为是圆柱、圆锥、圆球等立体的某一投影[图 4-25(b)]。此时再从相关的其他视图上找对应的投影，便会做出正确判断。

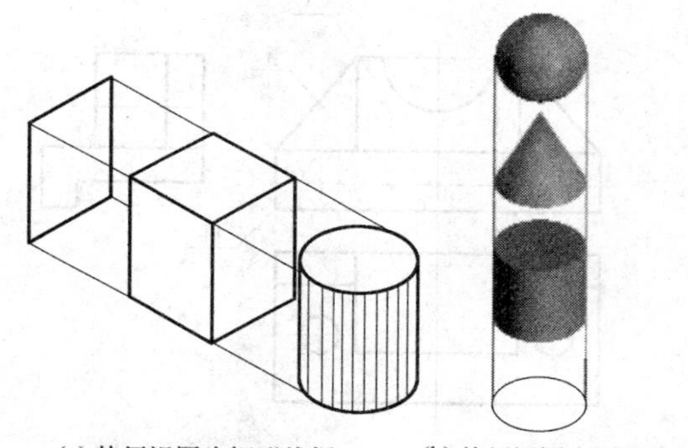

(a) 特征视图为矩形线框　　(b) 特征视图为圆形线框

图 4-25　根据特征视图确定基本体的大致范围

图 4-26 是某一立体的三面图。正面图的最外线框是一个矩形，平面图是一个圆形线框。由分析知，其主体一定是一个圆柱(图 4-27)，再联系侧面图分析可知，是圆柱体被两个侧垂面切去了前后两块，所以其侧面图是一个三角形；而且正面图的矩形线框内有侧垂面与圆柱体表面交线的投影(椭圆的一部分)；平面图中，圆形线框中间的一条粗实线正是两侧垂面相交后，交线的投影。所以组合体的形状是圆柱体被两平面截切。

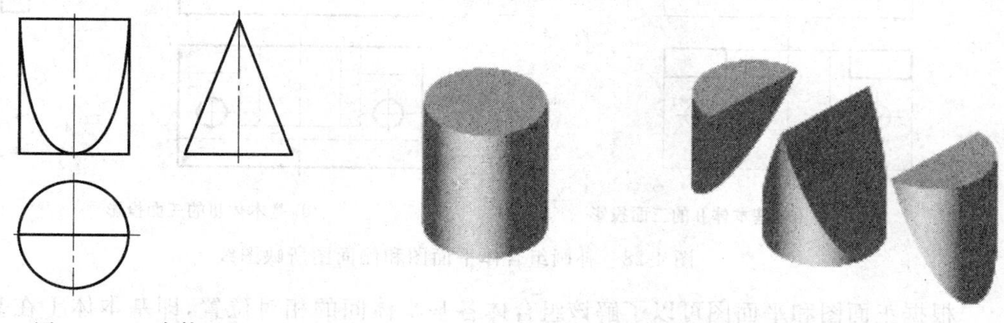

图 4-26　组合体三面图　　图 4-27　组合体的构思过程

通过对看图时要注意的几个问题的讨论可知，看图时，必须要几个视图联系起来看，还要对视图中的线框和图线的含义做细致的投影分析，在构思组合体的过程中，需根据已知视图不断修正构思中的组合体，才能逐步得到正确的结论。所以，看图的过程就是根据视图不断修正想象中组合体的思维过程。同时不断地加大、加深形体积累，也是培养读图能力的一个途径。

三、看图举例

【例 4-2】 看懂图 4-28(a)所示组合体的三面图，补画平面图和侧面图中所缺的图线。

1. 分析视图、对照投影、分解主体

从正面图入手，按正面图的线框将组合体分解为Ⅰ、Ⅱ(两个)、Ⅲ，四个基本体[图 4-28(a)]。

2. 识别基本体，确定相对位置，明确组合关系

根据正面图上基本体Ⅰ的投影，按照投影关系找到基本体Ⅰ在平面图、侧面图上的相应投影。可看出基本体Ⅰ是一个长方块，其上部挖去一个半圆柱，所以其平面图上缺两条粗实线(半圆槽轮廓线的投影)，正确投影如图 4-28(b)中的粗线框。

同样可以找到基本体Ⅱ(三角形肋板)的其余两投影，如图 4-28(c)中的粗线框。

基本体Ⅲ(底板)的侧面图反映了底板的形状特征，再配合正面图和平面图可看出，底板是一个反"L"形柱体，上面钻了两个圆孔，所以平面图上缺了一条虚线，如图 4-28(d)所示。

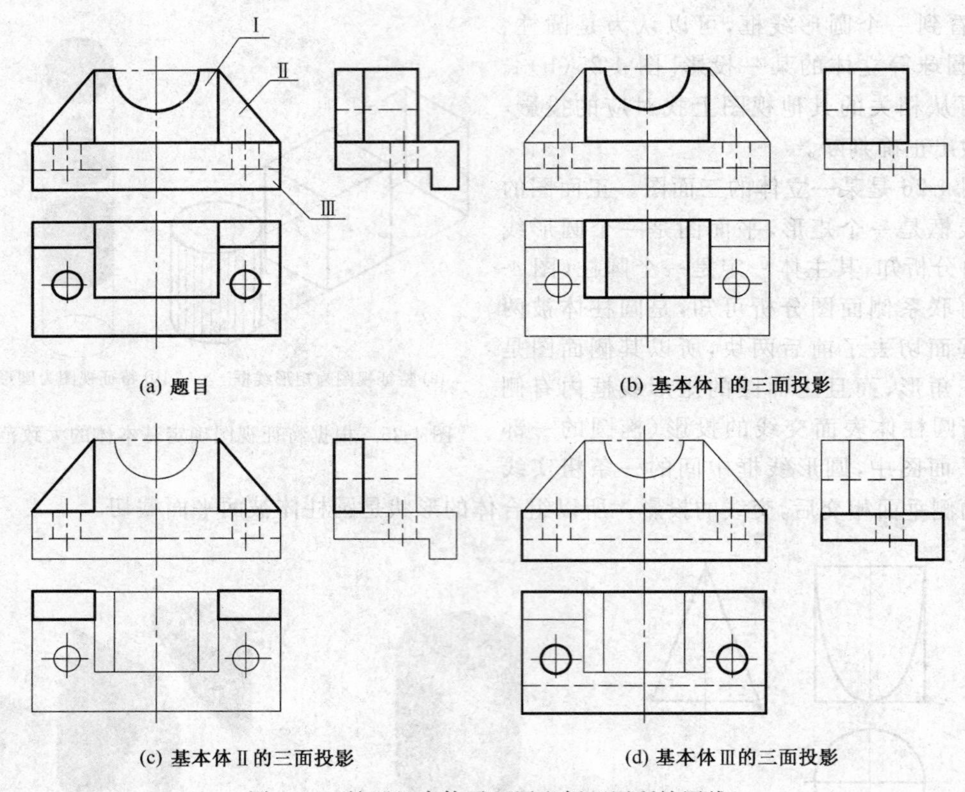

图 4-28 补画组合体平面图和侧面图所缺图线

根据正面图和平面图可以了解该组合体各基本体间的相对位置，即基本体Ⅰ在基本体Ⅲ的上面，前后位置是中间靠后，其后表面与基本体Ⅲ的后表面共面。基本体Ⅱ在基本体Ⅰ的两侧，左右对称放置，且后表面与基本体Ⅲ后表面共面。

3. 综合起来想整体

在看懂每个基本体的基础上，再根据三面图，找出各基本体的相对位置和基本体邻接表面间的关系，逐渐形成对组合体的完整认识[图 4-29(b)]。

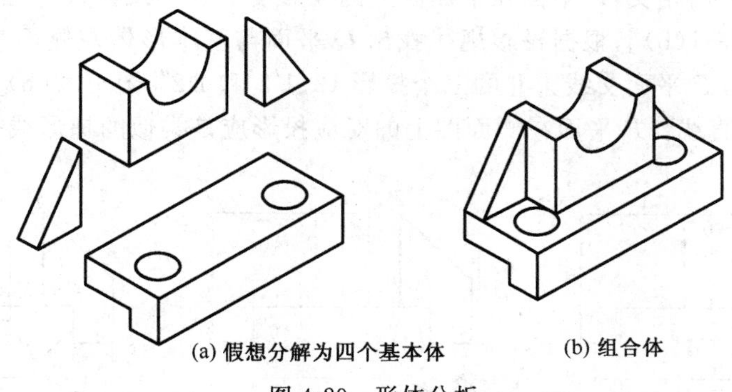

图 4-29　形体分析

【例 4-3】 根据图 4-30(a)给出的组合体的正面图和平面图，补画侧面图。

1. 分析视图、对照投影、分解主体

组合体的正面图和平面图的外轮廓线基本都是长方形，且正面图的中下部有一矩形缺口，对照平面图中的虚线作投影分析，可知组合体的基本体是"⊓"形柱体[图 4-30(b)]。

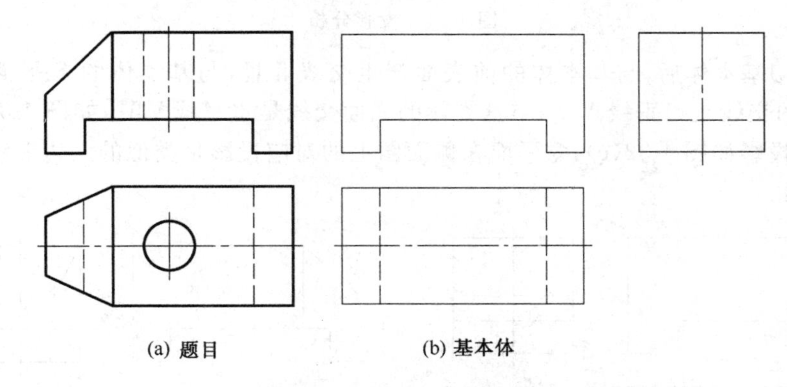

图 4-30　补画基本体的侧面图

2. 识别基本体，确定相对位置，明确组合关系

该组合体正面图的"⊓"形线框左上部缺一个角，说明基本体的左上方被斜切去一角。平面图长方形线框的左侧缺两个角，说明基本体的左端前、后各斜切去一角。

这样从形体分析的角度，对组合体的轮廓有了大致的了解，但那些被切去的部分，究竟是被什么位置的平面切割的，切割以后的投影如何，还需进行细致的线面分析。

3. 线面分析攻难点

做线面分析一般都是从某个视图上的某一封闭线框开始，根据投影规律找出封闭线框所代表的面的投影，然后分析其在空间的位置及其与形体上其他表面相交后所产生交线的空间位置及投影。

(1) 分析平面图上的梯形封闭线框 p，图 4-31(a)中的粗线。由于正面图上没有与它等长的梯形线框，所以它的正面投影只能对应于斜线 p'，由此判断 P 平面是一个正垂面，或者说基本体被正垂面 P 切去一角，根据投影规律画出 P 平面与基本体的顶面和侧面相交后在平面图和侧面图上的投影[图 4-32(a)]。

(2) 分析正面图上的六边形 q'，即图 4-31(b)中的粗线框，在平面图上找到它的对应投影是 q 积聚为一条直线，从而可知 Q 平面是铅垂面，也就是说基本体被两个铅垂面前后各切去一角，P 平面与 Q 平面相交，P 平面在平面图上的投影变为梯形线框，P 平面和 Q 平面相交后产生交线ⅠⅡ[图 4-31(b)]，根据投影规律找出 Q 平面与基本形体左侧面交线ⅠⅥ的三个投影 $1'6'$、16、$1''6''$及与 P 平面交线ⅠⅡ的三个投影 12、$1'2'$和 $1''2''$[图 4-32(b)]，直线ⅠⅡ在空间的位置是一般位置直线。P 平面在侧面图上的对应投影应是类似的梯形线框 p''。

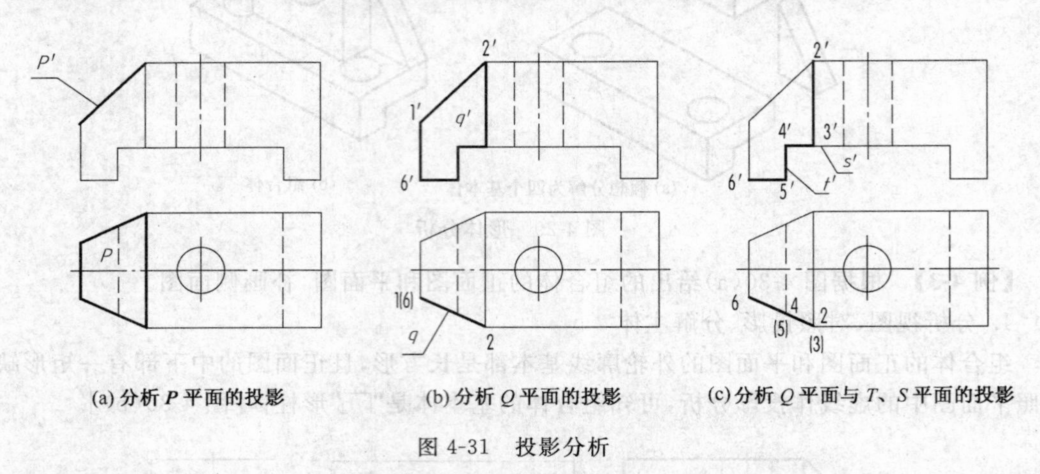

(a) 分析 P 平面的投影　(b) 分析 Q 平面的投影　(c) 分析 Q 平面与 T、S 平面的投影

图 4-31　投影分析

Q 平面截切基本体后，与基本体的前表面产生交线ⅡⅢ，与基本体的 S 平面产生交线ⅢⅣ，与 T 平面的交线是铅垂线ⅣⅤ，与基本体的底面交线是水平线ⅤⅥ，如图 4-31(c)所示，画出它们的侧面投影如图 4-32(c)，Q 平面在侧面图上的对应投影是类似的六边形线框 q''。

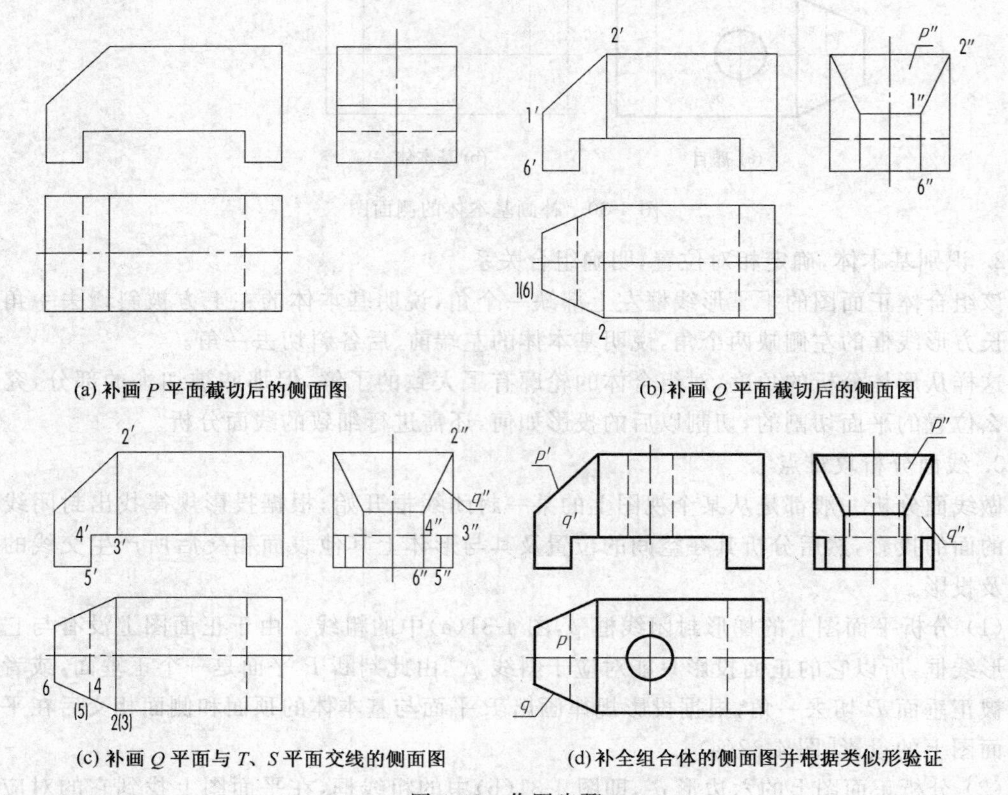

(a) 补画 P 平面截切后的侧面图　(b) 补画 Q 平面截切后的侧面图

(c) 补画 Q 平面与 T、S 平面交线的侧面图　(d) 补全组合体的侧面图并根据类似形验证

图 4-32　作图步骤

(3) 平面图中的圆形线框，在正面图上找它的对应投影是两条虚线，可知该组合体从上往下穿了一个圆孔。画出圆孔的侧面投影[图 4-32(d)]。

4. 综合起来想整体

根据以上所做的形体分析和线面分析，逐步补画出组合体的侧面图，从而读懂组合体的三面图。

5. 检查看图结果，并描深所补视图的图线

当基本体或不完整的基本体被投影面的垂直面切割后，应利用投影面垂直面的投影特性——类似性(即在其所垂直的投影面上的投影积聚成直线，而另外两个投影为类似形)，检验看图结果的正确性。如图 4-32(d)中的 P 平面和 Q 平面。

【例 4-4】 根据图 4-33(a)给出的正面图和平面图，补画组合体的侧面图。

(1) 分析视图，对照投影，分解主体

按正面图上的线框大致可将组合体分为四部分，底板Ⅰ、圆柱体Ⅱ、凸台Ⅲ、肋板Ⅳ[图 4-33(b)]。

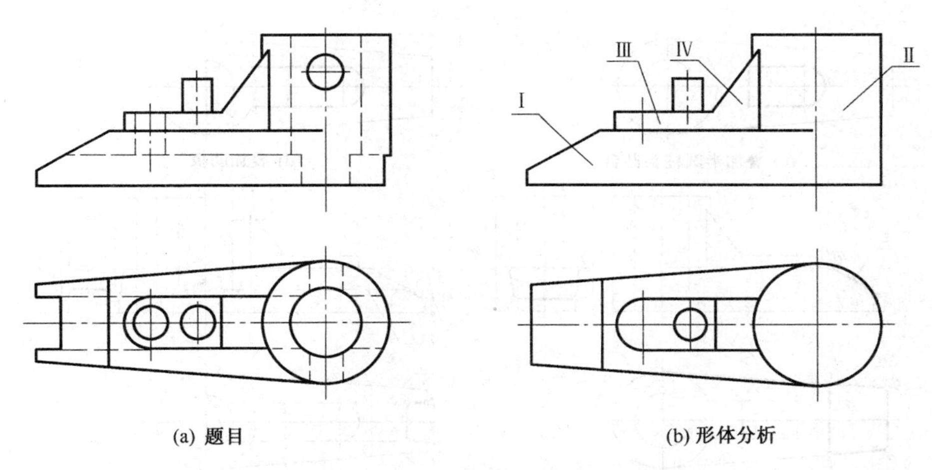

(a) 题目　　(b) 形体分析

图 4-33　读图

(2) 辨识形体定位置，明确组合关系

由正面图和平面图可看出，底板的基本体是一块梯形板，其右侧因为与主体的圆柱表面相连形成圆弧缺口[图 4-34(a)]。

主体是一个圆柱筒，其与底板连接部位的表面关系为平面与圆柱面相切，所以底板上表面在正面图和侧面图上的投影应画至切点处[图 4-34(b)]。

底板上方有一个半圆柱头的凸台，图 4-34(c)中的粗线框。

三角形肋板在底板的上方，左侧与凸台相连，右侧与圆柱筒相连，其前、后位置在组合体的主要对称面上[图 4-34(d)]。由于凸台的宽度与肋板的宽度相等，即凸台的前表面与肋板的前表面共面，所以从正面图上看凸台的线框与肋板的线框连为一个线框。

(3) 线面分析攻难点

底板的左侧被一正垂面 P 斜切去一角，其正面投影积聚为一条直线 p'，水平投影是一梯形线框 p。其中 AB 线是 P 平面与底板左侧表面的交线，CD 线是 P 平面与底板上表面的交线，根据投影关系在侧面图上找出 A、B、C、D 四点的投影 a''、b''、c''、d''，并连接得到 P 的侧面投影[图 4-34(e)]。

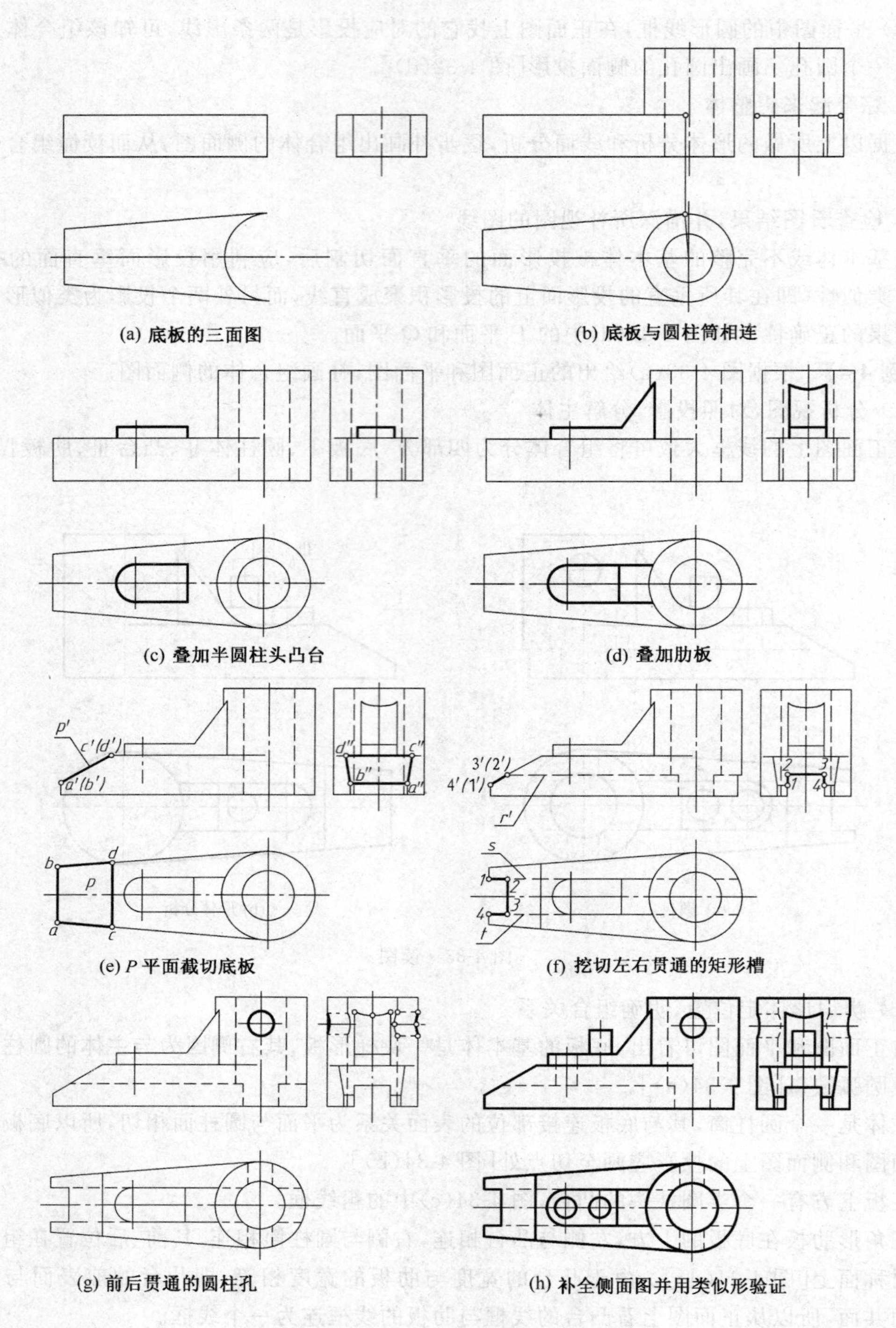

(a) 底板的三面图　(b) 底板与圆柱筒相连　(c) 叠加半圆柱头凸台　(d) 叠加肋板　(e) *P* 平面截切底板　(f) 挖切左右贯通的矩形槽　(g) 前后贯通的圆柱孔　(h) 补全侧面图并用类似形验证

图 4-34　作图步骤

由正面图和侧面图分析组合体下部结构知：组合体下部有一个左右贯通的矩形槽，是由 R、S、T 三个平面截切组合体形成的。R、S、T 三个平面在组合体的左端与 P 平面相交所产生的交线分别为 Ⅰ Ⅱ、Ⅱ Ⅲ、Ⅲ Ⅳ[图 4-34(f)]。矩形槽在组合体的右端与主体的内、外圆柱表面亦产生交线，由于 R、S、T 三平面分别为水平面和正平面，它们的侧面投影都有积聚性，其侧面图如图 4-34(f)所示。

在正面图中,圆柱体投影的中部有一个圆形线框,图 4-34(g)中的粗线框,找到它在俯视图上的对应投影,可知在圆柱中部钻了一个前后贯通的圆孔。圆孔表面与主体的内、外圆柱表面产生相贯线,圆孔及相贯线的侧面投影如图 4-34(g)所示。

三角形肋板与圆柱体表面相连,其斜面与圆柱体的外表面产生交线,其特殊点及投影如图 4-34(g)所示。

(4) 对照投影关系,分析细部形状

组合体平面图中,凸台的线框内部有两个圆形线框,对照它们在正面图上的投影可看出,凸台左侧是一个通孔,而右侧则是向上叠加的一个小圆柱,侧面图如图 4-34(h)所示。

(5) 综合起来想整体

在看图过程中,通过上述形体分析、线面分析,逐步建立了组合体的整体空间形状,并对其上的交线及细部结构有了准确的认识,而且在分析过程中,逐步补出了所缺的视图,上述的整个分析作图过程称为综合起来想整体。

(6) 检查看图结果的正确性

用类似形检查看图结果的正确性,并描深所补视图的图线[图 4-34(h)]。

第四节　组合体的轴测图

用多面图表达工程物体,由于其作图方便、度量性好,因此成为常用的工程图样[图 4-35(a)]。但是多面图缺乏立体感,看图时必须应用正投影原理把几个视图联系起来看,有一定的读图能力方可看懂。轴测图属单面平行投影,能在一个投影图上同时反映物体的正面、顶面和侧面的形状,因此立体感较好,如图 4-35(b)。但轴测投影不能反映物体表面的实形,且度量性差,作图也较繁杂。所以在工程上常作为辅助图样。

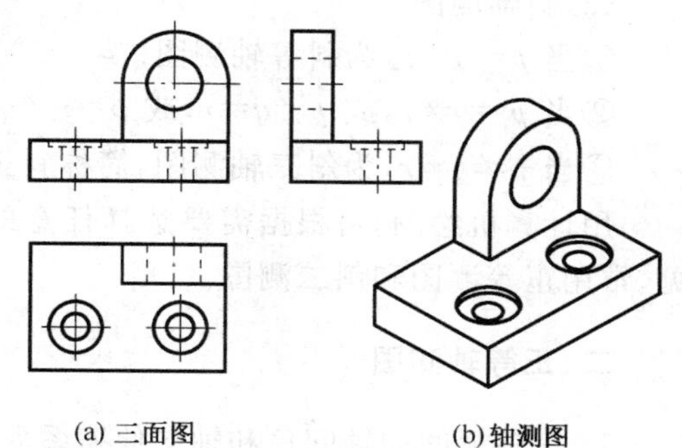

(a) 三面图　(b) 轴测图

图 4-35　三面图与轴测图的比较

一、轴测投影的基本知识

1. 轴测图的形成

用平行投影法将物体连同确定其空间位置的直角坐标沿不平行于任一坐标轴的方向(如 S 方向),向投影面 P 投射,所得投影称为轴测投影,也称轴测图(图 4-36)。其中:P 平面称为轴测投影面,S 投射方向称为轴测投射方向,空间直角坐标轴 OX、OY、OZ 在轴测投影面上的投影 O_1X_1、O_1Y_1、O_1Z_1 称为**轴测轴**。

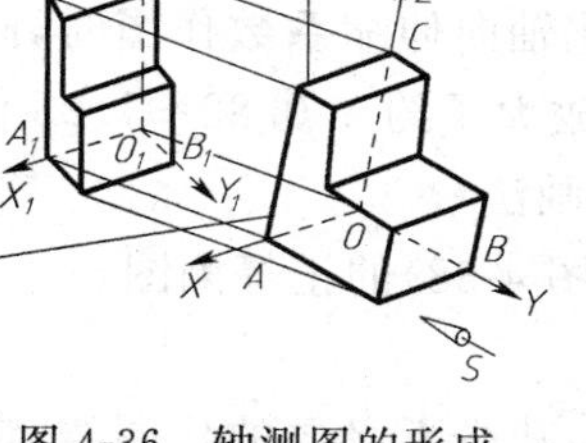

图 4-36　轴测图的形成

2. 轴间角及轴向伸缩系数

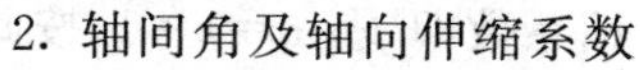

(1) 轴间角

两轴测轴之间的夹角($\angle X_1O_1Y_1$、$\angle X_1O_1Z_1$、$\angle Y_1O_1Z_1$)称为轴间角,如图 4-36 所示。轴测图中不允许任何一个轴间角等于零。

(2) 轴向伸缩系数

轴测轴的单位长度与相应直角坐标轴的单位长度之比，称为轴向伸缩系数，如图 4-36 中，O_1A_1 是轴测轴 O_1X_1 的单位长度，OA 是坐标轴 OX 的单位长度，则 $O_1A_1/OA=p$ 是 OX 轴的轴向伸缩系数；$O_1B_1/OB=q$ 是 OY 轴的轴向伸缩系数；$O_1C_1/OC=r$ 是 OZ 轴的轴向伸缩系数。

3. 轴测投影的基本性质

轴测投影所用投影法仍是平行投影法，所以具有平行投影的所有特性，其中包括：

(1) 空间平行的线段其轴测投影仍然平行。

(2) 空间互相平行的线段之比等于它们的轴测投影之比。

因此，平行于坐标轴 OX、OY、OZ 的线段，其轴测投影必然平行于轴测轴 O_1X_1、O_1Y_1、O_1Z_1，且具有和 OX、OY、OZ 轴相同的伸缩系数。若已知各轴的轴向伸缩系数，在轴测图中便可计算出平行于坐标轴各线段的长度，并根据轴间角画出其轴测投影，轴测图因此得名。

4. 轴测图的分类

轴测图根据所用投影法分为两大类，由平行正投影法得到的称为正轴测图，由平行斜投影法得到的称为斜轴测图。

根据轴测轴的轴向伸缩系数是否相等，这两类轴测图又各分为三种：

(1) 正轴测图

①当 $p=q=r$，为正等轴测图，简称正等测。

②当 $p=q\neq r$，或 $p\neq q=r$，或 $p=r\neq q$，为正二轴测图，简称正二测。

③当 $p\neq q\neq r$，为正三轴测图，简称正三测。

(2)斜轴测图

①当 $p=q=r$，为斜等轴测图。

②当 $p=q\neq r$，或 $p\neq q=r$，或 $p=r\neq q$，为斜二轴测图，简称斜二测。

③当 $p\neq q\neq r$，为斜三轴测图，简称斜三测。

用计算机绘图，可根据需要选择任意的轴间角和轴向伸缩系数。手工绘图时，为方便起见，常用正等测图和斜二测图。

二、正等轴测图

1. 正轴测图的轴间角和轴向伸缩系数

正等测的轴间角 $\angle X_1O_1Y_1=\angle X_1O_1Z_1=\angle Y_1O_1Z_1=120°$，作图时，一般将轴测轴 O_1Z_1 画成竖直位置，此时 O_1X_1 轴和 O_1Y_1 轴与水平线各成 30°角，利用 30°角三角板可方便地作出 O_1X_1 和 O_1Y_1 轴(图 4-37)。

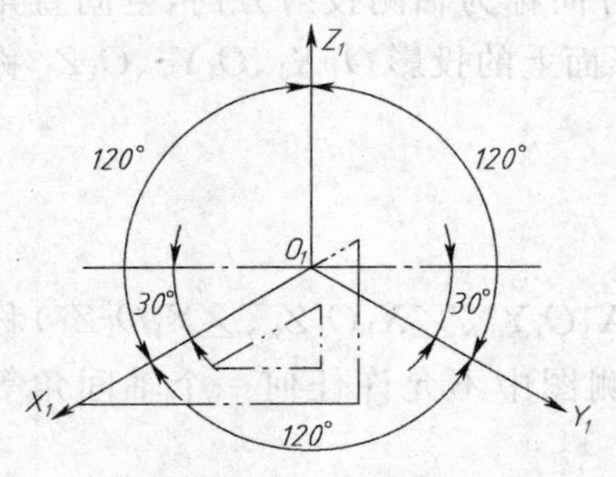

图 4-37　正等测的轴间角

三根轴的轴向伸缩系数经过计算 $p=q=r\approx0.82$(证明从略)，为了免除作图时计算尺寸之麻烦，采用简化轴向伸缩系数即 $p=q=r=1$，按此简化轴向伸缩系数作图时，画出的轴测图沿各轴向的长度分别放大了约 1/0.82≈1.22 倍。

2. 平面立体正等轴测图的画法

【例 4-5】 作出正六棱柱(图 4-38)的正等测图。

(1) 分析

轴测图上一般不画虚线，为减少不必要的作图线，应根据立体的形状特征，确定恰当的坐标系。本例正六棱柱的轴测图先从顶面开始作图比较好，坐标原点的确定如图 4-38 所示。

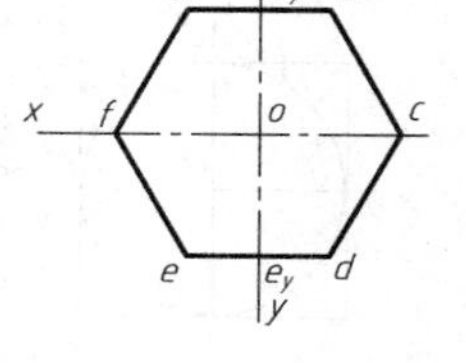

图 4-38　正六棱柱

(2) 作图步骤

①在两面图上建立坐标系 $O—XYZ$(图 4-38)。

②画出正等测的轴测轴 $O_1—X_1Y_1Z_1$[图 4-39(a)]。

③沿 O_1Y_1 轴量取 $O_1ay_1=oay$、$O_1ey_1=oey$，得到 ay_1 和 ey_1 两点，沿 O_1X_1 轴量取 $O_1C_1=oc$、$O_1F_1=of$，得 C_1 和 F_1 两点。

④分别过点 ay_1 和 ey_1 作 O_1X_1 的平行线，量取 $A_1ay_1=aay$、$B_1ay_1=bay$、$D_1ey_1=dey$、$E_1ey_1=eey$，得 $A_1B_1D_1F_1$ 四点。

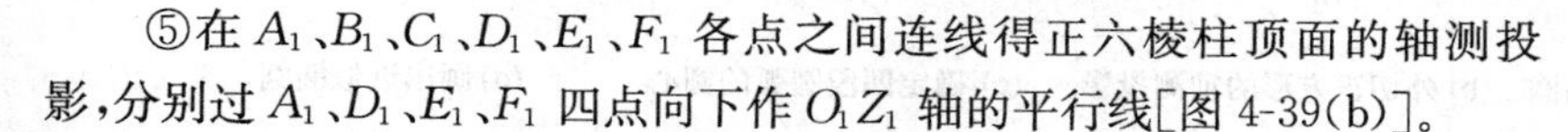

⑤在 A_1、B_1、C_1、D_1、E_1、F_1 各点之间连线得正六棱柱顶面的轴测投影，分别过 A_1、D_1、E_1、F_1 四点向下作 O_1Z_1 轴的平行线[图 4-39(b)]。

⑥在各平行线上截取等于正六棱柱高 h 的一段长度，连接各截取点[图 4-39(c)]。

⑦加深可见轮廓线得正六棱的正等测图[图 4-39(d)]。

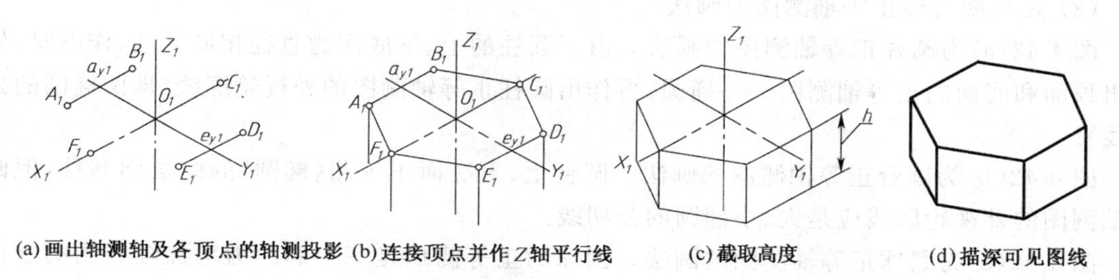

(a) 画出轴测轴及各顶点的轴测投影　(b) 连接顶点并作 Z 轴平行线　(c) 截取高度　(d) 描深可见图线

图 4-39　正六棱柱正等测的作图步骤

3. 回转体的正等轴测图

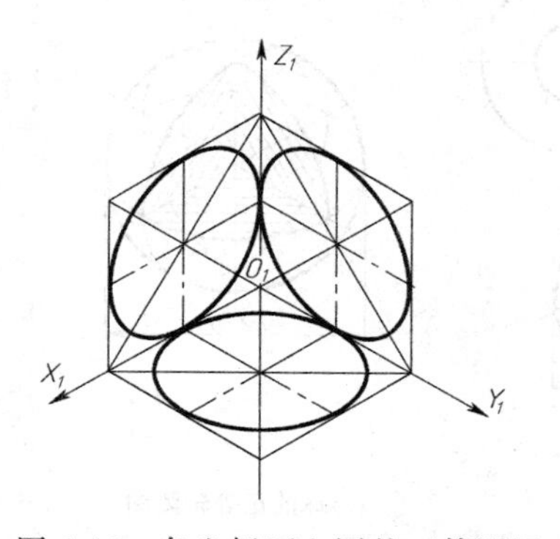

图 4-40　各坐标面上圆的正等测图

(1) 属于或平行于坐标面的圆的正等测画法

因形成正等测图时，各坐标面对轴测投影面都是倾斜的，且倾角相等，因此，对于单位立方体而言，属于或平行于各个坐标面的圆的正轴测投影是三个形状大小相同，但椭圆的长、短轴方向不同的椭圆(图 4-40)。从图 4-40 可看出，属于或平行于各个坐标面的圆的外接正方形的正轴测图是一个菱形，椭圆的方向与菱形的方向一致，而菱形的边与相应的坐标轴平行。所以通常采用菱形法近似绘制圆的正轴测图——椭圆。

在多面投影图上，作圆的外切正方形(边长平行于相应坐标轴)，切点为 A、B、C、D[图 4-41(a)]。

画出与圆的中心线平行的轴测轴 O_1X_1 和 O_1Y_1，并按圆的半径 R 在 O_1X_1 和 O_1Y_1 上量取点 A_1、B_1、C_1、D_1，过点 A_1、C_1 与 B_1、D_1 分别作 O_1Y_1 和 O_1X_1 的平行线得菱形 $E_1F_1G_1H_1$[图 4-41(b)]。

菱形的对角线 E_1G_1 和 F_1H_1 分别为椭圆的长、短轴方向。从 F_1、H_1 点分别与对边的中点 A_1、B_1、C_1、D_1 连线，即确定四段圆弧的圆心 F_1、H_1、M_1、N_1[图 4-41(c)]。

以 F_1、H_1 为圆心，F_1A_1 或 H_1B_1 为半径作两个大圆弧 A_1D_1 和 B_1C_1，以 M_1、N_1 为圆心，以 M_1A_1 或 N_1C_1 为半径作两个小圆弧 A_1B_1 和 C_1D_1[图 4-41(c)]。显然所作的椭圆内切于

菱形，点 A_1、B_1、C_1、D_1 是大、小圆弧的切点，也是椭圆与菱形的切点。

此过程虽是 $X_1O_1Y_1$ 面上圆的轴测投影的画法，对于 $X_1O_1Z_1$ 和 $Y_1O_1Z_1$ 面上的椭圆，除了长、短轴方向不同外，其画法完全相同。先画菱形，再画椭圆不但可确定构成椭圆的四段圆弧的圆心，而且可以通过菱形来确定椭圆的长、短轴方向，如图 4-40 所示。

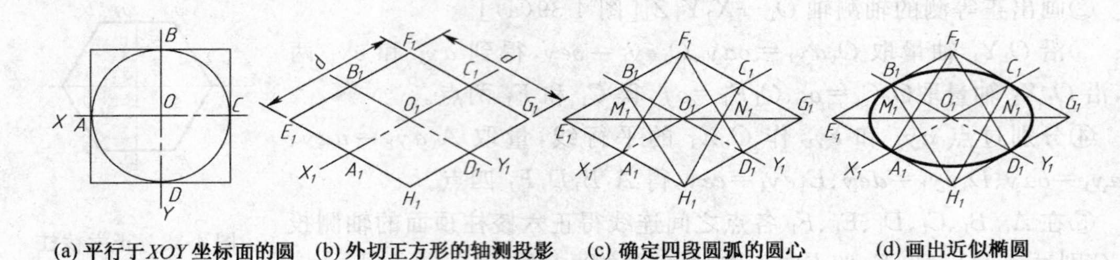

(a) 平行于 XOY 坐标面的圆　(b) 外切正方形的轴测投影　(c) 确定四段圆弧的圆心　(d) 画出近似椭圆

图 4-41　圆的正等测近似画法

(2) 常见回转体正等轴测图的画法

图 4-42(a)为圆柱正等轴测图的画法。由于圆柱的上、下底面为直径相同的圆，作图时，先画出顶面和底面的正等轴测图——椭圆，再作出圆柱正等轴测图的外视轮廓线（即两椭圆的公切线）。

图 4-42(b)为圆台正等轴测图的画法。圆台上、下底面正等测（椭圆）的画法同圆柱，但圆台轴测图的外视轮廓线应是大、小椭圆的公切线。

图 4-42(c)为圆球正等轴测图的画法。圆球的正等测仍是一个圆。为增加轴测图的立体感，一般采用切去 1/8 球的方法来增强立体感。

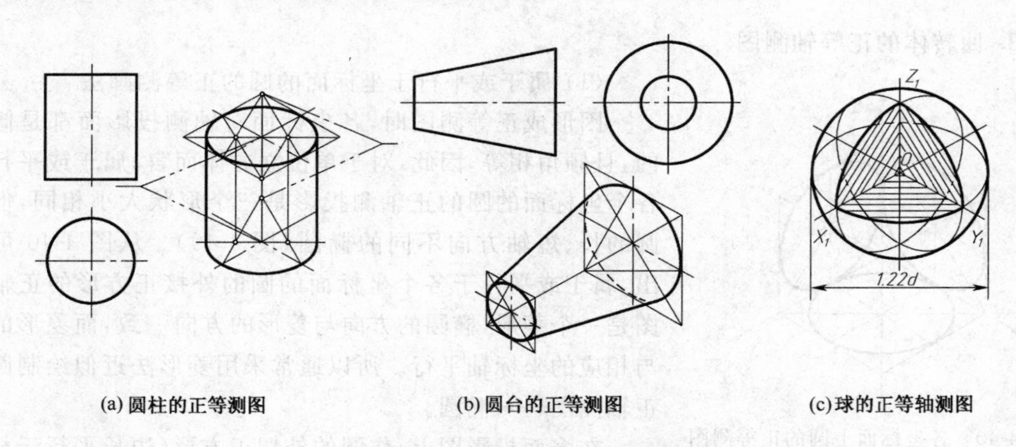

(a) 圆柱的正等测图　(b) 圆台的正等测图　(c) 球的正等轴测图

图 4-42　圆柱、圆台和球的正等测轴测图

(3) 圆角正等轴测图的画法

在图 4-41(d)中，菱形的钝角与椭圆的大圆弧段对应，锐角与小圆弧段对应，菱形相邻两边中垂线的交点即为圆心。由此可得组合体底板或底座圆角的正等测画法，如图 4-43 所示。

4. 画组合体的正等轴测图

画组合体的轴测图时，也是采用形体分析法和线面分析法，分析构成组合体的基本体及其组合方式，以及基本体间邻接表面的连接关系。然后按分析结果来画轴测图。

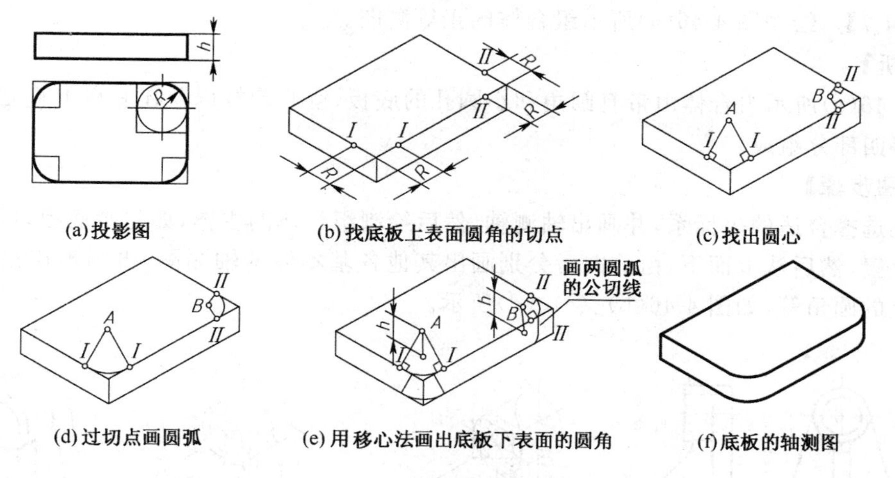

图 4-43　圆角的正等测画法

【例 4-6】 绘制切割组合体(图 4-44)的正等测图。

【分析】

图 4-44 所示组合体的基本体为长方体,长方体的前面被一侧垂面切去一块,长方体的上面从前往后穿了一个梯形槽。

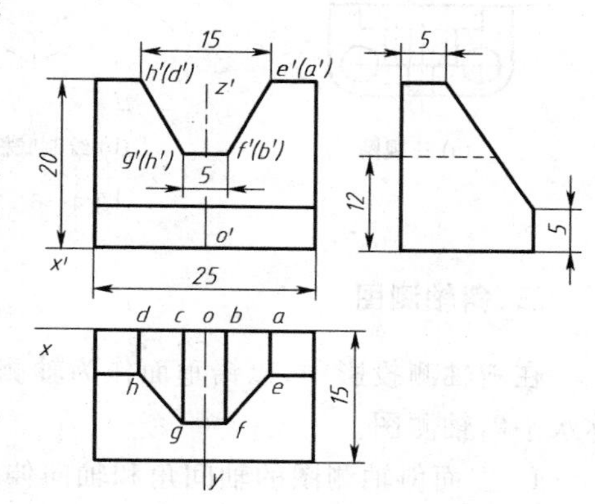

图 4-44　切割组合体的三面图

【作图步骤】

①建立坐标系 $O-XYZ$(图 4-44)。

②画出正等测的轴测轴 $O_1-X_1Y_1Z_1$,根据长方体的长、宽、高尺寸画出基本体的轴测图[图 4-45(a)]。

③确定侧垂面的位置,根据宽度方向尺寸前移 5 和高度方向尺寸上移 5,在长方体的上表面和前表面上画出平行于 O_1X_1 轴的作图线 M_1N_1、S_1T_1,并连接 N_1T_1 和 M_1S_1 得侧垂面的轴测投影[图 4-45(b)]。

④根据图 4-44 所示尺寸,用坐标法定出 $X_1O_1Z_1$ 轴测面上的 A_1、B_1、C_1、D_1,过 A_1、B_1、C_1、D_1 各点作 O_1Y_1 轴平行线,并相应截取 E、F、G、H 各点的 Y 坐标长度,得 E_1、F_1、G_1、H_1 各点。在 A_1、B_1、C_1、D_1、E_1、F_1、G_1、H_1 各点之间连线,画出梯形槽的轴测图[图 4-45(c)]。

⑤描深可见轮廓线得切割组合体的轴测图[图 4-45(d)]。

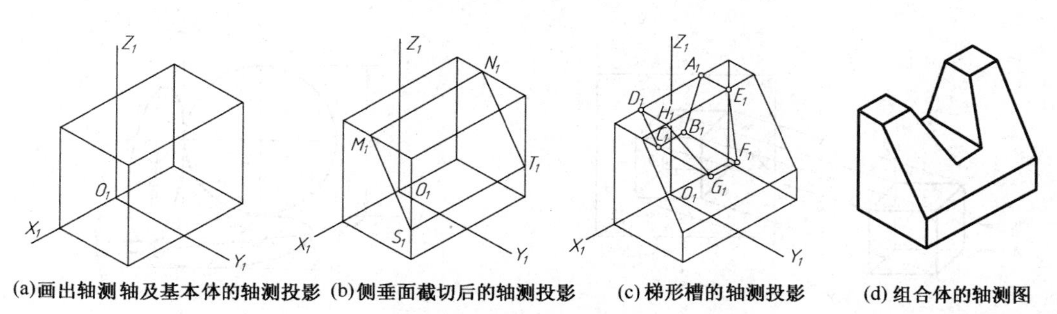

图 4-45　切割平面体正等测图的作图步骤

【例 4-7】 绘制图 4-46(a)所示组合体的正等测图。

【分析】

图 4-46(a)所示组合体由带有圆角和小圆孔的底板、空心圆柱以及在底板上直立的支撑板和肋板等四部分组成。

【作图步骤】

首先选择合适的坐标系，并画出轴测轴，然后绘制组合体的主体，如先画底板，再确定空心圆柱的位置，然后从上而下，由前向后分别画出其他各基本体的轴测图，再画出连接处分界线及底板上的圆角等，如图 4-46(b)、(c)、(d)所示。

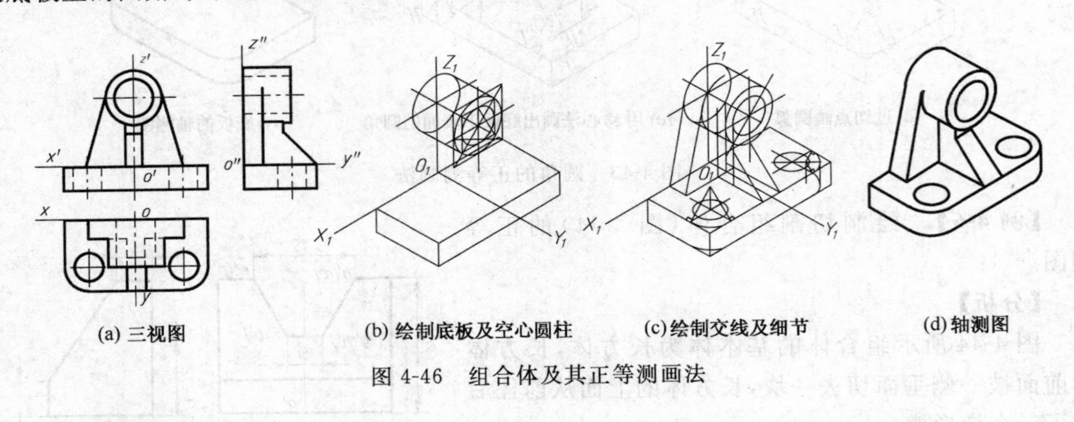

(a) 三视图　(b) 绘制底板及空心圆柱　(c) 绘制交线及细节　(d) 轴测图

图 4-46　组合体及其正等测画法

三、斜轴测图

在斜轴测投影中，以铅垂面作为轴测投影面，称立面斜轴测图，以水平面作为轴测投影面，称水平斜轴测图。

1. 立面斜轴测图的轴间角和轴向伸缩系数

如图 4-47 所示，使 XOZ 坐标平面平行于轴测投影面 P，投射方向 S 倾斜于轴测投影面，所得投影即为立面斜轴测图。此时，轴测轴 O_1X_1 为水平方向，O_1Z_1 为竖直方向，轴向伸缩系数 $p=r=1$，轴间角 $\angle X_1O_1Z_1=90°$。而轴测轴 O_1Y_1 因投射方向 S 是可以任意变化的，因而其轴向伸缩系数和轴间角 $\angle X_1O_1Y_1$ 的大小也是可以独立地变化，即可以任意取定。为便于作图，一般取 O_1Y_1 轴与水平线成 45°。当 O_1Y_1 的轴向伸缩系数 $q=1$ 时，形成立面斜等轴测图，简称立面斜等测。当 O_1Y_1 的轴向伸缩系数 $q=0.5$ 时，形成立面斜二等轴测图，简称立面斜二测。

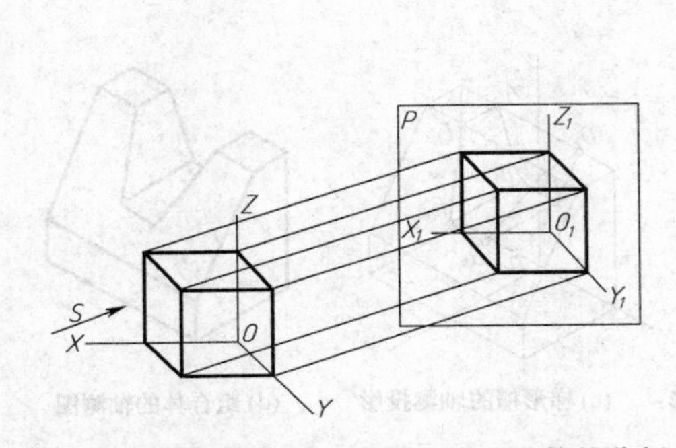

图 4-47　斜轴测轴间角和轴向伸缩系数的分析

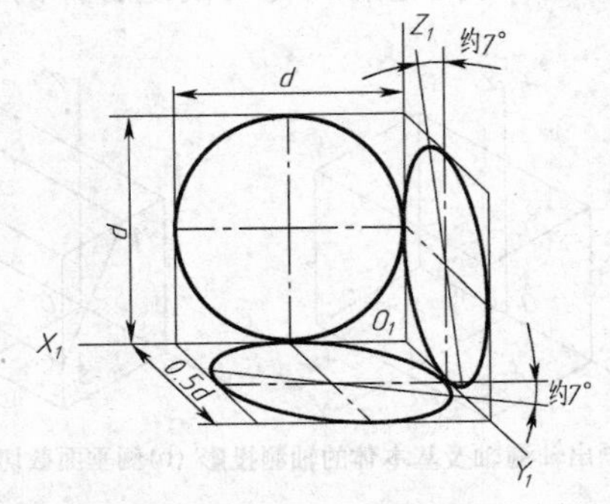

图 4-48　属于或平行于坐标面的圆的斜二测

2. 属于或平行于坐标面的圆的斜二测画法

图 4-48 是三个坐标面(或其平行面)上圆的斜二测图。属于或平行于 XOY 和 YOZ 坐标面的圆的斜二测是椭圆,其长轴方向分别与 O_1X_1 轴或 O_1Z_1 轴,倾斜大约 7°。显然,画正等测图中椭圆的菱形法不适用于画斜二测中的椭圆。因此,当物体在某个方向的轮廓较复杂,尤其是圆和曲线较多时,选择斜轴测图,并使物体上圆所在的表面平行于轴测投影面,可使作图较为简便。

3. 立面斜二测图的画法举例

不管是斜二测还是正等测其主要区别在于轴间角和轴向伸缩系数不同,而画图方法则基本相同。下面举例说明立面斜二测的画法。

【例 4-8】 绘制组合体的斜二测图(图 4-49)。

【分析】

该组合体的正面形状具有多个圆和圆弧,且都平行于 XOZ 坐标面,这些圆和圆弧在立面斜二测中都能反映实形。

【作图步骤】

首先选择合适的坐标系[图 4-49(a)],画出轴测轴后绘制组合体,如先画底板,再确定空心圆柱的位置,然后画主体圆柱及连接板,如图 4-49(b)、(c)、(d)。最后擦去作图线和多余图线,描深可见轮廓线[图 4-49(e)]。

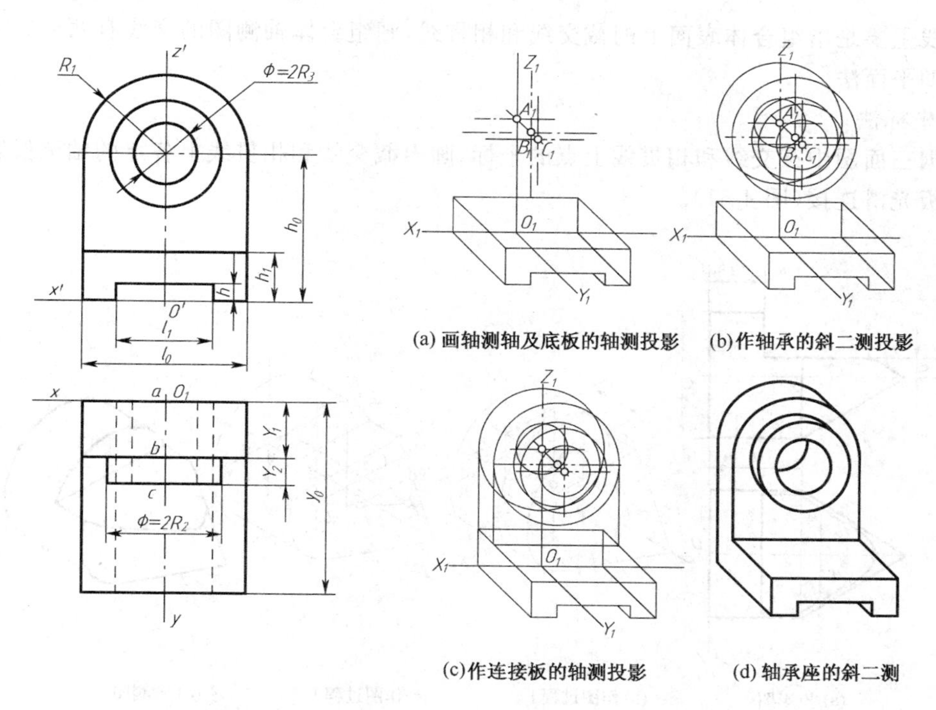

(a) 画轴测轴及底板的轴测投影　(b) 作轴承的斜二测投影

(c) 作连接板的轴测投影　(d) 轴承座的斜二测

图 4-49　轴承座斜二测的作图步骤

4. 水平斜轴测图的轴间角、轴向伸缩系数和画法

以水平面 H 为轴测投影面,使 XOY 坐标平面平行于轴测投影面 P,投射方向 S 倾斜于轴测投影面,所得投影即为水平斜轴测图。使轴间角 $\angle X_1O_1Y_1=90°$,轴测轴 O_1X_1 与水平线成 30°,O_1Y_1 与水平线成 60°[图 4-50(a)],两轴的轴向伸缩系数 $p=q=1$。轴测

轴 O_1Z_1 一般取竖直方向，其轴向伸缩系数 $q=1$ 时，形成水平斜等轴测图。$q=0.5$ 时，形成水平斜二等轴测图，简称水平斜二测。水平斜二测常用于表达建筑群的总平面布置，也称鸟瞰图。

【例 4-9】 绘制图 4-50(b)所示建筑群的水平斜二测图。

将平面布置图[图 4-50(b)]旋转 30°后画出，然后在 O_1Z_1 方向上，按房屋高度的 1/2 画出每幢建筑。房屋轮廓线画中粗线，道路边线画细实线。

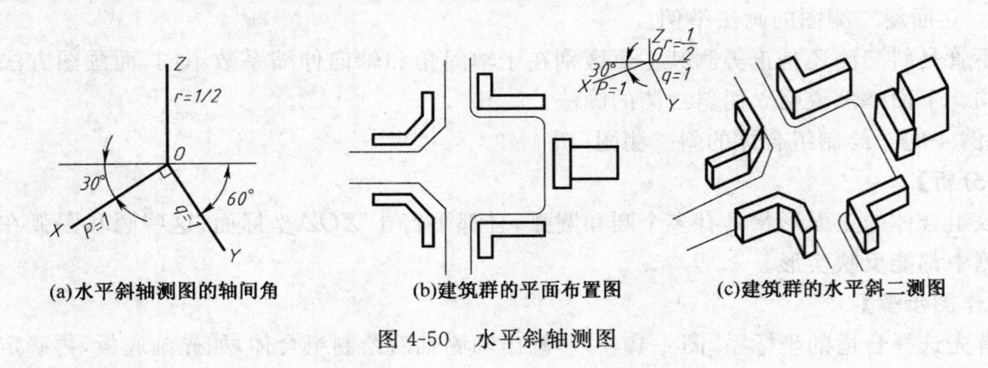

(a)水平斜轴测图的轴间角　　(b)建筑群的平面布置图　　(c)建筑群的水平斜二测图

图 4-50　水平斜轴测图

四、轴测图中交线的画法

交线主要是指组合体表面上的截交线和相贯线，画组合体轴测图的交线有两种方法：坐标法和辅助平面法。

1. 坐标法

根据三面图中截交线和相贯线上点的坐标，画出截交线和相贯线上各点的轴测投影，然后用曲线板光滑连接(图 4-51)。

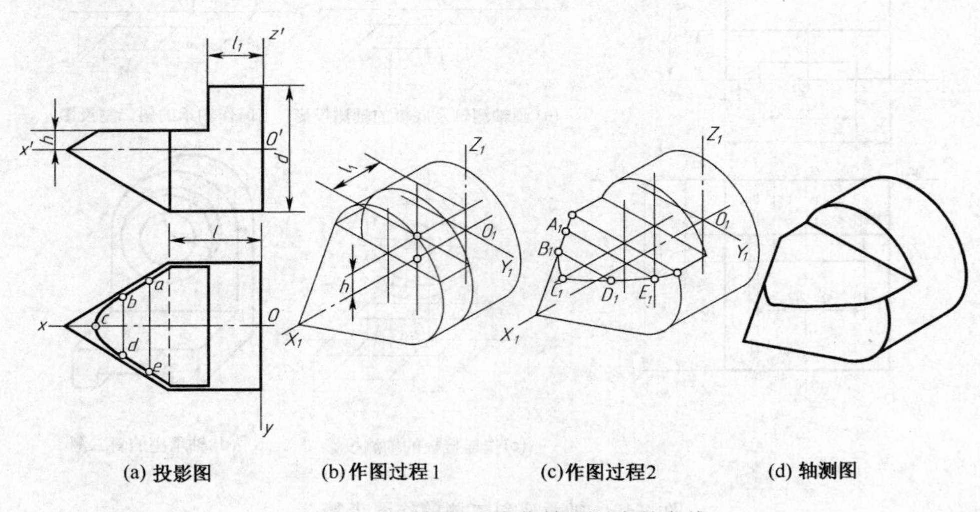

(a) 投影图　　(b) 作图过程1　　(c) 作图过程2　　(d) 轴测图

图 4-51　用坐标法求作轴测图中的交线

2. 辅助平面法

用辅助平面法求交线的轴测投影时，应首先画出基本体的轴测图，然后选用一系列截平面，求出截平面与两基本形体交线的轴测投影，并求出两交线轴测投影的交点即为交线上点的轴测投影(图 4-52)。

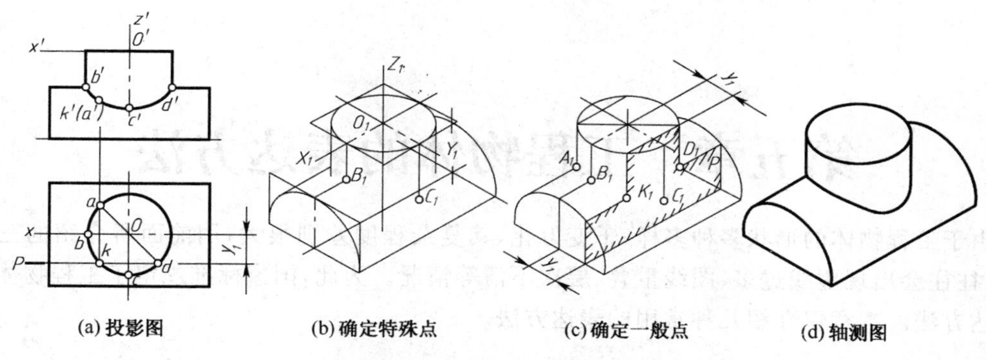

图 4-52　用辅助平面求作轴测图中的交线

复习思考题

1. 组合体的组合形式有哪几种？组合体各基本体邻接表面间的连接关系有哪些？它们的画法各有什么特点？
2. 试述组合体读图的基本方法和要领。
3. 组合体的尺寸标注有哪些基本要求？标注尺寸时如何满足这些要求。
4. 试述轴测图的分类，轴测图与三面图相比有哪些特点？
5. 试述正等测图的轴间角、轴向伸缩系数，以及简化轴向伸缩系数的意义。

第五章　工程物体的表达方法

由于工程物体的形状多种多样、千变万化，其复杂程度差别很大，用前面所介绍的三面图表达，往往会出现虚线过多、图线重叠、层次不清等情况。为此，国家标准规定了工程物体的各种表达方法。本章仅介绍几种常用的表达方法。

第一节　视　图

一、六个基本视图

在原有三投影面的基础上，再增设三个投影面，组成一个正六面体，六面体的六个面称作基本投影面。将物体分别向基本投影面投射所得的视图，称作六个基本视图。除原有的正面图（正立面图）、平面图、侧面图（左侧立面图）外，增加了右侧立面图、背立面图和底面图。各投影面按图 5-1 所示展开在一个平面上后，六个基本视图的配置如图 5-2。六个基本视图之间仍然符合“长对正、高平齐、宽相等”的投影规律，如图 5-2 所示。

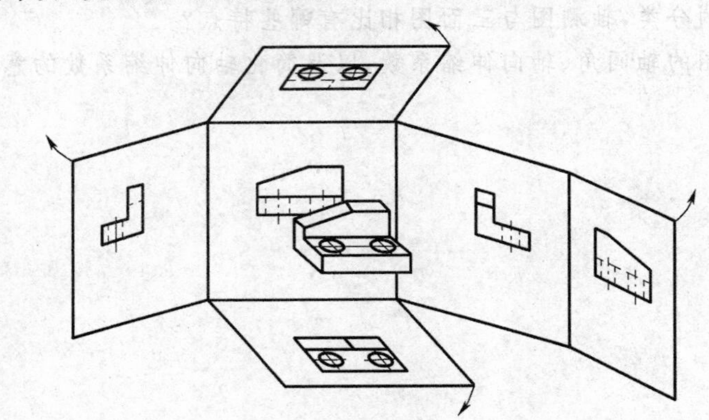

图 5-1　六个基本视图的形成及投影面的展开

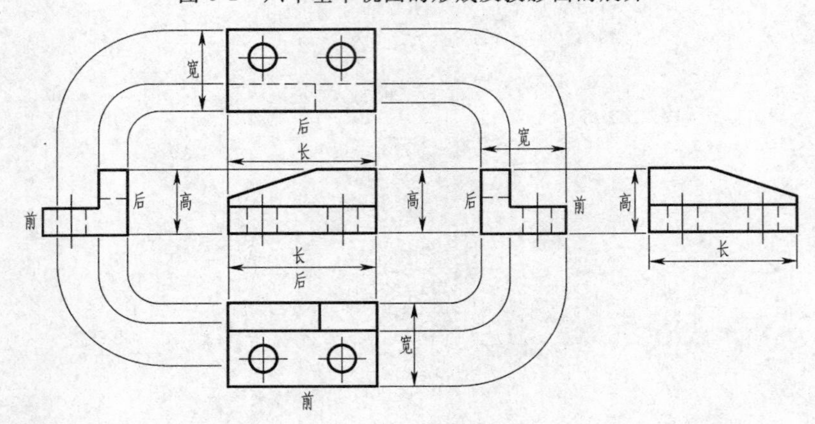

图 5-2　六个基本视图间的投影关系

二、图样配置

在土建工程图中，同一张图纸内的几个视图可按主次关系自左至右顺序排列，如图 5-3 所示。此时应在视图的下方标注图名，图名下需绘制长度与图名字段等长的粗实线。

国标虽然规定了六个基本视图，并不等于每个工程物体都要用六个基本视图来表达，应根据物体表达的需要选择视图数量。

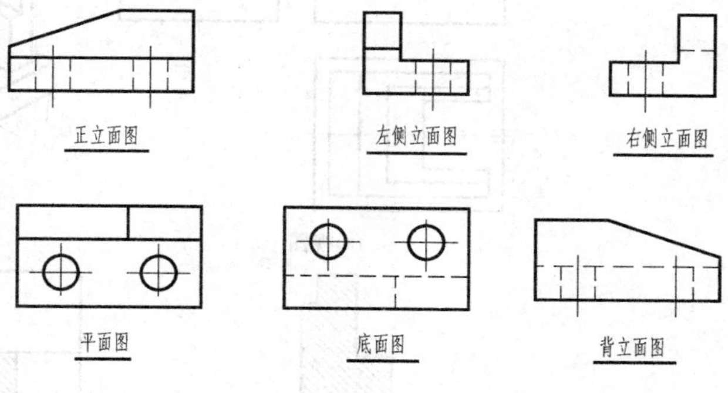

图 5-3　土建制图中六个基本视图的配置

三、镜像投影图

当某些工程构造(物体)，用视图不易表达时，可如图 5-4(a)所示，将投影面假想为镜面，将镜面中的反射图像按正投影法绘制，所得图形称镜像投影图。镜像投影图应在其图名后注写“镜像”二字[图 5-4(b)]或画出识别符号[图 5-4(c)]。

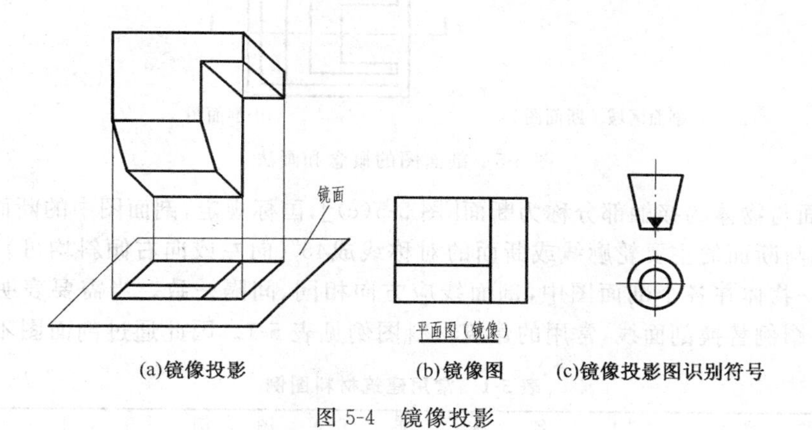

(a)镜像投影　　(b)镜像图　　(c)镜像投影图识别符号

图 5-4　镜像投影

第二节　剖面图和断面图

当物体的内部结构比较复杂时，在其视图中会出现很多虚线，而且这些虚线往往与物体的其他轮廓线重叠在一起，影响图形的清晰，不便于读图和标注尺寸。为此，工程中常用剖面图来表达物体的内部形状。

一、剖　面　图

1. 剖面图的概念

假想用剖切平面剖开物体，将处在观察者和剖切平面之间的部分移去，而将其余部分向平行于剖切平面的投影面投射所得的图形，称为剖面图，简称剖面。

如图 5-5(b)，用通过物体前后对称面的正平面，假想把物体剖开，移去剖切平面前的部分，再向正投影面投射得剖面图。一般应尽可能将剖开的物体向基本投影面投射，将得到的剖面图画在基本视图的位置上[图 5-5(d)]。

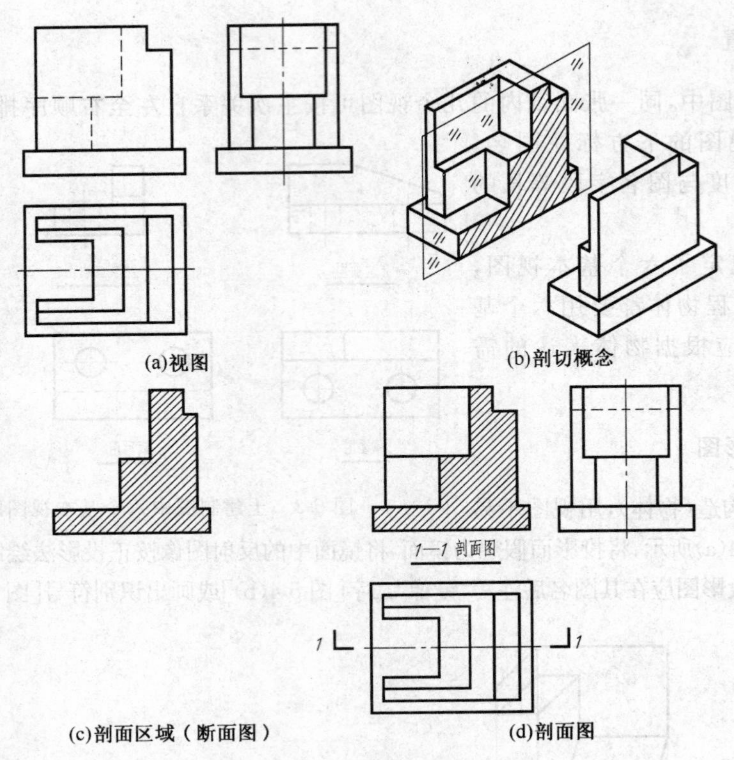

(a)视图　(b)剖切概念　(c)剖面区域（断面图）　(d)剖面图

图 5-5　剖面图的概念和画法

剖切平面与物体的接触部分称为断面[图 5-5(c)]，国标规定，剖面图中的断面内应画上剖面线，即画成与断面的主要轮廓线或断面的对称线成45°(向左或向右倾斜均可)、间隔均匀的细实线。同一物体在各个剖面图中，剖面线应方向相同、间隔一致。当需要表明物体的材料时，则用材料图例替换剖面线，常用的建筑材料图例见表 5-1。因此通过剖面图不仅可以表达

表 5-1　常用建筑材料图例

图　　例	名　　称	图　　例	名　　称
	自然土壤		普通砖
	夯实土		金属
	砂、灰土		多孔材料
	混凝土		木材
	砂、砾石、碎砖、三合土		天然石材
	钢筋混凝土		纤维材料

物体的内部结构、形状，同时还可表明物体的材料。所以在土木建筑工程图中，有时会通过剖面图来表明结构物在不同层次所用的不同的建筑材料。

2. 剖面图的画法和标注

(1) 确定剖切平面的位置和剖面图的投射方向。剖切平面的位置应根据物体的结构特点确定，剖切平面一般应平行于某一投影面，而且应通过物体的对称面或其上孔洞、沟槽的轴线。图5-5(b)中的剖切平面就通过了物体的前后对称面且平行于正投影面。剖切后向正投影面投射。

(2) 按选定的剖切平面的位置和剖面图的投射方向，画出物体被剖切后，移去剖切平面前的部分，剩余部分的投影。如图 5-5(d)所示，按投射方向将剖面图画在正面图的位置，此时，剖面图还应与平面图和侧面图保持对应的投影关系。

(3) 确定物体被剖切后断面的投影，并画上剖面线或材料图例[图 5-5(c)]。

(4) 用剖切符号标注剖切位置、剖面图的投射方向，并予以编号，如图 5-5(d)所示。

剖切符号由剖切位置线和投射方向线组成，均用粗实线绘制。剖切位置线是长约 6～10 mm 的短画，连接两短画即表明了剖切平面有积聚性的投影，所以剖切位置线应画在剖切平面的投影有积聚性的那个视图的两侧，而且不能与该视图的轮廓线相交。投射方向线画在剖切位置线的外侧且垂直于剖切位置线，长度应比剖切位置线短，约 4～6 mm。

剖切符号要用阿拉伯数字编号，编号应注写在投射方向线的端部，并用相同编号标注剖面图的名称，剖面图的名称注写在相应剖面图的下方，图名下需绘制长度与图名字段等长的粗实线。如图 5-5(d)所示。

3. 画剖面图应注意事项

(1) 由于剖切是假想的，所以除剖面图以外的其他视图均应按完整物体绘制。对一个物体而言，可根据需要作几次剖切，而所得的每一个剖面图都是剖切完整物体得到的。

(2) 剖面图应尽量配置在基本视图的位置上，必要时可配置在图幅内的其他位置。

(3) 物体被剖切后，仍可能有不可见的轮廓线存在，为使图形清晰，表达重点突出，易于读图，剖面图中的虚线常省略不画，但是若不画虚线，就不能根据其他视图和剖面图确定物体的形状时，可画必要的少量虚线。

(4) 应避免误画或漏画剖切平面后的可见轮廓线[图 5-6(b)]。

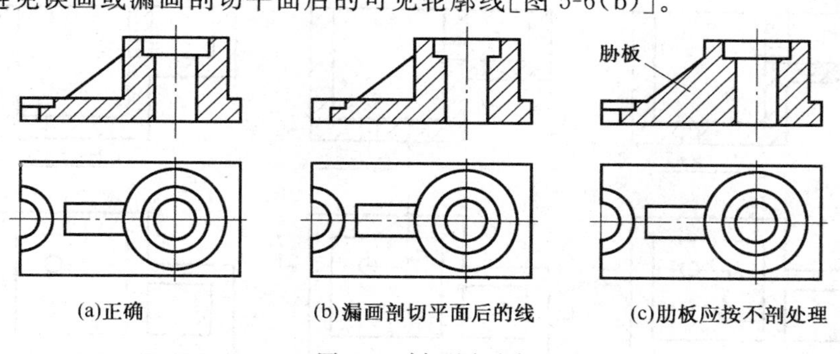

图 5-6　剖面图画法

(5) 对机件上的肋板、轮辐及薄壁等，若剖切是沿其纵向平面剖切，则这些结构上不画剖面符号，而用粗实线将它与其邻接部分隔开[图 5-6(a)]。

二、常用的剖切方法

1. 单一剖切平面剖切

用平行于基本投影面的单一剖切平面剖切物体是最常用的剖切方法。适用于用一个剖切平面剖切后，就能把内部形状和结构表达清楚的物体。如图 5-5(d)和图 5-6(a)所示。

当物体具有对称平面时，为了减少视图数量，可在一个图形上同时表达物体的内、外形，如以图形的对称中心线为界，一半画成剖面图以表达其内形，另一半画成视图以表达其外形，称为半剖面图，如图 5-7 所示。

剖面部分一般画在竖直对称线的右侧[图 5-7(a)]或水平对称线的下侧[图 5-7(b)]。由于物体的内形已在剖面图中表达清楚，所以在表达外形的那一半视图中，表明物体内部形状的虚线不画。

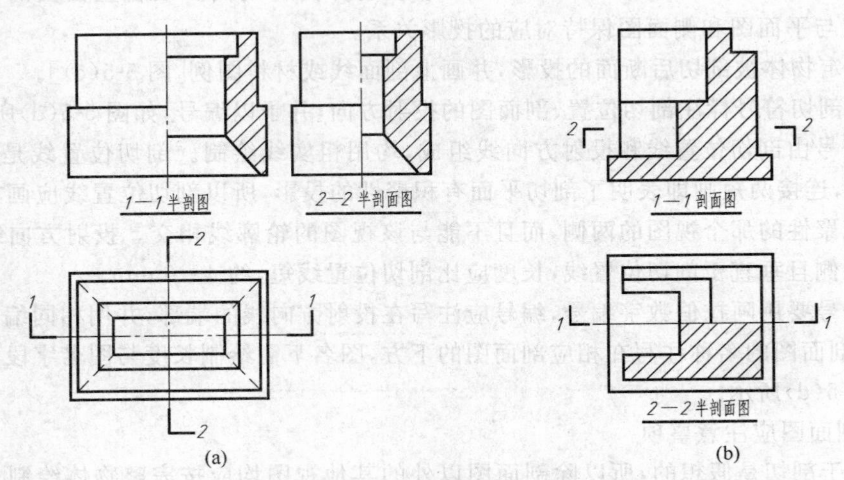

图 5-7　半剖面图的画法

2. 用两个或两个以上平行的剖切平面剖切

如图 5-8 所示，当物体的内部结构层次较多，用一个剖切平面不能把物体的内部形状和结构表达清楚时，可用两个或两个以上互相平行的剖切平面剖切物体，所得剖面图习惯上称为阶梯剖面图。显然，阶梯剖适用于内部孔、槽等结构不在同一剖切平面内的物体。

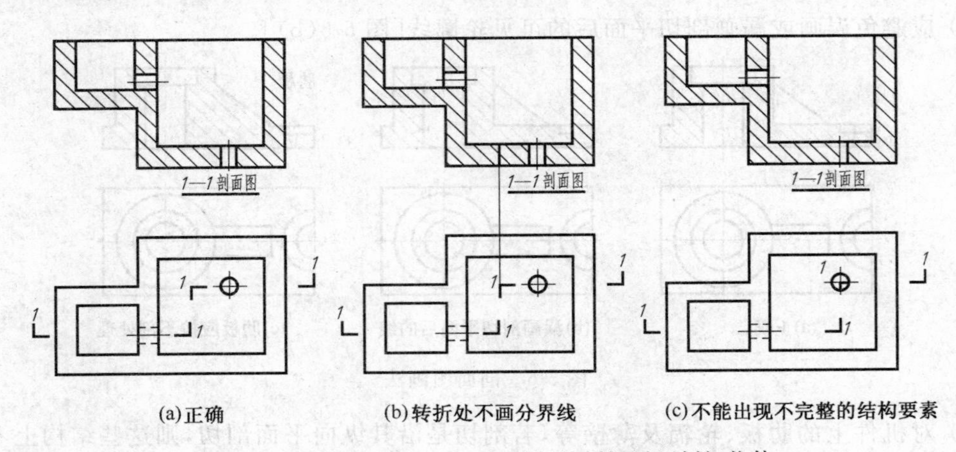

图 5-8　两个或两个以上互相平行的剖切平面剖切物体

虽然阶梯剖面图是采用两个或两个以上相互平行的剖切平面剖切物体，但各剖切平面剖切后所得的剖面图，应看成是同一个剖面，所以各剖切平面转折处分界线的投影在剖面图中不画出[图 5-8(b)]。

在阶梯剖面图中，不应出现不完整的结构要素［图 5-8(c)］。

为使表明剖切平面转折的剖切位置线不与其他图线发生混淆，应在剖切位置线的起讫和转折处标注相同的编号，并在剖面图下方注写剖面图名称［图 5-8(a)］。

3. 用两个或两个以上相交的剖切平面剖切

用两个相交的剖切面(两剖切面交线与公共轴线重合)剖切物体，并将其中倾斜的部分旋转到与投影面平行的位置再进行投射，所得平面图习惯上称为旋转剖面图。此时，剖面图的名称后应加注“展开”二字，如图 5-9 所示。

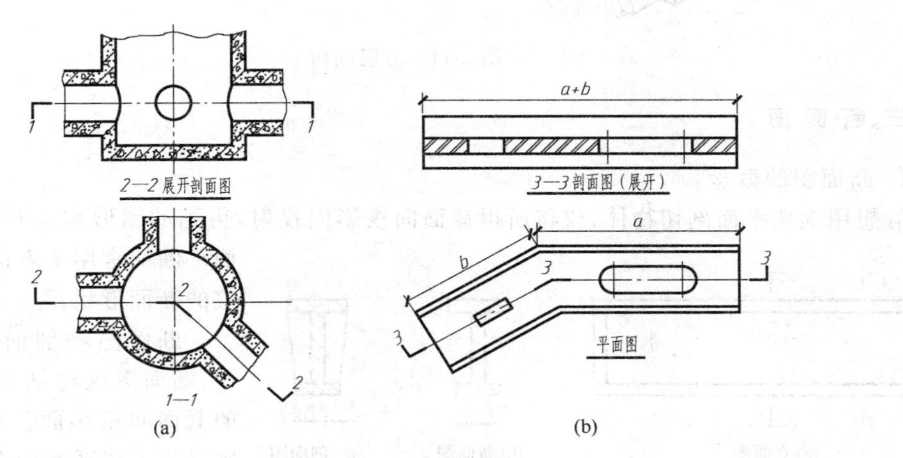

图 5-9　两个相交的剖切平面剖切

4. 局部剖面图和分层剖切

用剖切面剖开机件后向相应投影面投射，根据表达需要仅画出一部分剖面图，称为局部剖面图，其中剖面图与视图的分界用细波浪线表示，如图 5-10(a)所示。

应将波浪线理解为物体断裂边界的投影，所以波浪线不能超出图形的外轮廓线，也不能在穿通的孔或槽中连起来，而且波浪线不应和图形上的其他图线重合或成为其他图线的延长线，以免引起误解［图 5-10(b)］。

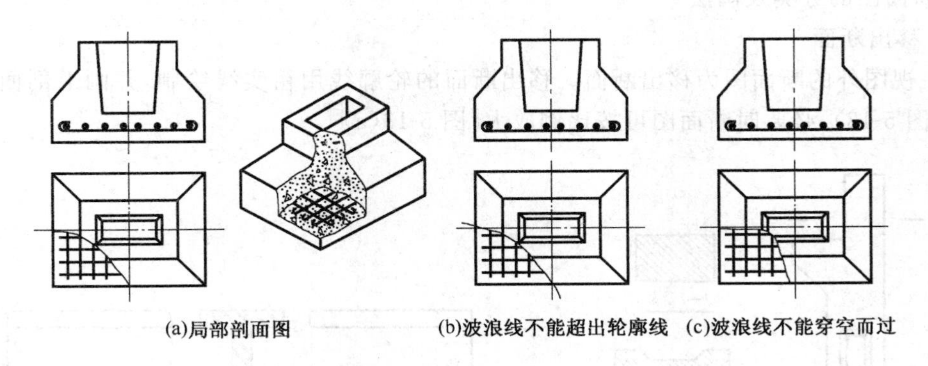

图 5-10　局部剖面图

用几个相互平行的剖切平面分层剖切物体，每一层的剖切都根据表达需要画成局部剖面图，并将几个局部剖面图重叠画在同一个视图上，用波浪线将各层的投影分开，称为分层剖切(图 5-11)。分层剖切主要用来表达物体各层不同的构造作法和所用材料，多用于表示地面、墙面、屋面等处的构造。

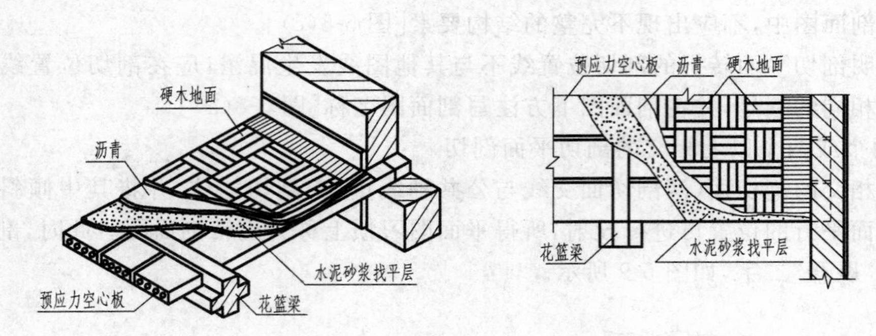

图 5-11　分层剖切

三、断 面 图

1. 断面图的概念

假想用剖切平面剖切物体，仅将所得截面向投影面投射，得到的图形称为断面图，简称断面。断面常用来表达物体某个部位的断面形状。

断面图和剖面图的区别在于：断面图仅将剖切平面剖切到的截面向投影面投射，而剖面图则是将剖切平面剖切到的截面连同剖切面后物体的剩余部分一起向投影面投射，如图 5-12 所示。

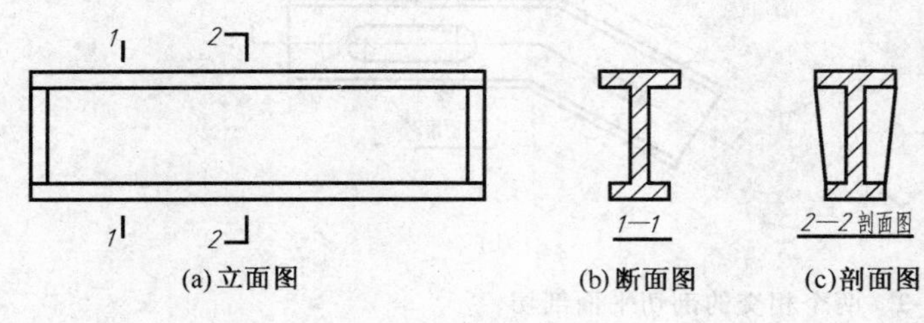

图 5-12　断面图与剖面图的区别

2. 断面的标注

用剖切位置线标注剖切平面的位置，剖切位置线用粗实线绘制，长度约 3～5 mm。剖切位置线还应用阿拉伯数字编号，注写在剖切位置线的某一侧。编号所在一侧表示了断面剖切后的投射方向(图 5-12)。

3. 断面图的分类及画法

(1) 移出断面

画在视图外的断面图为移出断面。移出断面的轮廓线用粗实线绘制，并画上剖面线或材料图例(图 5-13)，必要时断面图可按比例放大[图 5-13(a)]。

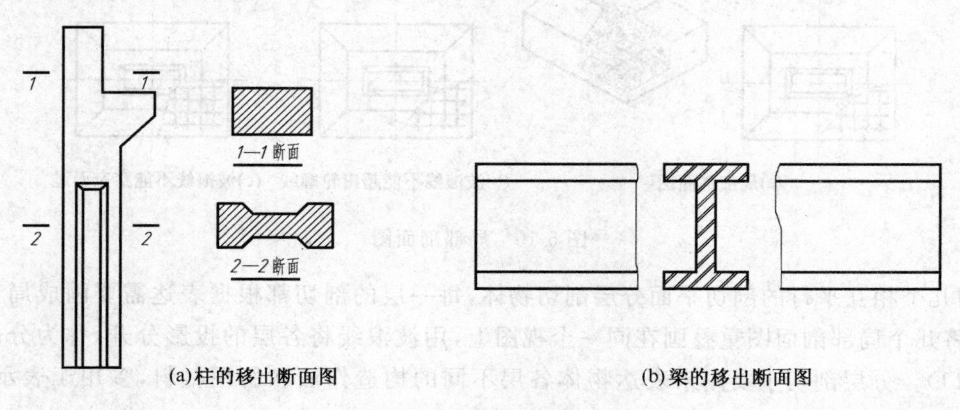

图 5-13　移出断面

细长杆件的断面图可画在中断处，且不需要标注，如图 5-13(b)所示。

(2) 重合断面

画在视图内的断面图称为重合断面图。重合断面的轮廓线要画的比视图上的其他线条粗一些，一般也要画上剖面线或材料图例。重合断面的轮廓线还可画成不封闭的，此时，剖面线或材料图例应沿轮廓线的内缘画出，如图 5-14(a)所示。当重合断面的垂直方向的尺寸较小时，可将断面涂黑，如图 5-14(b)所示。

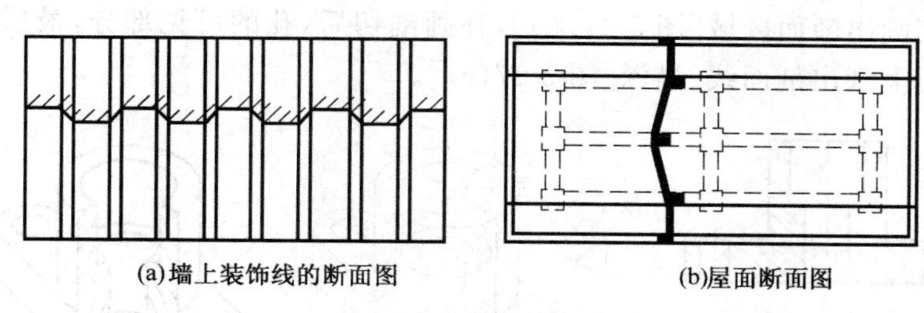

(a)墙上装饰线的断面图　(b)屋面断面图

图 5-14　重合断面

四、轴测图中的剖切画法

1. 轴测图的剖切方法

为了表达工程物体的内部结构，可假想在轴测图中用剖切平面将物体切开，画出剖切后的轴测图。剖切平面应选择坐标面及其平行面，并通过物体的对称平面或回转体的轴线，一般是剖去物体的 1/4[图 5-15(a)]。应尽量避免用一个剖切平面剖切整个机件[图 5-15(b)]和选择不正确的剖切位置[图 5-15(c)]。

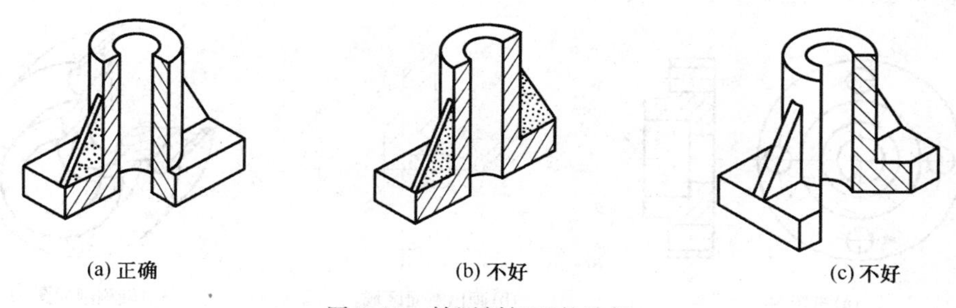

(a) 正确　(b) 不好　(c) 不好

图 5-15　轴测剖切面的选择

2. 轴测图中剖面线的方向

轴测剖切后所得的断面上需画剖面线，剖面线的方向应按图 5-16 所示，正等测图如图 5-16(a)，正面斜二测图如图 5-16(b)所示。

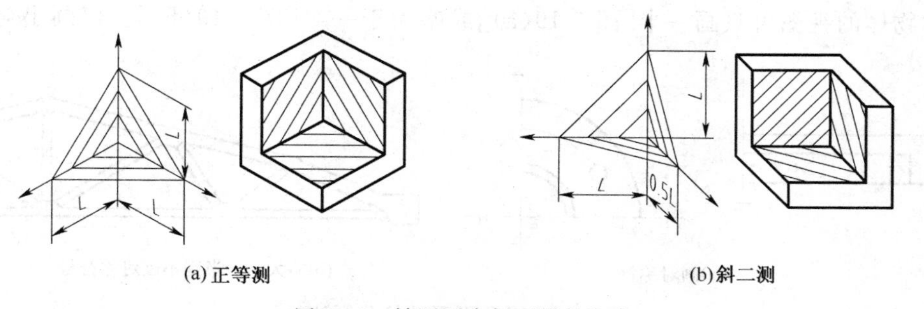

(a)正等测　(b)斜二测

图 5-16　轴测图中剖面线的方向

当剖切平面通过肋或薄壁结构的纵向对称面时，在肋或薄壁结构的断面上不画剖面线，但要用粗实线把这些结构与其相邻部分分开，当表达不清晰时，可在肋或薄壁的断面区域内加点以示区别[图 5-15(a)]。

3. 轴测剖面图的画法

(1) 画法一

先画出其轴测外形图[图 5-17(b)]，然后沿所选定的剖切位置(本例为 $X_1O_1Z_1$ 和 $Y_1O_1Z_1$ 轴测坐标面)分别画出断面区域[图 5-17(b)]，补画剖切后，孔的可见部分，最后擦去被剖切掉的部分，并在断面上画出剖面线、描深[图 5-17(c)]。

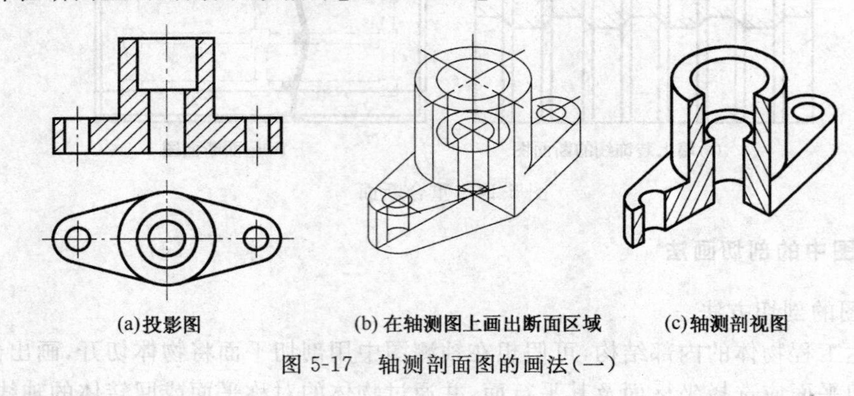
(a)投影图 (b)在轴测图上画出断面区域 (c)轴测剖视图

图 5-17 轴测剖面图的画法(一)

(2) 画法二

先分别画出断面区域[图 5-18(b)]，然后再画出剖切后与断面有联系的部分，并画上剖面线、描深[图 5-18(c)]。

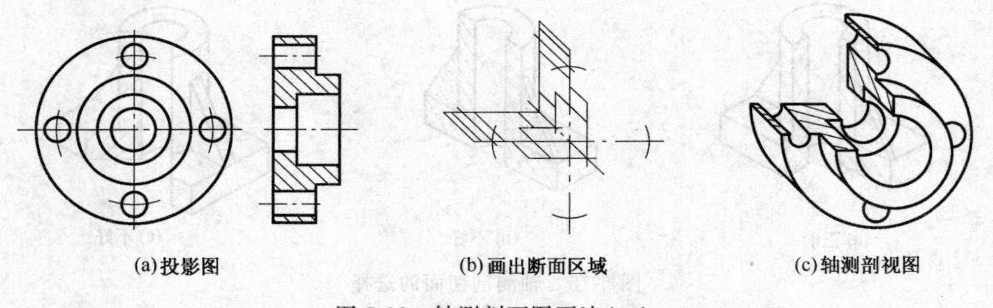
(a)投影图 (b)画出断面区域 (c)轴测剖视图

图 5-18 轴测剖面图画法(二)

五、简化画法

1. 对称图形的简化画法

对称物体的视图可只画一半[图 5-19(a)]或略大于一半[图 5-19(b)]。仅画出对称图形

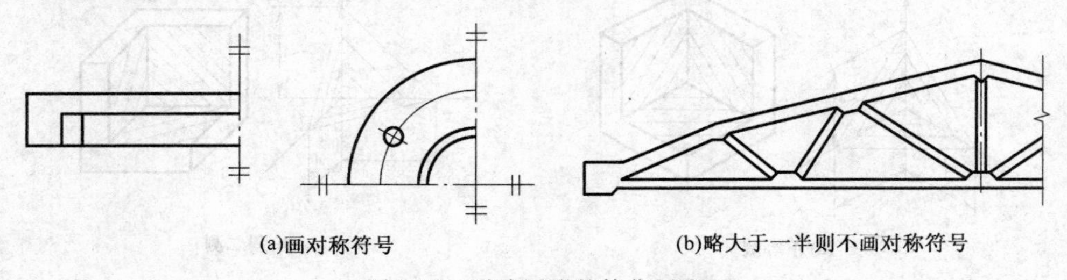
(a)画对称符号 (b)略大于一半则不画对称符号

图 5-19 对称图形的简化画法

的一半时，应在对称中心线的两端画出对称符号（两条平行且与对称中心线垂直的细实线）。

2. 相同要素的简化画法

当物体具有若干完全相同且连续排列的结构要素时，可只在两端或适当位置画出其完整形状，其余用中心线或中心线的交点表示（图 5-20），但需注明该结构要素的总数。

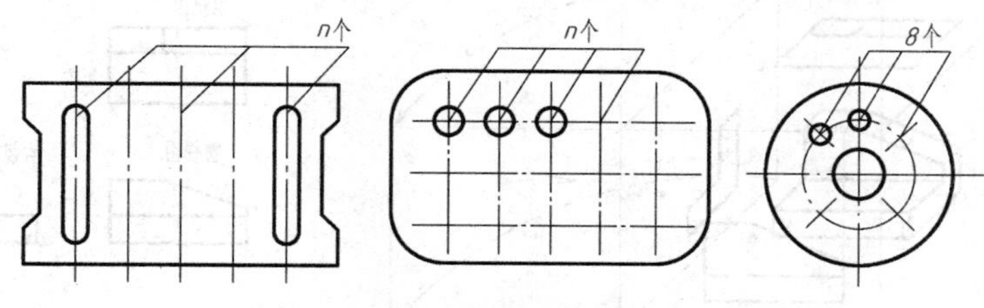

图 5-20 相同结构要素的简化画法

3. 折断画法

当只需表达物体某一部分的形状时，可以只画出该部分的图形，而将其余部分折断不画，并在折断处画上折断线，如图 5-21 所示。

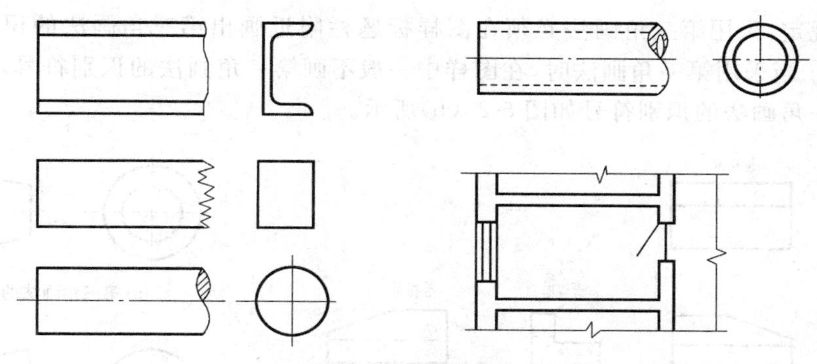

图 5-21 折断画法

较长的杆件的横断面形状一致[图 5-22(a)]或按一定规律变化[图 5-22(b)]时，可以折断后缩短绘制，但需标注实际尺寸。

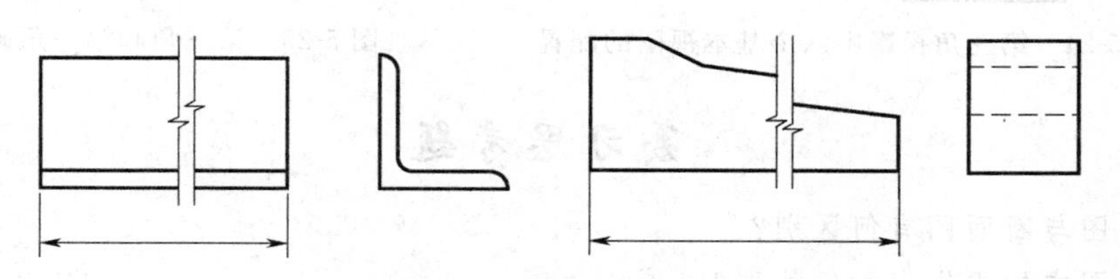

图 5-22 较长杆件的折断画法

第三节 第三角画法简介

我国制图标准规定，绘制工程图样采用正投影法，并优先采用第一角画法，必要时允许采用第三角画法。但有些国家（如美国、日本等）是采用第三角画法。为了便于国际间技术交流，本节对第三角画法简介如下：

第三角画法是将需表达的工程物体放在第三分角内投射生成投影图。此时投影面处在观察者和物体之间，须将投影面看作是透明的，投射生成投影图后，按图 5-23(a)所示箭头方向将投影面展开，所得视图配置如图 5-23(b)所示。若将物体向六个基本投影面投射得到六个基本视图，展开后的六个基本视图的配置关系如图 5-24 所示。

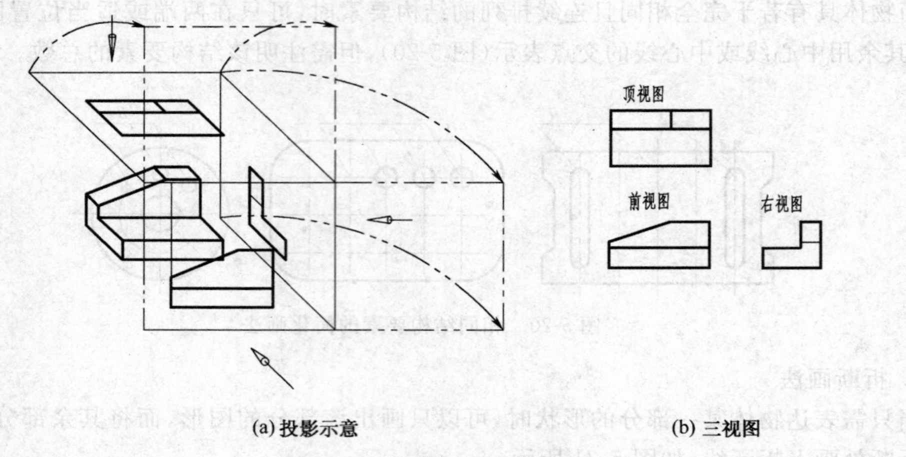

(a) 投影示意　　(b) 三视图

图 5-23　第三角画法

按国标规定，采用第三角画法必须在图样标题栏附近画出第三角画法的识别符号，如图 5-25(a)所示。当采用第一角画法时，在图样中一般不画第一角画法的识别符号，但必要时，也可画出。第一角画法的识别符号如图 5-25(b)所示。

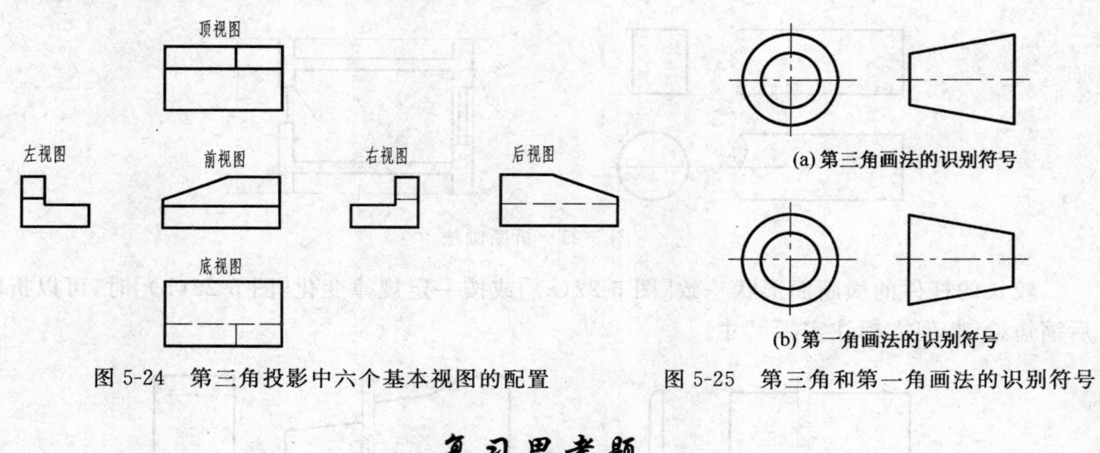

(a) 第三角画法的识别符号

(b) 第一角画法的识别符号

图 5-24　第三角投影中六个基本视图的配置

图 5-25　第三角和第一角画法的识别符号

复习思考题

1. 剖面图与断面图有何区别？
2. 剖面图中的虚线应如何处理？
3. 半剖面图中，外形图和剖面图之间用什么线型分界？能否画成粗实线？
4. 画阶梯剖面图时，应注意什么？何谓“不完整结构要素”？

第六章　钢筋混凝土结构图

混凝土是由水泥、石子、砂子和水按一定比例拌和而成的，它的抗压性能强，但抗拉性能差。而钢筋的抗拉性能好。故在混凝土中，按结构受力需要，配上一定数量的钢筋使两种材料结合成一整体，共同承受外力，即为钢筋混凝土结构。

第一节　钢筋的基本知识

一、钢筋的种类

按照钢筋在构件中所起的作用可将其分为以下几种，如图 6-1 所示。

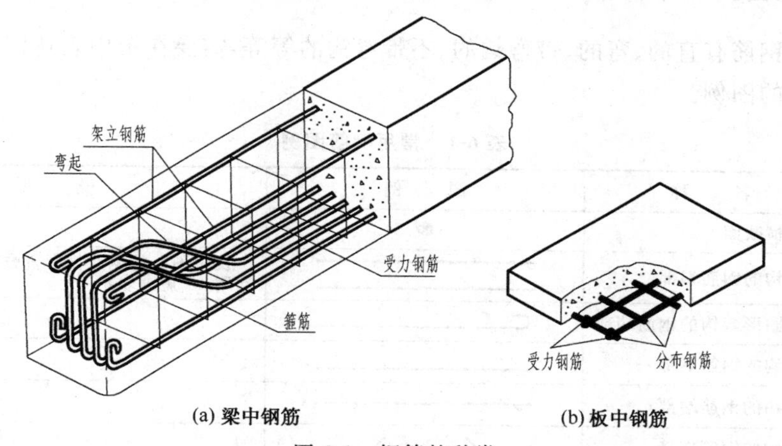

图 6-1　钢筋的种类

1. 受力钢筋（主筋）——承受构件内力的主要钢筋。
2. 钢箍（箍筋）——主要用来固定受力钢筋的位置，并承受部分剪力。
3. 架立钢筋——主要用来固定钢箍的位置，一般用于钢筋混凝土梁中。
4. 分布钢筋——可使外力更好地分布到受力钢筋上去，一般用于钢筋混凝土板中。
5. 其他钢筋——如吊装用的吊环、系筋和预埋锚固筋等。

二、钢筋的弯钩

为了增强钢筋与混凝土的粘结力，防止钢筋在受力时滑动，承受拉力的光面圆钢筋两端，常作成各种角度的弯钩，图 6-2 所示为常用的两种形式。图中双点画线是所画弯钩弯曲前的理论长度，用于备料时计算钢筋总量。

三、钢筋的弯起

在布置钢筋时，根据结构受力要求，常将构件下部的受力钢筋弯到上部去，叫做钢筋的弯起。如图 6-1(a)所示。

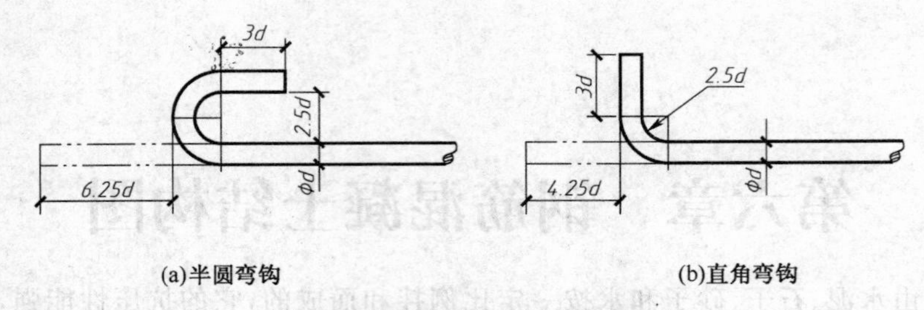

图 6-2　钢筋的弯钩及其标准尺寸

四、钢筋的保护层

为了防止钢筋锈蚀，钢筋表面必须裹覆一定厚度的混凝土，这层混凝土叫做钢筋保护层。保护层厚度，视不同的构件而异，根据钢筋混凝土结构设计规范：梁和柱的保护层最小厚度为25mm，板和墙的保护层厚度为 10～15 mm。

五、钢筋的图例

构件中的钢筋有直的、弯的、带弯钩的、不带弯钩的等等，需要在图中表达清楚。表 6-1 列出了常用钢筋的图例。

表 6-1　常用钢筋图例

序号	名　　称	图　　例	说　　明
1	钢筋横断面	●	
2	无弯钩的钢筋端部		长短不一的钢筋投影重叠时可在短钢筋端部用 45°短画表示
3	带半圆形弯钩的钢筋端部		
4	带直钩的钢筋端部		
5	带丝扣的钢筋端部		
6	无弯钩的钢筋搭接		
7	带半圆弯钩的钢筋搭接		
8	带直钩的钢筋搭接		
9	套管接头（花兰螺丝）		

第二节　钢筋布置图的内容及特点

钢筋布置图和钢筋混凝土结构的外形图一样，都采用正投影法绘制，但根据钢筋混凝土结构的特点，在表示方法和标注尺寸等方面，还有其独特之处。

一、图示特点

1. 在钢筋布置图中，为了突出表示钢筋的布置情况，规定把结构物的外形轮廓线画成细实线，而把钢筋画成粗实线，在横截面图中，钢筋的断面上不画剖面线，用小黑圆点表示。图 6-3 所示为一单跨简支梁的钢筋布置图。

2. 根据结构物的形状不同，钢筋布置图的表示方法也不一样。梁和柱通常用一个立面图加上足够多的配筋断面图表示，如图 6-3 所示。钢筋混凝土板（图 6-4）及桥墩顶帽等，常采用立面图和平面图相结合的办法来表示。

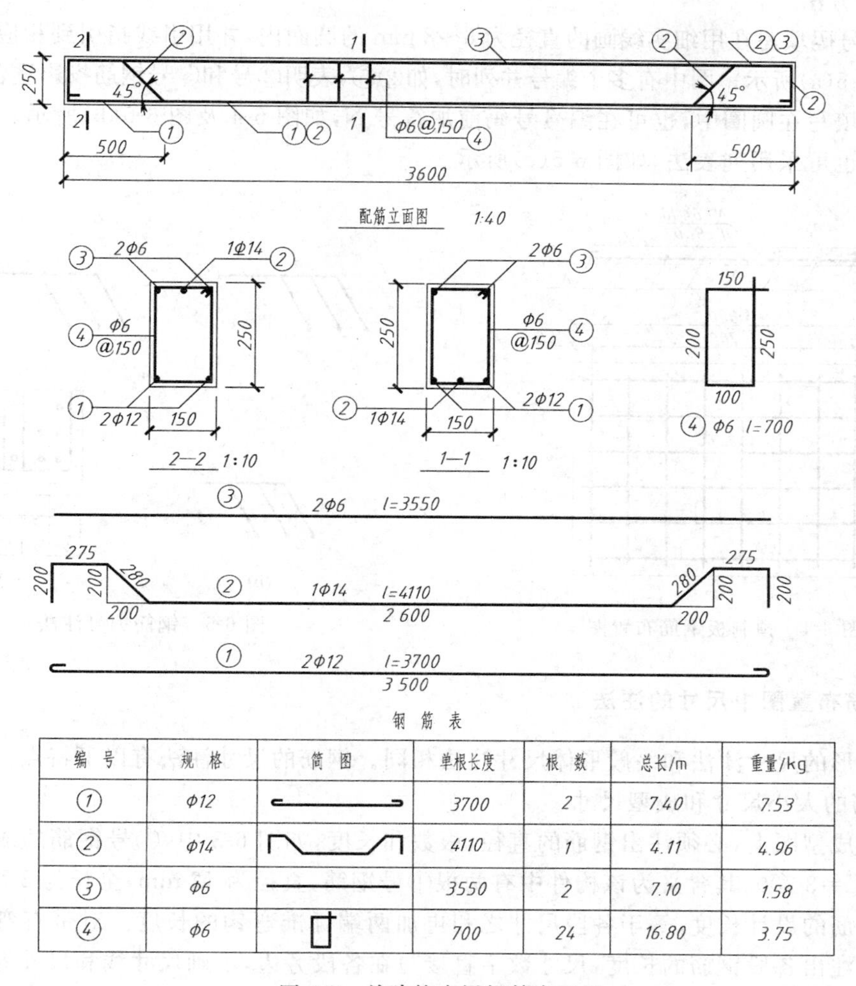

编号	规格	简图	单根长度	根数	总长/m	重量/kg
①	Φ12		3700	2	7.40	7.53
②	Φ14		4110	1	4.11	4.96
③	Φ6		3550	2	7.10	1.58
④	Φ6		700	24	16.80	3.75

图 6-3　单跨简支梁钢筋布置图

3. 断面图的剖切位置，常选在钢筋排列有变化的地方。

4. 为了便于钢筋加工，在钢筋布置图中应该画出钢筋弯起图（也称成型图或抽筋图）。钢筋弯起图是表示每根钢筋弯曲形状和尺寸的图样，是钢筋成型加工的依据。在画钢筋弯起图时，主要钢筋应尽可能与基本投影中同类型的钢筋保持对应关系。如图 6-3 中把①～③号钢筋画在图样下面，并与立面图中钢筋排放的位置对齐，④号钢箍则画在断面图附近。

二、钢筋编号

在同一构件中，为了便于区分不同直径、不同长度、不同形状和尺寸的钢筋，应将不同类型的钢筋加以编号。

1. 编号次序

按钢筋的直径大小和钢筋的主次来编号，如将直径大的编在前面，小的编在后面；受力钢筋编在前面，钢箍、吊环等编在后面。如图 6-3 中把在梁下部两角的直径为 12 mm 的受力钢筋编为①号，中间在梁下部、两端弯起的一根直径为 14 mm 的钢筋编为②号，布置在梁上部两角的两根直径 6 mm 的架立钢筋编为③号，箍筋编为④号。

2. 编号方法

将钢筋号码填写在用细实线画的直径为 6～8 mm 的圆圈内，并用引线指引到相应钢筋的投影上，如图 6-5(a)所示。图中有多个编号并列时，如②⑤，表明②号和⑤号钢筋投影重合在一起。

编号可填写在圆圈中，也可在编号号码前加符号 N，如图 6-4 及图 6-5(b)所示。对于排列过密的钢筋也可采用列表法，如图 6-5(c)所示。

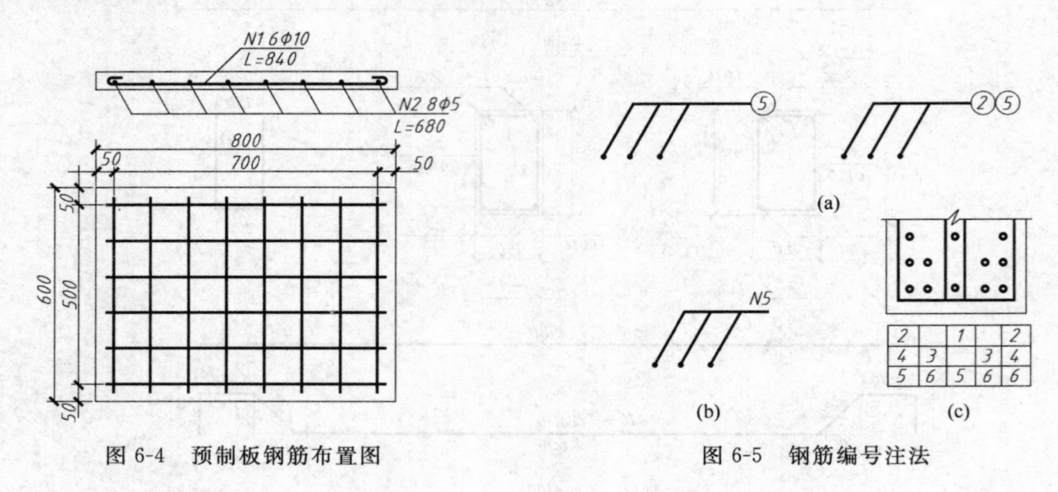

图 6-4　预制板钢筋布置图　　　　图 6-5　钢筋编号注法

三、钢筋布置图中尺寸的注法

结构外形的尺寸注法和一般形体尺寸注法相同。钢筋的尺寸注法有以下特点：

1. 钢筋的大小尺寸和成型尺寸

在钢筋成型图上，必须注出钢筋的直径，根数和长度，如图 6-3 中，①号钢筋的成型图上注了 $2\phi12$ 和 $L=3\ 700$，其含义为该构件中有两根①号钢筋，直径为 12 mm，全长为 3 700 mm，这个长度是钢筋的设计长度，等于各段尺寸之和再加两端标准弯钩的长度。对带有弯起的钢筋图上应逐段注出各段钢筋的长度，尺寸数字直接写在各段旁边，不画尺寸线和尺寸界线。钢筋的弯起部分一般用直角三角形注出，如图 6-3 中的②号钢筋。

当钢筋的弯钩为标准尺寸时，一般不再标注尺寸。

在立面图和平面图中，对于钢筋一般只注出编号，有时也标注钢筋直径和数量。

在断面图和剖面图上除注编号外，还需在引线上注出钢筋的直径和数量，例如图 6-3 中的 1—1 及 2—2 断面图。

钢箍尺寸标注在编号引线上，同时还需注明间距，如图 6-3 中的 $\phi6@150$。

2. 钢筋的定位尺寸

钢筋的定位尺寸，一般标注在该钢筋的断面图中，尺寸界线通过钢筋截面中心。若钢筋的位置安排符合规范中保护层厚度及两根钢筋间最小距离的规定，可以不标注钢筋的定位尺寸。如图 6-3 中 1—1 及 2—2 断面图。

对于按一定规律排列的钢筋，其定位尺寸常用注解形式写在编号引出线上。如图 6-3 的立面图，“$\phi6@150$”表示直径为 6 mm 的钢筋每隔 150 mm 放一个。为使图面清晰，同类型、同间距的箍筋在图上一般只画出两三个即可。

3. 尺寸单位

钢筋尺寸以 mm 为单位时，在图中不需要说明。

四、钢 筋 表

钢筋表的内容包括钢筋编号、钢筋形状示意图、钢筋直径、长度等，如图 6-3 的钢筋表。因此，钢筋表是钢筋布置图的重要补充，必须列出。

五、现浇钢筋混凝土构件钢筋布置图

在现场直接浇注的构件叫现浇钢筋混凝土构件。图 6-6 所示为房屋楼盖现浇梁的钢筋布置图。在绘制现浇钢筋混凝土构件钢筋布置图时还应画出与该构件有关的邻近构件的一部分，以明确其所处的位置。在图 6-6 中的立面图上用细实线画出了与梁一同浇注的楼板，还表明了支座情况；在 1—1 和 2—2 断面图中画出了梁两侧楼板一小段，并用折线断开。

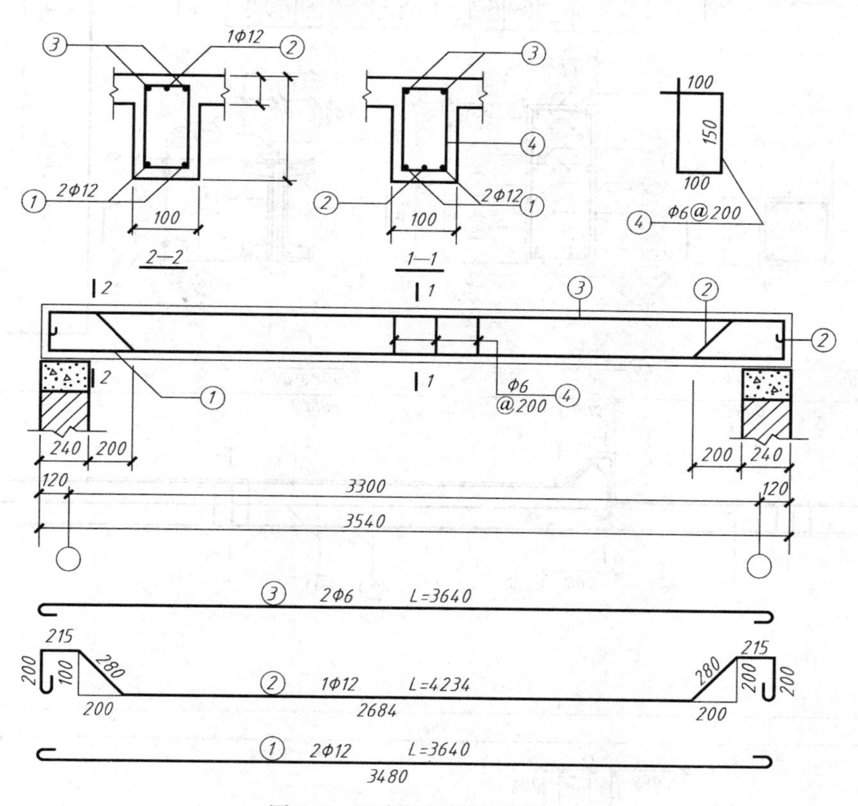

图 6-6　现浇梁钢筋布置图

在立面图中按房建图规范，标注了三道尺寸，并画出了定位轴线及编号。第一道尺寸注出了墙厚 240 mm，钢筋弯起点到支座边的距离 200 mm；第二道尺寸注明了轴线间距离 3 300 mm；第三道尺寸表明全梁长度为 3 540 mm 尺寸。

第三节　钢筋布置图的阅读

阅读钢筋混凝土构件结构图的要点是：

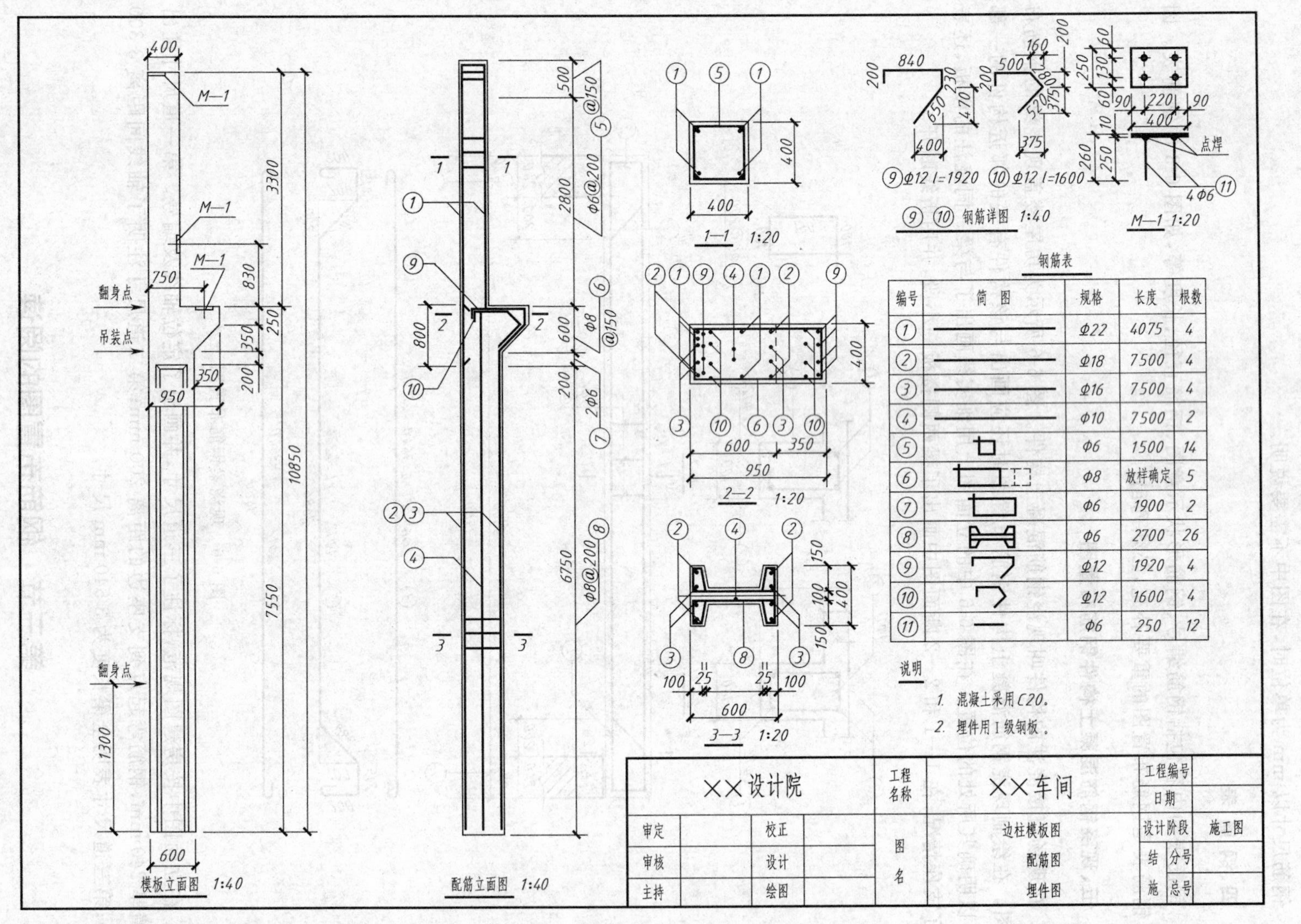

钢筋表

编号	简图	规格	长度	根数
①		Φ22	4075	4
②		Φ18	7500	4
③		Φ16	7500	4
④		Φ10	7500	2
⑤		Φ6	1500	14
⑥		Φ8	放样确定	5
⑦		Φ6	1900	2
⑧		Φ6	2700	26
⑨		Φ12	1920	4
⑩		Φ12	1600	4
⑪		Φ6	250	12

图 6-7 预制钢筋混凝土边柱的结构图

1. 了解该构件中各号钢筋的位置、形状、尺寸、品种、直径和数量；

2. 读懂构件的外形和尺寸；

3. 读懂埋件的位置和构造。

图 6-7 为一根预制钢筋混凝土边柱的结构图。从其标题栏中的内容可知，这张图里画了边柱的模板图、配筋图和埋件图。其中，模板图只画了一个立面图，是因为混凝土柱的截面形状在配筋断面图中已表达清楚，所以在模板图中未画断面图。制作时，根据模板立面图以及 1—1、2—2、3—3 配筋断面图即可制作该柱的盒子。另外，在模板立面图左侧标有翻身点、吊装点等字样，这是因为该柱是预制件，在制作、运输和安装过程中，将构件翻身和吊起时，对构件的受力状态会产生很大的影响。若翻身或起吊的位置不对可能会破坏构件，因此需要根据力学分析，找出翻身和起吊的合理位置，并标记在构件上或预埋吊环(耳)。本例是标记在模板图上，待构件拆模后再画在构件表面上，以指示钢丝绳的捆绑位置。

边柱的钢筋配置情况，由配筋立面图和 1—1、2—2、3—3 配筋断面图表达。其中立面图表示了全部 10 种钢筋的编号、纵向位置及除箍筋外其他钢筋的形状。箍筋的纵向排列、间距及品种等，是用尺寸标注的形式表达的。1—1 断面图表明上柱(3 300 范围内)钢筋的配置情况，2—2 断面图表明牛腿部分钢筋的配置情况，3—3 断面图表示的是下柱(6 750 范围内)钢筋的配置情况。由于钢筋排列较密，钢筋的品种、直径等在编号引出线上不便注写，所以统一在钢筋表中说明。由于本构件中的大部分钢筋都是直筋，其形状、尺寸在立面图中已表达清楚，不必再单独画它们的详图(抽筋图)，只有⑨、⑩号两种钢筋的形状比较复杂，且在立面图中不易标注其各段尺寸，所以把它们抽出来画成单独的详图。

最后关于埋件图，从模板立面图中看到有三处标有“M”(埋件代号)，埋件的构造详图画在图幅的右上角，用立面图和底面图表达。在上柱顶部的埋件，是为连接屋架用的；在上柱内侧靠近牛腿处及在牛腿上表面的两个埋件，都是为连接吊车梁之用。

除了图样和钢筋表之外，图中还有文字说明，这是为补充不能用图形表达的内容。例如第一条“混凝土采用 C20”，就是不能用图形表达而又必须说明的问题。其他如钢筋的保护层等，图中没有注明，即表示按规定执行没有特殊要求。

复习思考题

1. 钢筋根据其在构件中的作用可分为几类?
2. 钢筋弯起有几种? 标准尺寸是怎样规定的?
3. 在钢筋成型图中尺寸如何标注?
4. 简单说明钢筋布置图有哪些图示特点。
5. 如何阅读钢筋布置图。

第七章 钢结构图

在土木建筑工程中，钢结构构件是指型钢经焊接或用螺栓、铆钉连接而成的钢梁、钢屋架、特殊构筑物如电视发射塔(架)等。钢结构具有强度高、占用空间小、安全可靠、便于制作安装等优点。图 7-1 所示是由钢板焊接成的钢柱柱脚。

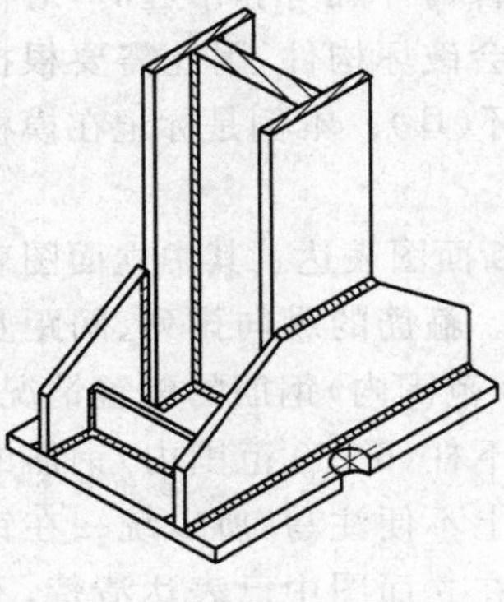

图 7-1 钢柱柱脚示意图

钢结构图主要表达了型钢的种类、形状、尺寸，以及连接方式等有关内容。表达方法除图形外，还有按国标规定标记的各种符号、代号、图例等。表 7-1 列出了常用建筑型钢的种类及标注方法。

在各种钢结构如钢屋架或钢梁中，型钢连接点处是最为复杂且需要重点表达的部分。通常将几根型钢杆件汇集相接处，称节点。表达节点处型钢的结合关系及连接方式的图样称为节点图。所以节点图是钢结构图的重要内容，而钢结构构件的整体结构形式常常用构件简图来表达。在钢梁结构图中又将构件简图称为设计轮廓图。本章重点介绍型钢的连接方法、钢屋架结构图及钢梁结构图。

表 7-1 型钢标注方法

序号	名称	截面	标注	说明
1	等边角钢		∟$b\times d$	b 为肢宽，d 为肢厚
2	不等边角钢		∟$B\times b\times d$	B 为长肢宽
3	工字钢		IN，QIN	轻型工字钢时加注 Q 字
4	槽钢		[N，Q[N	轻型槽钢时加注 Q 字
5	方钢	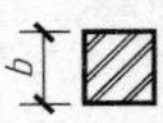	□b	
6	扁钢	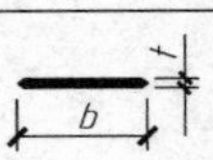	$-b\times t$	
7	钢板		$-t$	
8	圆钢		ϕd	
9	钢管		$\phi d\times L$	L 为管壁厚

第一节　钢结构中型钢的连接方法

钢结构中型钢的连接方法一般有三种，即焊接、铆接和螺栓连接。

一、焊　　接

焊接是钢结构中应用最广的一种连接方法。两型钢连接处因焊接形成的熔接称焊缝，焊接的焊缝形式有：V形焊缝、I形焊缝、角焊缝、塞焊缝等。在钢结构图中，必须把焊缝的位置、形式和尺寸表达清楚。按制图标准规定，在图样中焊缝是采用焊缝代号表示的。焊缝代号主要由基本符号、辅助符号、引出线和焊缝尺寸符号等组成。基本符号和辅助符号用粗实线绘制，引出线用细实线绘制。表7-2为常见焊缝的基本符号及其标注示例。

表 7-2　常见焊缝的基本符号及标注示例

名　　称	焊缝型式	基本符号	标注示例
I形焊缝	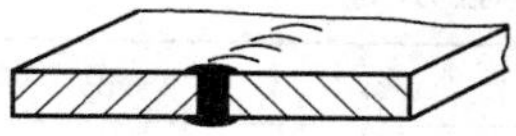		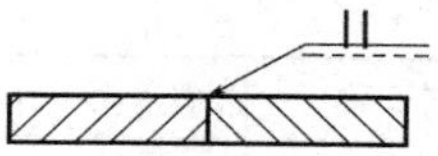
V形焊缝			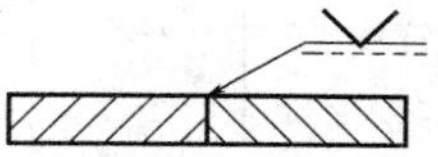
单边V形焊缝			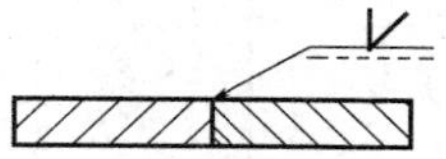
角焊缝	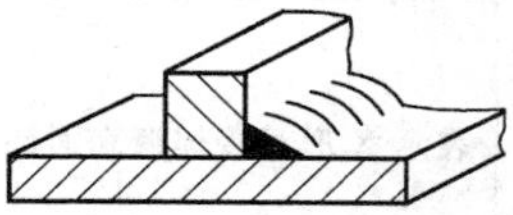	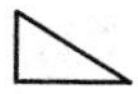	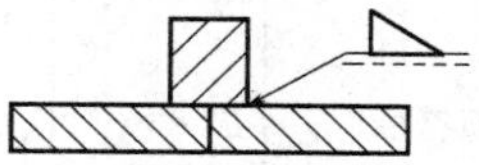
带钝边U形焊缝			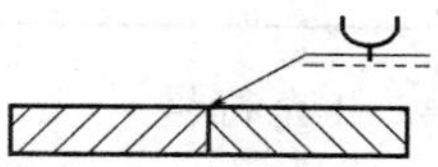
封底焊缝			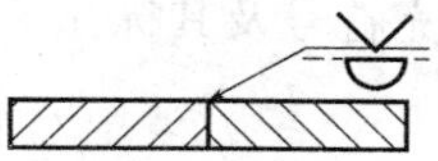
点焊缝	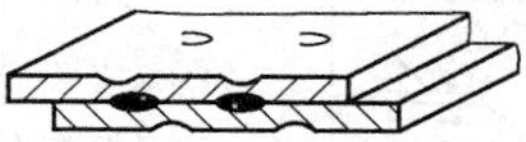		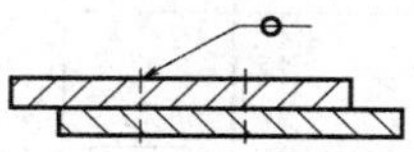
塞焊缝	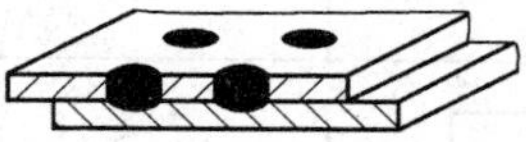		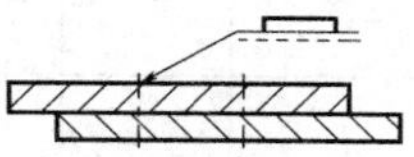

1. 基本符号

基本符号是表示焊缝横截面形状的符号。

2. 指引线

指引线由箭头线和两条基准线(一条为细实线,另一条为虚线)组成,如图 7-2(a)所示。

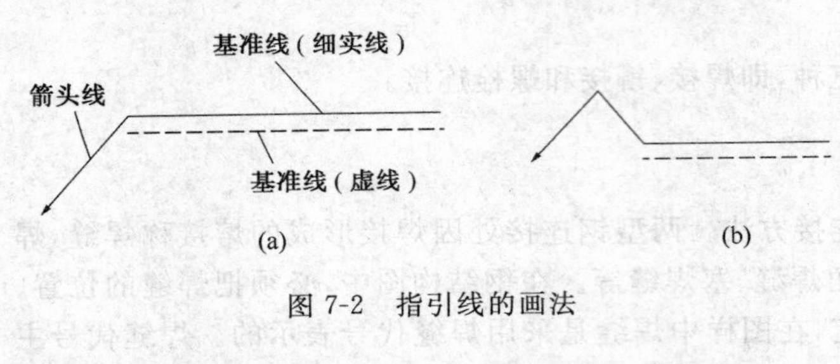

图 7-2　指引线的画法

(1) 箭头线　用来将整个焊缝符号指引到图样上的有关焊缝处。必要时,允许箭头线弯折一次,如图 7-2(b)所示。

(2) 基准线　基准线的上面和下面用来标注有关的各种焊缝符号。基准线的虚线可画在基准线实线的上侧或下侧。基准线一般应与图纸的底边平行。

3. 辅助符号

辅助符号(表 7-3)是表示焊缝表面形状特征的符号,一般与基本符号共同使用。若不需要确切说明焊缝的表面形状时,可以不用辅助符号。

表 7-3　辅助符号及其标注示例

名　称	符　号	形式及标注示例	说　明
平面符号	—		表示 V 形对接焊缝表面齐平(一般通过加工)
凹面符号	⌣		表示角焊缝表面凹陷
凸面符号	⌢		表示 X 形对接焊缝表面凸起

4. 补充符号

补充符号用来说明焊缝的某些特征,需要时可随基本符号标注在相应的位置上。表 7-4 为补充符号及其标注示例。

表 7-4　补充符号及其标注示例

名　称	符　号	形式及标注示例	说　明
带垫板符号	▭		表示 V 形焊缝的背面底部有垫板
三面焊缝符号	⊏		工件三面施焊,开口方向与实际方向一致

续上表

名　称	符　号	形式及标注示例	说　　明
周围焊缝符号			表示在现场沿工件周围施焊
现场符号			
尾部符号		5 250 4	表示有 4 条相同的角焊缝

5. 焊缝符号相对于基准线的位置

国标(GB/T 324—1988)对基本符号相对基准线的位置作了如下规定:

(1) 如果指引线箭头指向焊缝的施焊面,则焊缝符号标注在基准线实线一侧(图 7-3)。

(2) 如果指引线箭头指向施焊的背面,则将焊缝符号标注在基准线的虚线一侧,如图 7-3 所示。

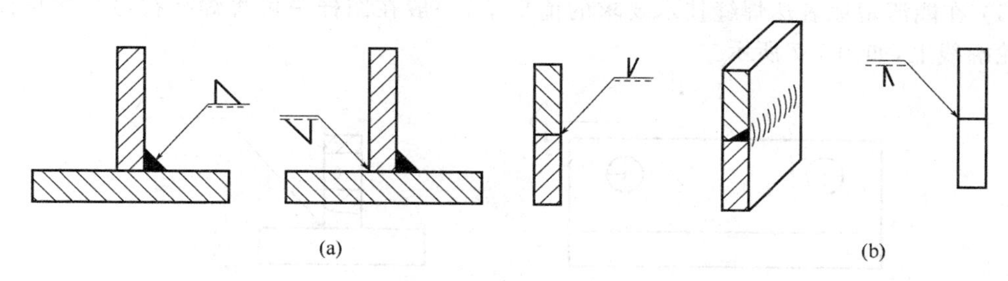

图 7-3　焊缝符号相对基准线的位置

(3) 标注对称焊缝及双面焊缝时,基准线的虚线可省略不画,如图 7-4。三个或三个以上相互焊接的焊缝不能作为双面焊缝,其焊缝符号和尺寸应分别标志,如图 7-5 所示。

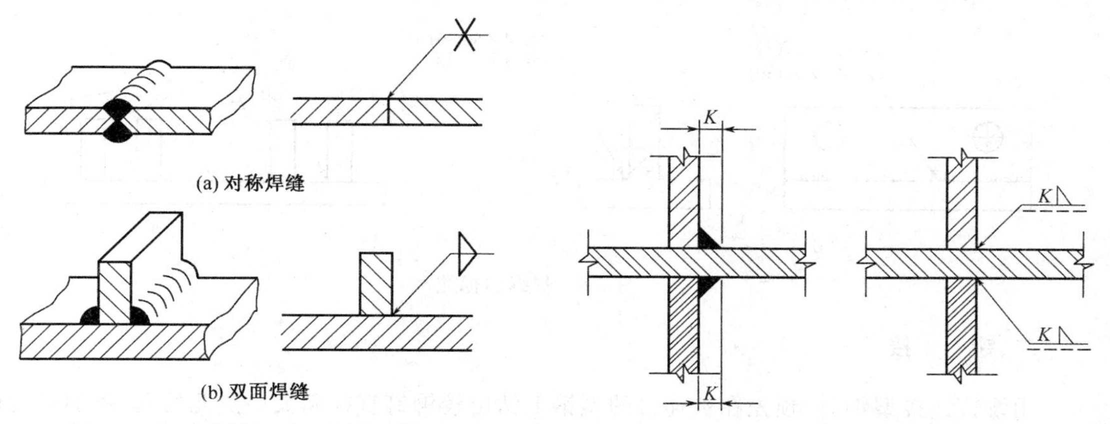

图 7-4　焊缝符号相对基准线的位置　　图 7-5　三个或三个以上焊件应分别标注

6. 焊缝的规定画法

(1) 在垂直于焊缝的剖面图或断面图中，焊缝的断面形状用涂黑表示，如图 7-6 所示。

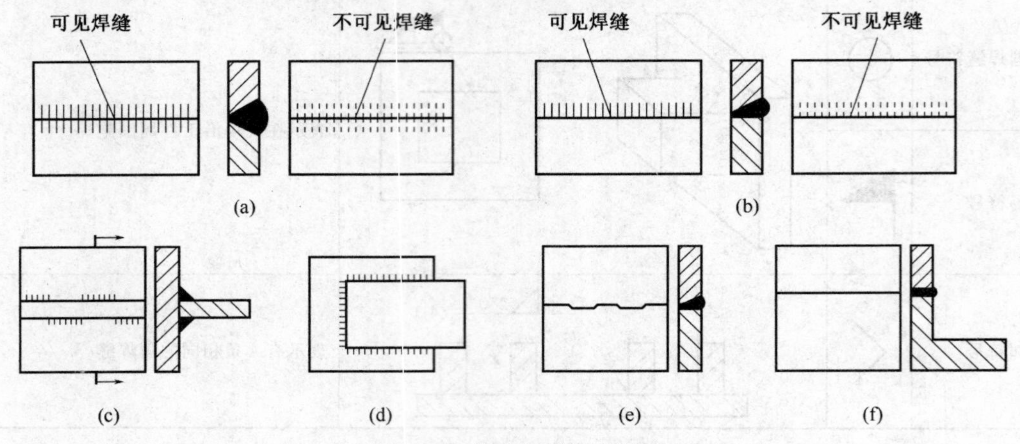

图 7-6　焊缝的画法示例

(2) 在视图中可用栅线表示焊缝（栅线段为细实线，允许徒手绘制），如图 7-6(a)、(b)、(c)、(d)，也可用加粗线($2d$～$3d$)表示可见焊缝，如图 7-6(e)、(f)。但在同一图样中只允许采用一种画法。

7. 图样中焊缝的表达

(1) 在能清楚地表达焊缝技术要求的前提下，一般在图样中可将焊缝符号直接标注在视图的轮廓线上，如图 7-7 所示。

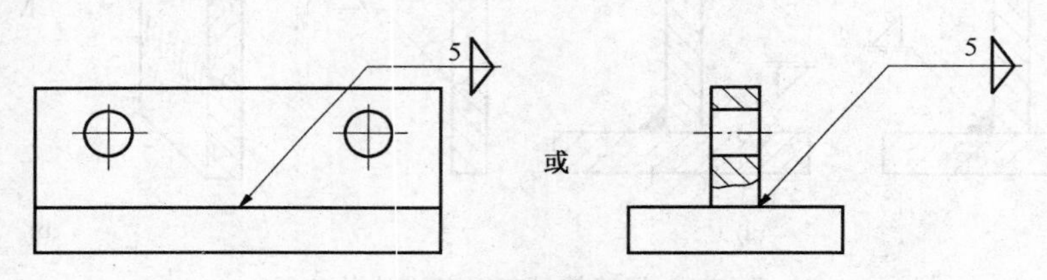

图 7-7　焊缝的表达

(2) 若需要也可在图样中采用图示法画出焊缝，并应同时标注焊缝符号，如图 7-8(a)所示。

(3) 当若干条焊缝相同时，可用公共基准线进行标注，如图 7-8(b)所示。

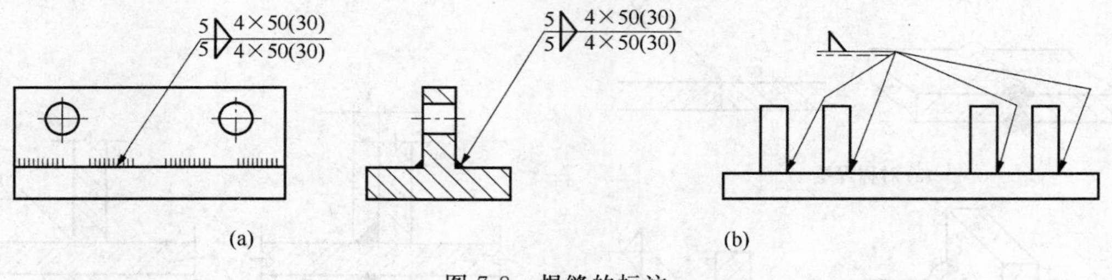

图 7-8　焊缝的标注

二、铆　　接

用铆钉连接型钢时，预先在被连接的型钢上钻出较铆钉直径稍大一点儿的孔，将加热的铆钉插入孔内，用铆钉枪冲打钉尾端直至成铆钉头形状（图 7-9）。

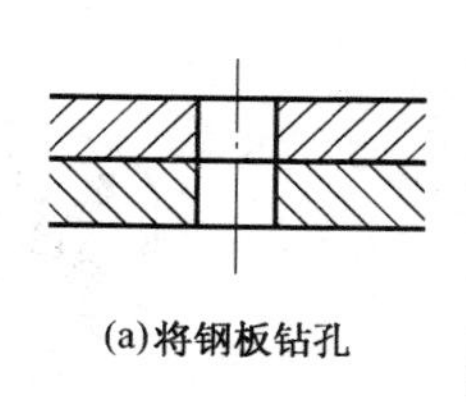

(a)将钢板钻孔

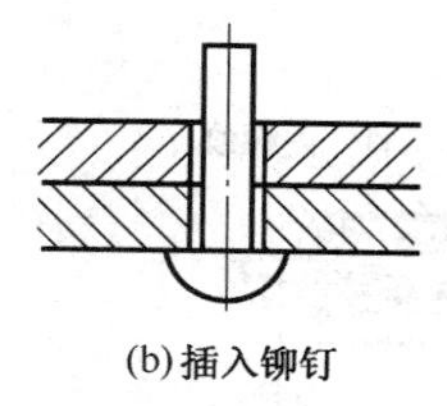

(b)插入铆钉

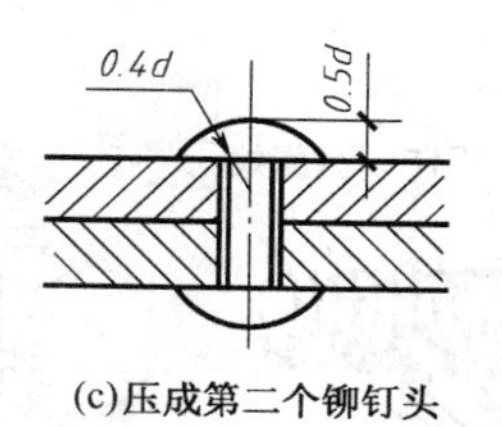

(c)压成第二个铆钉头

图 7-9 铆钉连接

铆钉按其头部形状分为半圆头、埋头、半埋头等。在钢结构图中，铆钉是按“国家标准”规定的图例表示的，表 7-5 列出了常用的螺栓、孔和铆钉的图例。

表 7-5 螺栓、孔和铆钉的图例

序　号	名　称	图　例	说　明
1	永久螺栓		1. 细“＋”线表示定位线 2. 必须标注螺栓孔、电焊铆钉的直径
2	高强螺栓	Φd	
3	安装螺栓		
4	圆形螺栓孔		
5	长圆形螺栓孔	a　b	
6	电焊铆钉		

三、螺纹基本知识及螺栓连接

螺栓连接是利用螺栓、螺母等螺纹连接件构成的一种可拆连接，它具有结构简单、装拆方便、工作可靠、类型多样等优点，图 7-10 示意了用螺栓将两块钢板连接起来的情况。以下简单介绍螺纹及螺栓连接的基本知识和图示方法。

1. 螺纹的形成和结构

图 7-11 示意了螺纹的主要加工方法。在圆柱外表面加工的螺纹，称为外螺纹；在内圆柱表面加工的螺纹，称为内螺纹。在加工螺纹的过程中，由于刀具的切入构成了凸起和沟槽两部分，螺纹凸起的顶端称为牙顶，沟槽的底部称为牙底(图 7-12)。

2. 螺纹的五大要素

(1) 牙型

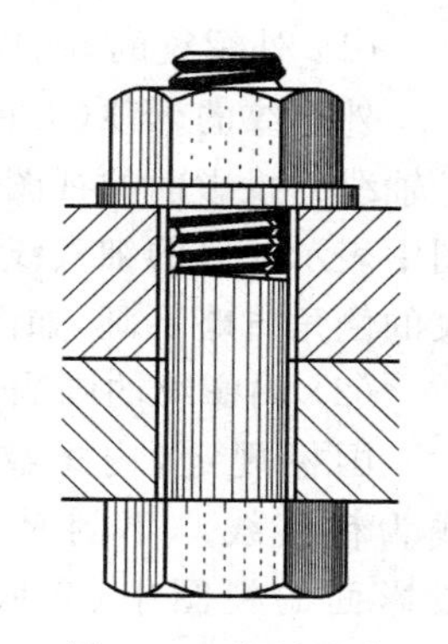

图 7-10 螺栓连接

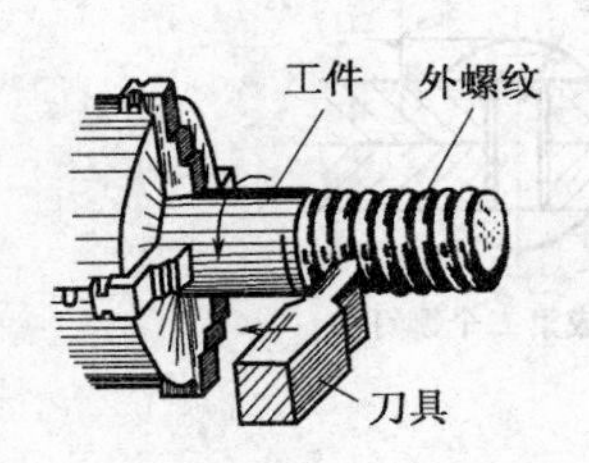

(a) 在车床上加工外螺纹

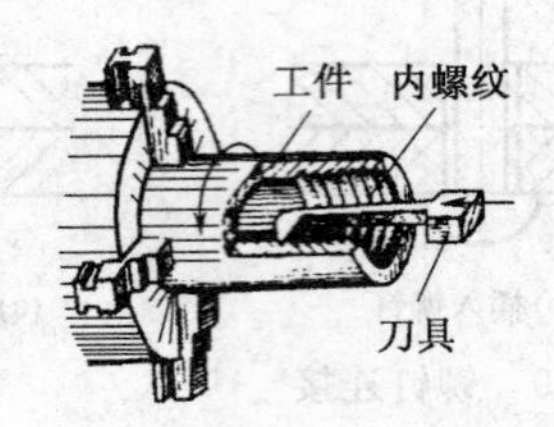

(b) 在车床上加工内螺纹

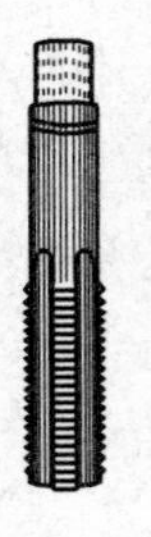
(c) 丝锥(加工内螺纹)

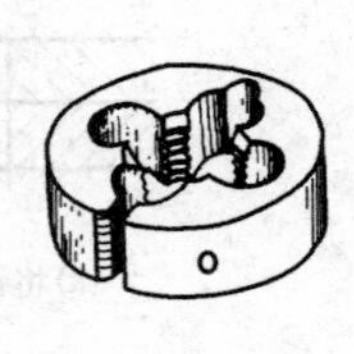
(d) 板牙(加工外螺纹)

图 7-11　螺纹的加工

在通过螺纹轴线的剖面上,螺纹的轮廓形状称为螺纹牙型。常见的螺纹牙型有三角形、梯形、锯齿形等。

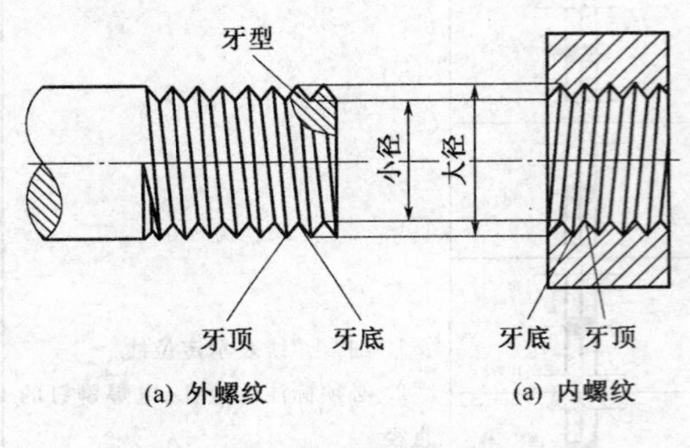

(a) 外螺纹　(a) 内螺纹

图 7-12　螺纹结构

(2) 大径

螺纹的最大直径,也是螺纹的公称直径。内、外螺纹的大径分别用 D 和 d 表示。

(3) 线数

在同一圆柱面上切削螺纹的条数。连接螺纹一般用单线螺纹。

(4) 螺距和导程

螺纹上相邻两牙对应点之间的轴向距离称为螺距,用 p 表示。同一条螺纹线上相邻两牙对应点之间的轴向距离称为导程,用 L 表示。螺距 p 和导程 L 之间的关系为:$L=np$,其中,n 为螺纹线数。

(5) 旋向

当螺旋体的轴线竖直放置时,所看到的螺纹自左向右升高者(符合右手定则)称为右旋;反之称为左旋(符合左手定则)。在实践中顺时针方向旋转能够拧紧、逆时针方向旋转能够松开的螺纹即为右旋螺纹,反之为左旋螺纹,连接螺纹常用右旋螺纹。

只有当内、外螺纹的牙型、大径、旋向、线数、螺距这五个要素相同时,内、外螺纹才能正确旋合。

3. 螺纹的规定画法和标注

GB/T 4459.1—1995《螺纹及螺纹紧固件表示法》中,关于螺纹的画法有如下规定:

(1) 外螺纹的画法

外螺纹的牙顶(大径)及螺纹终止线用粗实线表示,牙底(小径)用细实线表示,在平行于螺杆轴线的投影面的视图中,螺杆的倒角或倒圆部分应画出。在垂直于螺杆轴线的投影面的视图中表示牙底的细实线圆只画约 3/4 圈(具体空出约 1/4 圈的位置不作规定),在此视图中螺纹的倒角省略不画,如图 7-13 所示。

(2) 内螺纹的画法

国标规定,内螺纹沿其轴线剖开时,牙底(大径)为细实线,牙顶(小径)及螺纹终止线为粗实线。不剖时,牙顶、牙底及螺纹终止线皆用虚线表示。在垂直于螺杆轴线的投影面的视图中,牙底(大径)仍画成约 3/4 圈的细实线,螺纹孔的倒角省略不画,如图 7-14 所示。

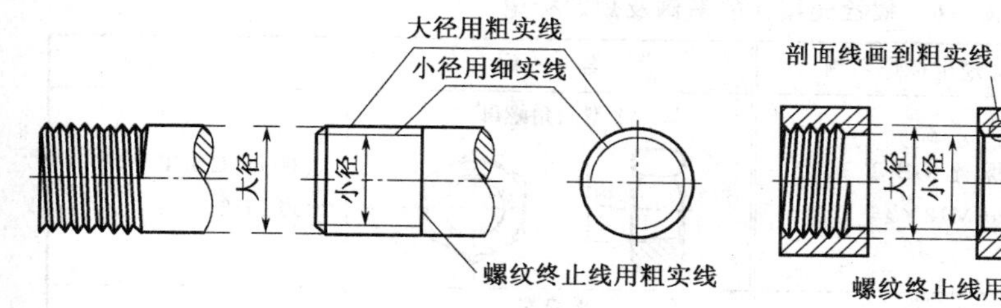

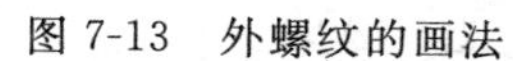

图 7-13　外螺纹的画法

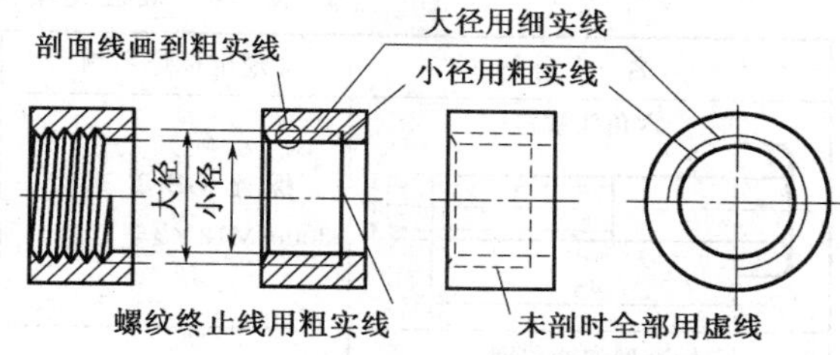

图 7-14　内螺纹的画法

无论是外螺纹还是内螺纹在作剖切处理时，剖面线符号都应画至表示大径或表示小径的粗实线处。

(3) 螺纹连接的画法

在剖面图中表示螺纹连接时，其旋合部分应按外螺纹绘制，其余部分仍按各自的画法绘制。内螺纹的牙顶线（粗实线）与外螺纹的牙底线（细实线）应对齐画在一条线上；内螺纹的牙底线（细实线）与外螺纹的牙顶线（粗实线）应对齐画在一条线上，如图 7-15 所示。

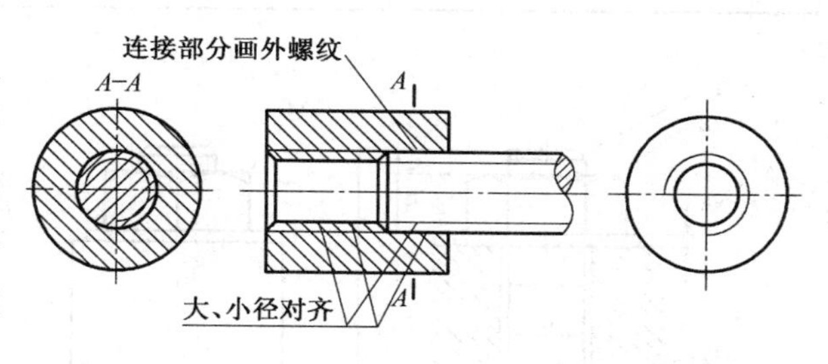

图 7-15　螺纹连接的画法

(4) 螺纹的标注

因为各种螺纹的画法相同，且按规定画法绘制的螺纹，不能完全表示出螺纹的五大要素，因此螺纹的表达，由规定画法和标注两部分组成。普通螺纹、梯形螺纹、锯齿形螺纹的一般标注格式为：

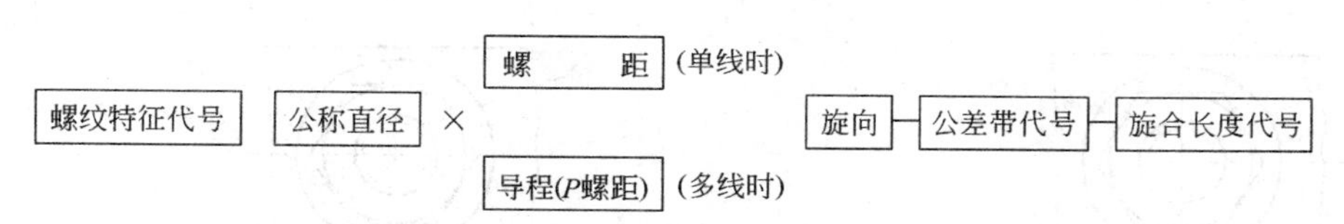

而管螺纹的标注格式为：

螺纹特征代号　尺寸代号　公差等级代号

例如，M10-6g 表示普通粗牙螺纹，公称直径 10 mm，螺距 1.5 mm（需查表），中径公差带与顶径公差带相同为 6g，中旋合长度（省略标注）。而 M10×1-5g6g-L 则表示普通细牙螺纹，公称直径 10 mm，螺距 1 mm，中径公差带符号为 5g，顶径公差带符号为 6g，L 表示长旋合长度。

又如 G1/2A 表示非螺纹密封管螺纹，尺寸代号为 1/2 英寸（指管子通径），公差等级代号为 A 级。

4. 螺栓连接件

螺栓连接件包括六角头螺栓、垫圈和六角螺母等。这些零件的结构形式和尺寸都已标准化，在技术文件上只需注出其规定标记而不画零件图。表 7-6 列出了螺栓连接件及其规定标记。

5. 螺栓连接的画法

螺栓连接是由螺栓、螺母、垫圈组成（图 7-10）。螺栓连接用于被连接零件厚度不大，可加工出通孔时的情况，优点是勿需在被连接零件上加工螺纹。连接画法如图 7-16(a)所示。下面以正误对比的方法指出螺栓连接中容易画错的地方。

表 7-6　螺栓连接件的图例及规定标记

名　称	规定标记示例	名　称	规定标记示例
六角头螺栓	螺栓 GB/T 5782—2000-M12×45	1 型六角螺母	螺母 GB/T 6170—2000 M12
标准型弹簧垫圈	垫圈 GB/T 93—1987 12	平垫圈	GB/T 97.1—2002 12-140HV

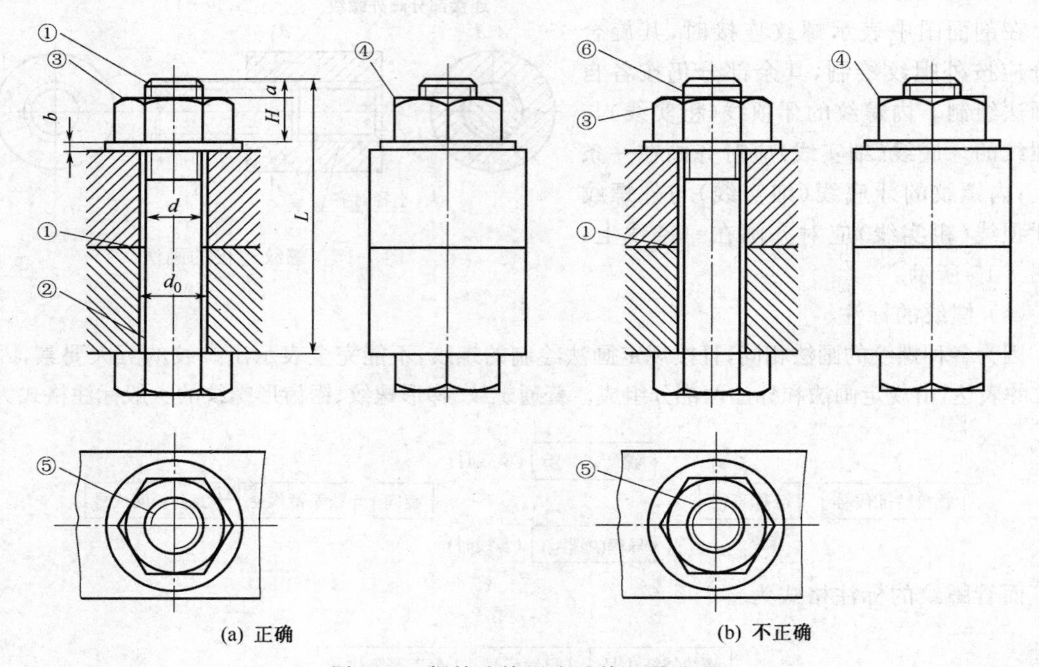

(a) 正确　　(b) 不正确

图 7-16　螺栓连接画法及其正误对比

(1) ①处两零件的接触面画一条粗实线，此线应画至螺栓轮廓。

(2) ②处螺栓大径与孔径不等，有间隙，应画两条粗实线。

(3) ③处应为 30°斜线。

(4) ④处应为直角。

(5) ⑤处应为粗实线及 3/4 圈的细实线（按螺栓画），倒角圆不画。

(6) ⑥处应画出螺纹小径且螺纹小径的细实线应画入倒角内。

第二节　钢屋架结构图

在房屋建筑中，大型工业厂房或大跨度的民用建筑等多采用钢屋架。表示钢屋架的图叫钢屋架结构图。钢屋架结构图主要包括屋架简图、屋架详图及各种零件的详图等。图 7-17 所示为钢屋架结构图，现说明如下。

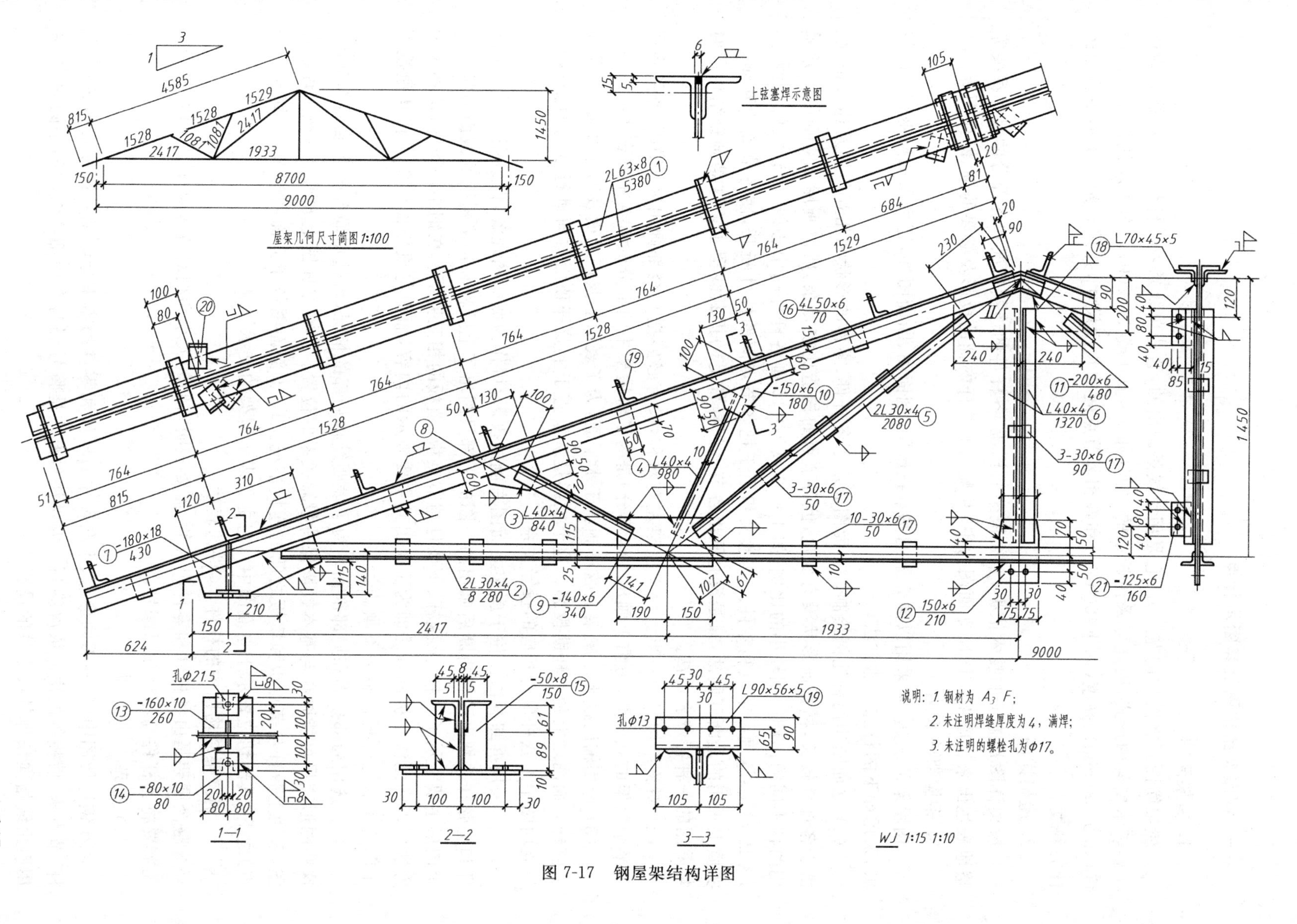

图 7-17　钢屋架结构详图

一、钢屋架结构图及其图示特点

1. 屋架简图

屋架简图画在图样的左上方，它是用单线条画出的，这些单线条表示杆件的中心线。简图主要表示屋架的形式，因此可采用较小的比例（如 1∶100 或 1∶200）。图中应注出屋架的跨度（如 9 000 mm）、高度（如 1 450 mm）和各相邻节点间的长度尺寸，并用直角三角形表明上弦杆的斜度。

2. 屋架详图

屋架详图是施工的技术依据，整个屋架的构造、各杆件的连接情况和各部分的尺寸都要完整地表达出来。屋架详图以立面图为主，并配以上弦杆的辅助投影及必要的剖、断面图等。

3. 钢屋架的表达

钢屋架的表达，除采用以前介绍的基本投影图、剖面图、断面图外，还可以根据钢结构的特点，采用如下的特殊表达方法。

（1）立面图用两种比例绘制。立面图表示了各杆件、零件的形状和相互位置及连接情况。由于各杆件较长，横截面形状没有变化，但各节点的构造比较复杂，所以画屋架立面图时常采用两种不同的比例。用较小的比例，如 1∶20 或 1∶15 画各杆件的中心线，用较大的比例，如 1∶10 或 1∶5 画各节点和零件。其意义相当于把各节点间的杆件断开，使各节点相互靠拢，实质上采用的是断开画法，只是没有画出各节点间杆件上的折断线罢了。这是画钢结构图时常采用的一种特殊表示法。

（2）对称结构只画一半。由于屋架左右对称，没有必要把它全部画出来。图中画了略多于半个屋架的立面图（习惯上画出左半部分）是为了将屋架中间部分的节点完整表达出来。

（3）选用辅助投影。屋架上弦杆倾斜于水平面，为了表示上弦杆顶面及其附属零件，而在上弦杆立面图之上画一辅助投影。这个投影是从垂直于上弦杆顶面方向进行投射而获得的，与立面图中上弦杆保持相应的投影关系。

（4）采用拆卸画法。位于屋架立面图右侧的投影，可作为侧面图理解，但该图是拆去了斜杆和上弦杆并把下弦杆折断后画出的。图的上部只画出了上弦杆和拼接角钢的截面形状。这个图形主要表示了竖杆、上弦杆、下弦杆与节点板、填板的相互关系。在钢结构图中，这种表示方法叫拆卸画法。拆卸画法即为了突出其主要表示的内容，而把与投影面倾斜且在其他投影中能清楚表达的杆件拆去不画。

（5）选用局部投影和局部剖面。为了表明结构局部的情况，可选用局部投影或局部剖面。这些图形应尽可能画在与基本投影保持投影关系的位置。如在立面图上方画出上弦塞焊示意图，表明上弦杆与节点板和填板之间的连接情况。1—1 剖面图位于立面图端节点（即支承节点）之下（其剖切位置示于立面图中），它主要表示屋架的支承情况。

4. 钢屋架结构图中的杆件、零件的表达

整个屋架是由各杆件和零件组成的，需要表明它们的大小和相对位置尺寸。为便于拼装，还需要将各杆件和零件加以编号。

（1）编号

在钢屋架图中，每种不同形状、不同尺寸的杆件和零件均需编号。编号次序可按弦杆、腹杆、节点板、填板等的次序依次编写。编号注写方式是将号码写在用细实线画的小圆圈内，并用引出线指向该杆件或零件的投影。

(2) 尺寸标注

各杆件或零件的大小尺寸，用符号和数字注写在编号引出线的横线的上边和下边。例如下弦杆②的引出线的横线上边注写有 2∟30×4，横线下边写有 8 280，表明下弦杆是由两根角钢(∟30×4)组成，每根长 8 280 mm。

节点板用同样方式注明其大小，但应注意该尺寸是备料尺寸。例如下弦中间节点的节点板⑫ 引出线横线上、下注有 150×6 和 210，表明该节点板由一块长 210 mm、宽 150 mm、厚 6 mm 的钢板裁切而成。若详细尺寸在图中不便标注时，则另画节点板详图表明其尺寸。

在标注各杆件、零件的相对位置尺寸时，首先应注出上弦和下弦各节点间的距离以及屋架的高度。在每一节点处以各杆件中心线的交点为基准，注出各杆件端和节点板边到交点的距离。例如在左端节点处注出了上弦杆①的左端伸出上、下弦杆交点 815 mm，下弦杆②的左端距交点 210 mm；节点板⑦的边距交点 120 mm、310 mm、140 mm。此外还应注出组成各杆件的型钢背到中心线的距离。例如上弦杆的角钢背距上弦中心线 15 mm，下弦角钢背距下弦中心线 10 mm。

填板⑯ 、⑰ 在图中只表明了节点间的块数，具体位置没有注出，因为填板的具体位置并不需要十分精确，只要在节点间的杆件中均匀布置就可以了。

(3) 焊缝代号按规定画出

由于许多焊缝高度相同，不必一一注出，在附注中作总说明即可。

5. 零件详图

在钢结构图中，对于在总图中表示不清楚的零件，还需另画详图，这些详图可画在单独的图幅内，也可画在钢结构详图的同一图幅内。

二、钢屋架结构图的阅读

阅读钢屋架结构图时，先从屋架简图了解结构的总体布置及尺寸，再查明详图中有几个投影，它们的相互关系如何，并结合零件图分析各杆件、零件的几何形状、尺寸及相互关系。

1. 首先了解各杆件的组成情况

根据图 7-17 所示的立面图、侧面图、辅助投影及上弦杆塞焊示意图可以看出，上弦杆①是由两根角钢(∟63×5)背靠背组成的。因为节点板厚度为 6 mm，所以两角钢之间有 6 mm 的缝隙，相隔一定距离放一块填板用来保证两角钢之间的距离。为了要连接檩条，在上弦杆的上面设置了由钢板弯成的零件⑲ 。剖面图 3-3 表示出了零件⑲ 的形状特征，并且表示出零件⑲ 是由角焊缝焊接在上弦杆上，每隔 764 mm 或 684 mm 设置一个。由辅助投影的左端还可看出，在上弦杆的角钢翼缘上焊有两块角钢⑳ ，这是为连接屋架间的系杆用的。

从立面图、侧面图可知，下弦杆②是由两根背靠背的角钢(∟30×4)组成的，中间夹有填板⑰ 。竖杆⑥是由两根相错的角钢(∟40×4)组成的，一根在节点板之前，另一根在后，它们之间夹有三块填板⑰ 。

斜杆⑤也是由两根背靠背的角钢组成的，其间夹有三块填板⑰ 。斜杆③和④各是一根角钢，斜杆③位于节点板之前，而斜杆④位于节点板之后。

2. 然后了解各节点处的构造情况

节点是杆件的汇交点，构造较复杂，需联系各有关图形分析研究才能正确理解。现以端节点和屋脊处节点为例说明。

端节点是上弦杆和下弦杆的连接点，由立面图、侧面图和 1—1 剖面图表示出节点板⑦夹在上、下弦角钢之间，并用贴角焊和塞焊连接。而屋架在端节点处是怎样通过底板与墙连接的呢？从图中可以看出，底板⑬是一块水平放置的矩形钢板，它与直立的节点板⑦焊在一起。为了加强连接的刚度，在节点板与底板之间焊了两块筋板⑮。底板⑬上有两个缺口，使墙顶内的预埋螺栓穿过，然后把两块垫板⑭套在螺栓上再拧上螺母。垫板是在安装后再与底板⑩焊接的，所以采用现场安装焊缝符号表示。

屋脊处节点连接了上弦杆、斜杆和竖杆，主要由立面图和侧面图表示。从图中可以看出各杆件与节点板的相对位置。为了加强左、右两根上弦杆的连接，用了拼接角钢⑱。该拼接角钢在中部裁成V形缺口，将其弯折后与左、右两根上弦杆贴合焊接，前后各一块，共两块。

第三节　钢梁结构图

钢桁梁是用铆钉、螺栓或焊接的方法把各种型钢如角钢、工字钢、槽钢和钢板等连接起来的钢结构。钢桁梁常用于大跨度桥梁中。表示钢梁结构图的内容通常包括设计轮廓图、节点图、杆件图和零件图。

桥梁上通常采用的是栓焊梁，这种钢梁中的杆件是在工厂用钢板焊成的。将这些杆件运往工地，在工地用高强螺栓将各杆件连接起来，形成一个空间桁架。图7-18是下承式栓焊钢桁梁的示意图。该桁梁由前后两片主桁架、顶部的上平纵联、底部的下平纵联以及两端的桥门架和中间的横联所组成。

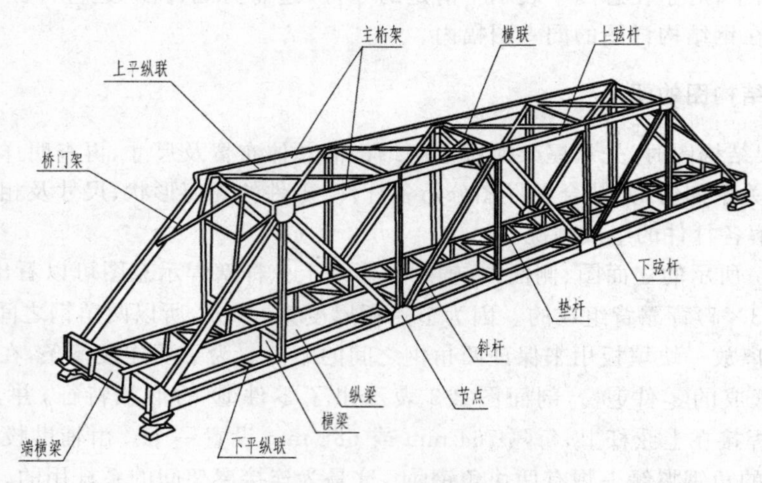

图7-18　下承式钢桁梁

图7-19是下承式钢桁梁E_3节点（节点位置见图7-21）的轴测图。在该节点处，用前后两块主桁节点板把主桁架中左右两根箱形截面的下弦杆和一根工字形截面的竖杆用高强螺栓连接起来。在下弦杆内部，根据需要前后各设置了两块拼接板。另外，下平纵联的两根工字形截面的水平斜杆和一根工字形截面的横撑杆则用高强螺栓连接在下平纵联节点板的两块水平板上，再通过下平纵联节点板上的两块竖板将下平纵联与主桁架连接在一起。

一、钢梁结构图图示特点及其画法

1. 设计轮廓图

设计轮廓图通常用示意图的形式画出。如图 7-20 为跨度 48 m 下承式栓焊梁的设计轮廓图，它由五个图形组成。

(1) 主桁立面是主桁架的立面图，表示前后两片主桁架的总体形状和大小。如图 7-20 所示，主桁架共有 6 节，每节 8 m，全长 48 m，桁高 11 m。每片主桁架上有上弦节点 5 个，下弦节点 7 个，共 12 个节点。

(2) 上平纵联图是上平纵联的平面图。按照惯例画在主桁立面的上面，表示桁梁顶部上平纵联的结构形式和大小。

(3) 下平纵联图是下平纵联的平面图。按照惯例画在主桁立面的下面。图中右边一半表示下平纵联的结构形式，左边一半表示桥面系的结构形式，纵梁间相距2 000 mm。

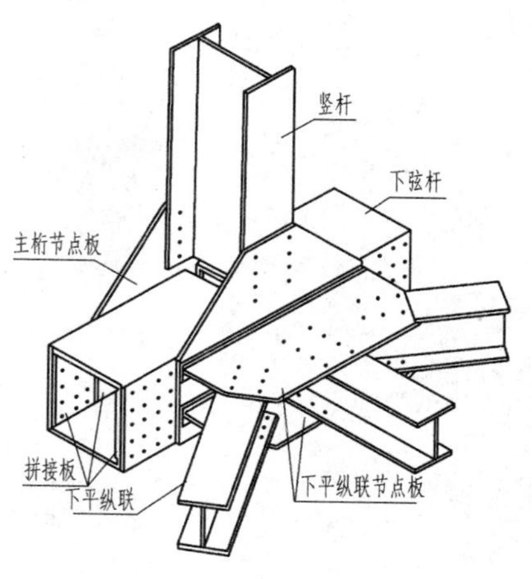

图 7-19　E_3 节点图

(4) 横联图是中间横联的侧面图，表示前后两片主桁架在中间横向连接的结构形式。

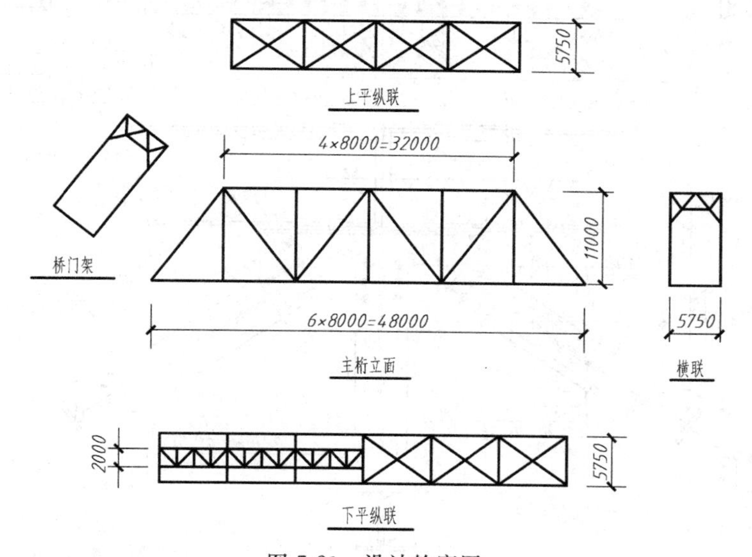

图 7-20　设计轮廓图

(5) 桥门架图是按垂直于桥门平面方向投射而得到的一个辅助投影。通常画在与主桁图中与桥门有投影关系的位置，以反映桥门架的实形。

2. 节点图

节点图是表示节点详细构造的图。图 7-21 所示为上述跨度 48 m 下承式栓焊梁 E_3 节点详图。节点图主要表示的是型钢之间的连接方式，所以在图示方法上有其特点。

(1) 节点图中一般都有用单线条、小比例绘出的整个桁架的示意简图，称为主桁简图，用以表示桁架的式样、总长、总高，以及所绘节点在桁架中的位置。示意简图中的单线条就是杆件的中心线。所画节点用小圆圈在示意简图中标出。

(2) 节点图通常采用两个基本视图和各杆件的断面图表示。如图 7-21 所示，E_3 节点图包括立面图、平面图及各杆件的断面图。

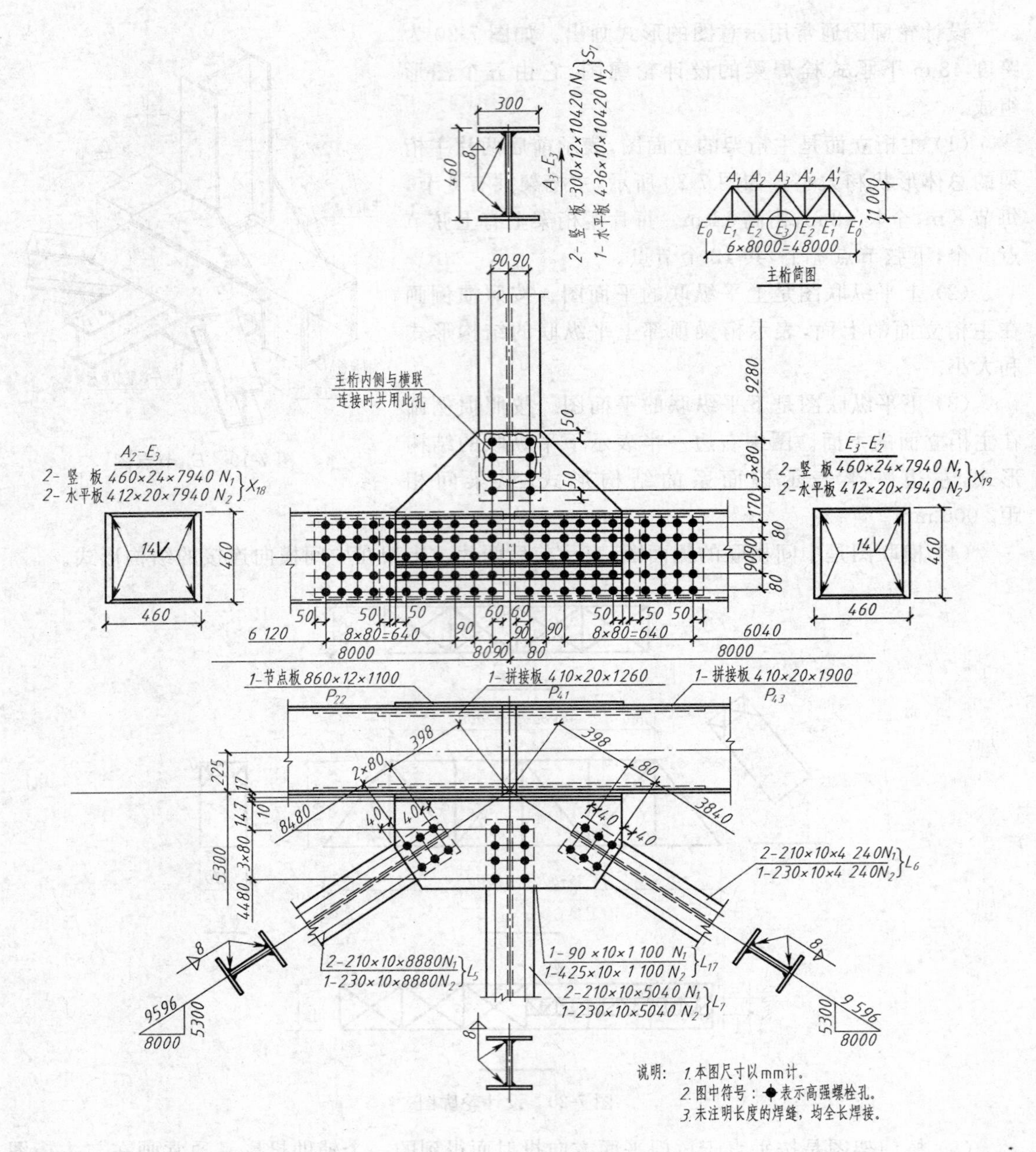

图 7-21　E_3 节点详图

立面图是假想绘图者站在两片主桁之间面对该节点而画出的。一般下弦节点的平面图画在立面图的下方，而上弦节点的平面图则画在立面图的上方。由于各杆件的截面形状不变，所以在基本视图中采用了折断画法，将各杆件的截面形状用断面图表示。断面图画在基本视图中各杆件的轴线上，一般不画材料图例。

(3) 为了使图形表达清晰，节点图经常采用拆卸画法。如图 7-13 中立面图和平面图中均采用了拆卸画法。立面图是将下平纵联的两根水平斜杆 L_5、L_6 和横撑杆 L_7 拆卸后画出的，因为这些杆件在平面图及其断面图中已表达清楚。平面图是将竖杆 S_7 拆卸后画出的，因为 S_7 在立面图及其断面图中已表达清楚。

(4) 节点图中螺栓孔用涂黑的小圆圈表示，其中心位置则用细实线定出。

(5) 节点图上的尺寸有三种类型。

第一种和一般尺寸标注形式相同，用以确定螺栓或孔洞的位置。例如立面图中竖杆 S_7 与节点板 P_{22} 连接时，沿杆件轴线方向注有尺寸 50、3×80 和 50 等。下面的 50 为最下一排螺栓距型钢端部的距离。3×80 表示四排螺栓有三个间距，每一间距为 80，三个间距共为 240。上面的 50 是最上一排螺栓距离节点板 P_{22} 上边缘的距离。

第二种尺寸是用注解的形式标出，用以确定各杆件或零件的尺寸。这类尺寸一般标注在各杆件断面图旁或写在零件的引出线上。例如左边下弦杆断面图旁注有 2—竖板 460×24×7 940N_1、2—水平板 412×20×7 940N_2 和 X_{18}，表明下弦杆 X_{18} 是由两块编号为 N_1、宽 460，厚 24，长 7 940 的竖板和两块编号为 N_2、宽 412，厚 20，长 7 940 的水平板焊接而成的。又例如在平面图中从节点板 P_{22} 上画出一条引出线，线的上方写有 1—节点板 860×12×1 100，下方写有 P_{22}，表明一块编号为 P_{22} 的节点板其备料尺寸（未切掉左右两个角的原始矩形板的尺寸）为 860×12×1 100。

第三种是用直角三角形标出的用以确定斜杆斜度的尺寸。这类尺寸一般注在各斜杆轴线上或斜杆旁。例如在下平纵联水平斜杆 L_6 轴线上画有一个斜边为 9 596，直角边分别为 8 000 和 5 300 的直角三角形。该直角三角形的斜边与 L_6 斜杆的轴线重合，两直角边分别平行于横撑杆 L_7 的轴线及下弦杆的轴线，其中 9 596 为斜杆轴线的长度，8 000 和 5 300 为斜杆轴线的两端点在长度方向和宽度方向的距离。

3. 杆件图和零件图

表示钢结构中某一杆件或零件的形状结构及尺寸大小的图叫杆件图或零件图。

图 7-22 所示为下弦杆 X_{18} 的杆件图。用立面、上平面、1—1、2—2，3—3 剖面图和一个坡口详图，表示杆件的形状和大小。上平面即平面图，但按第三角画法，把它画在立面图之上。

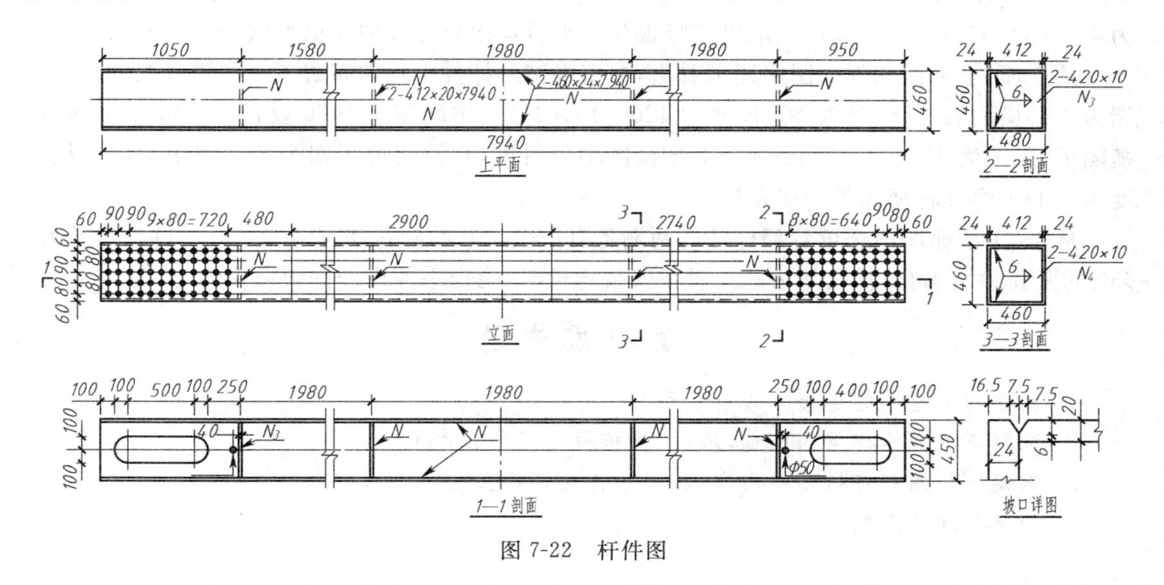

图 7-22　杆件图

因为杆件在该段内的形状无变化。所以立面、上平面和 1—1 剖面图均采用了折断画法。立面图还表示了该杆件在 E_3（右端）和 E_2（左端）节点处与节点板、拼接板连接时高强螺栓的分布情况。

二、钢梁结构图的阅读

1. 节点图的阅读，以 E_3 节点详图为例

该节点的下弦杆 X_{18}、X_{19} 和竖杆 S_7 是借助于节点板 P_{22}、拼接板 P_{14}、P_{43} 通过高强螺栓连在一起的。P_{22}、P_{14}、P_{43} 前后各一块，其尺寸分别为 860×12×1 100，410×20×1 260 和 410×20×1 900。下弦杆 X_{18}、X_{19} 都是箱形截面，它们的尺寸相同，均为 2-竖板 460×24×7 940N_1 和 2—水平板 412×20×7 940N_2。竖杆 S_7 为工字形截面，其尺寸为 2-竖板 300×12×10 420N_1 和 1—水平板 436×10×10 420N_2。下平纵联的水平斜杆 L_5、L_6 和横撑杆 L_7 是用高强螺栓与下平纵联节点板 L_{17} 上的水平板连在一起的，然后借助于下平纵联节点板 L_{17} 上的竖板，通过高强螺栓把下平纵联与主桁连在一起。下平纵联节点板上下各一块．每块均由一块竖板和一块水平板焊接而成，竖板尺寸为 90×10×1 100，水平板尺寸为 425×10×1 100。下平纵联的水平斜杆 L_5、L_6 和横撑杆 L_7 均为工字形截面，它们分别由 2-210×10×8 880N_1、1-230×10×8 880N_2，2-210×10×4 240N_1、1-230×10×4 240N_2 和 2-210×10×5 040N_1、1-230×10×5 040N_2 组成。

桁架杆件由型钢焊接而成，由于型钢组合连接方式的不同，产生了许多焊缝的形式，如：对接焊缝、角焊缝、塞焊缝等。图 7-21 中所示的焊缝形式和尺寸是采用引出线的方法标注的，焊缝符号标注在引出线的横线上，焊缝符号包含焊缝高度和焊缝图形符号等多项内容。图中有两种焊缝形式，一种是标注在下弦杆断面图上，焊缝的图形符号为 V 字形，表示 V 形焊缝，焊缝高度为 14 mm；另一种是标注在竖杆和下平纵联杆断面图上，焊缝的图形符号为上下两个三角形，表示双面角焊缝，焊缝高度为 8 mm。图中说明焊缝为全长焊接。

2. 杆件图和零件图的阅读

从上平面、2—2 剖面及坡口详图中可以看出，该杆件为箱形断面。它是由四块钢板焊接而成的，两块编号为 N_1 的竖板，其尺寸为 460×24×7 940；两块编号为 N_2 的水平板，其尺寸为 412×20×7 940。坡口详图示出了竖板与水平板焊接处焊缝的断面形状（V 形）和尺寸。

从立面、上平面和剖面图中还可看出，在整根箱形杆件中均匀布置了一些横隔板。左右两端为矩形横隔板，其编号为 N_3，尺寸为 420×10×412。中间每隔 1980 设置一块编号为 N_4 的横隔板，尺寸为 420×10×412，从 3-3 剖面图中可看出，它被切掉了四个角。图中示出了用高度为 6 的角焊缝将横隔板焊接在杆件中。

从 1—1 剖面图中还可看到杆件的两端各有一个 $\phi50$ 的圆孔和宽度为 200 的圆端形长孔。$\phi50$ 的圆孔为泄水孔；长孔是为施工者在安装螺栓时，能把手伸进杆件而设置的。

复习思考题

1. 钢结构中型钢的连接方式有几种？
2. 说明下承式栓焊梁的构造，填板、拼接板各起什么作用？
3. 钢梁结构图都包括哪些内容，其图示特点是什么？
4. 如何阅读节点图？

第八章　桥涵及隧道工程图

铁路跨越河流、池沼、低地、山谷、公路及铁路时，需要修建桥梁或涵洞。桥涵工程图是桥涵施工的重要技术依据。桥梁一般是由桥墩、桥台、梁和附属设备所组成(图 8-1)。其中，桥梁工程图包括：桥位图、全桥布置图、桥墩图、桥台图、桥跨结构图以及钢筋布置图，有时还有桥上附属设备图等。

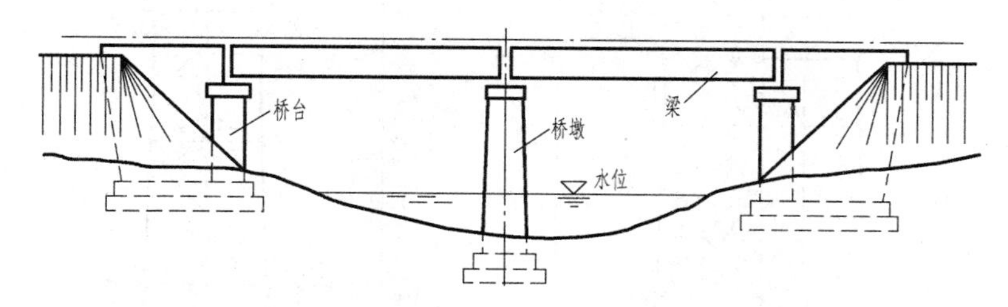

图 8-1　桥梁示意图

本章主要介绍桥涵工程图中的桥墩图、桥台图及涵洞图等。

第一节　桥梁工程图

一、桥　墩　图

桥墩是桥的重要组成部分之一，它起着中间支承作用，将梁及梁上所受的载荷，通过桥墩传递给地基。

桥墩的类型，一般以墩身的断面形状来分，常用的是圆端形桥墩[图 8-2(d)]，其他还有圆形桥墩[图 8-2(a)]、矩形桥墩[图 8-2(b)]、尖端形桥墩[图 8-2(c)]等。

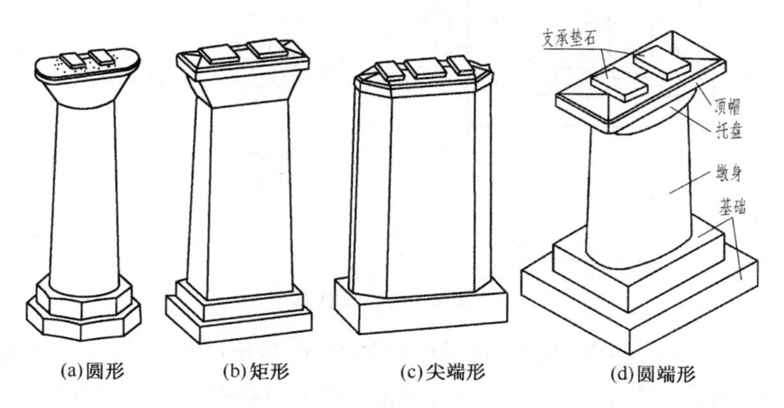

图 8-2　桥墩类型及构造

1. 桥墩的构造

桥墩是由基础、墩身和墩帽三部分组成。基础是桥墩的底部，一般埋在地面以下。墩身是桥墩的主体。墩帽在桥墩的上部，是由顶帽和托盘两部分组成的，如图 8-2(d)所示。顶帽的顶部为斜面，作排水用。为了安放桥梁支座，顶帽上有两块支承垫石。

2. 桥墩的表达

表示桥墩的图样有桥墩总图、墩帽图和墩帽钢筋布置图等。

(1) 桥墩总图

图 8-3 所示的是圆端形桥墩的桥墩总图，该图由正面图、平面图和侧面图组成，三个图均采用了半剖面图(结构对称)的表达方法。

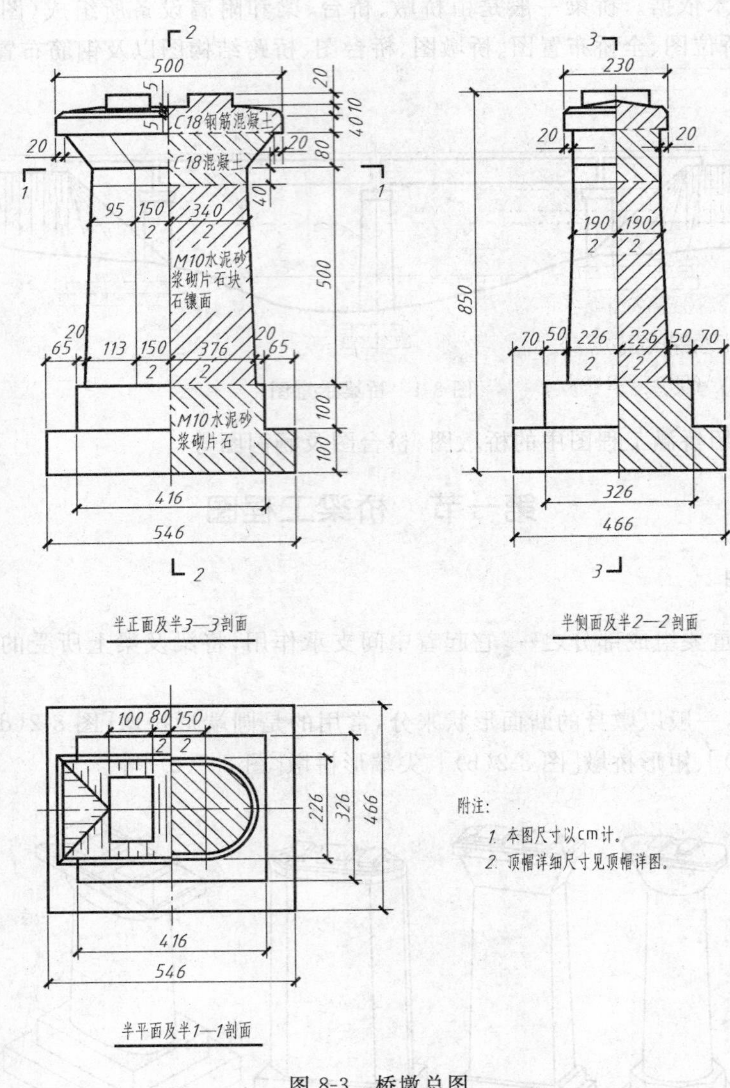

图 8-3 桥墩总图

桥墩的正面图是顺线路方向进行投射而得到的，由半正面和半 3—3 剖面组成。半正面表示了桥墩正面的外形轮廓，3—3 剖面表示了基础、墩身和墩帽等各部分所用的材料。

平面图由半平面和半 1—1 剖面组成。半平面表示了桥墩的水平投影方向的形状及尺寸大小，半 1—1 剖面是在墩身顶面处剖切而得到的。

侧面图也采用半侧面半 2—2 剖面，主要表示了桥墩的侧面轮廓形状和尺寸大小。

(2) 墩帽图

由于桥墩图的比例较小,墩帽部分的细节不易表达清楚,所以一般选用较大的比例另外画出墩帽图,如图 8-4 所示。墩帽图中的正面图和侧面图都是墩帽的外形图,墩身采用了折断画法。为使图形清晰,平面图仅画出了可见部分的投影。墩帽各部分材料在图 8-3 中已表示。在图 8-4 中已特别说明墩帽钢筋布置另有详图。

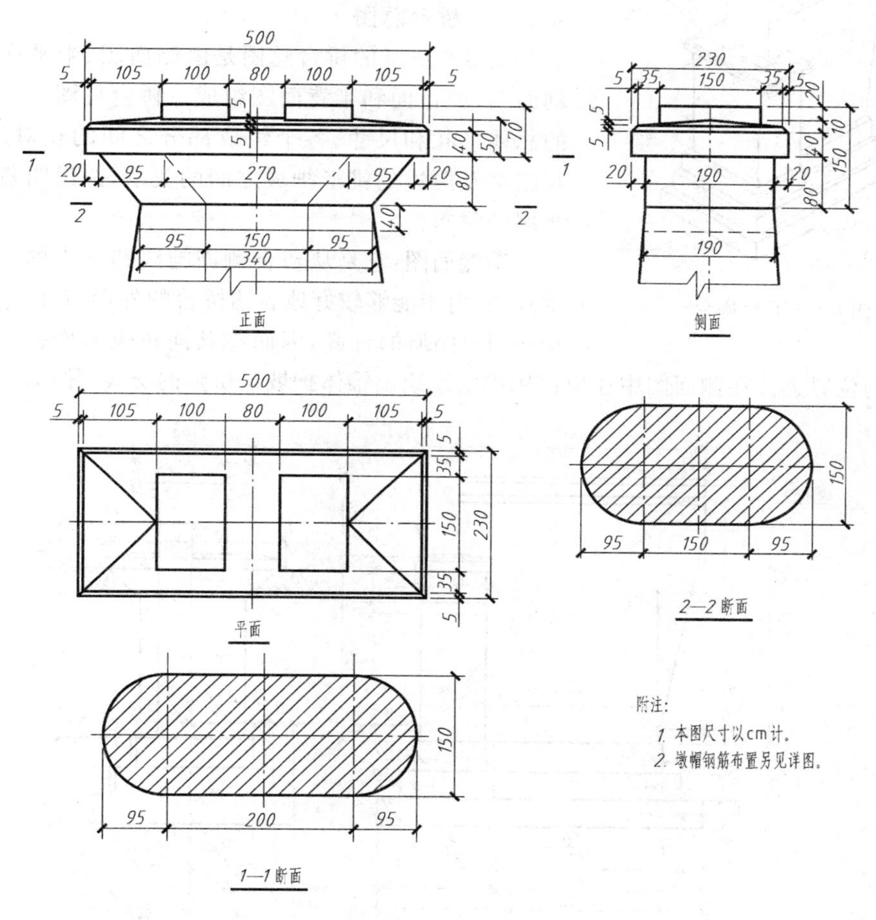

图 8-4　墩帽图

(3) 桥墩图对图线的特殊要求

桥墩图中平面与曲面的分界线是用细双点画线表示,不同材料的分界线用虚线表示。

二、桥　台　图

桥台是桥梁两端的支柱,除支承梁上的载荷外,还起阻挡路基端部填土发生滑移的作用。桥台的形式很多,常见的有 T 形桥台(图 8-5)、U 形桥台及矩形桥台等。

1. 桥台的构造

虽然桥台的形式不同,但都是由基础、台身和台顶(包括顶帽、墙身和道碴槽)所组成。

图 8-5 所示的是 T 形桥台的构造。基础在桥台最下面,共三层,由三块大小不等的 T 形板叠加而成。台身在基础上面,由前墙后墙及托盘组成。台顶是在桥台的上部,由顶帽、墙身和道碴槽三部分组成。顶帽在前墙托盘的上面,在其顶面也有两块支承垫石。墙身是后墙的

延续部分。整个桥台最上面部分为道碴槽。

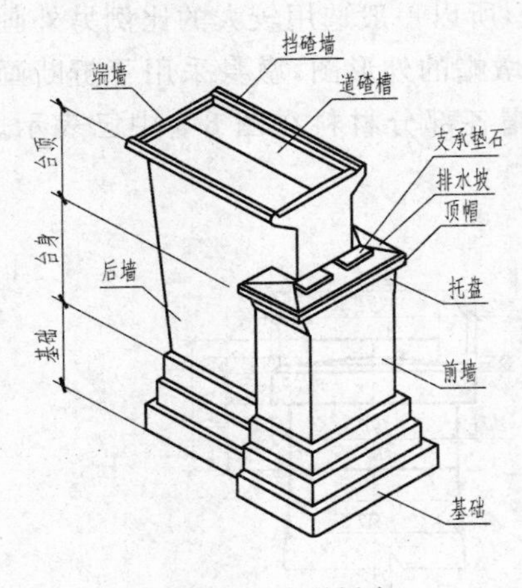

图 8-5 T 形桥台

2. 桥台的表达

表示桥台的图样一般有桥台总图、台顶构造图、顶帽及道碴槽钢筋布置图等。下面以图 8-5 所示的 T 形桥台为例进行介绍。

(1) 桥台总图

图 8-6 所示的桥台总图是由侧面图、半平面和半基顶剖面图、半正面和半背面图组成。桥台总图主要表示桥台的总体形状和尺寸、各个组成部分之间的相对位置、桥台与路基及两边的锥形护坡之间的关系,并说明各组成部分所用的材料。

①侧面图:它是从桥台侧面与线路垂直的方向投射而得到的,由于能够较好地表达桥台的外形特征,并反映出钢轨底面及路肩的标高,因而将其向正投影面投射并安排在正立面图的位置上。在侧面图中还应该用细实线绘出锥体护坡与桥台的交线,并标注其坡度。

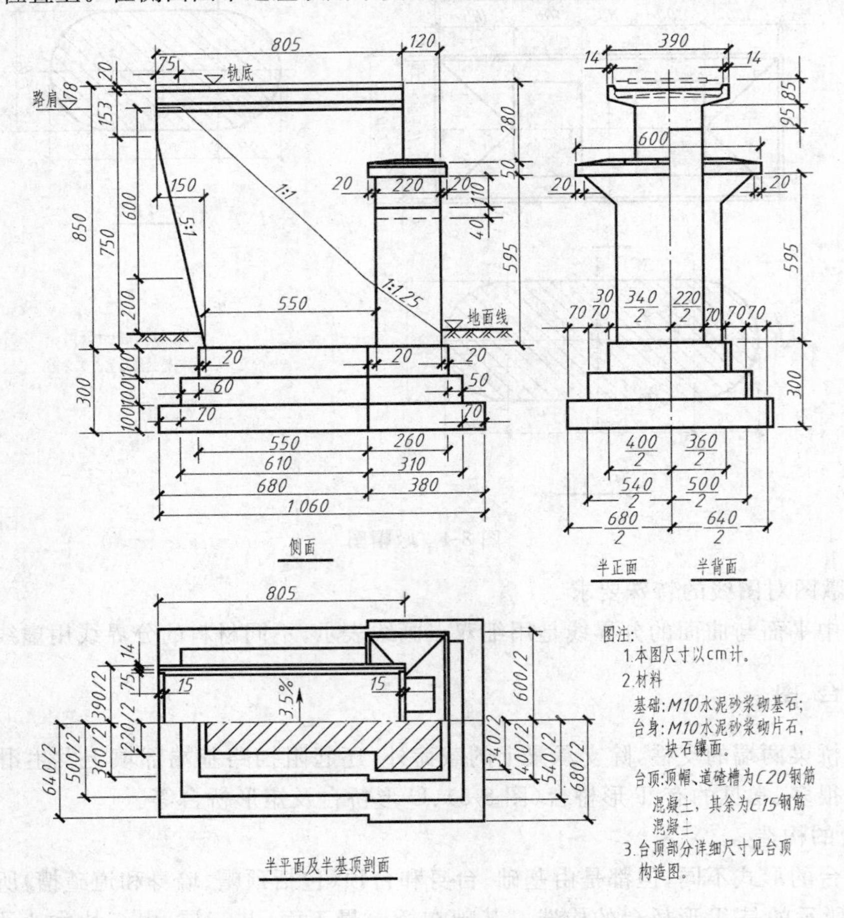

图 8-6 桥台总图

②半平面及半基顶剖面图:半平面主要表示道碴槽和顶帽的平面形状及尺寸。半基顶剖

面图是沿基础顶面剖切而得到的剖面图，它主要表示台身底面和基础的平面形状及大小。

③半正面和半背面图：从桥孔顺着线路的方向投射桥台得到的图叫正面图或正面，从路基顺着线路的方向投射桥台得到的图叫背面图或背面。由于桥台的正面图和背面图都是沿路基中心线对称的，所以各画一半，组合在一起，中间用细点画线分开。半正面和半背面图同时表达了桥台两个方向的形状和大小尺寸，在此图上还常用细双点画线示出道碴和轨枕，而桥头路基及锥体护坡一律省略不画。

另外，在桥台总图中还需要加上必要的附注以交代图中的尺寸单位、桥台各部分的建筑材料、有关设计和施工中应注意的事项等等。

(2) 台顶构造图

桥台的台顶部分由于构造较为复杂，常用较大比例单独画出。台顶构造图主要用来表示顶帽和道碴槽的构造。图 8-7 所示的是 T 形桥台的台顶构造图，它包括 1—1 剖面图、半正面和半 2—2 剖面图、平面图和两个详图。

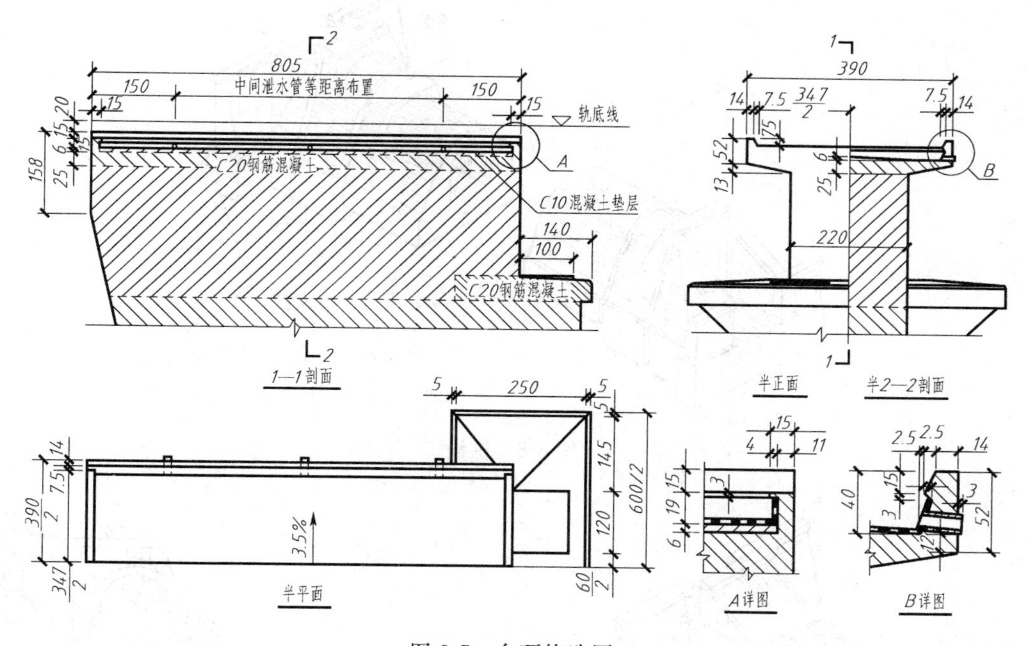

图 8-7 台顶构造图

1—1 剖面图的剖切位置可从半正面及半 2—2 剖面图中看出，它是沿桥台对称面剖切而得到的全剖面图。主要用来表示道碴槽的构造、泄水管和轨底的位置以及台顶各部分所使用的材料。图中虚线是材料分界线。

半正面及半 2—2 剖面图主要表示道碴槽的形状和尺寸以及台顶的正面和背面的形状。

平面图主要表示道碴槽和顶帽的平面形状和尺寸，以及槽底的横向排水坡度等，由于平面图前后对称，所以用简化画法仅画出其一半。

A 详图主要表示道碴槽端墙的形状和尺寸。道碴槽底面的防水层在图中用双线间画有黑白相间的符号表示。

B 详图主要表示道碴槽的断面形状和尺寸、泄水管和防水层的位置等。

在 1—1 剖面图和半正面半 2—2 剖面图中，用细线画出圆圈并分别标出相应的字母 *A* 和 *B* 以表明 *A*、*B* 详图在构造图中的位置。

第二节 涵 洞 图

涵洞是埋设在路堤下面、用来排泄小量水流或通过小型车辆和行人的长条形建筑物，涵洞的轴线方向一般与路基垂直。

一、涵洞的类型构造

涵洞按其断面形状和结构形式分成拱涵(图 8-8)、盖板箱涵(图 8-9)和圆涵(图 8-10)等。各种类型涵洞的组成部分基本相同，主要由洞身、洞口两部分组成。下面以图 8-8 所示的入口抬高式拱涵为例介绍涵洞的构造及表达方法。

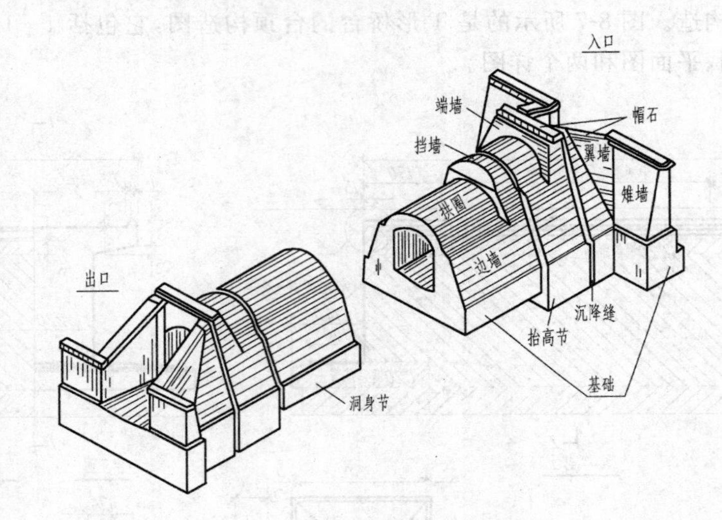

图 8-8 拱涵

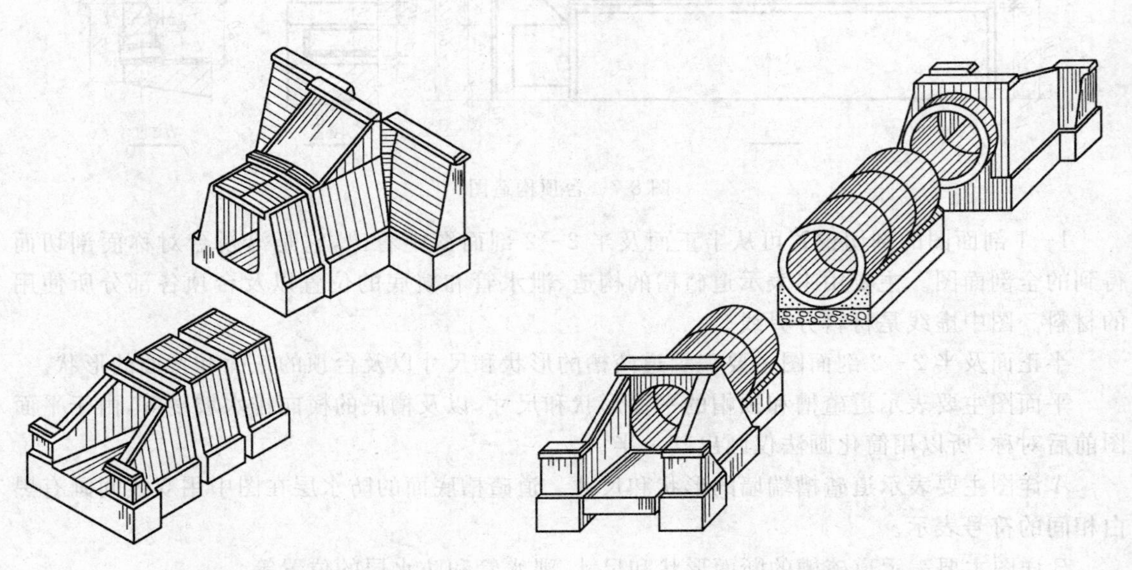

图 8-9 盖板箱涵

图 8-10 圆涵

拱涵是常见的一种涵洞，洞口的两端分别叫做出口、入口。洞身埋在路基内，在长度方向上分为若干节，各节之间有宽 30 mm 的沉降缝，沉降缝中填塞防水材料，洞身上部覆盖有防水层和粘土保护层。

1. 洞身节

洞身节由基础、边墙和拱圈组成，每节 3～5 m 长。基础是长方体，上表面中部有一个圆弧形槽。边墙是两个平放的五棱柱，位于基础上面的两边。拱圈是等厚度的圆拱，两端叫拱脚，拱脚与边墙上表面接触，拱脚所在平面通过拱圈的轴线。

洞身各节的形状和尺寸基本一样，只是与抬高节相邻的洞身节在拱圈上部有一段挡墙，挡墙的上表面与抬高节拱圈的上表面一致，挡墙的端面与洞身节平齐，而后部是斜面。

2. 抬高节

抬高节的基础、边墙和拱圈形状与洞身节完全相同，只是边墙较高，基础较宽、较厚。拱圈上部在入口的一端做有端墙，端墙上面有带抹角的帽石。

3. 出口和入口

涵洞出口和入口的形状是相似的，只是各部分尺寸大小不同。出入口都是由基础、翼墙、雉墙及其上面带有抹角的帽石组成。

4. 附属工程

在洞门的出、入口前，要进行沟床铺砌，在横墙前要设置锥体护坡。

二、涵洞的表达

涵洞一般用总图来表达。需要时可单独画出涵洞某一部分的构造详图。涵洞总图(图 8-11)一般由中心纵剖面图，半平面半基顶剖面图，出、入口正面图以及剖面图等组成。

1. 中心纵剖面图

它是沿涵洞中心线剖切后画出的全剖面图，图中可以显示出涵洞的总节数、每节长、总长度、沉降缝宽度、出入口的长度和各种基础的厚度(深度)、净孔高度、拱圈厚度以及覆盖层厚度等。若涵洞较长，管节结构相同时，可以采用折断画法。

2. 半平面半基顶剖面图

半平面图主要表示各管节的宽度、出入口的形状和尺寸、帽石的位置、端墙与拱圈上表面的交线等。半基顶剖面图是通过边墙底面剖切而得到的，主要表示边墙、出入口的底面形状和尺寸、基础的平面形状和尺寸等。

3. 出、入口正面图

出、入口正面图，就是涵洞的右、左侧正面图。为了看图方便，将入口正面图绘制在中心纵剖面图的左边，出口正面图绘制在中心纵剖面图的右边。它们表示出入口的正面形状和尺寸、锥体护坡的横向坡度及路基边坡的片石铺砌高度等。注意各图布置均应保持投影关系。

4. 剖面图

对涵洞翼墙和管节的横断面形状及其有关尺寸，上述三个视图都未能反映出来，因此，在涵洞的适当位置进行横向剖切，作出剖面图。为了表示不同位置的断面形状，要画出足够的剖面图。由于涵洞前后对称，所以各剖面只需画出一半，也可把形状接近的剖面结合在一起画出，如图 8-11 中的 1—1 剖面图与 2—2 剖面图。

5. 拱圈图

拱圈图表示了拱圈的形状和尺寸。

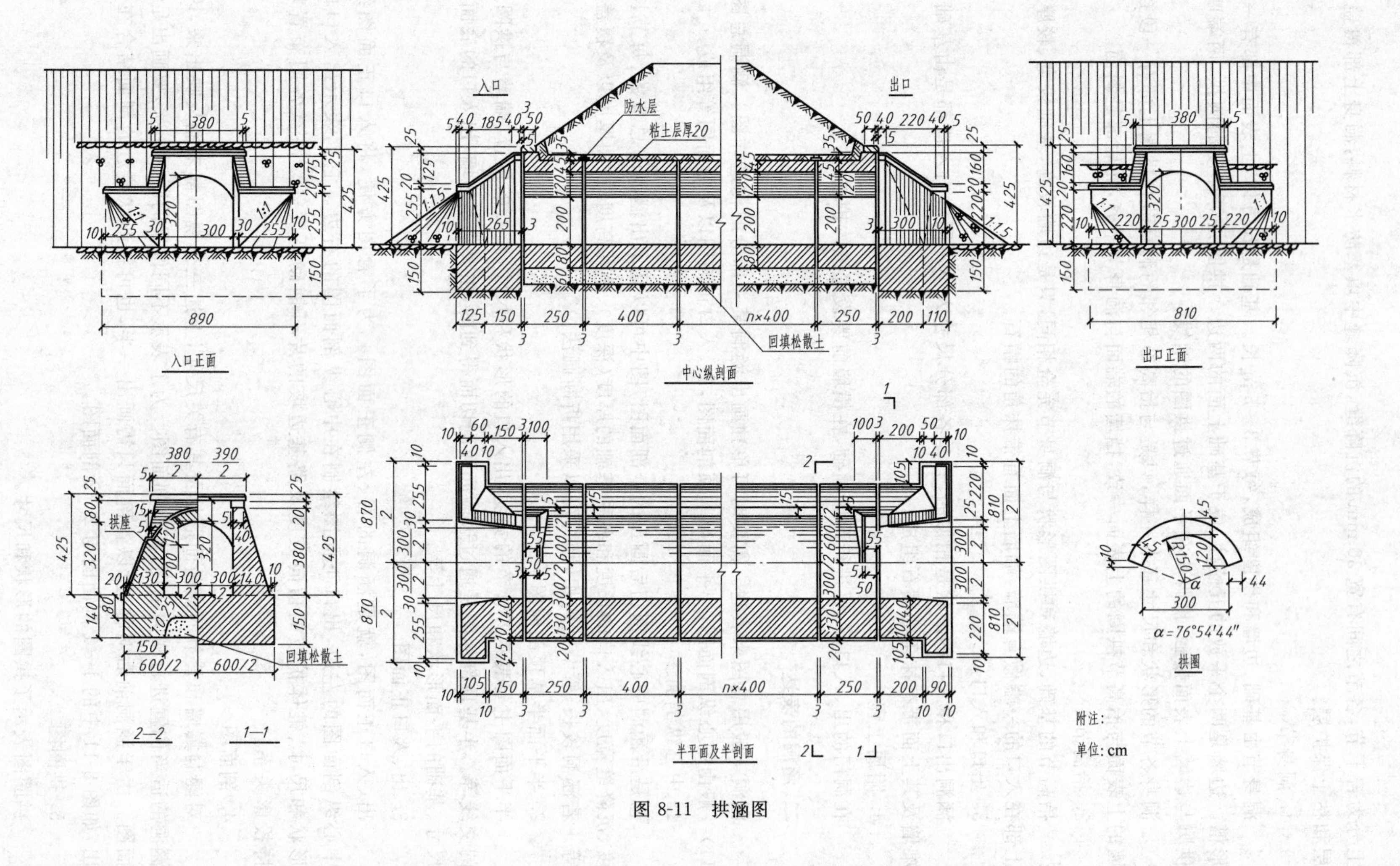
入口
出口
防水层
粘土层厚20
回填松散土
入口正面
中心纵剖面
出口正面
拱座
2—2
1—1
半平面及半剖面
拱圈
α=76°54′44″
附注：
单位：cm

图 8-11 拱涵图

第三节　隧道洞门图

铁路隧道是为火车穿越山岭而修建的建筑物。隧道主要是由洞门和洞身(衬砌)两部分组成,此外还有避车洞、防水排水及通风设备等。

隧道工程图包括洞门图、横断面图(洞门衬砌)及避车洞等结构图。本章仅介绍较为复杂的隧道洞门图。

一、隧道洞门的构造

洞门位于隧道洞身的两端,是隧道的外露部分,俗称出入口。洞门一方面起着稳定洞口仰坡坡脚的作用,另一方面也有装饰美化洞门的效果。根据地形及地质条件的不同,隧道洞门可采用端墙式、柱式和翼墙式等形式,如图 8-12 所示。

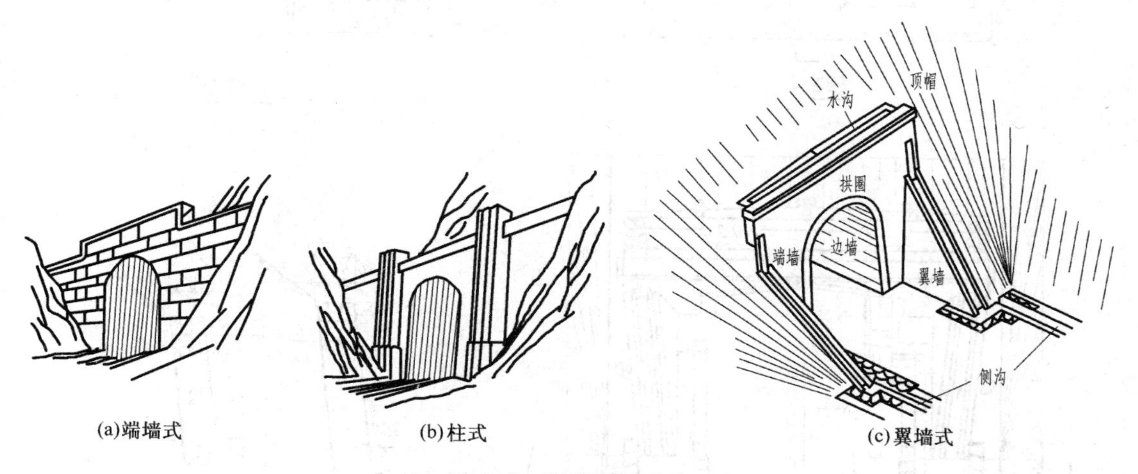

图 8-12　隧道洞门形式

下面以翼墙式隧道洞门为例,说明其各部分的构造及表达方法。

翼墙式隧道洞门主要由洞门端墙和翼墙组成。端墙是用来保证仰坡稳定,并使仰坡上的雨水和落石不致掉到线路上。它以 10∶1 的坡度向洞身方向倾斜。在端墙顶的后面,有端墙顶水沟,其两端有挡水短墙。在端墙上设有顶帽,中下部是洞口衬砌,包括拱圈和边墙。在翼墙上设有排除墙后地下水的泄水孔,墙顶有排水沟。

洞门处排水系统的构造比较复杂。隧道内的地下水通过排水沟流入路堑侧沟内,洞顶地表水则通过端墙顶水沟、翼墙排水沟流入路堑侧沟。

二、隧道洞门的表达

隧道洞门各部分的结构形状和大小,是通过隧道洞门图来表达的,图 8-13 所示的是翼墙式隧道洞门图。

1. 立面图

立面图是沿着线路方向对着隧道门进行投射而得到的。它表示洞门衬砌的形状和主要尺寸,端墙的高度和长度,端墙与衬砌的相互位置,以及端墙顶水沟的坡度,翼墙倾斜度,翼墙顶排水沟与端墙水沟的连接情况,洞内排水沟的位置及形状等。端墙上部两边用虚线表示端墙

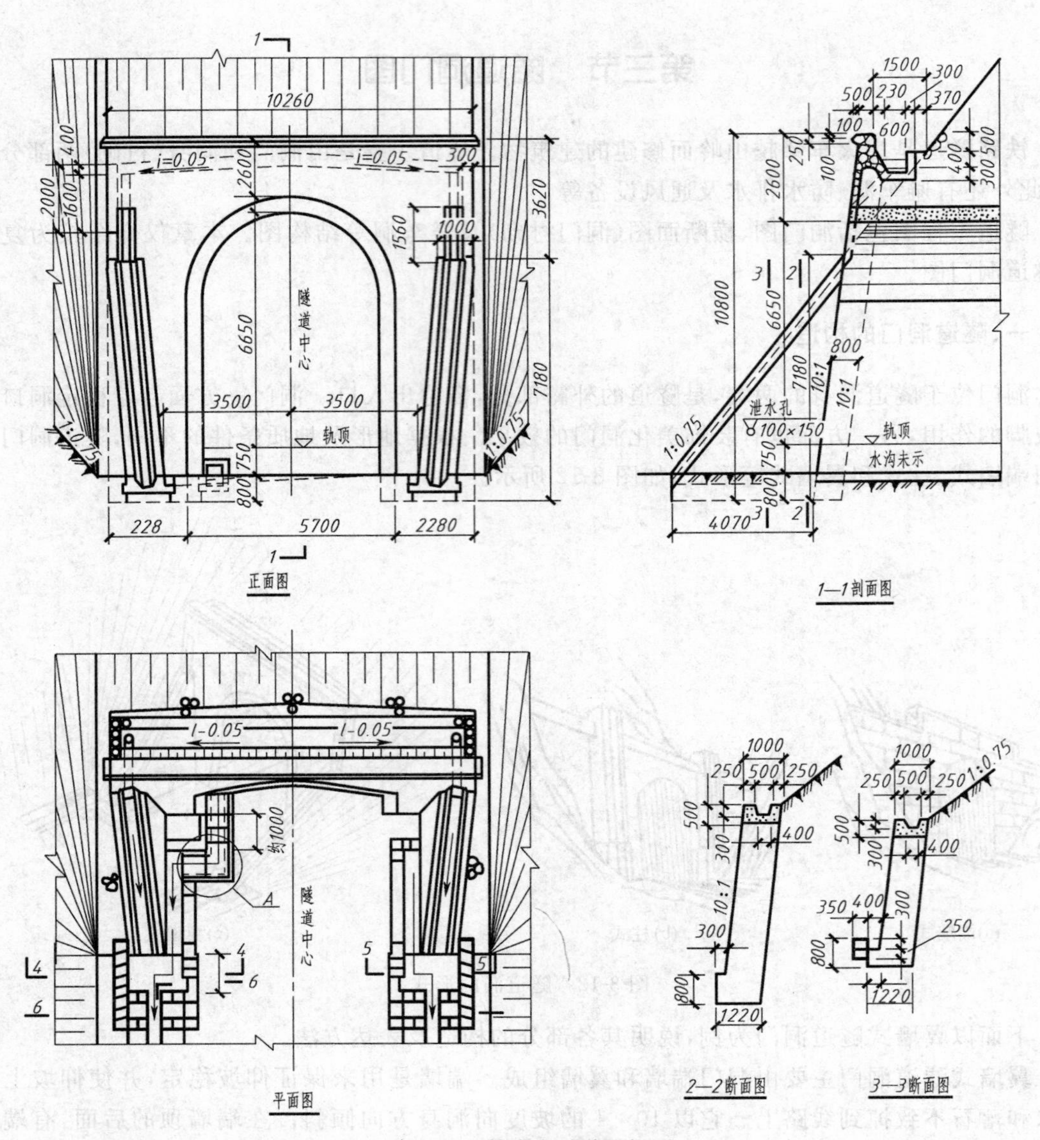

图 8-13　翼墙式隧道洞门图

顶水沟两端的短墙。

2. 平面图

平面图主要表示洞门处排水系统的情况。洞内排水系统的详细情况另有详图表示。

3. 1—1 剖面图

1—1 剖面图是沿着隧道中心线剖切而得到的，它表示了端墙的厚度和倾斜度（10∶1），端墙顶水沟的断面形状和尺寸，翼墙顶排水沟仰坡的坡度（1∶0.75），轨顶标高和拱顶的厚度等。

4. 2—2 断面图和 3—3 断面图

这两个断面图分别用来表示翼墙的厚度、翼墙顶排水沟的断面形状和尺寸、翼墙的倾斜度、翼墙的基础和底部水沟的形状及尺寸。

5. 排水沟的详图

为了表达排水沟的详细情况，需绘制排水沟的详图，如图 8-14 和图 8-15 所示。

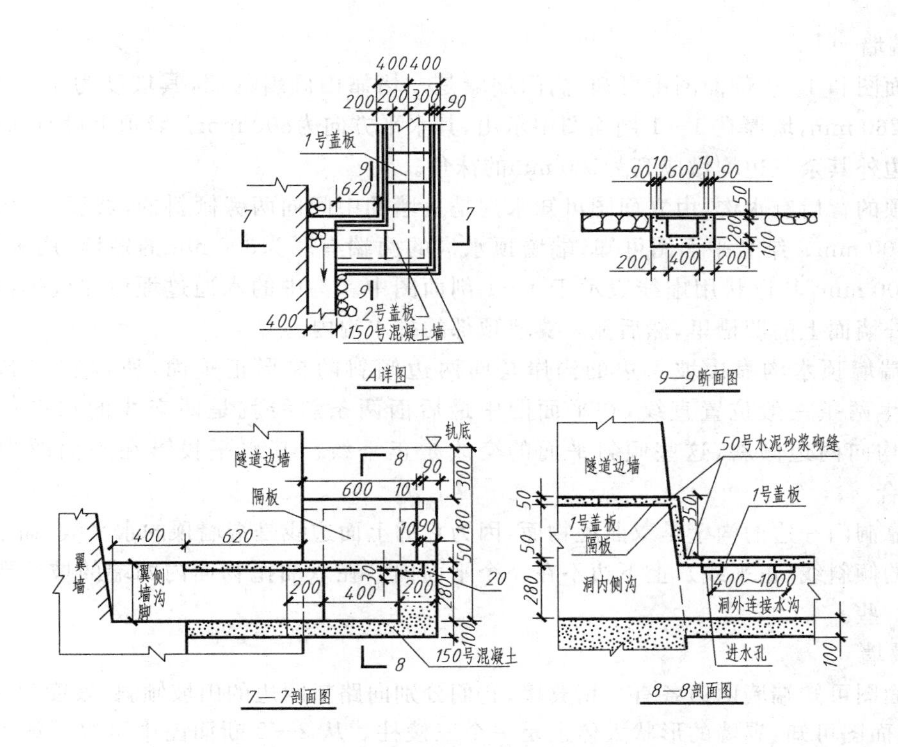

图 8-14　隧道内外侧沟连接图

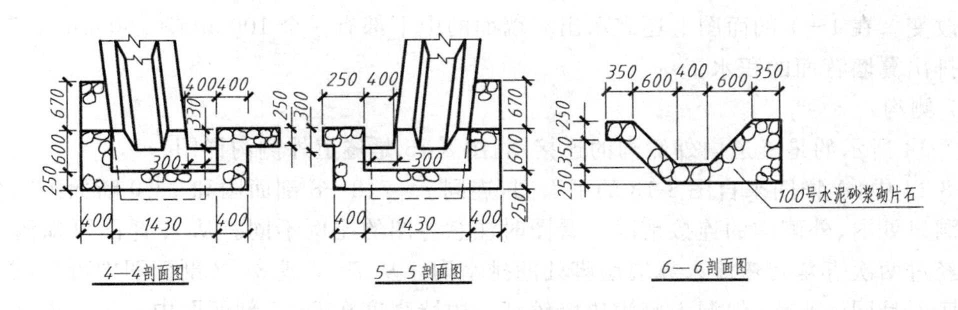

图 8-15　隧道外侧沟图

三、隧道洞门图的阅读

以图 8-13 和图 8-14 为例，阅读隧道洞门图。

1. 首先了解标题栏和附注说明（由于图幅原因，图中省去标题栏）

从标题栏中可知该隧道洞门是翼墙式单线直边墙的铁路隧道洞门，并知其比例、尺寸单位和各部分所用的建筑材料等。

2. 看懂视图关系

图 8-13 共用两个基本视图（立面图、平面图），一个剖面图和两个断面图（2—2 断面图、3—3 断面图）。1—1 剖面图的剖切位置在立面图中标出，2—2 和 3—3 断面图的剖切位置在 1—1 剖面图中表示。

3. 读懂洞门各组成部分的形状和尺寸

(1) 端墙

从立面图和1—1剖面图中可知,洞门端墙是一堵靠山倾斜的墙,其坡度为10∶1。端墙长度为10 260 mm,墙厚在1—1剖面图中示出,其水平方向为800 mm。墙顶上设有顶帽,顶帽上部除后边外其余三边均做成高为100 mm的抹角。

端墙顶的背后有水沟,由立面图可知水沟是从墙的中间向两旁倾斜的,坡度 $i=0.05$。沟的深度为400 mm。结合平面图可知,端墙顶水沟的两端有厚为300 mm的短墙,用来挡水,短墙高为2 000 mm,其形状用虚线表示于1—1剖面图中。沟中的水通过埋设在墙体内的水管流到端墙外墙面上的凹槽里,然后流入翼墙顶部的排水沟内。

由于端墙顶水沟靠山坡一边的沟岸是向两边倾斜的梯形正垂面,所以它与洞顶仰坡而相交产生两条一般位置直线,在平面图中最后面两条斜线就是两交线的水平投影。沟岸和沟底均向两边倾斜,这些倾斜平面的交线是正垂线。其水平投影在平面图中与隧道中心线重合。

水沟靠洞门一边的沟壁是双曲抛物面,因为它的上面边线是端墙顶的水平线,而下面边线为沟底边的倾斜线(正平线),上下边不在一个平面内。在双曲抛物面内两端的坡度要比中部的坡度陡一些。

(2) 翼墙

由立面图可知端墙两边各有一堵翼墙,它们分别向路堑两边的山坡倾斜,坡度为10∶1结合1—1剖面图可知,翼墙的形状大体上是一个三棱柱。从2—2断面图中可以了解到翼墙的厚度、基础的厚度和高度以及墙顶排水沟的断面形状和尺寸。由平面图可知翼墙墙脚处有翼墙脚侧沟,侧沟的断面形状和尺寸由3—3断面图中示出。同时可看出3—3断面处的基础高度有所改变。在1—1剖面图上还表示出翼墙面的中下部有一个100 mm×150 mm的泄水孔,用它来排出翼墙背面的积水。

(3) 侧沟

图8-14所示的是隧道内外侧沟的连接图,图8-15是隧道外侧沟详图。

图8-14中,*A*详图来自图8-13的平面图,连同7—7、8—8剖面图和9—9断面图四个图形表明了洞口处内、外侧沟的连接情况。看图时注意各图的比例不同。从*A*详图可知洞内侧沟的水是经过两次直角转弯流入翼墙墙脚处的排水沟。从7—7或8—8剖面图中可知,洞内、外侧沟的底面是同一平面,但洞内侧沟边墙较高。边墙高度在7—7剖面图中示出。内外沟顶上均有盖板覆盖。由8—8剖面图看出,在洞口处侧沟边墙高度变化的地方,为了防止道碴掉入沟内,用隔板封住。在洞外侧沟的边墙上开有进水孔,进水孔的间距为400～1 000 mm。9—9断面图示出了水沟横断面的形状和尺寸。

图8-15中各图的剖切位置表示于图8-13的平面图中。4—4和5—5剖面分别表明左、右二翼墙端部各水沟的连接情况。从图8-13中的平面图和这两个剖面图中可知,翼墙顶排水沟和翼墙脚处侧沟的水先流入汇水坑,然后再从路堑侧沟排走。6—6断面图表明了路堑侧沟的断面形状和尺寸。由6—6的剖切位置可知,6—6断面图的右边一半表明靠近汇水坑处的铺砌情况,而左边一半则表示离汇水坑较远处的铺砌情况。

复习思考题

1. 桥墩是由哪几部分组成的?

2. 桥墩总图和墩帽图由哪些视图组成？有何特点？

3. 桥台是由哪几部分构成的？表达桥台的图样有哪些？

4. 涵洞图由哪些视图组成，有何图示特点？

5. 隧道洞门由哪几部分组成？

6. 翼墙式隧道洞门表达特点是什么？

第九章　房屋建筑图

第一节　概　　述

一、房屋的组成及其作用

房屋建筑按它们的使用功能不同，一般可分为：工业建筑，如钢铁厂、炼油厂等；农业建筑，如谷仓、农机站等；公共建筑，如学校、医院等；居住建筑，如住宅、宿舍等。各种不同的建筑物，虽然它们的使用要求、空间布局、表现形式、规模大小等不尽相同，但它们的主要组成部分是大致相同的，都是由基础、墙或柱、楼面与地面、屋顶、楼梯和门窗等部分组成。

图 9-1 为一幢三层楼房的示意图，从图中可以看出，主要由基础、地面、楼梯、楼面、墙、屋面以及台阶、窗台、栏杆、明沟等部分组成。这些组成部分处于房屋的不同部位，发挥着各自的功能作用。如楼面、楼板、墙、基础直接或间接起着支撑人、物和房屋自身重量等载荷的作用，屋面外墙起着防止风、沙、雨、雪和阳光的侵蚀或干扰的作用，门、走廊、楼梯、台阶是起着沟通房屋的内外或上下的交通的作用，天沟（或檐沟）、雨水沟、明沟、散水是起着排水的作用等。

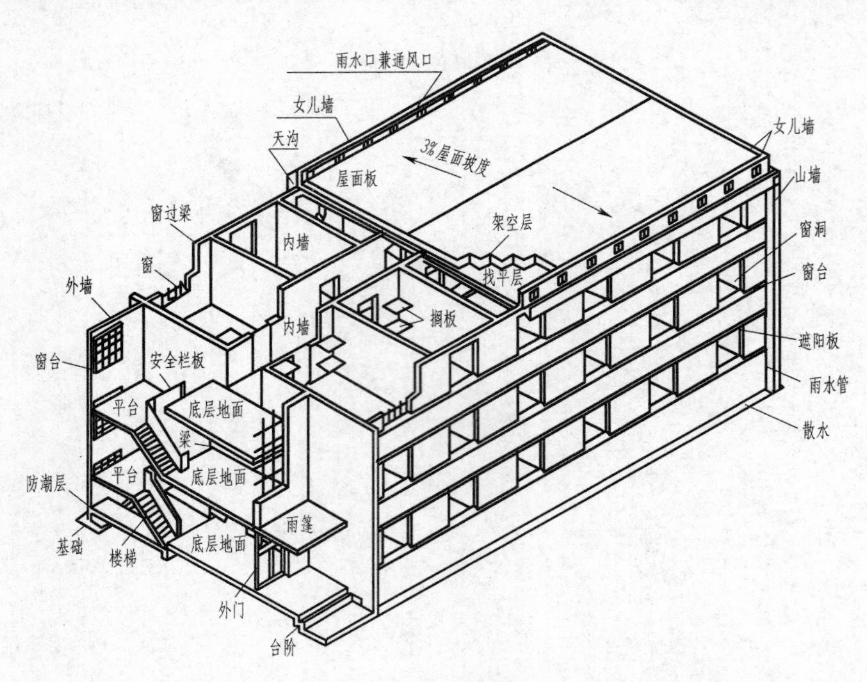

图 9-1　房屋的组成

二、房屋施工图的分类

建造一幢房屋，需要经历设计与施工两个阶段，设计阶段分为两步进行：初步设计和施工图设计。将拟建房屋的内外形状和大小以及各部分的结构、构造、装修设备等内容，按照“国标”的规定，用正投影画出的图样，称为房屋建筑图。一套房屋建筑施工图，根据内容与作用的不同一般分为如下几种。

1. 图样目录。先列新绘的图纸，后列所选用的标准图纸或重复利用的图纸。

2. 设计总说明（即首页）。施工图的设计依据，本项目的设计规模和建筑面积，本项目的相对标高与绝对标高的对应关系，室内室外的用料说明，门窗表等。

3. 建筑施工图（简称“建施”）。包括建筑总平面图、平面图、立面图、剖面图及构造详图。

4. 结构施工图（简称“结施”）。包括结构平面布置图和各构件的结构详图。

5. 设备施工图（简称“设施”）。包括给水排水、采暖通风、电器电讯等专业设备（外线）的总平面图、平面图、立面图、系统图和制作安装详图及设备安装说明等。

三、建筑施工图的图示特点

1. 建筑施工图是采用正投影原理绘制的多面正投影图。它用于表示房屋的总体布局、外部造型、内部布置、内外装修等情况，是房屋施工放线、砌筑、安装门窗、室内外装修、编制施工概预算及施工组织计划的主要技术依据。

2. 房屋形体较大，所以施工图一般都用较小的比例绘制。由于房屋内外各部分构造较复杂，在小比例的平、立、剖面图中无法表达清楚，所以还要配以大量较大比例的详图。

3. 为了做到房屋建筑图样基本统一、清晰简明、保证图面质量、提高制图效率，符合设计、施工、存档等要求，我国制定了国家标准《建筑制图标准》及《房屋建筑制图标准》，对图样的线型、比例等作了明确的规定（详见第三章）；对建筑构配件、卫生设备、建筑材料等规定了特定的图形符号（称为“图例”）和标注符号。

四、建筑施工图中常用的符号

1. 定位轴线

在施工图中通常将房屋的基础、墙、柱、墩和屋架等承重构件的轴线画出，并进行编号，以便于施工时定位放线和查阅图纸。这些轴线称为定位轴线，定位轴线用细点画线绘制，轴线编号的圆圈用细实线绘制，其直径为 8 mm，圆圈内注写编号如表 9-1 所示。

表 9-1　定位轴线编号及标高符号

符　号	说　明	符　号	说　明
2/2　1/A　1/0A 附加轴线	在 2 号轴线之后附加的第 2 根轴线 在 A 轴线之后附加的第 1 根轴线 在 A 轴线之前附加的第 1 根轴线	（数字）	楼地面平面图上的标高符号
		（数字） 3　45°　45°	立面图，剖面图上的标高符号（用于其他处的形状大小与此相同）
公用轴线 1　3	详图中用于两根轴线	（数字）	用于特殊情况标注
1　3、5、9… 1　～　18	详图中用于两根以上多轴线 详图中用于两根以上多根连续轴线	（数字） (7.000) 3.500	用于多层标注

2. 标高符号

在总平面图、平面图、立面图以及剖面图上，常用标高符号表示某一部位的高度。各图上所用的标高符号以细实线绘制。标高数值以 m 为单位，一般注至小数点后三位(总平面图中为小数点后二位)。

第二节　建筑施工图

一、总平面图

建筑总平面图俗称总平面图，是地形、地貌、道路、绿化、建筑物等的水平投影图。它表达了房屋的平面形状、方位、朝向、界限、道路以及河流与房屋之间的相互关系和房屋与周围地貌、地物的关系。由于总平面图所包括的范围较大，所以采用较小的比例绘制，常用 1∶500、1∶1 000、1∶2 000、1∶5 000 等比例。由于比例小，所以房屋只用外围轮廓线的水平投影表示，用图例(见表 9-2)表示地貌、地物。总平面图是新建房屋及其配套设施施工定位、土方施工及施工现场布置的依据，也是规划设计水、暖、电等专业工程总平面和绘制管线综合图的依据。总平面图主要包括以下内容。

1. 基本内容与图示方法

(1) 表明新建(扩建、改建)区域的总体布局。如用地范围、地形、原有建筑物、构筑物、道路、管网、绿化区域的布置情况及建筑物的层数等。

(2) 确定建筑物的平面位置。一般根据地域内原有的房屋或道路定位，对于规模较大的工程，往往占地广，地形较为复杂，为了确保定位放线的准确，通常采用坐标方格网来确定位置。

(3) 新建建筑物的有关尺寸。首层地面、室外地坪和道路的绝对标高，以及新建建筑物、构筑物、道路、场地(绿地)等的有关距离尺寸。标高和距离都以 m 为单位，取小数点后两位。

(4) 新建建筑物的朝向方位。通常用指北针表示建筑物的朝向，用风玫瑰图表示常年风向频率和风速。

(5) 建筑物使用编号时，应列出名称编号表。

(6) 说明栏内容包括施工图的设计依据、尺寸单位、比例、高程系统、补充图例等。

2. 总平面图的识读

(1) 了解工程图名、图例及有关的文字说明。总平面图中常有图例，必须熟悉它们的意义。图中除了用图形表达外，还有其他文字说明，应注意阅读。

(2) 了解图样比例。

(3) 了解建设地段的地形，查看用地范围、建筑物的布置、四周环境、道路的布置。

(4) 了解地势的高低。从室内底层地面和等高线的标高，了解该地的地势高低、雨水排除方向，并可计算填挖土方的数量。

(5) 了解建筑位置和朝向。建筑物的位置由与固定设施的相对关系或者坐标方格网决定；根据图中的指北针或风向图，可确定该房屋的朝向。

(6) 了解附属设施。新建建筑物室外的道路、绿化带、围墙等的布置和要求。

表 9-2　总平面图图例

图　例	名　称	图　例	名　称	图　例	名　称
	新设计的建筑物 右上角以点数表示层数		围墙 表示砖、混凝土及金属材料围墙		公路桥 铁路桥
	原有的建筑物		围墙 表示镀锌铁丝网、篱笆等围墙		护坡
	计划扩建的建筑物或预留地	154.20	室内地坪标高		风向频率玫瑰图
	要拆除的建筑物	143.00	室外整平标高		指北针
	其他材料露天堆场或露天作业场		露天桥式吊车		龙门吊车

图 9-2 为某学生宿舍楼的总平面图。图中用粗实线画出的图形是拟建的学生宿舍的底层平面轮廓，它们位于已建的教学楼之南。图中还反映了绿化地带的情况。

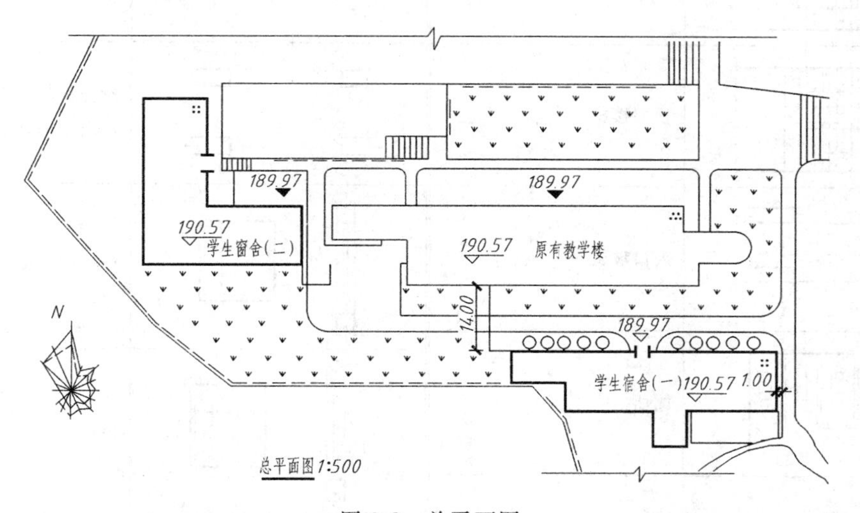

图 9-2　总平面图

二、建筑平面图

1. 建筑平面图概述

假想用一个水平剖切面沿房屋窗台以上位置通过门窗洞口将房屋剖切开，移去剖切平面及其以上的部分，绘出剩余部分的水平剖面图，称为建筑平面图。建筑平面图是表示建筑物平面形状、房间及墙(柱)布置、门窗类型、建筑材料等情况的图样，它是施工放线、墙体砌筑、门窗安装、室内装修等项施工的依据。

一般房屋有几层，就应画出几个平面图，并在图的下方注明相应的图名，如底层平面图、二层平面图等等。此外，还有屋面平面图，是房屋顶面的水平投影(对于较简单的房屋可不画)。若上下各层的房间数量、大小和布置都一样时，则相同的楼层可用一个平面图表示，称为中间层平面图或者标准层平面图。若中间各层仅有局部不同时，可只绘出不同处的局部平面图，否则应绘出每一层的平面图。如果建筑平面图左右对称时，可将两层平面画在同一个图上，左边画出一层的一半，右边画出另一层的一半，中间用一对称符号作分界线，并在图的下方分别注明图名。

底层平面图是房屋建筑施工图中最重要的图纸之一，是施工中放线、砌墙、安装门窗以及编制预算的依据。标准层所表示的内容与底层平面图相比大致相同，区别主要在房间的布置、墙体的厚度、建筑材料和门窗的设置可能会有所不同。屋顶平面图主要表示屋面排水情况和屋面的物体（如电梯机房和烟囱等）以及一些泛水、天沟、雨水口等的细部做法。

表 9-3 为建筑平面图中常见的部分建筑图例。

表 9-3　建　筑　图　例

图　例	名　称	图　例	名　称
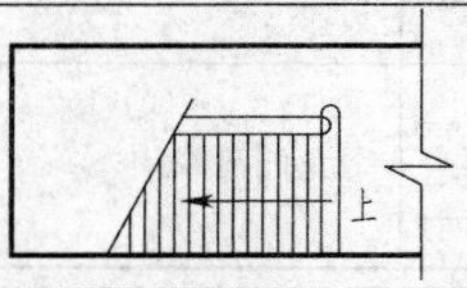 上	底层楼梯	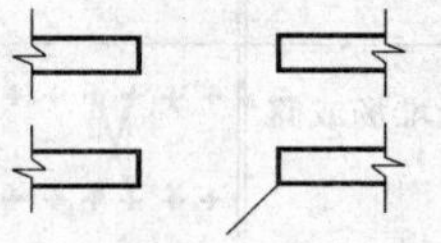	空门洞 单扇门
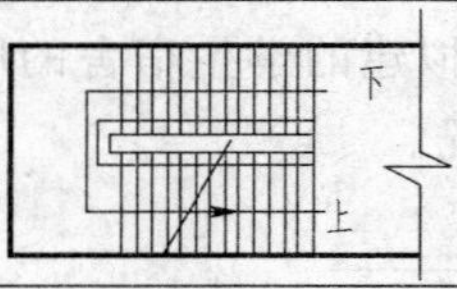 下 上	中间层楼梯	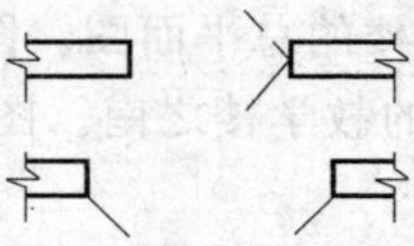	单扇双面弹簧门 双扇门
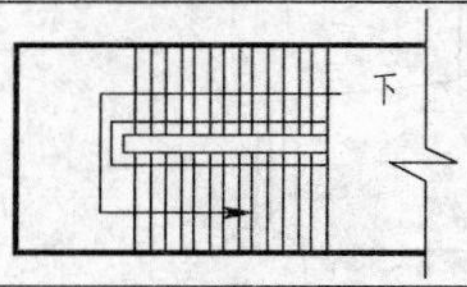 下	顶层楼梯	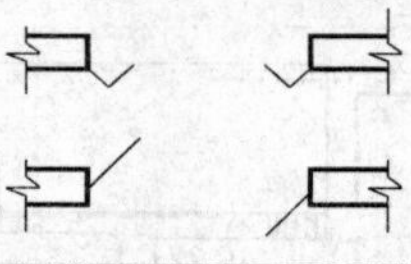	对开折门 双扇双面弹簧门
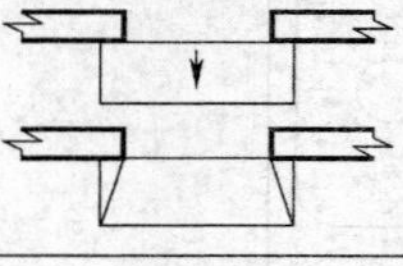	入口坡道	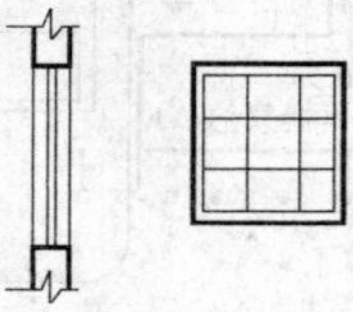	单层固定窗
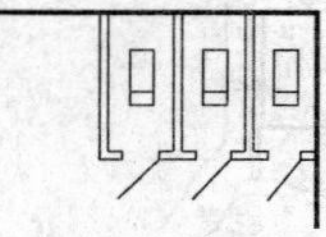	厕所	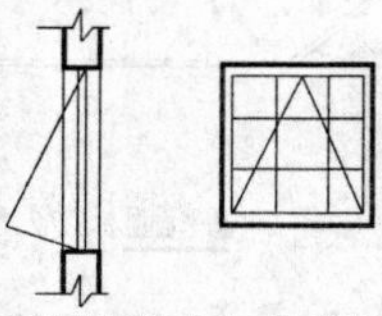	单层外开上悬窗
	淋浴小间	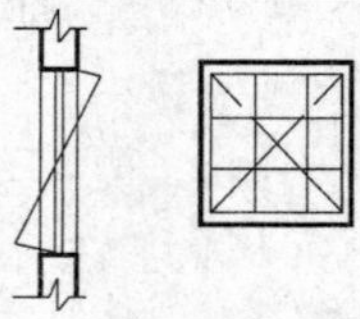	单层中悬窗
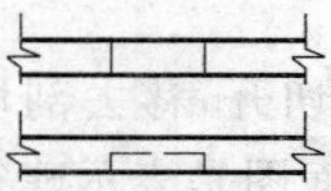	墙上预留洞口 墙上预留槽	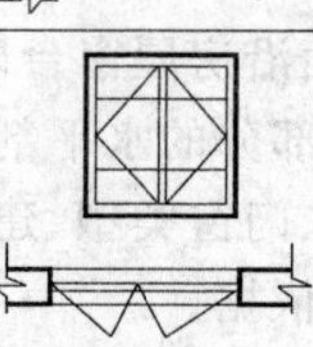	单层外开平开窗
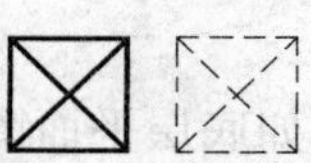	检查孔 地面检查孔，吊顶检查孔	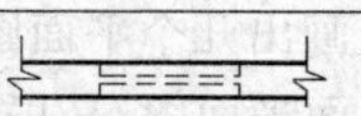	高窗

2. 建筑平面图的图示内容

(1) 图名、比例。表明该图是属于哪一层的平面图，以及该图的比例是多少。

(2) 纵横定位轴线及其编号。

(3) 建筑平面图包含水平剖切平面剖到的，在投射方向上可见的建筑构造，如墙体、柱子、楼梯、门窗以及室外设施等内容。底层平面图中还应标出剖面图的剖切符号和表达建筑物朝向的指北针。

(4) 建筑平面图需标注各层楼地面、楼梯休息平台、台阶、阳台及坑槽或洞底上表面等处的标高(以 m 计)，以及必要的外部和内部尺寸(以 mm 计)，用以确定各房间的开间、进深、外墙与门窗及室内设备的大小和位置，如图 9-3 所示。

外部尺寸一般在图形的下方及左侧分三道注写。第一道尺寸表示建筑物外轮廓的总尺寸，即总长和总宽。第二道尺寸表示轴线间的距离，用以说明房间的开间和进深的尺寸。第三道尺寸表示各细部的位置及大小，如门窗洞宽和位置、墙柱的大小和位置等。内部尺寸说明房间的净空大小和室内的门窗洞、孔洞、墙厚和固定设备(如厕所、漱洗室等)的大小与位置，以及室内楼地面高度。楼地面标高是表明各房间的楼地面对标高零点(注写为±0.000)的相对高度。如图 9-3 中底层地面定为标高零点(即相当于总平面图中室内地坪绝对标高 190.57)。

(5) 建筑平面图一般应附有门窗表，其作用是统计门窗的种类和数量，门窗表中应填写门窗的编号、名称、尺寸、数量及其所选用的标准图集的编号等内容，同一编号表示门窗的类型、构造和尺寸均相同。表 9-4 是图 9-3 所示某学生宿舍楼的门窗表。

表 9-4　门窗表(表中洞口尺寸和数量由读者看图填写)

门窗编号	洞口尺寸			
	宽度	高度	数量	标准图集代号
M1				西南 J601
M2				西南 J601
M3				西南 J601
M4				西南 J601
C1				西南 J701
C2				西南 J701

(6) 对位于图示范围以外而又需要表达的建筑构造以及设备例如高窗、通气孔、沟槽、搁板、吊橱及起重机等不可见部分，按图例用虚线表示。

(7) 楼梯的形状、走向和级数。

(8) 屋顶平面图应该表明屋顶平面的平面形状、屋面坡度、排水方向、排水管的布置、挑檐、女儿墙、烟囱、上人孔洞口及其他设施(电梯间、水箱等)。

(9) 底层平面图中应表明剖面图的剖切位置线和剖面图的投射方向及其编号，以便与剖面图对照查阅。

(10) 某些布置内容较多的局部在较小的平面图中表达不够清楚时，可用大一些的比例绘制局部平面图。

3. 建筑平面图的阅读

(1) 阅读图名，了解工程项目以及图样名称。看指北针，了解建筑物主要出入口的朝向。

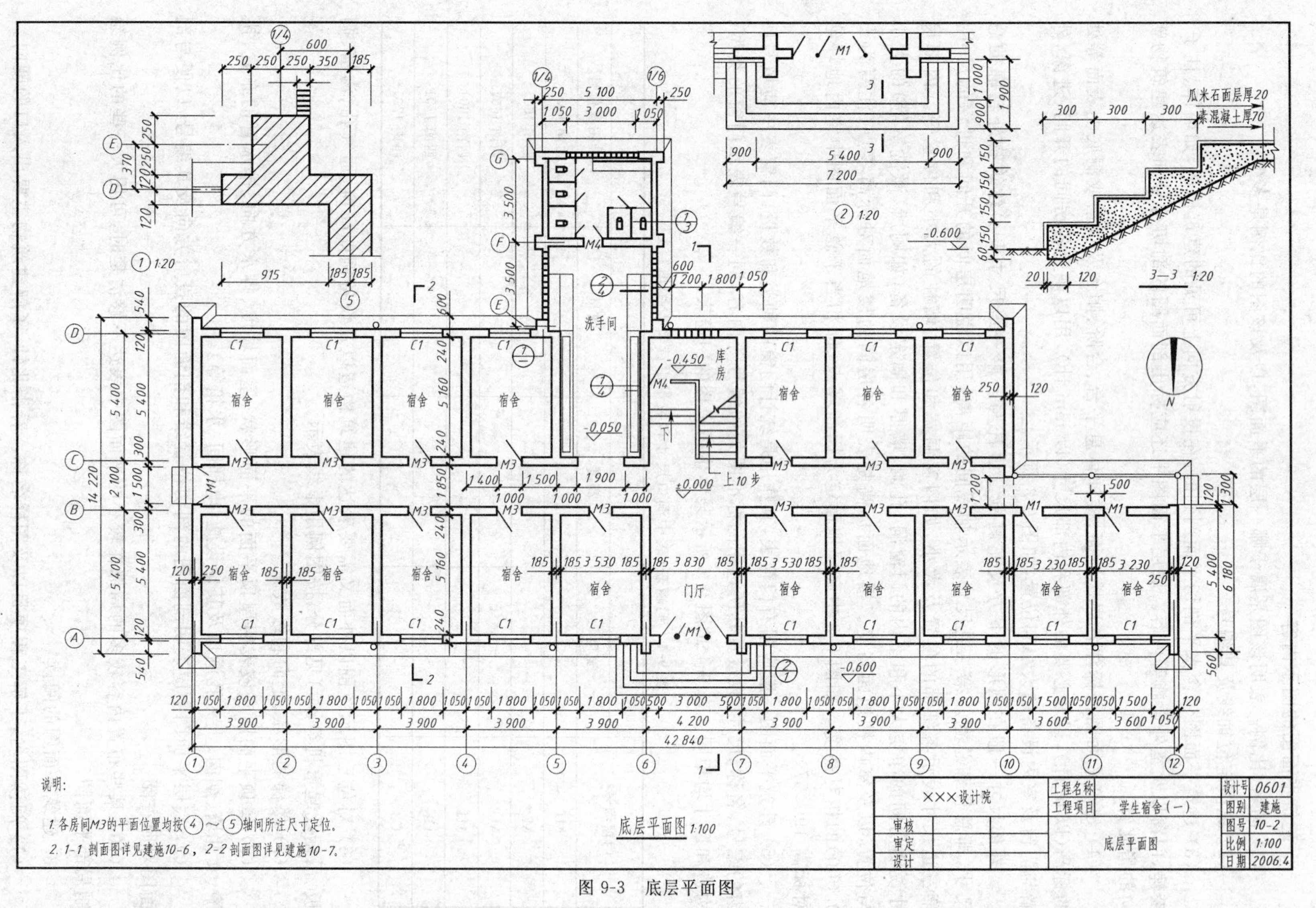

底层平面图 1:100
说明：
1. 各房间M3的平面位置均按④～⑤轴间所注尺寸定位。
2. 1-1 剖面图详见建施10-6，2-2剖面图详见建施10-7。
×××设计院
审核
审定
设计
工程名称
工程项目 学生宿舍（一）
底层平面图
设计号 0601
图别 建施
图号 10-2
比例 1:100
日期 2006.4
宿舍
门厅
洗手间
库房
上10步
下
±0.000
-0.050
-0.450
-0.600
M1
M3
M4
C1
N
① 1:20
② 1:20
3—3 1:20
瓜米石面层厚20
素混凝土厚70
42 840
14 220

图 9-3　底层平面图

(2) 分析平面图总长、总宽尺寸与形状,可知道建筑物的用地面积及布局情况。分析定位轴线的编号及其间距,了解各承重构件的位置及房间的大小。

(3) 分析平面图中的内外部尺寸,了解各房间开间尺寸、进深尺寸、墙厚尺寸、门窗尺寸、房间面积、地坪或地面标高等等。

(4) 阅读有关符号,查阅索引符号及它们的详细构造和做法的详图或者标准图集。

图 9-3 为学生宿舍楼的底层平面图,绘图比例为 1∶100。室内地面标高为±0.000 m,室外地面为-0.600 m,室内外高差为0.600 m,房屋周边散水宽540 mm。房屋的定位轴线均通过墙身中心线,纵向定位轴线从Ⓐ—Ⓓ,横向定位轴线从①—⑫。由于底层平面图剖切位置在底层窗台以上部位,所以水平投影图在楼梯间只画出梯段的一小部分,其折断线画成约 45°的倾斜方向。

图 9-4 为该宿舍楼的屋顶平面图,表达了坡屋顶的形状、屋面排水坡度、排水方向。天沟的做法另有详图表示。

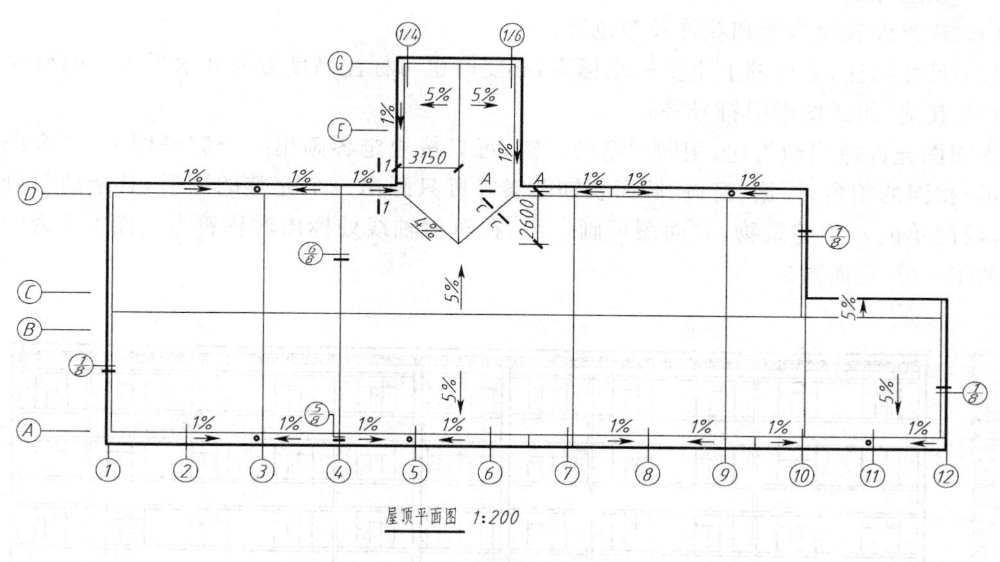

图 9-4 屋顶平面图

4. 建筑平面图的绘制

建筑平面图所表示的内容较多,为使层次分明,常用不同的图线来表达不同的内容。“国标”规定:凡是被剖切到的主要建筑构造如墙、柱等结构的断面轮廓线用粗实线绘制,被剖切到的次要建筑构造如隔断和没有被剖切到的建筑构配件如窗台、台阶、明沟、花台、楼梯等的可见轮廓线以及门开启线用中实线绘制,其余可见轮廓线和尺寸线等均用细实线绘制。

建筑平面图的绘图步骤如下:

(1) 确定比例,进行合理的图面布置。

(2) 定出轴线位置,并根据轴线绘出墙身和柱。

(3) 确定门窗洞的位置。

(4) 画出其他细部如楼梯、台阶、散水、花池、卫生器具等。

(5) 检查无误后,擦去多余的作图线,并按平面图的图线要求加深图线。

(6) 标注尺寸、轴线编号、门窗编号、剖切符号,注写必要的文字说明及图名、比例等。

三、立面图

1. 立面图概述

在与房屋立面平行的投影面上所作房屋的正投影图，称为建筑立面图，简称立面图。立面图是展示建筑物外形的图样。立面图可以根据建筑物的朝向来命名，如南立面图、东立面图、……；也可用建筑物两端定位轴线编号命名，例如“①-⑩立面图”，“⑩-①立面图”；还可根据建筑物主要出入口来命名，通常把主要出入口或反映房屋主要外貌特征的立面图称为“正立面图”，其他三个面分别为“背立面图”、“左立面图”、“右立面图”。

2. 立面图的图示内容

立面图一般以 1∶100 的比例绘制（也可用 1∶50 或 1∶200），通常包括下列内容：

(1) 建筑物的外轮廓线。

(2) 建筑构件配件，例如外墙、梁、柱、挑檐、阳台、门窗等。

(3) 在地坪线的下方画出立面图左右两端的定位轴线及其编号，以便与平面图对照读图。

(4) 建筑外表面造型和花饰及颜色等。

(5) 尺寸标注，立面图上主要标注标高，必要时也可标注高度方向和水平方向的尺寸。

(6) 其他（如详图索引符号等）。

立面图允许适当地简化，相同类型的门窗，可只按规定各画出一个完整图形，其余的均简略表示；相同的阳台、屋檐、窗口、墙面装饰图案等可只画出一个完整的图形，其余的只画出轮廓线；较简单的对称建筑物，立面图可画一半，在对称轴线处标出对称符号。图 9-5 为学生宿舍楼的①—⑫ 立面图。

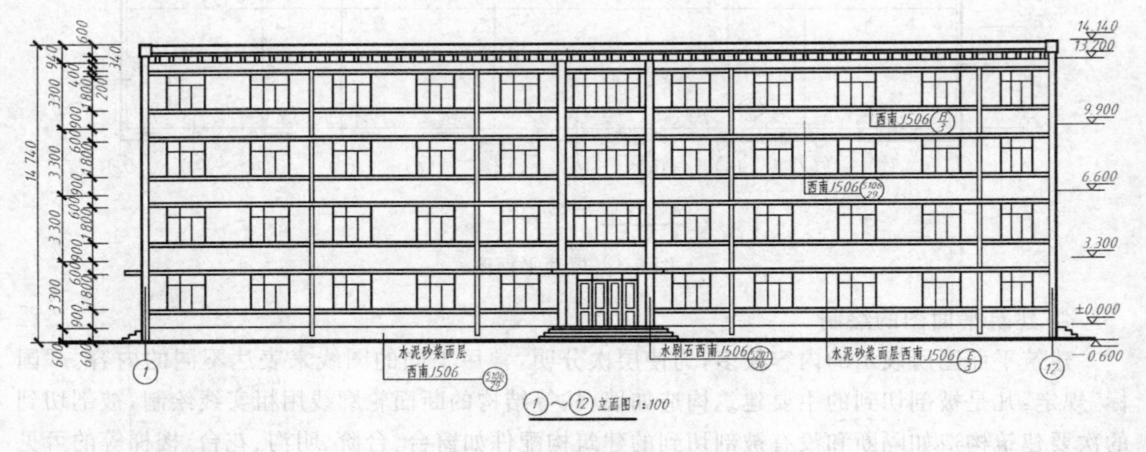

图 9-5 ①—⑫ 立面图

3. 立面图的阅读

阅读立面图应按先整体、后细部的规律进行：

(1) 看图名，明确投射方向。

(2) 分析图形外轮廓线，明确建筑的立面造型。

(3) 对照平面图，分析外墙面上门窗种类、形式和数量（查对门窗表）。

(4) 分析细部构造，例如台阶、阳台、雨篷等。

(5) 阅读文字说明、符号、各种装饰线条以及索引的详图。

图 9-5 是学生宿舍楼的①—⑫ 立面图，绘制比例为 1∶100。该建筑有四层，连同屋顶建筑总高为14.740 m。窗户外形如图所示。外墙装修做法代号的含义：西南 J506 的标准图集中顺序号为5 016项的做法。立面图主要标注了层高和各门窗洞门、檐口及屋顶等处的标高。

4. 立面图的绘图步骤

为了使立面图的图形清晰，通常把屋脊和外墙轮廓线用粗实线；室外地坪用粗线(1.4 倍粗实线)表示；门窗洞口、檐口、阳台、雨篷、台阶等轮廓线用中实线；其余如墙面分格线、门窗格子、雨水管以及引出线等均用细实线。

立面图的绘图步骤如下：

(1) 定出室外地坪线，外墙轮廓线和墙顶线。

(2) 画出室内地面线、各层楼面线、中间的各条定位轴线。

(3) 定出门窗位置，画出细部如阳台、窗台、花池、檐口、雨棚等。

(4) 检查无误后，擦去多余的作图线，并按要求加深图线，画出少量门窗扇、装饰、墙面分格线。

(5) 标注出标高、符号、编号、图名、比例及文字说明。

四、建筑剖面图

1. 建筑剖面图概述

假想用一正立投影面或侧立投影面的平行面将房屋剖切开，移去剖切平面与观察者之间的部分，将剩下部分按正投影的原理投射到与剖切平面平行的投影面上，所得的投影图，称为建筑剖面图，简称剖面图。剖面图表示房屋内部的结构或构造形式、分层情况以及各部位的联系、材料及其高度等，是与平、立面图相互配合的重要图样。根据建筑物的实际情况和施工需要，剖面图有平行于 V 面剖切所得的横剖面图和平行于 W 面剖切所得的纵剖面图。剖面图的剖切位置应选择在内部结构和构造比较复杂或有代表性的部位，其数量应根据建筑物的复杂程度和施工的实际需要而确定。对于多层建筑，一般至少要有一个通过楼梯间剖切的剖面图。图 9-6 为学生宿舍楼的 1—1 剖面图。

2. 建筑剖面图的图示内容

(1) 建筑物内部的分层情况、各建筑部位的高度、房间进深(或开间)、走廊的宽度(或长度)、楼梯的分段和分级等。

(2) 主要承重构件如各层地面、楼面、屋面的梁、板位置以及与墙体的相互关系。

(3) 有关建筑部位的构造和工程做法。对于被剖切到的断面上的材料图例(见第六章)，要按照“国标”规定绘制。

(4) 室外地坪、楼面地面、楼梯休息平台、阳台、台阶等处的(完成面)标高和高度尺寸以及檐口、门、窗的(毛面)标高和高度尺寸。

(5) 墙、柱的定位轴线及详图索引符号等有关标注。

除了构造非常简单的建筑物之外，建筑剖面图一般不画地面以下的基础，墙身只画到基础墙即行断开。

3. 建筑剖面图的阅读

(1) 结合底层平面图阅读，对应剖面图与平面图的相互关系，建立起房屋内部的空间概念。

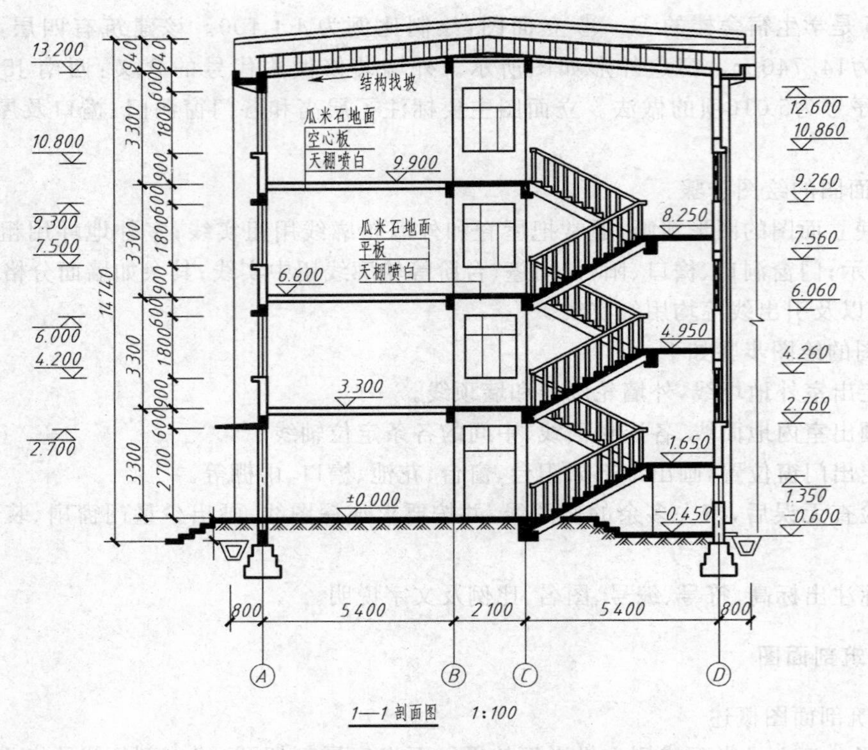

图 9-6 建筑剖面图

(2) 结合建筑设计说明或材料做法表阅读,查阅地面、楼面、墙面、顶棚的装修做法。

(3) 查阅各部位的高度。

(4) 结合屋顶平面图的阅读,了解屋面坡度、屋面防水、女儿墙泛水、屋面保温、隔热等的做法。

图 9-6 为学生宿舍楼的 1—1 剖面图,其剖切位置见图 9-3 底层平面图,绘图比例为 1∶100,主要反映了该建筑的基本结构形式和构造方式。剖面图剖切位置选择了楼梯间,并通过门窗洞口,借此来表示门窗洞的高度和在竖直方向的位置和构造。尺寸主要标注了各楼层休息平台、雨篷及屋顶等处的标高和门窗洞口竖直方向的尺寸。

4. 剖面图的绘图步骤

在剖面图中,断面轮廓线用粗实线表示,钢筋混凝土构件的断面可涂黑表示。其他没被剖切到的可见轮廓线用中实线表示。

剖面图的绘图步骤如下:

(1) 定出定位轴线、室内外地坪线、楼面与屋面线。

(2) 画出墙身、柱子。

(3) 定出门窗、楼梯位置,画出门窗洞、阳台、雨篷、台阶等细部。

(4) 检查无误后,擦去多余作图线,并按要求加深图线。

(5) 画出材料图例,标出标高、尺寸、图名、比例及必要的文字说明。

五、建筑详图

1. 详图的概述和特点

由于建筑平、立、剖面图所用的比例较小,房屋上有许多细部的构造无法表示清楚。为了满足施工上的需要，必须分别将这些部位的详细做法及材料、组成用较大的比例画出图样，这种图样称为建筑详图，简称详图。详图的数量要根据房屋构造的复杂程度而定。有时只需一个剖面详图就能表达清楚，有时同时需有平面详图和剖面详图如楼梯间、厨房、厕所等处，有时需加立面详图如门窗、阳台。有时还需在详图中再补充比例更大的详图。

详图的特点是比例大，尺寸标注齐全、准确，文字说明详尽，图线粗细分明，构造表达清楚。为了施工、读图查阅详图方便，在平面、立面、剖面图中需要绘制详图之处，是通过标注索引符号（称为详图索引标志），来说明索引标志的含义和用法，如图 9-7 所示。

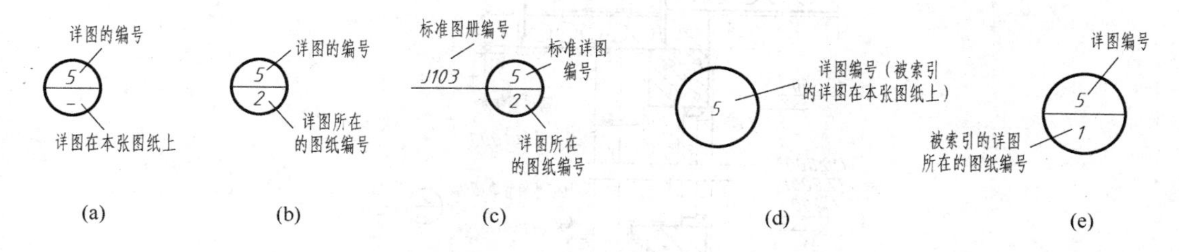

图 9-7 详图索引标志的含义和用法

建筑详图通常有墙身剖面节点详图、建筑构配件详图和房间详图等等。详图是施工的重要依据，一幢房屋的建筑施工图通常需绘制如下几种详图：楼梯间详图、外墙剖面详图（又称主墙剖面详图）、阳台详图、厨厕详图、门窗、壁柜等详图。

2. 外墙剖面详图

外墙剖面详图是由沿外墙各主要建筑细部的剖面节点详图组成，按它们在墙身中的位置排列。外墙剖面详图主要表示地面、楼面、屋面与墙体的关系，同时也表示排水沟、散水、勒脚、窗台、窗檐、女儿墙、天沟、排水口、雨水管的位置及构造做法，如图 9-8 所示。

由图可见，外墙剖面详图常将不需要表达的或另有详图表达的部分省略，如窗下墙、挑檐都用了双折断线省略不需要表达的部分。窗中间也用了折断线，因另有窗详图，相同的节点可只绘出一个，如楼板层与外墙连接处，因二层与三、四层情况相同，所以只画二层。也可以把这些节点的详图分别单独绘制。该外墙身剖面详图采用 1∶20 的比例，它表明了各节点楼面的分层构造、地面和散水的分层构造及防潮层等的细部做法。

剖到的结构、构造的轮廓线用粗实线，相应的材料图例、粉刷层则用细实线。地面、楼面、屋面的多层构造做法，还需用文字加以补充说明。

在建筑配件标准图册中，有数种檐口、屋面、地面、楼面、窗台、勒脚、散水、防潮层、泛水及变形缝等构造详图供选用。如能直接选用，在建筑平、立、剖面图中就可以注出详图索引标志，注明详图的出处，从而减少设计工作量。

3. 门窗详图

门窗详图包括门窗立面图及节点详图，门窗立面图表示门窗的外形、开启方式、主要尺寸和节点索引标志。采用标准门窗时不必绘制门窗详图，但要在门窗表内注明所选用的标准图集代号及门窗图号。

4. 楼梯详图

楼梯是多层建筑物各层之间的主要垂直交通设施，其构造与尺寸应满足人流通行和物品搬运的要求。楼梯主要由楼梯板（梯段）、休息平台和扶手栏杆（或栏板）组成。楼梯图主要表示楼梯的类型，结构形式，各部位的构造、踏步及栏杆的装修做法等。楼梯图是楼梯施工、放样

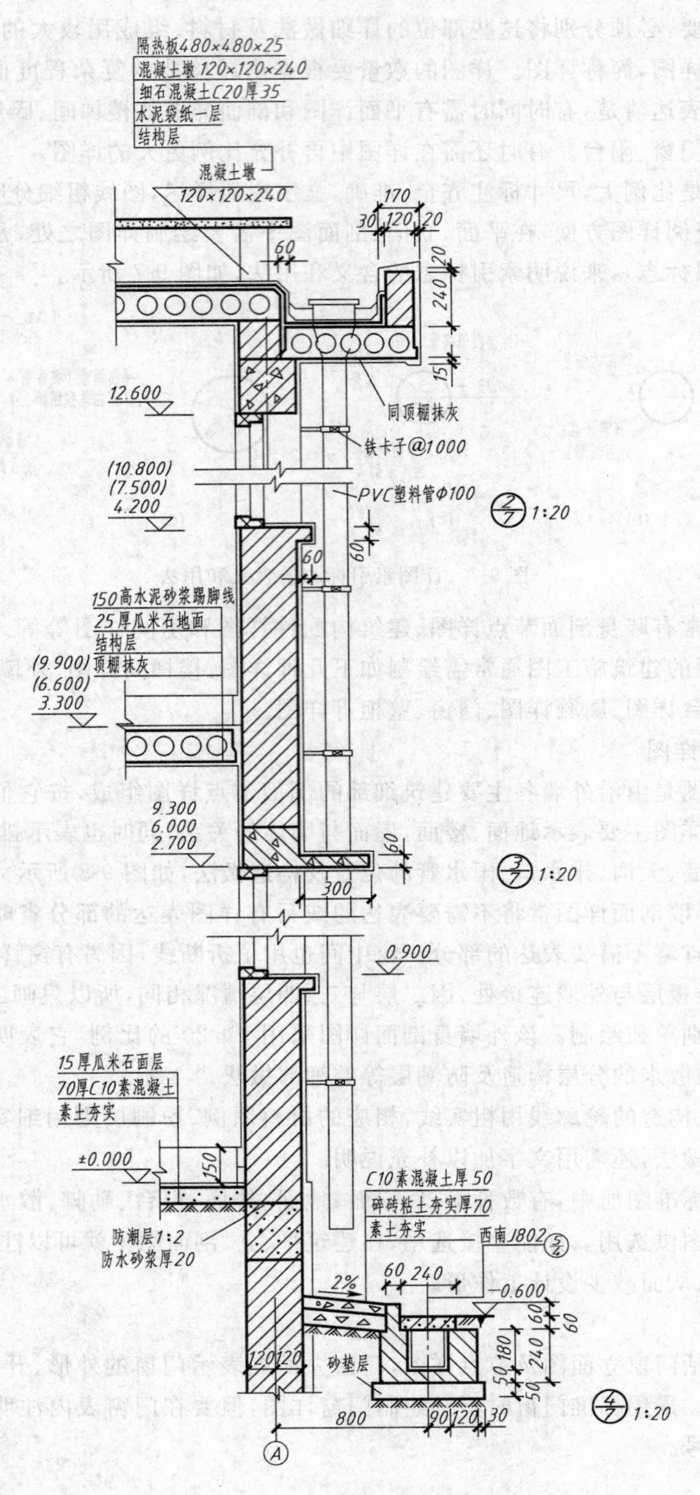

图 9-8　墙身剖面详图

的主要依据，楼梯图由楼梯平面图、楼梯剖面图和楼梯详图（节点构造图）组成。

（1）楼梯平面图

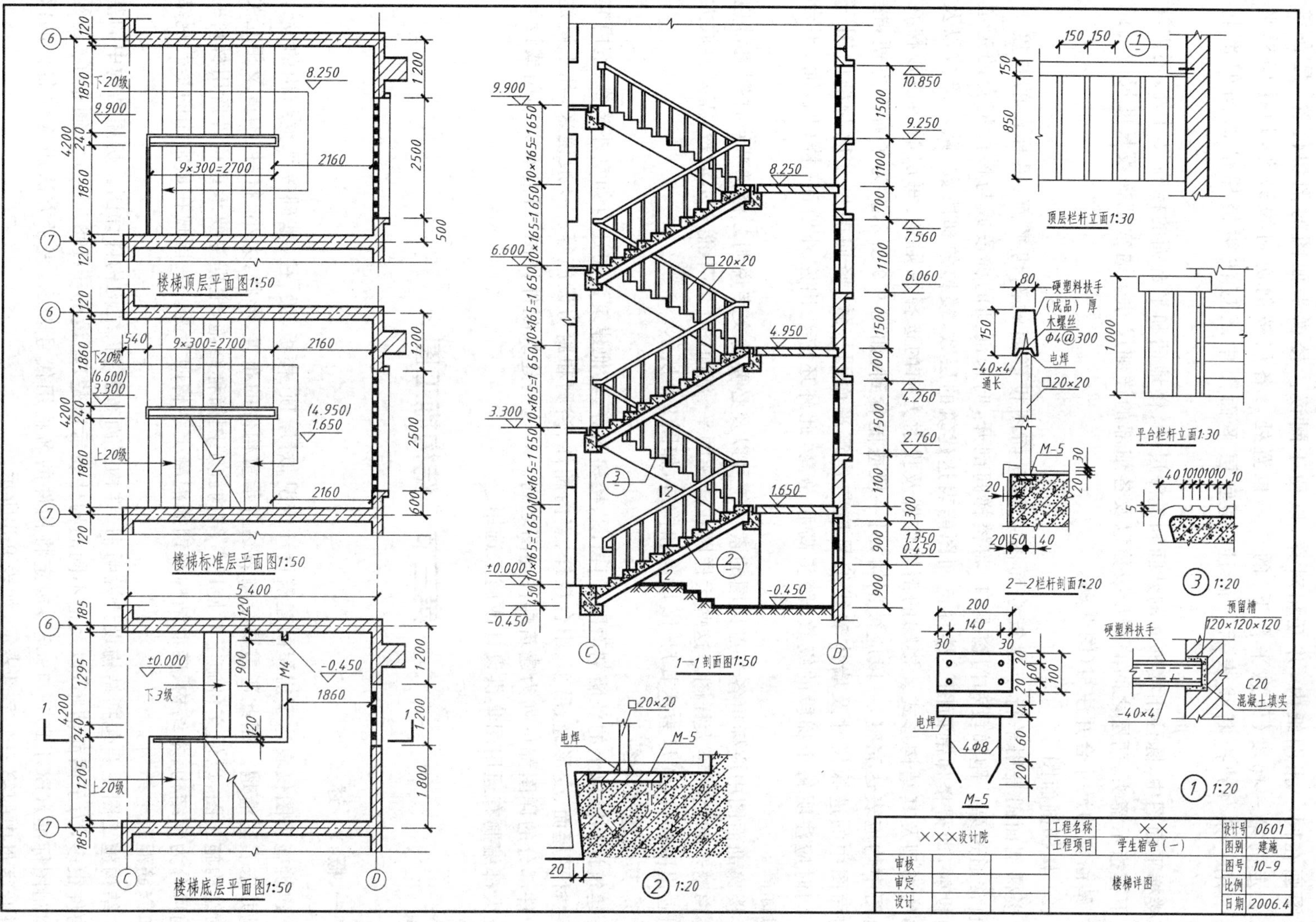

楼梯顶层平面图1:50
楼梯标准层平面图1:50
楼梯底层平面图1:50
1—1剖面图1:50
顶层栏杆立面1:30
平台栏杆立面1:30
2—2栏杆剖面1:20
③ 1:20
② 1:20
① 1:20
下20级
上20级
下3级
9×300=2700
8.250
9.900
(6.600)
3.300
(4.950)
1.650
±0.000
-0.450
10.850
9.250
7.560
6.060
4.260
2.760
1.350
0.450
10×165=1650
□20×20
硬塑料扶手
（成品）厚
木螺丝
Φ4@300
电焊
-40×4
通长
M-5
4Φ8
预留槽
120×120×120
C20
混凝土填实
×××设计院
工程名称
××
工程项目
学生宿舍（一）
审核
审定
设计
楼梯详图
设计号
0601
图别
建施
图号
10-9
比例
日期
2006.4

图 9-9 楼梯详图

一般每一层楼都要画一楼梯平面图。三层以上的房屋，若中间各层的楼梯位置及其梯段数、踏步数和大小都相同时，通常只画出底层、中间层和顶层三个平面图。三个平面图画在同一张图纸内，并互相对齐，以便于阅读。楼梯平面图的剖切位置，是在该层往上走的第一梯段（休息平台下）的任一位置处。各层被剖切到的梯段，均在楼梯平面图中用一条45°折断线表示。而且，在底层平面图中还应注明楼梯剖面图的剖切位置。

楼梯平面图中，除注出楼梯间的开间和进深尺寸、楼地面和平台面的标高尺寸外，还需注出上下行指示箭头，两层之间的踏步级数以及各细部的详细尺寸。通常把梯段长度尺寸与踏面数、踏面宽的尺寸合并注写（图9-9）。

(2) 楼梯剖面图

楼梯剖面图是用平行于建筑立面图或侧立面图投影面的剖切平面，沿梯段的长度方向，通常通过第一跑梯段和门窗洞口，将楼梯间剖开，向未剖到的梯段或与梯段配套的走道方向投射，即得楼梯剖面图。楼梯剖面图能表达建筑的层数、楼梯的梯段数、踏步级数以及楼梯的类型及其结构形式。楼梯的剖切位置及投射方向的选择原则是：每层的两段楼梯在剖面图中均应表达完整，一段应被剖切，另一段应能看到，如图9-9所示。为了看图方便，楼梯剖面图中的进深尺寸及墙体轴线编号应与建筑平面图一致，竖向的尺寸应与剖面图一致。同时应注明每个梯段的级数、踏步高和总高，此外还应注出室外地面、楼（地）面、平台面的标高。

楼梯剖面图中应标出各节点详图的索引符号以及必要的文字说明。楼梯节点详图通常包括楼梯踏步和栏杆等大样图。这些大样图在楼梯的平、剖面图上都不能表示清楚，需要再放大比例画出图样，以详尽表达其尺寸、用料和构造，如图9-9所示。

5. 其他建筑详图

建筑详图除以上的外墙剖面图、门窗图、楼梯图等，其他建筑详图还有如室外装修、室内装修、卷材平屋面、变形缝、吊顶、阳台栏杆、室内配件、浴厕和厨房设施等。一般说来，凡不属建筑构件部分的详图都可列为建筑配件详图之列。对这些建筑配件详图，目前有关部门或设计单位大都编制有通用图集供设计或施工选用。

第三节　结构施工图

一、概　述

建筑施工图仅表达了房屋的建筑设计情况，对屋顶、楼板、梁、柱、基础等承重结构的设计情况并未表达清楚。因此还需要绘制表达各承重构件的布置、形状、大小、材料、构造及相互关系的结构施工图，以便交付施工时使用。结构施工图简称结施，根据主要承重构件所用材料的不同可分为钢结构、木结构、砖混结构和钢筋混凝土结构四大类。我国现在最常用的是砖混结构和钢筋混凝土结构。

结构施工图主要包括结构设计说明书、结构平面布置图、结构构件详图。房屋结构中的基本构件很多，为了图面清晰，以及把不同的构件表示清楚，建设部于1987年5月颁布了《建筑结构制图标准》(BGJ 105—1987)，规定将构件的名称用代号表示，表示方法用构件名称的汉语拼音字母中的第一个字母表示，如表9-5所示。

表 9-5　常用构件代号

名称	代号	名称	代号	名称	代号
板	B	吊车梁	DL	基础	J
屋面板	WB	圈梁	QL	设备基桩础	SJ
空心板	KB	过梁	GL	桩	ZH
槽形板	CB	连系梁	LL	柱间支撑	ZC
折板	ZB	基础梁	JL	水平支撑	SC
密肋板	MB	楼梯梁	TL	垂直支撑	CC
楼梯板	TB	檩条	LT	梯	T
盖板或沟盖板	GB	屋架	WJ	雨篷	YP
挡雨板或檐口板	YB	托架	TJ	阳台	YT
吊车安全走道板	DB	天窗架	CJ	梁垫	LD
墙板	QB	框架	KJ	预埋件	M
天沟板	TGB	刚架	GJ	天窗端壁	TD
梁	L	支架	ZJ	钢筋网	W
屋面梁	WL	柱	Z	钢筋骨架	G

二、基 础 图

基础是在建筑物地面以下承受建筑物全部荷载的构件。基础的形式需根据上部结构的情况、地基的岩土类别及施工条件等综合考虑确定，一般低层建筑常用的基础形式有条形基础和独立基础，建筑物为承重墙的，常用条形基础，建筑物为柱子承重的，常用独立基础。在结构施工图中，要画出基础图。

1. 基础平面图

假想用一个水平剖切平面，沿建筑物底层室内设计地面把整幢建筑物切开，移去剖切平面以上的房屋和基础回填土，得到的水平剖面图称为基础平面图。

基础平面图中一般只需画出墙身线（属于剖切到的面，用粗实线表示）和基础底面线（属于未剖切到但可见的轮廓线，用中实线表示）。其他细部均可省略不画。基础平面图上应画出轴线并编号，所注轴线间尺寸和总长、总宽尺寸等必须与建筑平面图保持一致。不同宽度的条形基础应用阿拉伯数字注出剖切线编号，以便与基础剖面详图对照，各道条形基础的宽度尺寸也可在基础平面图上直接注出。图 9-10 是学生宿舍楼的基础平面图。

2. 基础详图

基础平面图仅表示了基础平面布置情况，而基础的形状、大小、材料、及埋置深度等，则需要有相应的基础详图，条形基础详图是假想用一个铅垂剖切平面在指定部位垂直剖切基础所得的断面图。绘制基础详图时常采用 1∶20 或 1∶50 的比例。在基础详图中除要表明材料及做法外，还需注明各部分的详细尺寸、室内外地平标高以及基础底面标

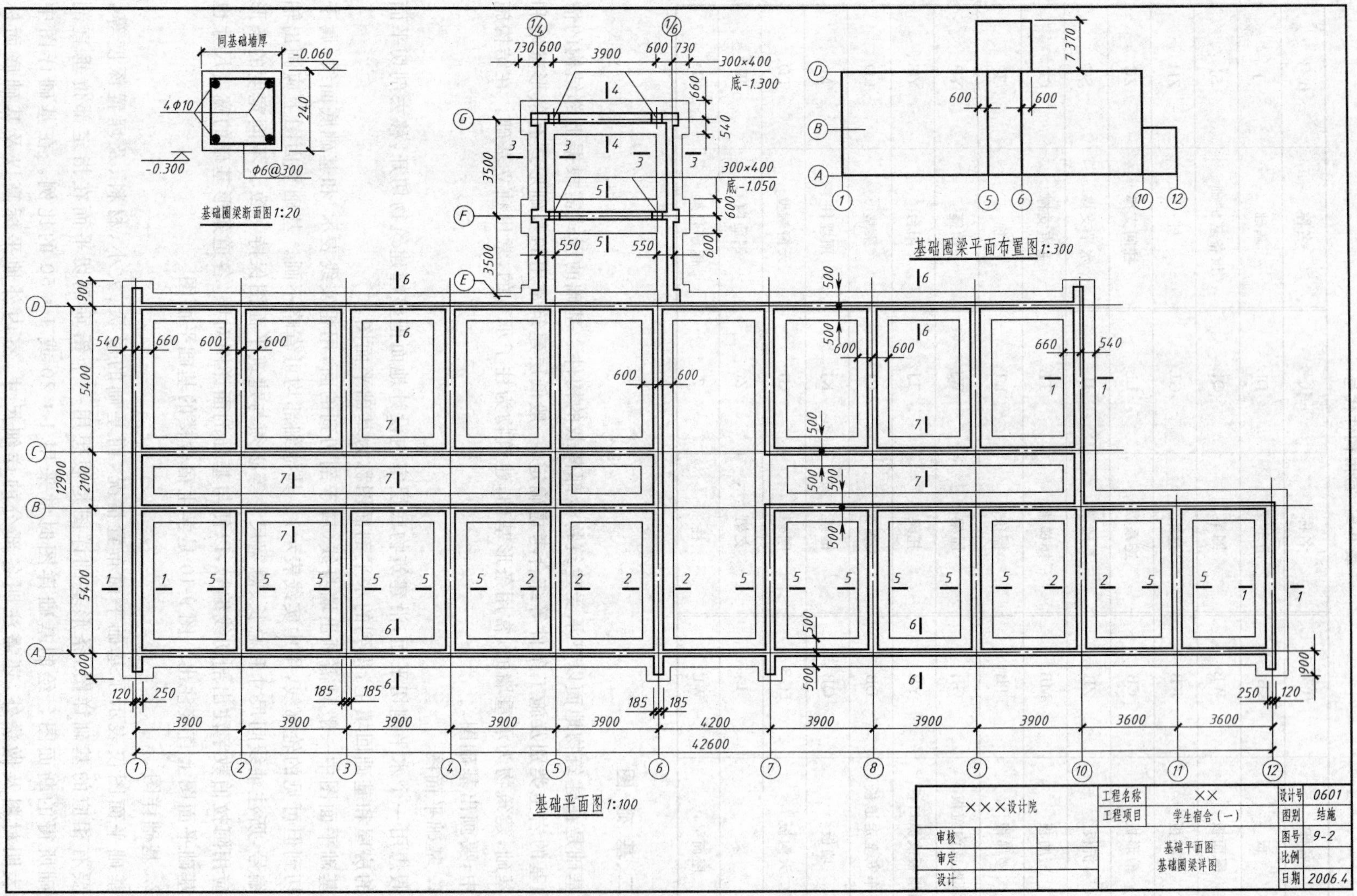

图 9-10 学生宿舍楼基础平面图

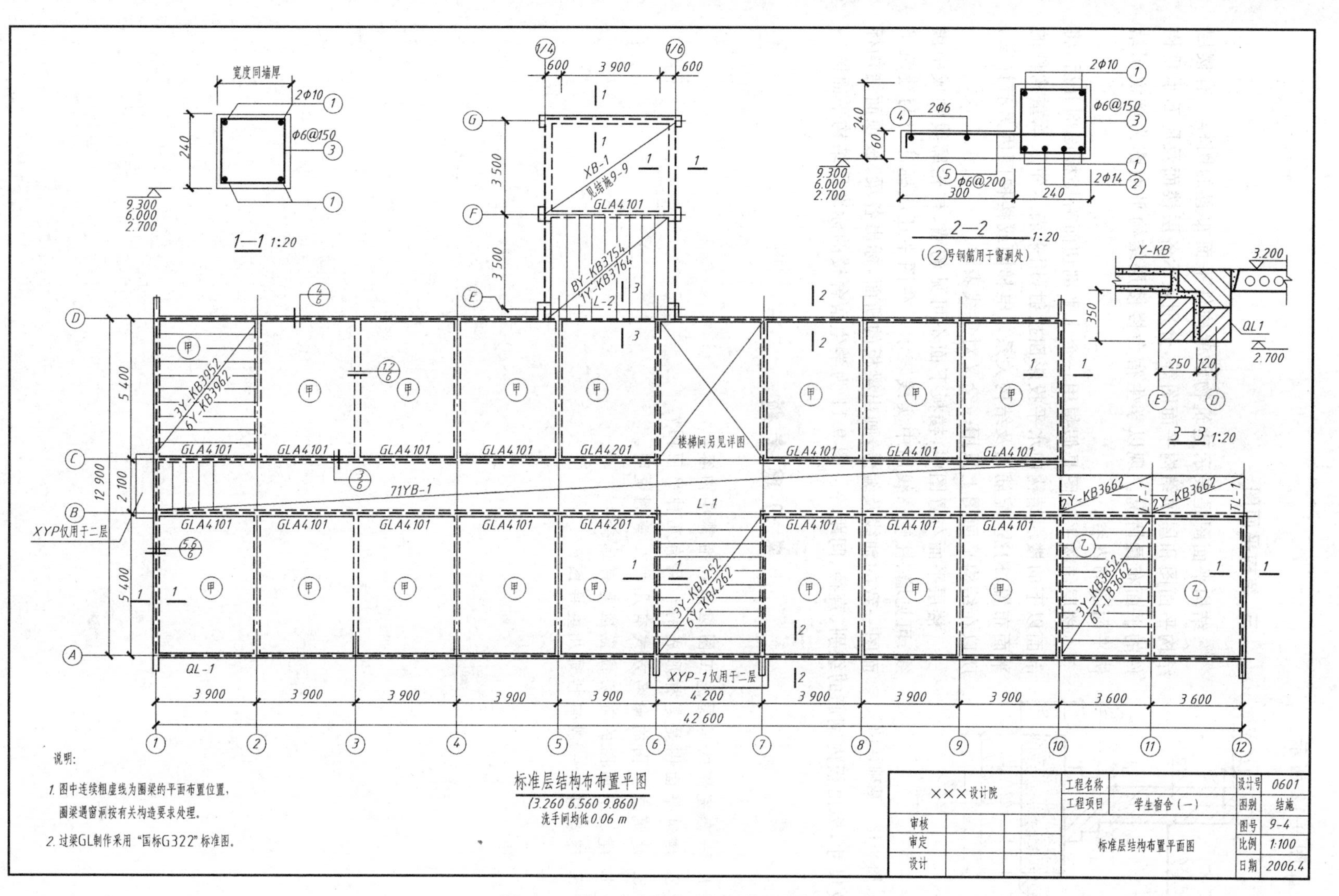

图 9-11 学生宿舍楼标准层结构平面图

高。如图 9-12 所示。

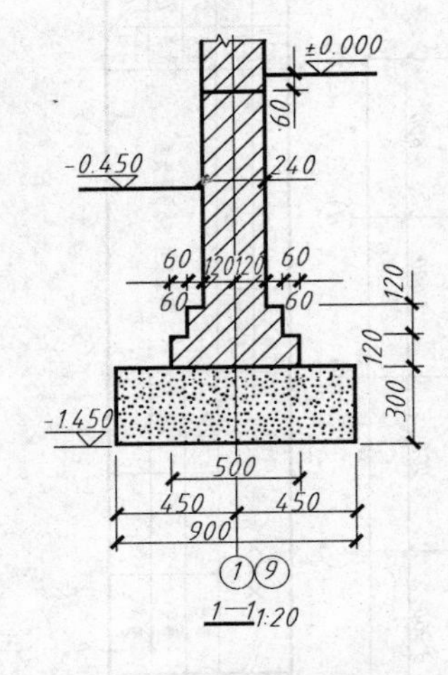

图 9-12　基础详图

三、结构平面图

结构平面图是表示建筑物承重构件平面布置的图样。有楼层结构平面图和屋顶结构平面图等,分别表示各层楼面及屋面承重构件的平面布置情况。现以学生宿舍楼楼层结构平面图为例说明结构平面图的内容。

楼层结构平面图是假想用一个水平剖切面沿楼板面剖开后,将剖面以下的楼层结构向水平投影面投射,用来表示每层承重构件的平面布置、构造、配筋以及结构关系。电梯间或楼梯间因另有详图,所以在结构平面图上只用一交叉对角线表示。

楼层平面布置图中,楼板下面不可见的墙、柱轮廓线画成中虚线;可见墙、柱轮廓线用中实线表示。在图中还应标注出与建筑平面图一致的轴线及编号,画出梁板的断面,标出各梁、板顶面结构标高及尺寸,标出板内钢筋的级别、直径、间距等。图 9-11 为学生宿舍楼的标准层结构平面图。

复习思考题

1. 一套完整的房屋施工图应该包括哪些内容?
2. 建筑平面图是怎样形成的?共有几种平面图?
3. 建筑立面图的命名方式有几种?举例说明。
4. 建筑剖面图的剖切位置应怎样选择?
5. 建筑详图一般包括哪几类详图?

第十章　给水排水工程图

给水排水工程是现代城市建设的重要组成部分，由给水工程和排水工程两部分组成。给水工程包括水源取水、水质净化、净水输送、配水使用等工程，排水工程包括污水（生活、粪便、生产等污水）排除、污水处理、处理后污水的排放等工程。给水排水工程一般由各种管道及其配件和水的处理、存储设备等组成，与房屋建筑、水力机械、水工结构等工程有着密切关系。因此在学习给水排水工程图之前，对房屋建筑图、钢筋混凝土结构施工图等都应有所认识。同时也要掌握轴测图的画法。

第一节　概　　述

一、给水排水工程图的分类及其组成

给水排水工程图按其内容分为三种。

1. 室内给水排水工程图

室内给水排水工程图表示一幢房屋的给水与排水系统，如民用建筑中厨房、卫生间或厕所的给水和排水，主要包括给水排水平面图、给水排水管道系统轴测图、设备安装详图和其他详图等。

2. 室外给水排水工程图

室外给水排水工程图表示一个区域的给水排水系统，由室外给水排水平面图、管道纵断面图及附属设备（如泵站、检查井、闸门等）施工图组成。

3. 水处理构筑物工艺设备图

水处理构筑物工艺设备图主要表示水厂、污水处理厂等各种水处理构筑物设备（如澄清池、过滤池、蓄水池等）的全套施工图。它包括平面布置图、流程图、工艺设计图和详图等。

二、给水排水工程图的图示特点

1. 特点

（1）给水排水工程图中的设备装置及管道一般均采用统一的图例符号来表示。阅读和绘制给水排水工程图时，可参阅《给排水国家标准图集》和《给排水设计手册》。表 10-1 为给水排水工程图中常用的图例。在绘制给水排水工程图时，不论是否采用标准图例，都应在图样中附上图中所选用的图例，以免施工时引起误解。

（2）给水排水管道的布置往往是纵横交错的，为清楚表达各管道系统的空间走向，需要绘制出管道系统轴测图。阅读图纸时应将管道系统轴测图和平面布置图对照阅读。

（3）给水排水工程图应与房屋建筑图相互对照、配合。注意在图纸上表明设备、管道的敷设对土建施工的要求，如预留洞、预埋件等。

2. 管道的表示方法

给水排水工程图中的管道一般由管子、管件及其附属设备等组成，其图示方法一般有三种。

表 10-1　给水排水工程图中的常用图例

名　称	图　例	说　明	名　称	图　例	说　明
生活给水管	—— J ——	用汉语拼音字母表示管道类别	法兰堵盖		
废水管	—— F ——		闸阀		
污水管	—— W ——		截止阀	DN≥50　DN<50	
雨水管	—— Y ——		浮球阀	平面　系统	
管道交叉		下方和后面的管道应断开	放水龙头	平面　系统	
三通连接			台式洗脸盆		
四通连接			浴盆		
多孔管			盥洗槽		
立管检查口			污水池		
存水弯			坐式大便器		
通气帽	成品　铅丝球		小便槽		
圆形地漏		通用。如为无水封，地漏应加存水湾	淋浴喷头		
自动冲洗水箱			矩形化粪池	HC	HC 为化粪池代号
法兰连接			阀门井 检查井		
承插连接			水表		
活接头					
管堵					

(1) 单线管道图　在比例较小的图样中，除了管道的长度按比例画出外，无论管道粗细，都只采用位于管道中心轴线上的单线图例来表示管道。

(2) 双线管道图　用两条粗实线表示管道。一般用于单线管道图不能表示清楚的管径较大的管道，如室外排水管道纵断面图(图 10-12)。

(3) 三线管道图　对于给水排水工艺流程图(如泵站或污水处理工艺流程图)和各种详图，管道直径较大，构造复杂，此时不能再用单线条表示管道，而必须画出其具体轮廓，即用两条粗实线表示管道轮廓线，用细点画线表示管道中心的轴线。如室内设备安装详图(图 10-9)、水处理构筑物工艺图(图 10-13)等。

3. 管道的标注

(1) 管径

管径分为公称直径、内直径和外直径，在给水排水工程图中是根据管道的材质和用途标注不同的直径。如水煤气输送钢管(镀锌或非镀锌)、铸铁管、聚丙烯管等以公称直径 DN 表示(如 DN20、DN40 等)；耐酸陶瓷管、钢筋混凝土(或混凝土)管、陶土管、缸瓦管等以内径 d 表示(如 d380、d230 等)；焊接钢管(直缝或螺旋缝电焊钢管)、无缝钢管等以外径×壁厚表示(如 D108×4、D159×4.5 等)。标注方法如图 10-1 所示，图中管径的单位是 mm。

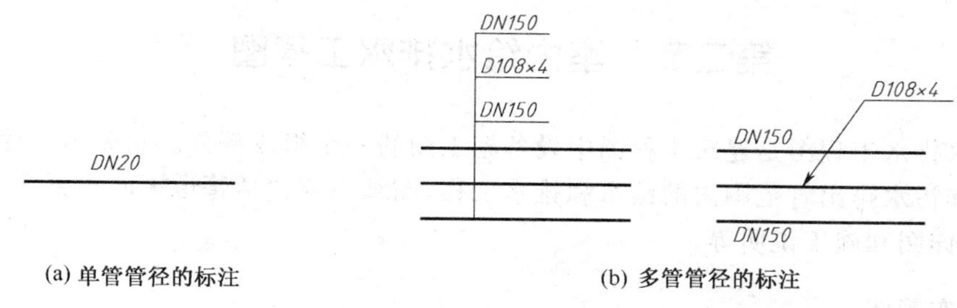

(a) 单管管径的标注　　(b) 多管管径的标注

图 10-1　管径的标注方法

(2) 标高

标高符号及一般标注方法应遵守《房屋建筑制图统一标准》的规定，标注管道和沟道(明沟、暗沟和管沟)的起迄点、转折点、连接点、变坡点、交叉点等处的标高。对于压力管道标注管中心标高；室内外重力管道标注管内底标高，必要时室内架空重力管道也可标注管中心标高并加以说明。室内工程标注相对标高，室外工程标注绝对标高，当无绝对标高资料时，也可标注相对标高，但应与总图一致。标注方法如图 10-2 所示。

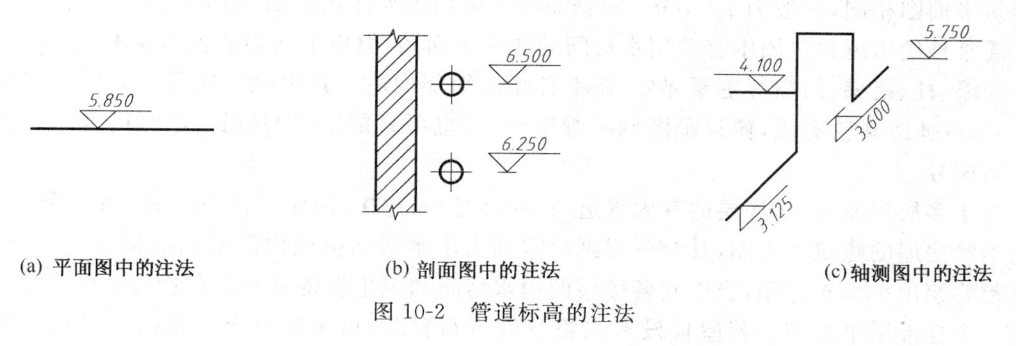

(a) 平面图中的注法　　(b) 剖面图中的注法　　(c) 轴测图中的注法

图 10-2　管道标高的注法

(3) 编号

当建筑物给排水管路系统的进出口数多于一个时，各种管路系统应分别予以标志及编号(用阿拉伯数字表示)，如图 10-3(a)所示。符号可直接画在管道进出口的端部，也可用指引线与引入管或排出管相连。其中细实线圆直径为10 mm，用水平直径分为上下半圆，上半圆中以拼音代号注写该管路系统的类别，如“J”表示给水系统，“P”表示排水系统，“W”表示污水系统等，下半圆中用阿拉伯数字顺序注写编号。

当建筑物内穿越楼层的立管数量多于一根时，也需用拼音字母和阿拉拍数字进行编号。指引线从立管引出，在横线上注出管道类别代号、立管代号及数字编号。用字母 J 表示给水管道，L 表示立管，图 10-3(b)中“JL-1”表示 1 号给水立管。

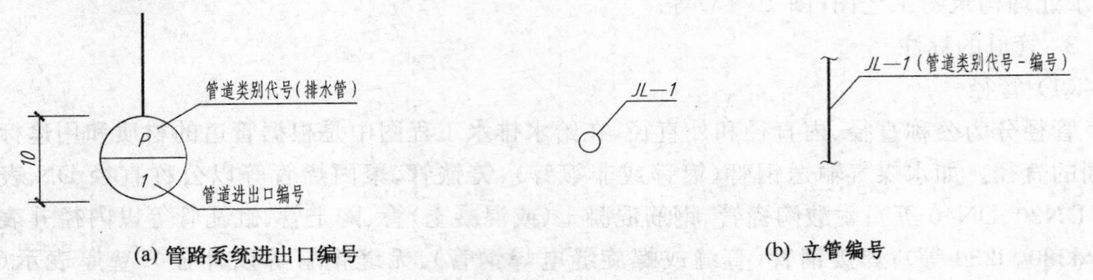

(a) 管路系统进出口编号　　(b) 立管编号

图 10-3　管道编号

第二节　室内给水排水工程图

室内给水排水工程图是建筑工程图中设备施工图的一个组成部分。它表示一幢建筑物中给水引入管和污水排出管范围内的给水和排水工程，图纸主要包括管道平面布置图、系统轴测图、设备安装详图和施工说明等。

一、平面布置图

室内给水排水平面布置图用以表达建筑物内的卫生设备、水池、管道和附件等设备在该建筑物中的平面布置情况，它是室内给水排水工程最基本的图样。图 10-4 和图 10-5 分别为第九章所介绍的某学生宿舍楼室内底层和标准层的给水排水平面布置图。

1. 图示内容和画法

(1) 房屋建筑平面图

室内给水排水平面布置图中的房屋平面图部分应与房屋建筑图互相配合，其比例可与房屋建筑平面图相同，一般为 1∶100。根据需要也可用较大比例绘制，如 1∶20、1∶50 等。

通常抄绘房屋建筑图中有关用水房间的建筑平面图，但由于它们的表达要求不同，一般只需抄绘墙、柱、楼梯、门窗等主要部分，而不必画出细部构造。其中，墙、柱等只需用细实线(宽度0.35 d)画出其轮廓线，窗只画图例不画窗台，门也可只留出门洞位置，不画门扇，且门窗不必注写编号。

对于多层房屋，由于底层的室内管道与室外管道相连接，因而要在底层房屋平面图中完整画出整幢房屋的建筑平面图，其余各层则只需画出用水房间范围内的平面图即可。一般每个楼层都要绘出平面布置图，当中间各楼层的用水房间和卫生设备及管路布置完全相同时，只需画出一个标准层平面图。若屋顶设有水箱及管道布置时，可单独画出屋顶给水排水平面图。当管道布置比较简单时，也可在顶层平面布置图中用中虚线画出水箱位置。各层平面布置图上均需标明定位轴线，并标注轴线间尺寸。

(2) 卫生设备和附件的类型及位置

室内的卫生设备一般已经在房屋建筑的平面图上布置好，所以可按表 10-1 中的图例直接抄绘于室内给排水的平面布置图上，图例的外轮廓线用中实线(宽度0.5 d)按比例画出，内轮廓线用细实线画出。由于施工时一律按《给水排水国家标准图集》来安装，因此平面布置图中不必详细画出其具体形状。

(3) 给水排水管道的平面位置

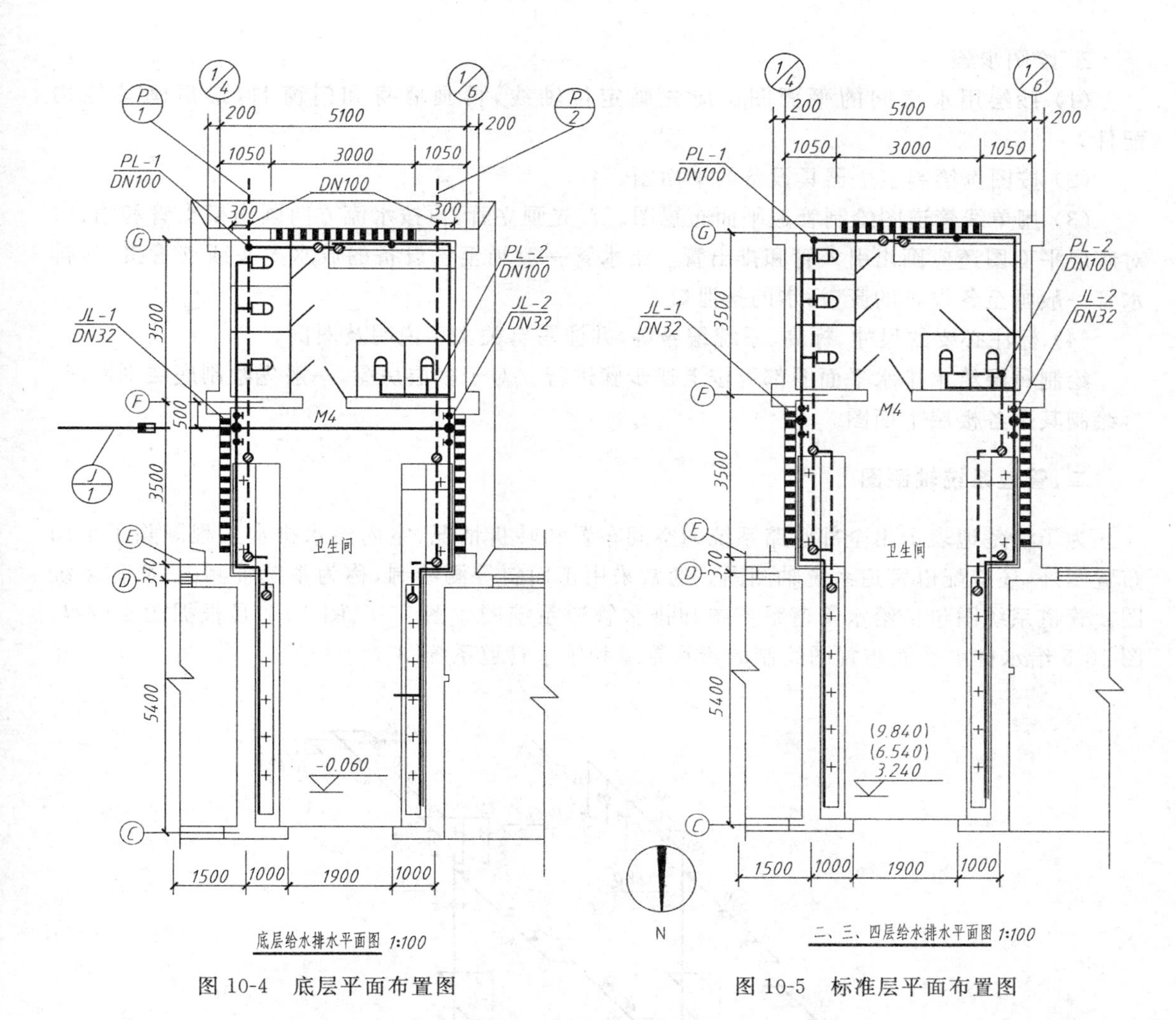

图 10-4　底层平面布置图　　　　图 10-5　标准层平面布置图

给水排水管道应包括干管、立管、支管，底层给水排水平面图中还有给水引入管和废水、污水排出管。为了便于读图，在给水排水平面图中的各种管道要按系统编号，系统的划分视具体情况而异，一般给水管以每一引入管为一个系统，污水、废水排出管以每一个承接排水管的检查井为一个系统。在底层平面图中，还要表明给水引入管、水表节点、污水排出管的平面位置、走向及与室外给水、排水管网的连接。

给水排水管道用单线管道图绘制，各种管道一律用粗实线（宽度为 d）来表示。以汉语拼音字母区分不同的管道种类，如表 10-1 所示。管道无论在楼面（地面）以上或以下，均不考虑其可见性，在平面图中仍按管道类别用规定的分类要求画出，立管在平面图中用小圆圈表示。管道的标注按上节所讲述的要求表示。

截止阀、水表、闸阀等管道附件均可按表 10-1 中的图例画出。若表中的图例不能满足使用，也可自行设定，但应在图样中附出图例，并加以说明，以便对照阅读。

（4）图例及说明

为便于施工人员读图，无论是否采用标准图例，都应附上各种管道、管道附件及卫生设备的图例，并对施工要求、有关材料等情况用文字加以说明。通常将图例和施工说明附在底层给水排水平面布置图中。

2. 绘图步骤

(1) 抄绘用水房间的平面图。应先画定位轴线，再画墙身和门窗洞，最后画其他构配件。

(2) 按图例绘制卫生器具设备的平面图。

(3) 用单线管道图绘制管道平面布置图。首先画立管，再按水流方向画出横支管和附件。对底层平面图还应画出引入管和排出管。给水管一般画至各设备的放水龙头或支管接口，排水管一般画至各设备的废、污水的排泄口。

(4) 标注必要的尺寸、标高、系统编号等，并注写有关文字说明及图例。

绘制每层给水排水平面图都可按上述步骤进行。对于多层房屋，一般先绘制底层平面图，再绘制其余各楼层平面图。

二、管道系统轴测图

为了清楚地表示出全部管路系统的空间布置和转折情况，室内给水排水工程图除了平面布置图外，还应配以管道系统轴测图。通常采用正面斜等测绘制，称为系统轴测图，简称系统图。管道系统图包括给水管道系统图和排水管道系统图。图 10-6、图 10-7 是根据图 10-4 与图 10-5 给水排水平面布置图绘制的给水管道和排水管道系统图。

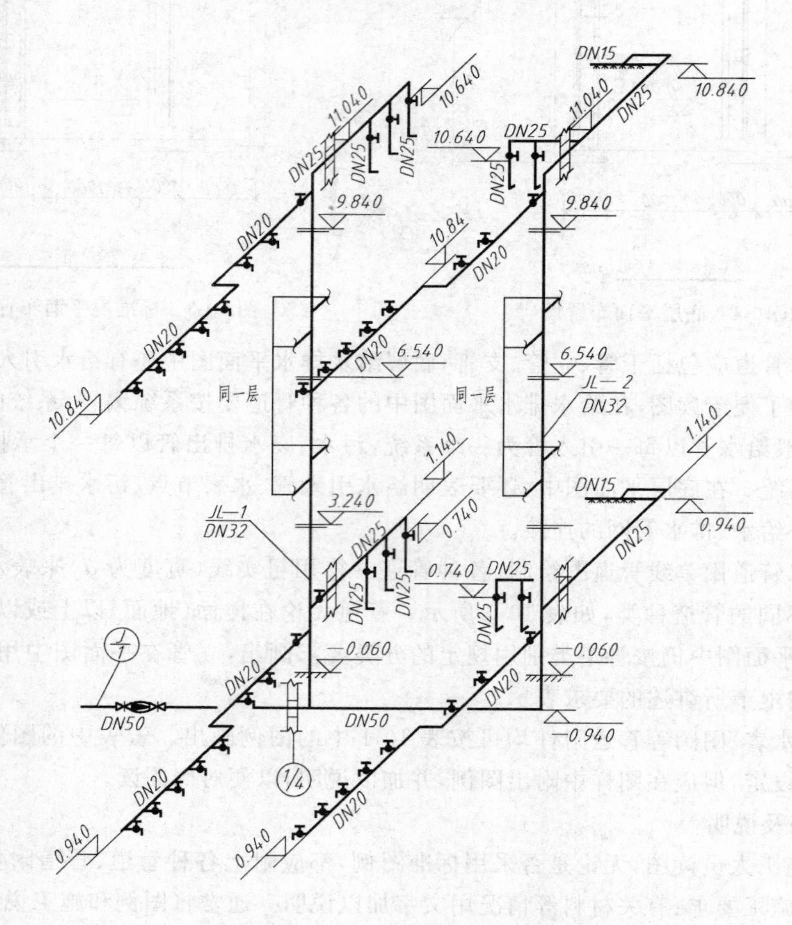

图 10-6 室内给水管道系统轴测图

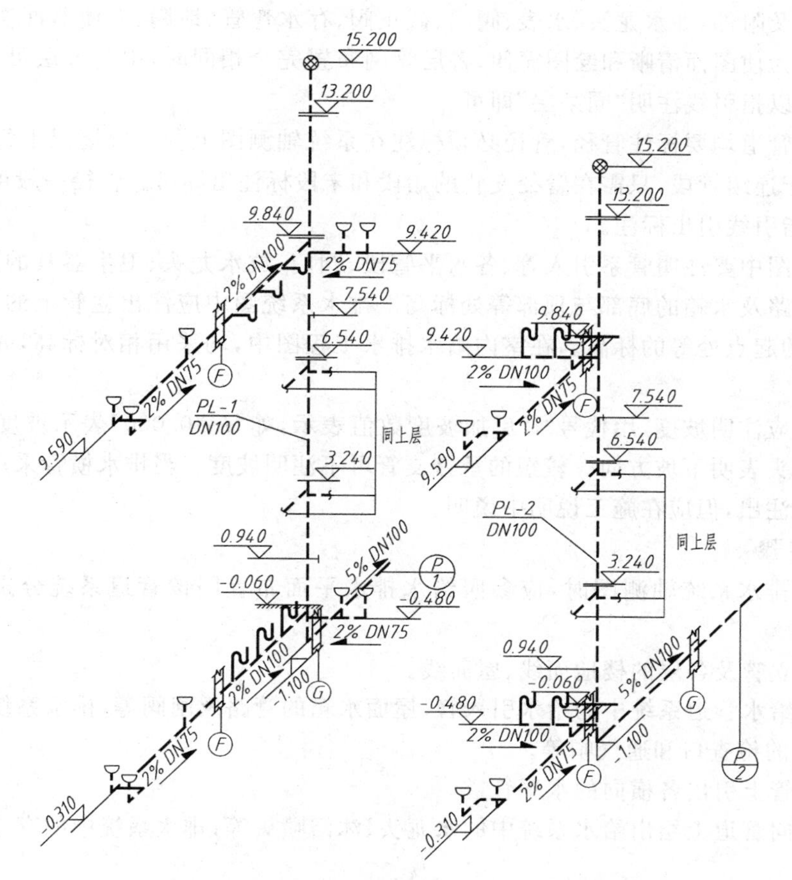

图 10-7　室内排水管道系统轴测图

1. 图示内容和画法

(1) 比例

绘图比例一般采用与平面布置图相同的比例，以便于按照轴向方向量取长度。如果配水设备较为密集和复杂，也可用较大比例绘制，反之如果管道系统图较为简单，也可采用较小比例。总之应根据具体情况选用合适的比例，使图面清晰。

(2) 轴测轴方向的确定

图 10-8 表明了正面斜等测的轴测轴方向，其中 O_1Y_1 轴一般与水平面成 45°，如管道重叠或交叉太多时，也可为 30°或 60°。在绘制管道系统图时，通常把房屋的高度方向作为 O_1Z_1 轴，O_1X_1 轴和 O_1Y_1 轴的选择则以能使图上管道表达清晰为原则。为便于与平面图配合阅读，一般以房屋横向为 O_1X_1 轴，纵深方向为 O_1Y_1 轴，如图 10-6、图 10-7 所示。

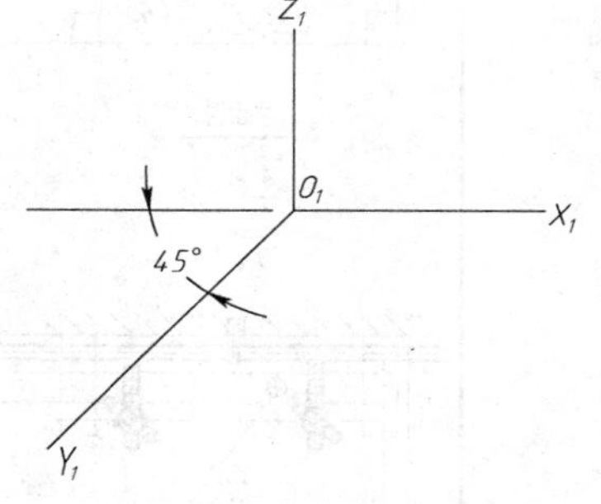

图 10-8　正面斜等轴测图

(3) 管道系统图的绘制

管道系统图中的管线都用粗线表示，其他图例和线型等仍与平面布置图中的相同。管道长度直接从平面图上量取，管道的高度一般根据建筑物的层高、门窗高度、梁的位置以及各卫生器具、阀门的安装高度来决定。在管路上不必画出管道的接头形式，为作图方便，排水管虽有坡度，但仍可画成水平。

配水器具及附件，如水龙头、水表、阀门、截止阀、存水弯管、地漏、大便器冲洗水箱支管等用图例绘出。为使图面清晰和绘图简便，各层管网布置完全相同时，中间各层可省略不画，在折断的支管处以指引线注明"同某层"即可。

给水排水管道均要标注管径，管径必须标注在系统轴测图上。一般情况下每段管道都要标注管径，对于连续管段，只需在管径变化的始段和末段标注出即可。管径一般可注在管段的旁边，也可用指引线引出标注。

给水系统图中要注明管系引入管、各水平管段、阀门、放水龙头、卫生器具的连接支管、与水箱连接的管路及水箱的底部与顶部等处标高。排水系统图中应注出立管上的通气网罩、检查口、排出管的起点处等的标高。在室内给水排水工程图中，均采用相对标高，并与房屋建筑图一致。

排水横管应注明坡度，用代号"i"后加坡度数值表示，如"$i=0.030$"表示坡度为 0.03。坡度数值下的箭头表明下坡方向。较短的承接支管可不注明坡度。当排水横管采用标准坡度时也可不在图中注出，但应在施工说明中说明。

2. 绘图步骤

绘制给水排水系统轴测图时，应参照给水排水平面布置图按管道系统分别绘制。步骤如下：

(1) 绘制立管及各层的楼地面线、屋面线。

(2) 绘制给水管道系统中的给水引入管、屋面水箱的管路及闸阀等，排水系统中的污水排出管及立管上的检查口和通气帽等。

(3) 从立管上引出各横向的水平管道。

(4) 在横向管道上绘出给水系统中的水龙头、沐浴喷头等；排水系统中的存水弯、地漏、承接支管等。

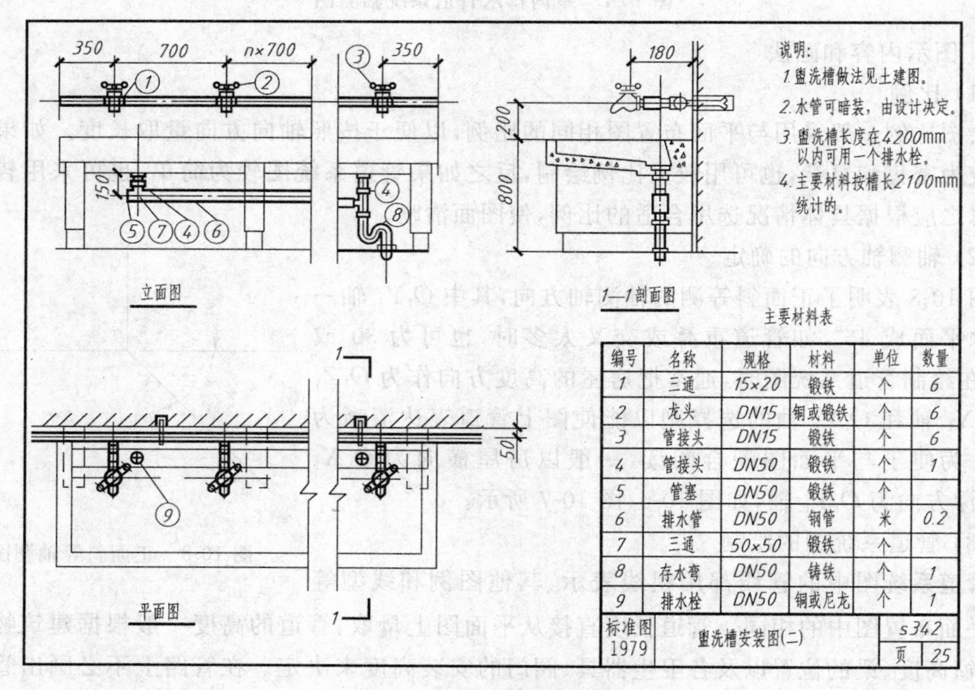

编号	名称	规格	材料	单位	数量
1	三通	15×20	锻铁	个	6
2	龙头	DN15	铜或锻铁	个	6
3	管接头	DN15	锻铁	个	6
4	管接头	DN50	锻铁	个	1
5	管塞	DN50	锻铁	个	
6	排水管	DN50	钢管	米	0.2
7	三通	50×50	锻铁	个	
8	存水弯	DN50	铸铁	个	1
9	排水栓	DN50	铜或尼龙	个	1

图 10-9　盥洗槽安装详图

(5) 标注管径、标高、坡度，注写有关图例及文字说明等。

三、安装详图

室内给水排水平面布置图和系统轴测图只表达了管道及用水设备的布置与连接情况，至于卫生器具、设备的安装及管道的连接、敷设还需画出能供具体施工的安装详图。

需绘制安装详图的主要有水表井、消火栓、水加热器、卫生器具、穿墙套管、管道支架、水泵基础等设备。对于一般常用的卫生设备安装详图，可直接套用《给水排水国家标准图集—90S342 卫生设备安装》，无需自行绘制，只在施工图中注明所套用的卫生器具的详图编号即可。对于不能套用标准图集的设备，应绘制出安装详图。安装详图常采用较大比例绘制，根据需要可选用 1∶5～1∶25。详图要求图形表达准确、尺寸标注齐全、主要材料表和有关说明详细清楚。详图中设备的外形可简化画出，管道则采用前述的三线管道图表示。

由于卫生器具的进、出水管的设计安装高度等均由详图查出，所以在绘制平面布置图和系统轴测图时，各卫生器具的进、出水管的平面位置和安装高度，必须与详图上的保持一致。图 10-9 为盥洗槽安装详图。

第三节　室外给水排水工程图

室外给水排水工程图是一个区域或一个小区进行建设规划、设计的重要组成部分。它主要表示一个小区范围内的各种室外给水排水管道的布置，与室内管道的引入管、排出管之间的连接，以及管道敷设的坡度、埋深和交接等情况。给水排水工程图主要包括给水排水流程示意图、区域或小区给水排水总平面图、管道平面布置图、管道纵断面图、工艺图和详图等。由于其涉及的范围较广、内容较多，本教材仅介绍室外给水排水流程示意图、总平面图以及管道纵断面图的内容和画法。

一、给水排水流程示意图

室外给水排水工程的流程示意图一般用来表明一个城市、一个区域或一个小区的给水与排水的来龙去脉，用简单的单线示意图表示，以便使人们对室外给水排水工程有一个总体的概念。给水排水流程示意图一般包括以下内容：

1. 水源是取自地面水还是地下水。

2. 净水工艺中的主要设施：取水构筑物、泵站、沉淀池、滤池、清水池或水塔等。

3. 配水管网：从水厂输出管至厂区、居民区的给水管网。

4. 排水管网：包括从居民区、厂区排出的污水或雨水，经污水管道或雨水管沟排至污水处理厂处理或直接排入河、湖等水体。

图 10-10 所示给水排水流程示意图的水源取自地面水。流程示意图是用单线条示意表示的，故其平面图和剖面图可取不同比例，根据需要还可将剖面图适当展开，如图 10-10 所示。

二、给水排水总平面图

图 10-11 是某学校新建学生宿舍小区的室外给水排水总平面图，表示新建学生宿舍附近的给水、污水、雨水等管道的布置及其与宿舍室内给水排水管道的连接。现结合图 10-11 介绍室外给水排水总平面图的图示内容、画法及绘图步骤。

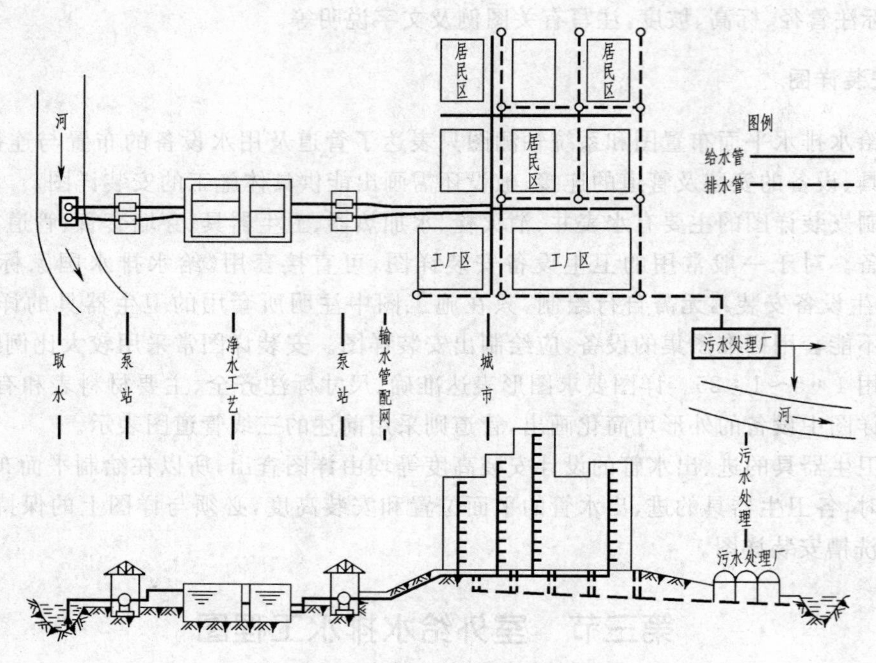

图 10-10　室外给水排水流程示意图

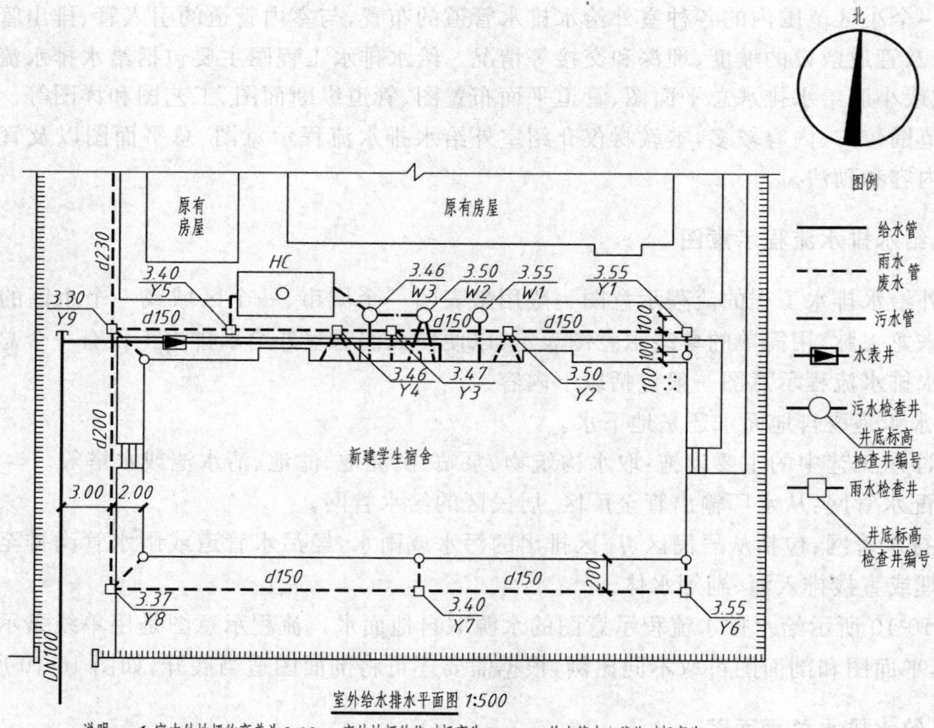

说明：1. 室内外地坪的高差为0.60 m，室外地坪的绝对标高为3.90 m，给水管中心线绝对标高为3.10 m。

2. 雨水和废水管坡度：d150、d200为0.5%、d230为0.4%；污水管坡度为1%。

3. 检查井尺寸：d150、d200为480 mm×480 mm；d230为600 mm×600 mm。

图 10-11　室外给水排水总平面图

1. 图示内容和画法

给水排水总平面图表示在某个区域(如住宅区、厂区)范围内各种室外给水排水管道的布置情况,绘图时一般采用与建筑总平面图相同的比例,常用1∶1 000、1∶500、1∶300等。范围较大的区域或小区给水排水总平面图则常用1∶5 000、1∶2 000。

(1) 建筑总平面图

由于给水排水总平面图重点表示管网的布置,因此管道用粗线画出,新建建筑物外轮廓用中实线画出,其余地物、地貌和道路均用细实线画出,绿化带可略去不画。

(2) 管道及附属设备

一般把各种管道,如给水管、排水管、雨水管以及水表、检查井、化粪池等附属设备都画在同一张图纸上,新设计的各种给水管线用粗实线(宽度 d)表示,排水管线用粗虚线(宽度 d)表示。在图10-11中,管道采用自设图例绘制,新建给水管用粗实线表示,新建污水管用粗点画线表示,雨水管用粗虚线表示,水表井、检查井、化粪池等附属设备则按表10-1中的图例绘制。

管径直接标注在相应管道的旁边。给水管道需注明管中心标高。由于给水管是压力管,且无坡度,往往沿地面敷设,若敷设时为统一埋深,也可在施工说明中列出给水管中心标高。排水管道(包括雨水管和污水管)标注起讫点、转角点、连接点、交叉点、变坡点各处标高。为简便起见,可在检查井处引一指引线,在指引线的上面标以井底标高,下面注明用管道种类(见表10-1)及编号组成的检查井编号,编号顺序按水流方向,从管的上游编向管的下游。

(3)指北针、图例和施工说明

如图10-11所示,在图面的右上角画出指北针,附出所用图例,并书写必要的说明,以便于读图和按图施工。

2. 绘图步骤

(1) 抄绘建筑总平面图中各建筑物、道路等的布置,画出指北针。

(2) 按照新建房屋的室内给水排水底层平面图,将有关房屋中相应的给水引入管、废水排出管、污水排出管、雨水排出管等的位置在图中画出。

(3) 画出室外给水和排水的各种管道以及水表、检查井、化粪池等附属设备。

(4) 标注管道管径、检查井的编号和标高以及有关尺寸。

(5) 注写有关图例及文字说明。

三、管道纵断面图

在进行排水管网设计绘图时,除了需要绘制管道系统平面布置图外,还需绘制管道纵断面图。管道纵断面图是排水工程施工中必不可少的依据。由于市区内的管道种类繁多、布置复杂,为清楚地表明管道的埋置深度、敷设的坡度、竖向空间关系及道路的起伏状况等,应按管道种类分别绘出每一条街道的沟管平面图和管道纵断面图。图10-12是某街道的排水管道纵断面图和排水管道布置示意图。

1. 图示内容和画法

(1) 图面布置。管道纵断面图中一般用断面图表示出排水干管、被剖到的检查井、地面及其他的管道。在断面图的下方用表格分项列出该干管的各项设计数据,例如管径、管道坡度、设计地面标高、管底标高、管道埋置深度、检查井编号、检查井间距等。其中设计地面标高、管

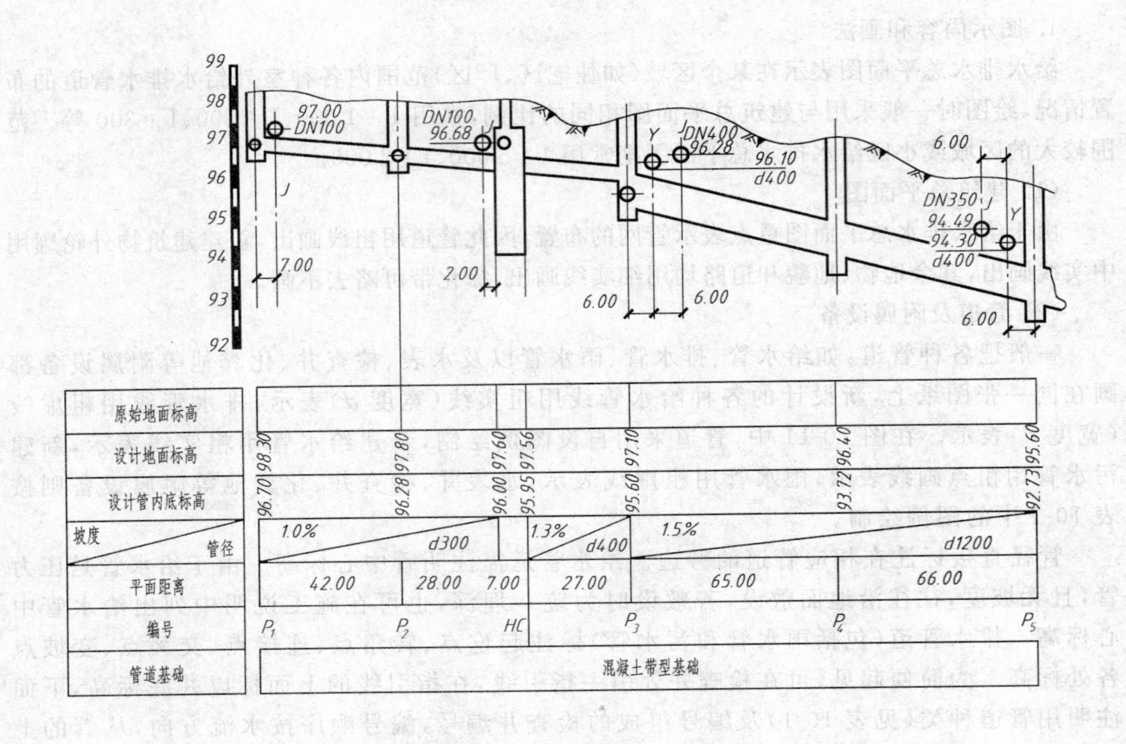

图 10-12　排水管道纵断面图

道坡度、检查井间距、上下游管底标高、管道埋深之间有如下关系：

下游管底标高＝上游管底标高－坡度×检查井间距

管道埋深＝设计地面标高－管底标高

此外，还常在最下方画出管道的平面图，以便与断面图相对应，平面图中补充表达出该污水干管附近的给水管、雨水管和建筑物等的布置。

(2) 比例。由于管道的长度方向比直径方向大得多，通常在水平方向和垂直方向上采用不同的比例来绘制纵断面图。垂直方向比例一般为 1∶100，也可用 1∶200、1∶50 等，水平方向比例一般为 1∶1 000，也可用 1∶2 000、1∶5 000 等，一般纵横的比例为 10∶1。图 10-12 中纵横之比为 5∶1。

(3) 图线。在纵断面图中，一般压力管道(如给水管)纵断面用单粗实线绘制，重力管道(如排水管、雨水管)采用双线管道图表示，被剖切到的检查井、地面用中实线画出，分格线、标注线等用细实线画出。

2. 绘图步骤

(1) 选用适当的纵横向比例布置图面。

(2) 根据纵向比例，绘出水平分格线，根据横向比例和检查井间距绘出垂直分格线。

(3) 根据管径、管道标高、管道坡度、设计地面标高等在分格线内按比例绘制管道的纵断面图以及地面线、检查井、消火栓井的剖面图。

(4) 绘制与干管连接或交叉的管道横断面。由于横竖比例不同，应将其画成椭圆形。为方便起见，有时也可将管径较小的管道截面简化表示成圆形。

(5) 绘制表格，标注数据，完成全图。

第四节　水处理构筑物工艺设备图

一、概　　述

在给水排水工程中,水质净化、净水存储及污水处理等都是通过水处理构筑物如自来水厂中的沉淀池、澄清池、过滤池、清水池,以及污水厂中的曝气池、消化池、污泥浓缩池等来完成的。这些水处理构筑物的性质和工艺构造虽不相同,但大都是钢筋混凝土结构的盛水池,内部则由工艺设备和管道等构成。其工艺设计图主要是为了表明构筑物本身的总体布置以及各种管道、工艺设备的安装位置等。对水处理构筑物本身的详细构造,一般另附有结构设计详图。下面以图 10-13 所示的快滤池为例说明水处理工艺图及其详图的图示方法和特点。

二、快速过滤池工艺设计图

滤池是一种用于水质净化的水处理构筑物,其中以石英砂为滤料的普通快滤池使用最普遍,通过石英砂等粒状滤料层截留水中的悬浮和细微颗粒,从而达到净化水质的目的。过滤池一般都是成组排列成单行或双行,而管廊则设置在池组的旁边或两组的中间。

1. 工艺构造

图 10-13 为标准设计的一组普通快滤池工艺设计图,它的工艺构造组成如下[图 10-13(a)]:两格滤池为一组,排成单行,滤池前面旁侧为各种进、出水管的管廊,滤池的池身为方形的钢筋混凝土水池。由图 10-13(c)中的 1-1 剖面图可见,池底部附设大直径的配水干管 18,主干管道两旁连接小直径的配水支管,在配水管上面为砾石层 34 及砂层 33,再上面为排水槽 29。滤池

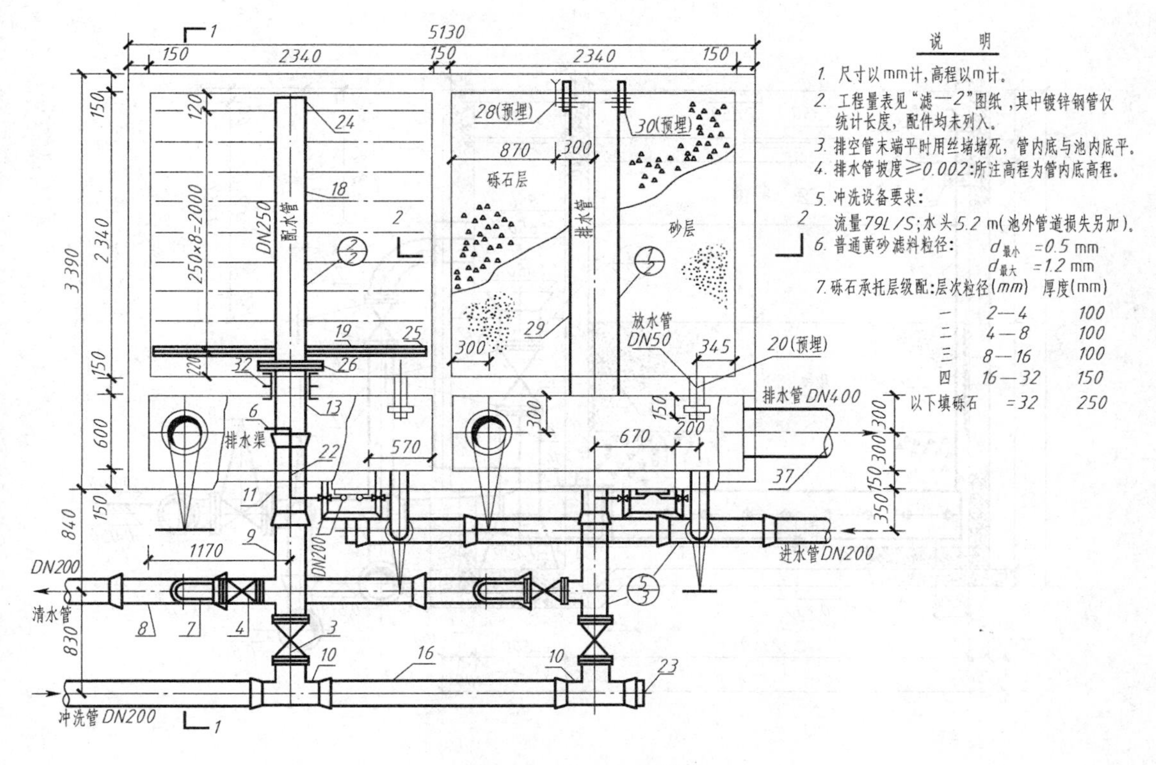

图 10-13(a)　平面图

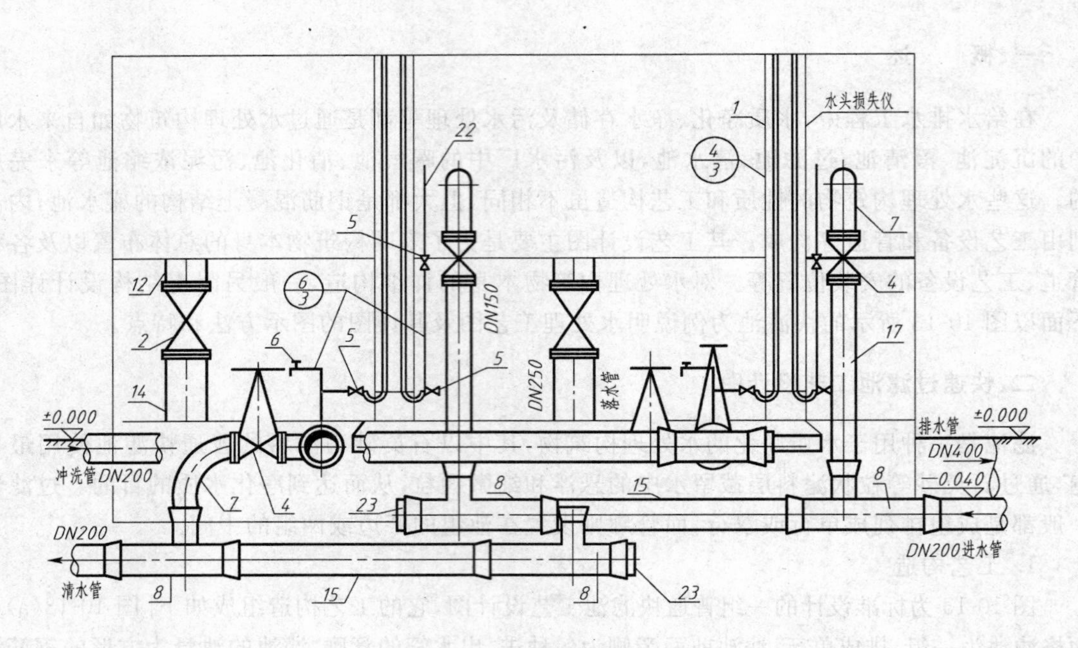

图 10-13(b) 立面图

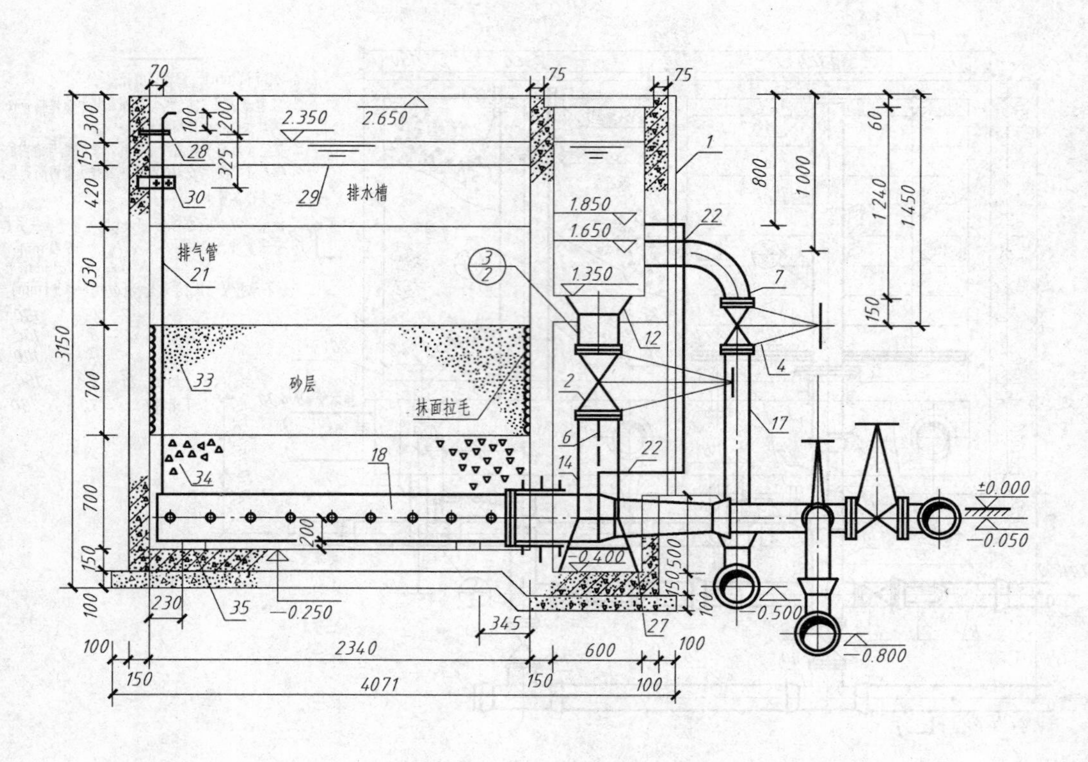

图 10-13(c) 1-1 剖面图

件号	名　称	规　格	材料	单位	数量	备　注
1	水头损失仪			套	2	另见详图及其工程量表
2	闸门	DN250		个	2	Z45T—10
3	闸门	DN200		个	2	Z45T—10
4	闸门	DN150		个	4	Z45T—10
5	闸门	DN15		个	6	Z45T—10
6	龙头	DN15	铸铁	个	2	取水样用
7	90°盘插弯管	DN150	铸铁	个	4	YB428—84
8	双承三通管	DN200×150	铸铁	个	4	YB428—84
9	双承三通管	DN200×150	铸铁	个	2	YB428—84
10	双承单盘三通管	DN200×200	铸铁	个	2	YB428—84
11	双承渐缩管	DN250×200	铸铁	个	2	YB428—84
12	单盘喇叭口	D250	钢	个	2	
13	插盘短管	DN250　$L=700$	铸铁	个	2	
14	插盘短管	DN250　$L=600$	铸铁	根	2	
15	承插直管	DN200　$L=1\,810$	铸铁	根	2	
16	承插直管	DN200　$L=1\,900$	铸铁	根	1	
17	承插直管	DN150　$L=1\,272$	铸铁	根	2	
18	直管	DN250　$L=2\,190$	钢	根	2	
19	穿孔管	DN50　$L=975$	钢	根	36	
20	镀锌钢管	DN50　$L=300$	钢	根	2	
21	镀锌钢管	DN25	钢	米	5.5	
22	镀锌钢管	DN15	钢	米	7	
23	承堵	DN200	铸铁	套	3	
24	堵板	$\phi250$	钢	个	2	
25	堵板	$\phi50$	钢	个	36	
26	法兰	DN250	钢	个	2	见 S311—16PN100N/cm^2
27	落水管支架	DN150	钢	个	2	见 S319—3
28	单管立式支架	DN25	钢	套	2	见 S119—22
29	排水槽		钢	个	2	
30	角钢	∟56×35×5　$L=250$	钢	个	4	YB167—88
31	带帽螺栓	M16　$L=30$	钢	个	8	
32	防水套管	DN250　$L_1=250$	钢	个	2	见 S312—2Ⅱ型
33	普通黄砂	$\phi0.5-1.2$ mm		m^3	7.7	滤料用
34	砾石	$\phi2-32$ mm		m^3	6.8	承托层用
35	混凝土支墩	150×150×70	混凝土	个	4	C10
36	混凝土支墩	100×100×175	混凝土	个	36	C10
37	排水管	DN400	混凝土	外接		

图 10-13(d)　快滤池工程量

壁与砂层接触处，抹面拉毛成锯齿状，以免过滤时原水“短路”影响水质。在配水干管终端处，接有一根排气管21，用来排出管内积聚的空气。池身前壁上部为进水渠，下部为排水渠。在管廊中设有进水管、清水管、冲洗管、排水管四种管路系统，干管上都有支管与每格滤池相接，并用闸门控制进出水。每格滤池进水渠前设有水头损失仪1，用来观察过滤时进、出水的水头损失情况。

2. 工艺流程

(1) 过滤流程

如图10-13(a)、(b)、(c)所示，在某格滤池中过滤时，必须关闭该格过滤池的冲洗支管上的闸门3及排水渠上面的落水管闸门2，并打开竖向进水支管上的闸门4(清水支管上的闸门)。原水经由进水干管上的三通管8、直管15，转入每格滤池的竖向进水支管上的直管17、闸门4、弯管7，进入过滤池的进水渠。水流穿过池壁进入排水槽29(过滤时即为进水槽)，再从槽顶溢出均匀分布水至整个池面中。水经过砂层过滤及砾石层后，由配水系统的配水支管19(管底有小孔)汇集起来，流向配水干管18。然后流经穿墙直管13、渐缩管(异径接头)11、三通管9，向左转进入清水支管上的闸门4、弯管7、三通管8，进入清水干管中，流向清水池。

(2) 冲洗流程

当过滤运行一段时间后，滤料砂层中的污物将逐渐积累，阻滞水流通过，引起滤速减慢。如图10-13(b)所示，在每格滤池的进水管前附有一个“水头损失仪”1，其右面玻璃管连接镀锌钢管22通到进水池壁，左面玻璃管由镀锌钢管22接到配水干管出口处的穿墙直管上端。当两个玻璃管中的水位差增大，以致出水量锐减或水质恶化时，这格滤池就须停止过滤而进行冲洗。冲洗时的流程与过滤时的相反方向进行，此时应该关闭进水支管及清水支管上的闸门4，同时打开冲洗支管上的闸门3及落水管上的闸门2，冲洗水立即经由冲洗支管进入池底配水干管，再由配水支管小孔中流出，通过砾石层，反向冲洗过滤材料，使砂层膨胀起来。而冲洗废水向上汇集到排水槽，流入进水渠，经由落水管跌入排水渠中，再由排水管流到下水道。

3. 工艺总图图示特点

(1) 视图选择

由于净水构筑物外形简单而内部构造却较复杂，故所选视图应能清楚地表达出构筑物内部的工艺构造。通常以平面图为基本视图，辅以剖面图和其他视图。剖面图应根据构筑物的具体情况适当选择，矩形水池一般采用全剖面图或阶梯剖面图；圆形水池一般采用旋转剖面图；对于在总剖面图中表达不清楚的局部构造，为避免重复表达，可画出局部剖面图。

如图10-13(a)快滤池的工艺图中将两格滤池连同管廊全部画出来，其平面图应是最先选择的基本视图，在此基础上再确定其他视图。滤池的立面图是一个外形图，如图10-13(b)，主要表达了池壁外面管廊间各管路系统的组合关系及水头损失仪的布置。图10-13(c)中1-1剖面图是一个全剖的侧面图，完整地显示出滤池内部的竖向构造和布置，以及各管道系统的进出口连接关系。实际应用中，图10-13(a)、(b)、(c)应布置在一张图纸上。

(2) 比例与图线

工艺总图比例的选用，应按整体工程构造的复杂程度而定。对各种单项净水构筑物(如澄清池、曝气池等)的工艺总图，由于其主要表达工程物体的总体构造，其比例可在1∶25～1∶200的范围内选用，一般常取1∶50或1∶100。

工艺总图的图线有以下几种：以三线表示的大直径管道轮廓线、单线表示的小直径管道采用粗实线(宽度d)绘制；附属设备及构件的轮廓线、剖面图中的剖面轮廓线采用中实线(宽度

0.5d)绘制；构筑物的池体建筑未剖切的外轮廓线以及中心线、尺寸线、图例线、引出线等采用细实线(宽度0.35d)表示。

(3) 图示方法

① 池体

池体是水池的土建部分，大都为钢筋混凝土结构，只需按结构尺寸画出池体的外形轮廓及池壁厚度，细部结构可以省略不画(如图10-13)。对于池体的大小、池壁的厚度、钢筋的配置等内容另有结构详图详细、具体地表达。

② 管道

大直径管道按比例用三线管道图绘制，小直径管道用单线管道图绘制，各种管道的大小和位置必须表达得具体明确。如图10-13，各种大直径的管道，如进水管、清水管、冲洗管、配水管、落水管、排水管等，都是按照比例根据实际投影位置画出来的。

管道上各种阀门等配件，采用表10-1中给出的图例表示，不必画其真实外形轮廓。弯管、三通管、异径管等管件，则按其尺寸画出外形轮廓。管道接头用细实线近似表示，法兰接头画以三条细实线的双法兰盘；承插接头画以梯形来表示承口接头。

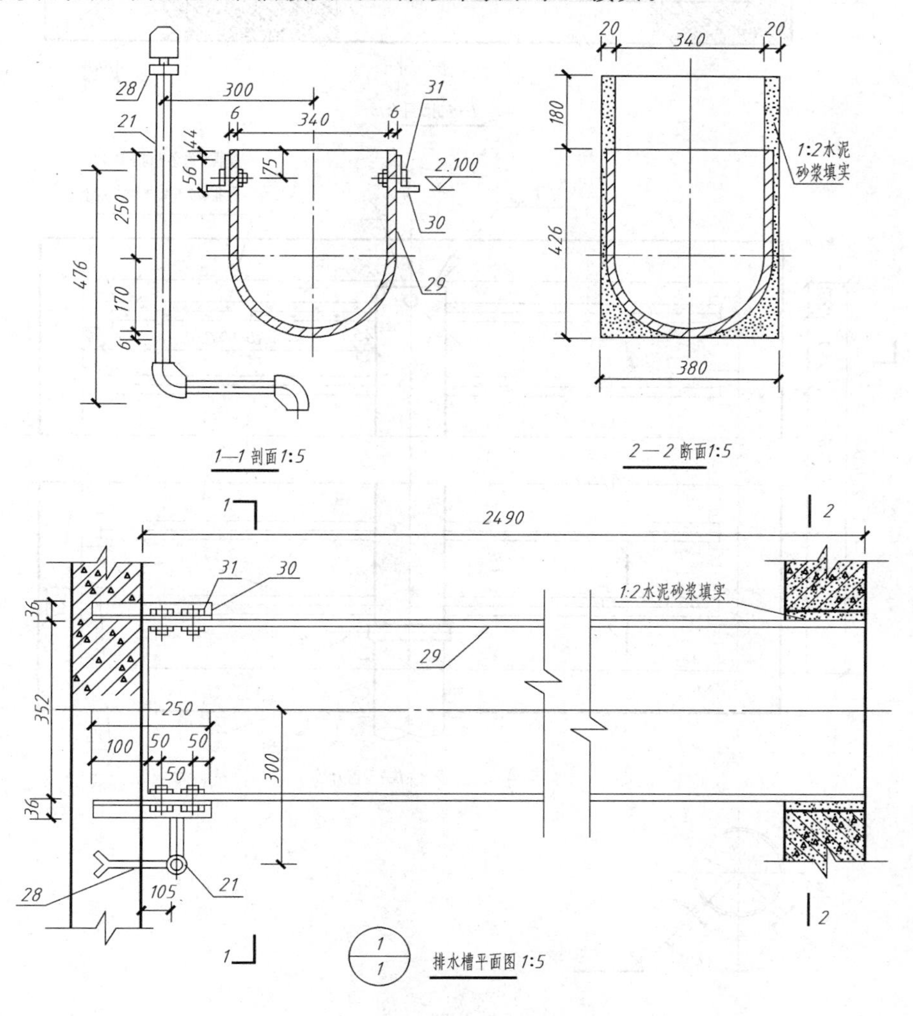

图10-14 排水槽详图

为了便于读图和施工备料，应对每一管配件用指引线引出进行编号标注，相同的管配件编同一编号。在管道旁标注管道的名称，并画箭头以示流向。

当管道交叉重叠时，在重叠处将前面的管道在适当位置处假想截断，以显示后面的管道。管道的截断处画“8”形，管道横截面的左上角画 45°方向月亮形的阴影。

③ 附属设备

在工艺总图中，附属设备及细部构造一般只需画出简明的外轮廓。只有当附属设备不能套用标准图集，才另画详图，并用索引符号索引，与详图对应。对于土建部分的细部构造如踏

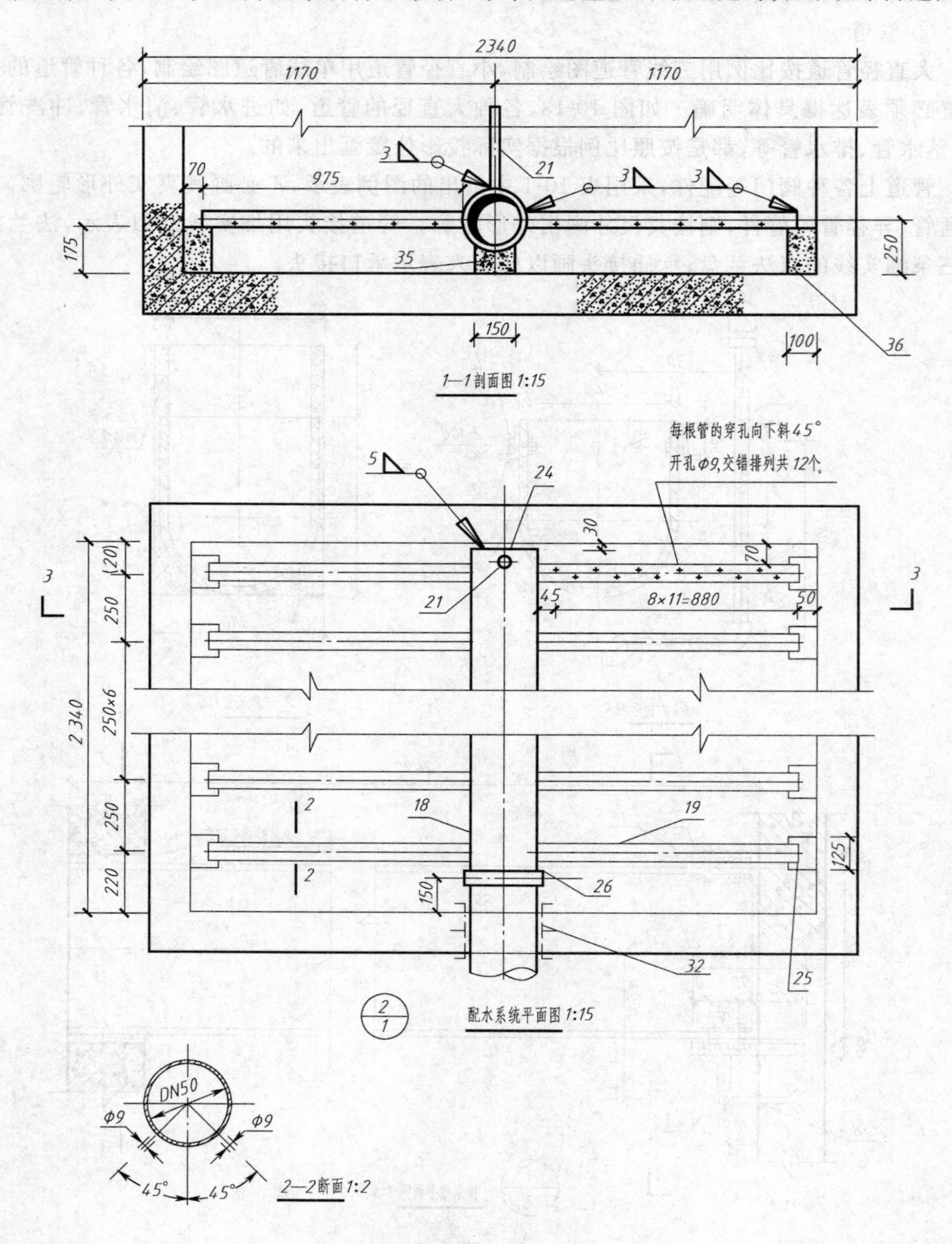

图 10-15　配水系统详图

步、栏杆等另有土建结构详图表达。

④ 材料表

如图 10-13(d)所示，为了工程概预算和施工备料，需要将各种主要设备及管件汇总列出材料表，附列于总图中，以便图表对照。表中应列出件号、名称、规格、材料、单位、数量、备注等项。表中的件号与图中每一管件的编号一致。

4. 工艺总图的尺寸标注

(1) 工艺构筑尺寸

水池中各工艺构筑部分的内净形体大小，即为工艺构筑尺寸，它是由本专业技术人员在设计计算时确定的。工艺构筑尺寸尽可能标注在反映其形体特征的视图或剖面图上，同类性质的尺寸宜适当集中标注，尺寸的位置应清晰，不宜与视图有过多的交叉重叠，既不能多注不必要的重复尺寸，也不能漏注某些关联或几何尺寸。

(2) 管径及其定位尺寸

工艺总图中的管道一般标注公称直径及有关定位尺寸。定位尺寸应以管道的中心线为准，矩形水池管道中心线以池壁或池角来定位，圆形水池可从通过圆心中心线的圆弧角度来定位，如图 10-13(a)、(c)所示。

(3) 标高

工艺构筑尺寸只能反映构筑物本身形状、大小，但不能反映其埋设高度，因此应标注出构筑物的主要部位(池顶、池底、有关构件和设备等)、水面、管道中心线、地坪等处的相对标高。标高常以池底或室外地坪作为相对标高的零点。

5. 工艺总图的有关详图

对于在构筑物工艺平面、剖面图中不能表达清楚的细部构造、管道安装、附属设备等，需要用较大比例另行绘制出详图。详图按工艺总图中“索引符号”所指引的部位来绘制，常采用 1∶1～1∶25 的比例。由于详图直接作为制作加工及施工安装之用，所以必须具体、详尽、明确、清楚。当采用标准管件或零件时，必须注明标准图集的名称及其统一编号。图 10-14、图 10-15 分别为快滤池中排水槽和配水系统的详图。

复习思考题

1. 试述给水排水工程图的分类及图示特点。
2. 室内给水排水工程图由哪些图纸组成？各反映哪些内容？
3. 如何确定管道系统轴测图中轴测轴方向？怎样绘制管道系统轴测图？
4. 试述室外给水排水总平面图的图示内容及绘图步骤。
5. 水处理构筑物工艺设备图包含哪些内容？

第十一章　采暖通风工程图

第一节　概　述

采暖与通风工程是为了改善人们的生活和工作条件，满足生产工艺的环境要求而设置的。采暖通风管道及设备的布局与房屋建筑有密切的联系，其工程图样表达了采暖通风设施与房屋建筑之间的关系。

采暖通风工程图是建筑工程图中设备施工图的组成部分，由于作用不同分为采暖工程图和通风空调工程图。它们都由基本图和详图两部分组成。基本图包括平面图、剖面图、系统轴测图以及总说明等；详图表明各局部的加工制造及施工的详细尺寸和要求等。

一、采暖通风工程图的特点

采暖通风工程图一般都是由管道及其相关设备所组成，它与建筑形体的构造不同，所以在图示方法上有其自身的特点，这些特点主要表现在以下方面。

1. 采暖通风工程图中的管道与给水排水工程图中的管道类似，一般采用国标中规定的各种图例来表示管道的种类和管路系统，并配以文字来注明管道的规格，相关图例见表 11-1。

表 11-1　供暖通风工程图常用图例

名　称	图　例	说明	名　称	图　例	说明
管道	A F	用汉语拼音字母表示管道类别	滑动支架		
			固定支架		左图：单管 右图：多管
采暖供水(汽)管 回(凝结)水管		用图例表示管道类别	截止阀		
			闸阀		
保温管			止回阀		
软管			安全阀		
方形伸缩器			减压阀		左侧：低压 右侧：高压
			散热放风门		
套筒伸缩器			手动排气阀		
波形伸缩器			自动排气阀		
球形伸缩器			疏水器		
流向			散热器三通阀		
丝堵			散热器		左图：平面 右图：立面

续上表

名　　称	图　例	说明	名　　称	图　例	说明
集气罐	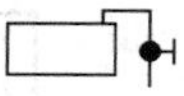		回风口	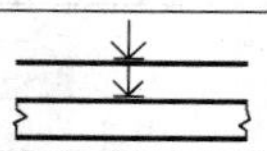	
除污器	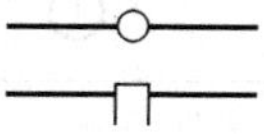	上图：平面 下图：立面	插板阀		本图例也适用于斜插板
暖风机	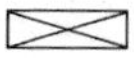		蝶阀	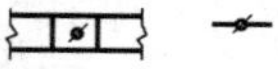	
风管			风管止回阀		
送风口			防火阀		
			风机		流向：自三角形的底边至顶点

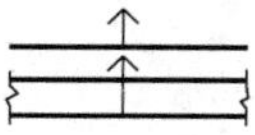

2. 采暖、通风管路系统中设备及附属装置较多，诸如锅炉、水泵、阀门、散热器、风机、除尘器和仪表等都是通用件，无需单独设计制造，只需选用即可，故在图样中不必详细表达，而是采用国标中规定的图例符号画出示意图，或是仅画外形轮廓示意性表达即可。

3. 与给水排水工程类似，采暖通风工程中管道的敷设与设备的安装离不开房屋建筑，画图时必须将相关的房屋建筑图和结构图部分一并画出，以表明管道与设备在房屋中的位置。

4. 采暖通风管道系统是按一定的方向流动，通过管道最后与具体设备相连接。例如采暖系统，在锅炉处将热媒加热，经干管将热媒分配到各支管送至散热器，热媒在散热器放热后，冷却的介质经支管、干管重又回到锅炉再加热。掌握这一特点，在阅读采暖通风管道系统图时，就能很快熟悉图纸。

二、管道的表示方法

采暖通风工程图中的管道采用单线绘制，粗实线表示供水(供汽)管道，粗虚线表示回水(凝结水)管道。管道在转向、连接和交叉时的表示法如表 11-2 所示。

表 11-2　管道转向、连接和交叉表示法

	平　面　图	立　面　图
转向管道		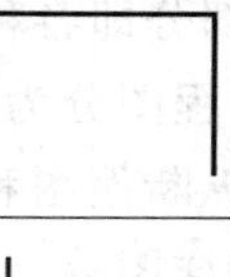
		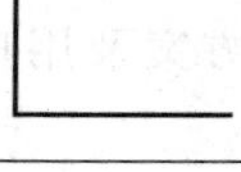
连接管道	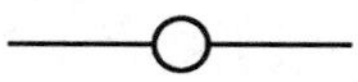	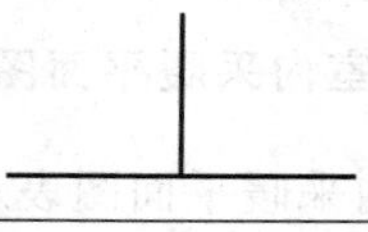
	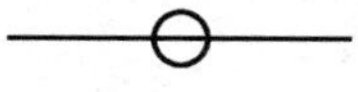	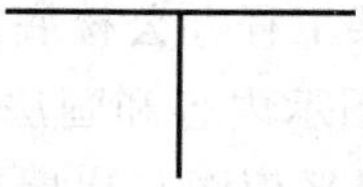

续上表

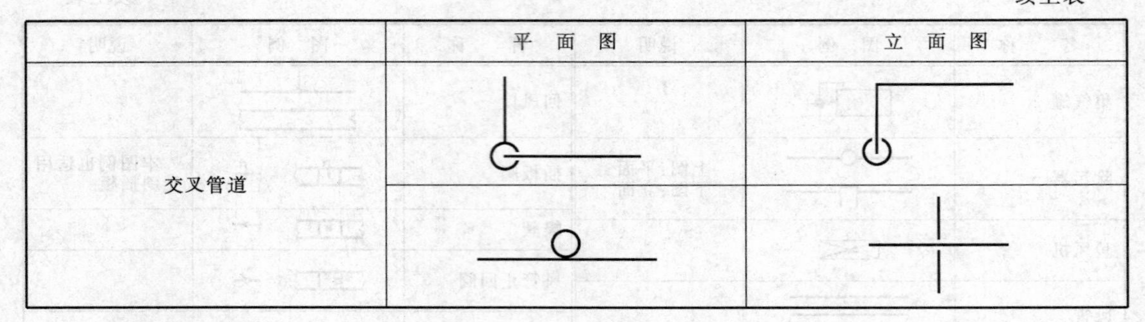

	平　面　图	立　面　图
交叉管道		

三、管道的标注

1. 标高和坡度

(1) 一般管道应标注管中心标高，且标注在管段的始端或末端。

(2) 需要限定高度的管道标注相对标高。

(3) 散热器标注底标高，同一层、同标高的散热器只标注右端的一组。

(4) 坡度用箭头表示，数字表示坡度值，箭头指向下坡方向。

2. 编号

采暖立管编号用阿拉伯数字表示，L——采暖立管代号，n——编号，如图 11-1 所示。

采暖入口编号用阿拉伯数字表示，R——采暖入口代号，n——编号，如图 11-2 所示。

图 11-1　采暖立管编号　　　　图 11-2　采暖入口编号

第二节　采暖工程图

采暖工程由三部分组成：热源即锅炉房、热电站等；输热部分即将热源输送到用户的热力管网；散热部分即各种类型的散热器。采暖工程又因热媒不同，有热水采暖和蒸汽采暖。

采暖工程图分为室外和室内两大部分。室外部分表示一个区域的供暖管网，包括总平面图、管道横纵断面图和详图等；室内部分表示一幢建筑物的供暖管网，包括采暖系统平面图、系统轴测图和详图等。室内、室外采暖工程图均包含设计及施工说明，设计及施工说明主要包括热源、系统方案及用户要求等设计依据、材料和施工要求等内容。本教材仅讨论室内采暖工程图。

一、室内采暖平面图

室内采暖平面图表示一幢建筑物内的所有采暖管道及设备的平面布置情况，图 11-3、图 11-4 为某工程办公楼底层和标准层的采暖平面图。

1. 图示内容和画法

采暖平面图与房屋建筑平面图的画法类似，用平行于水平投影面的剖切平面在窗台上方

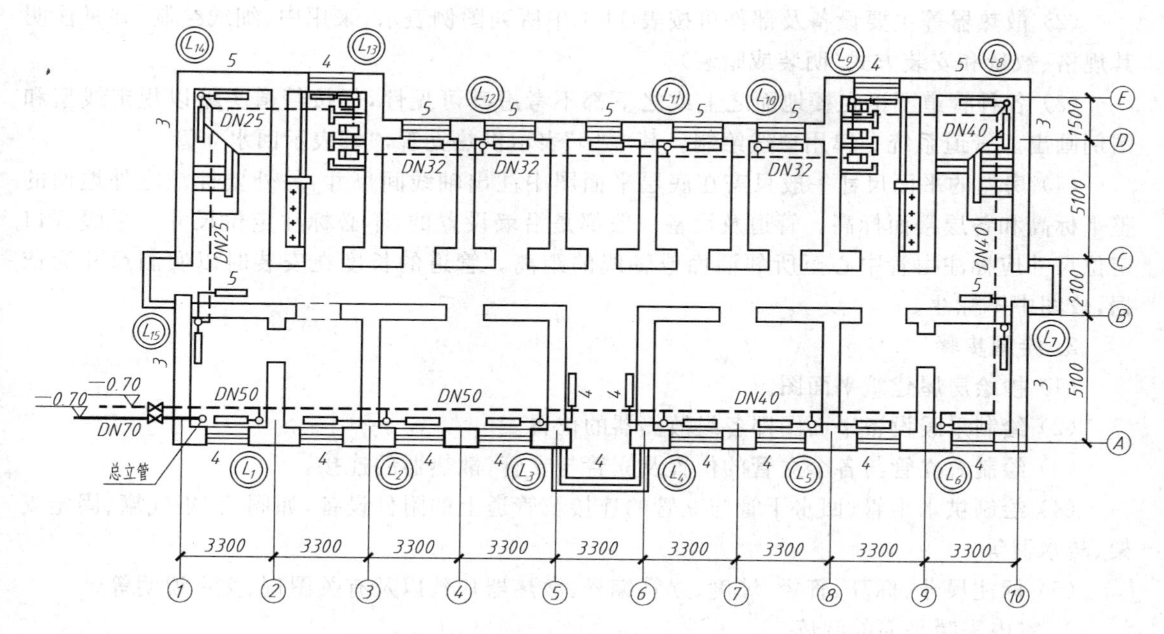

图 11-3　底层采暖平面图（1∶100）

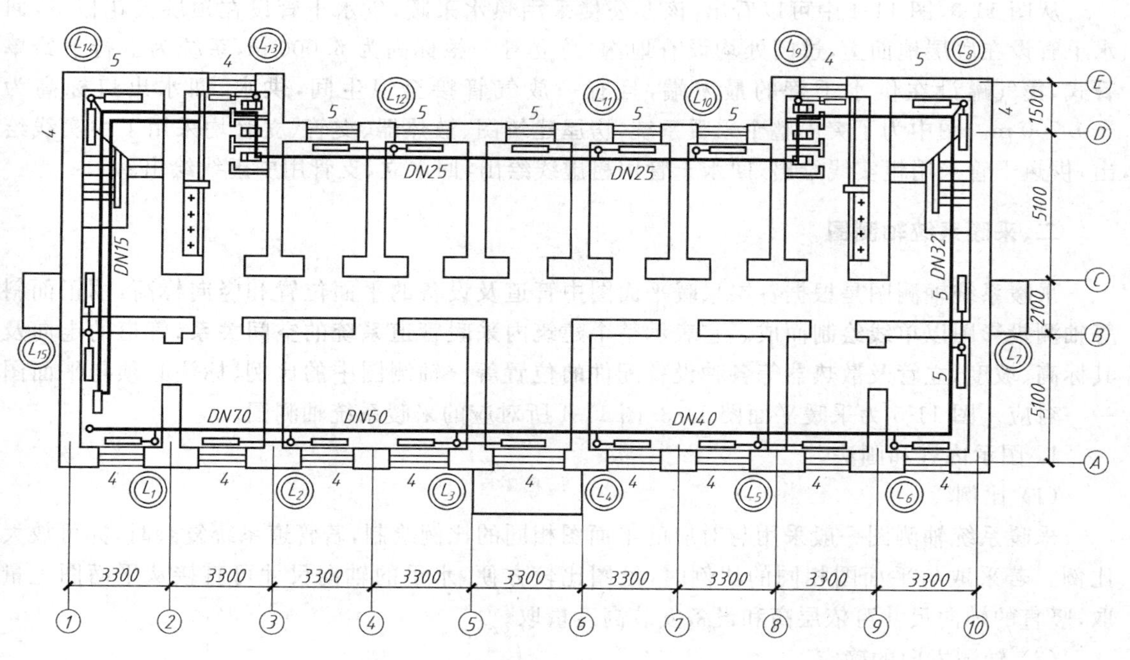

图 11-4　二层采暖平面图（1∶100）

剖切，剖切后向水平投影面投射，连同房屋平面图一起画出。绘制平面图常用的比例是 1∶100 或 1∶50。

（1）采暖平面图中所需的建筑部分，应按建筑平面图抄绘。该图中的房屋平面图仅作为管道系统及设备的水平布局和定位的基准，因此仅需抄绘房屋的墙身、柱、门窗位置、楼梯、台阶等主要内容。同时建筑平面图的图线一律简化为中实线绘制。底层平面图应画全轴线，中间层平面图可只画边界轴线。

（2）散热器等主要设备及部件可按表 11-1 中所列图例表示，采用中、细线绘制，并且注明其规格、数量和安装方式（明装或暗装）。

（3）各种管道不论在楼地面之上或之下都不考虑其可见性，仍按管道类型以规定线型和图例画出。管道系统一律用单线绘制。其中“○”表示供热立管，“●”表示回水立管。

（4）房屋的平面尺寸一般只需在底层平面图中注出轴线间尺寸，另外要标注室外地面的整平标高和各层楼面标高。管道及设备一般都是沿墙设置的，不必标注定位尺寸。采暖入口定位尺寸应标注由管中心至所邻墙面或轴线的距离。管道的长度在安装时以实测尺寸为依据，故图中不标注。

2. 绘图步骤

（1）抄绘房屋建筑平面图。

（2）绘制采暖设备平面图即各组散热器的位置。

（3）绘制总立管与各个立管的位置及立管与支管、散热器的连接。

（4）绘制供水干管、回水干管与立管的连接及管道上的附件设备，如阀门、集气罐、固定支架、疏水器等。

（5）标注尺寸、标高、管径、坡度、立管编号、散热器片数以及有关图例、文字说明等。

3. 室内采暖平面的阅读

从图 11-3、图 11-4 中可以看出，该办公楼采用热水采暖，供水干管设在顶层天花板下，回水干管设在底层地面上，过门处均设有地沟，总立管一根标高为 6.000 m，系统为上行下给单管式，集气罐设在供水干管的最末端，且有一放气管接至卫生间，供水、回水出口标高为 －0.700 m。图中为了突出整个采暖系统，房屋建筑图、散热器、支管、立管均采用了中实线绘出，供热干管采用粗实线绘出，回水干管用粗虚线绘出，回水立、支管用中虚线绘出。

二、采暖系统轴测图

采暖系统轴测图是根据各层采暖平面图中管道及设备的平面位置和竖向标高，用正面斜等轴测投影图以单线绘制而成。它表示整个建筑内采暖管道系统的空间关系，管道的走向及其标高、坡度，立管及散热器等各种设备配件的位置等。轴测图中的比例、标注必须与平面图一一对应。图 11-5 为采暖平面图 11-3、图 11-4 所对应的采暖系统轴测图。

1. 图示内容和画法

（1）比例

采暖系统轴测图一般采用与对应的平面图相同的比例绘制，若管道系统复杂时，亦可放大比例。若采取与平面图相同的比例时，绘图比较方便，水平的轴向尺寸可直接从平面图上量取，竖直的轴向尺寸可依层高和设备安装高度量取。

（2）轴测方向的确定

采暖系统轴测图中轴测轴方向即 O_1X_1 轴一般与房屋的横向一致，O_1Y_1 轴与房屋的纵深方向一致。

（3）管道系统的绘制

采暖系统轴测图中采暖管道用粗实线，回水管道用粗虚线，设备及部件均用图例表示，并以中、细线绘制。

管道系统的编号应与底层平面图中的系统索引符号的编号一致。为避免过多的管道重叠和交叉，宜按管道系统分别绘制。

管道系统中所有管段均需标注管径，当连续几段的管径都相同时，可仅注其两端管段的管径。凡横管均需注出其坡度。

2. 绘图步骤

(1) 确定轴测轴方向。

(2) 按比例绘制建筑楼层地面线。

(3) 按平面图上管道的位置依系统及编号绘制水平干管和立管。

(4) 依据散热器安装位置及高度绘制各层散热器及散热器支管。

(5) 按设计位置绘制管道系统中的控制阀门、集气罐、补偿器、固定卡、疏水器等。

(6) 绘制管道穿越房屋构件的位置，特别是供热干管与回水干管穿越外墙和立管穿越楼板的位置。

(7) 绘制采暖入口装置。

(8) 标注管径、标高、坡度、散热器规格、数量、有关尺寸以及管道系统、立管编号等。

3. 采暖系统轴测图的阅读

将图 11-5 与其平面图对照，可以清楚地看到整个采暖系统管路走向及其与设备连接等空间关系。供热总管从建筑的西南角地下标高 −0.700 m 处进入室内，上升至标高 6.000 m 处，在天花板下沿着 $i=0.002$ 的上升坡度走至建筑西面标高 6.200 m 处，在供热干管的末端处装一卧式集气罐，每根立管上下端均装有阀门，供热干管和回水干管终点也均装有阀门，回水总管标高 −0.700 m。为了图形表达清晰，不出现前后重叠，图中前后分开绘制。

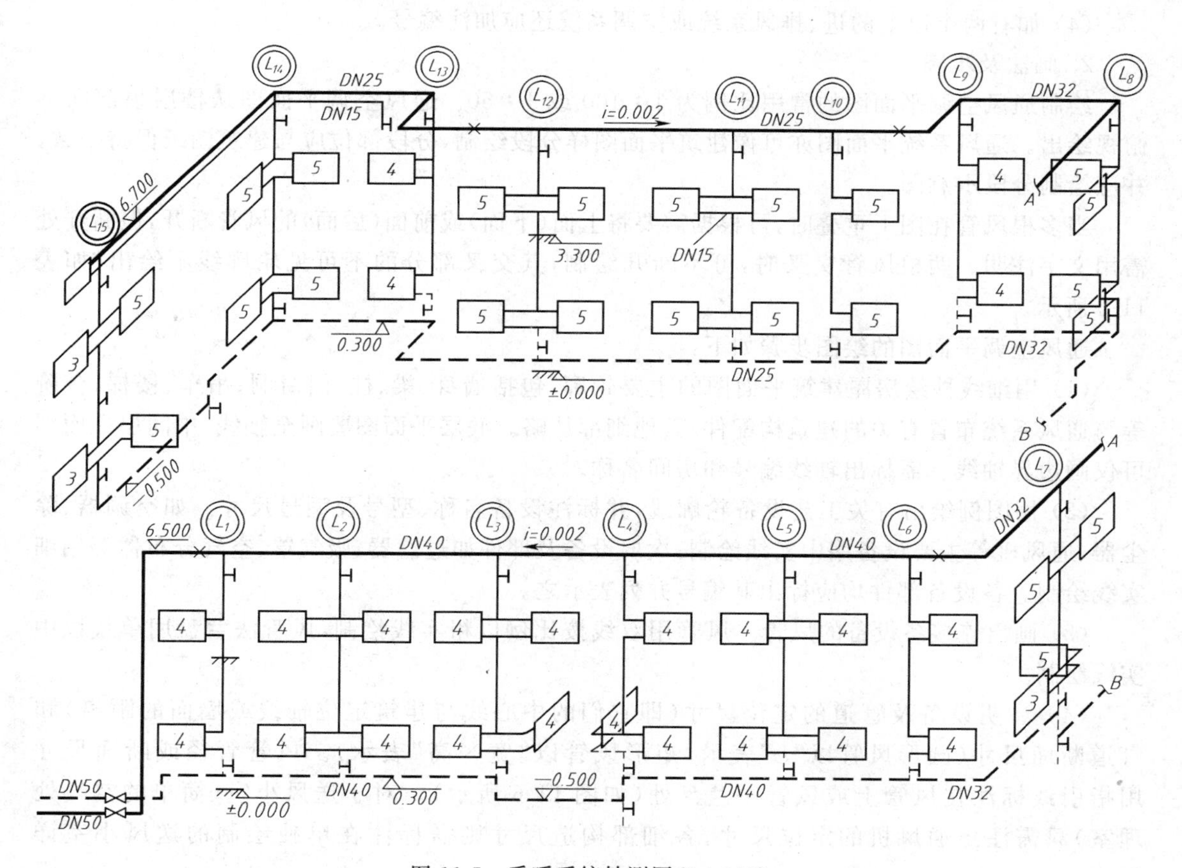

图 11-5 采暖系统轴测图(1∶100)

第三节　通风空调工程图

通风空调是把室内污浊或有害气体排至室外，再把新鲜或经处理的空气送入室内，使其达到卫生标准和生产工艺要求。通风方式一般有自然通风和机械通风。在机械通风中可分为局部通风和全面通风。使室内空气的温度、湿度、清洁度均保持在一定范围内的通风则称为空气调节。

通风空调工程图包括系统平面图、剖面图、系统轴测图和设备、构件制作安装详图等。

一、通风空调平面图

通风空调平面图表达通风管道、设备的平面布置情况。图 11-6 所示是某车间的通风空调平面图。

1. 图示内容

(1) 工艺设备(如通风机、电动机、吸气罩、送风口、空调器等)的主要轮廓线、位置尺寸、管道编号及说明其型号和规格的设备明细表。

(2) 通风管、异径管、弯头、三通或四通管接头以及风管断面尺寸和定位尺寸。

(3) 用图例表示导风板、调节阀门、送气口、回风口等；用带箭头的符号表明进出风口空气流动方向。

(4) 如有两个以上的进、排风系统或空调系统还应加注编号。

2. 画法及步骤

绘制通风空调平面图的常用比例为 1∶100 或 1∶50。通风空调平面图从楼层顶部向下俯视绘出。通风系统平面图亦可像建筑平面图样分段绘制，分段部位应与建筑图纸保持一致，并应绘制分段示意图。

当多根风管在图上重叠时，可根据需要将上面(下面)或前面(后面)的风管断开，但断开处需用文字注明。两根风管交叉时，可不断开绘制，其交叉部分的不可见轮廓线不绘出，如表 11-2 所示。

通风空调平面图的绘图步骤如下：

(1) 用细线抄绘房屋建筑平面图的主要轮廓，包括墙身、梁、柱、门窗洞、吊车、楼梯、台阶等与通风系统布置有关的建筑构配件，其他细部从略。底层平面图要画全轴线，中间层平面图可仅画边界轴线。需标出轴线编号和房间名称。

(2) 用图例绘出有关工艺设备轮廓线，并标注设备名称、型号及型号尺寸。如空调器、除尘器、通风机等主要设备用中实线绘制，次要设备及部件如过滤器、吸气罩、空气分布器等用细实线绘制。各设备部件均应标出其编号并列表示之。

(3) 画出连接各设备的风管。风管用双线按比例以粗实线绘制，风管法兰盘用单线以中实线绘制。

(4) 注明设备及管道的定位尺寸(即它们的中心线与建筑定位轴线或墙面的距离)和管道断面尺寸(圆形风管以“φ”表示，矩形风管以“宽×高”表示)。风管管径或断面尺寸用指引线标注在风管上或风管法兰盘处(如图 11-6 所示)。对于送风小室(简单的空气处理室)只需注出通风机的定位尺寸，各细部构造尺寸则需标注在单独绘制的送风小室详图上。

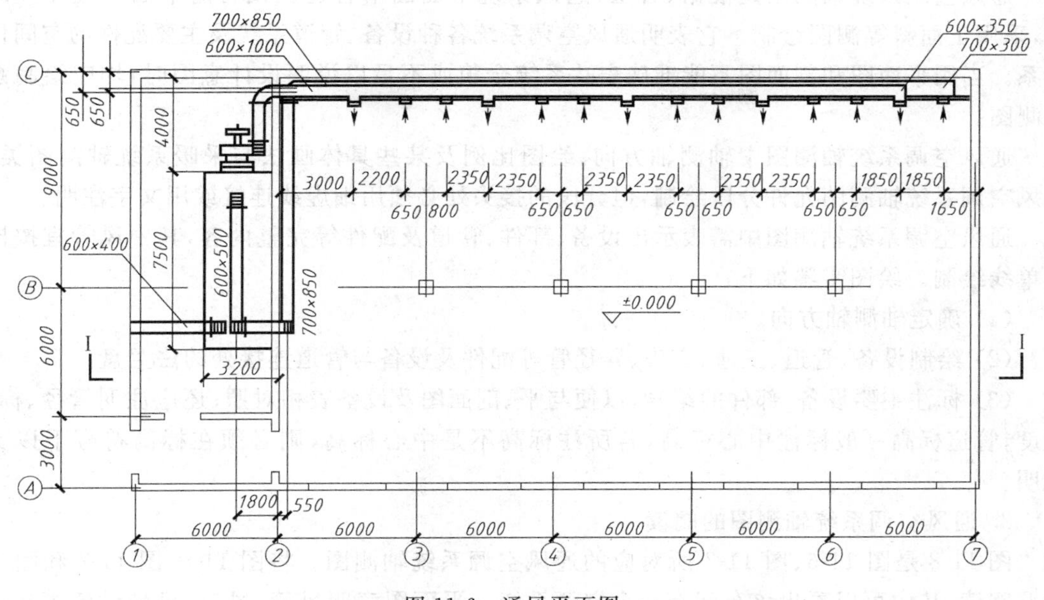

图 11-6　通风平面图

二、通风空调剖面图

通风空调剖面图表示管道及设备在高度方向的布置情况。图 11-7 所示是通风空调平面图 11-6 相对应的剖面图。

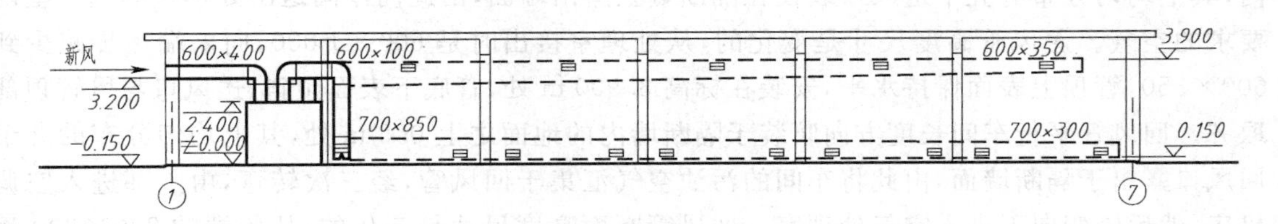

图 11-7　1-1 剖面图

通风空调剖面图在其平面图上选择能够反映系统全貌，与土建构造间相互关系比较特殊以及能够把管道系统表达清楚的部位，用平行于侧投影面的剖切平面剖切，剖切后向侧投影面投射。对于管道比较复杂的多层房屋，每层平面图上均需画出剖切线。其主要内容与平面图基本相同，所不同的是在表达风管及设备的位置尺寸时需明确注出它们的标高。圆管注管中心标高，管底保持水平的变截面矩形管标注管底标高。

绘图步骤如下：

（1）绘制房屋建筑剖面图的主要轮廓。先画出地面线，再画定位轴线，然后画墙身、楼层、屋面、梁、柱，最后画楼梯、门窗等。除地面线用粗实线外，其他部分均用细线绘制。

（2）绘制通风系统的各种设备、部件和管道（双线）。采用的线型与平面图相同。

（3）标注必要的尺寸、标高。

三、通风空调系统轴测图

1. 图示内容和画法

通风空调系统轴测图是根据(各层)通风系统平面图中管道及设备的平面位置和竖向标高,采用正面斜等测图绘制。它表明通风空调系统各种设备、管道系统及主要配件的空间位置关系。当用平面图和剖面图不能准确表达系统全貌或不足以说明设计意图时,均应绘制系统轴测图。

通风空调系统轴测图中轴测轴方向、绘图比例及某些具体画法与采暖系统轴测图类似。通风空调系统轴测图允许分段绘制,但分段的接头处必须用细虚线连接或用文字注明。

通风空调系统轴测图中需表示出设备、部件、管道及配件等完整内容,其中风管宜按比例以单线绘制。绘图步骤如下:

(1) 确定轴测轴方向。

(2) 绘制设备、管道、三通、弯头、异径管等配件及设备与管道连接处的法兰盘。

(3) 标注主要设备、部件的编号,以便与平、剖面图及设备表相对照;还应注明管径、标高、坡度,管道标高一般标注中心标高,若所注标高不是中心标高,则必须在标高符号下以文字说明。

2. 通风空调系统轴测图的阅读

图 11-8 是图 11-6、图 11-7 所对应的通风空调系统轴测图。将图 11-6、图 11-7 和图 11-8 对照阅读,从中可以看出该车间有一个空调系统。平面图表明风管、风口、机械设备等在平面中的位置和尺寸,剖面图表示风管设备等在垂直方向的布置和标高,通风空调系统轴测图表明管道的空间转折及位置关系。该系统由设在车间外墙上端的进风口吸入室外空气,经新风管从上方送入空气处理室,依要求的温度、湿度和洁净度进行处理,经处理后的空气从处理室箱体后部由通风机送出。送风管经转变两次进入车间,在顶棚下沿车间长度方向暗装于隔断墙内,其上均匀分布的五个送风口装设在隔断墙上露出墙面,由此向车间送出处理过的达到室内要求的空气。送风管高度尺寸是变化的,从处理室接出时是 600×1 000,向末端逐步减少到 600×350,管顶上表面保持水平,安装在标高 3.900 m 处,管底下表面倾斜,送风口与风管顶部取齐。回风管平行车间长度方向暗装于隔断墙内的地面之上 0.5 m 处,其上均匀分布的九个回风口露出于隔断墙面,由此将车间的污浊空气汇集于回风管,经三次转弯,由上部进入空调机房,然后转弯向下进入空气处理室。回风管断面高度尺寸是变化的,从始端的 700×300 逐步增加为 700×850,管底保持水平,顶部倾斜,回风口与风管底部取齐。当回风进入空气处理室时,回风分两部分循环使用:一部分与室外新风混合在处理室内进行处理;另一部分通过跨越连通管与处理室后部喷水后的空气混合,然后再送入室内。跨越连通管的设置便于依回风质量和新风质量调节送风参数。

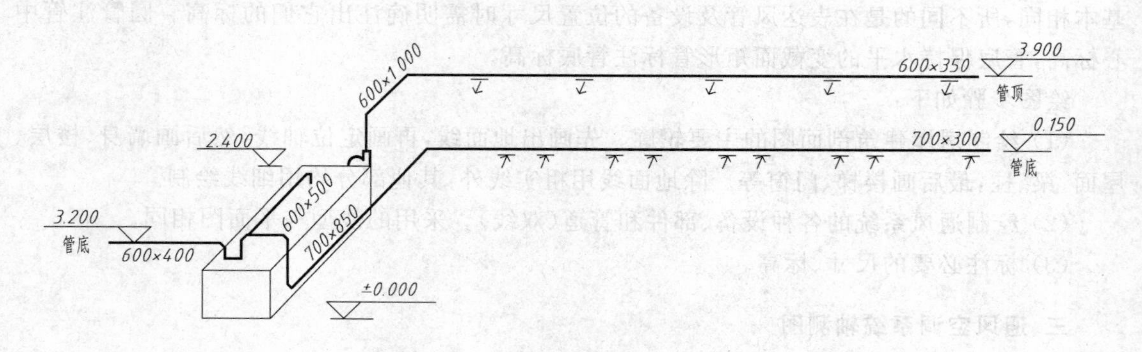

图 11-8　通风空调系统轴测图

复习思考题

1. 试述采暖通风工程图图纸组成及特点。
2. 室内采暖工程图由哪些图纸组成？各反映哪些内容？
3. 试述通风空调平面图、剖面图、系统轴测图各自的图示内容及画法步骤。

参考文献

[1] 何铭新.画法几何及土木工程制图[M]. 武汉:武汉工业大学出版社,2000.
[2] 朱育万.画法几何及土木工程制图[M]. 北京:高等教育出版社,2001.
[3] 宋兆全.画法几何及建筑制图[M].北京:中国铁道出版社,1989.
[4] 李睿谟.工程制图[M]. 北京:中国铁道出版社, 1991.
[5] 朱福熙,何斌.建筑制图[M]. 北京:高等教育出版社,1992.
[6] 佟国治.现代工程设计图学[M].北京:机械工业出版社,2000.
[7] 何铭新.建筑工程制图[M].北京:高等教育出版社,2004
[8] 朱浩.建筑制图[M].北京:高等教育出版社,1982
[9] 罗康贤.建筑工程制图与识图[M]. 广州:华南理工大学出版社,2004.
[10] 毛家华 ,莫章金.建筑工程制图与识图[M].北京:高等教育出版社, 2000.